“十二五”职业教育国家规划教材
经全国职业教育教材审定委员会审定

金属材料及热处理

第 5 版

主编　丁仁亮
参编　赵　彬　宋欣颖　赵云龙

机 械 工 业 出 版 社

本书为“十二五”职业教育国家规划教材，经全国职业教育教材审定委员会审定。本书是为高等职业院校和高等专科学校的材料、机制及相近专业编写的教材。本书在编写过程中充分突出了职业技术教育的特点，在内容安排上尽量选择与职业岗位生产实践相关的题材。

本书主要讲授金属学、金属材料及热处理方面的基本知识，并介绍了机械工业常用的非金属材料。内容包括金属材料的性能、常见金属的晶体结构与结晶、金属的塑性变形与再结晶、合金的结构与结晶、铁碳合金相图和碳钢、钢的热处理、合金结构钢、特殊性能钢、工具钢、粉末冶金与硬质合金、铸铁、非铁金属、非金属材料、纳米材料、机械零件的毛坯选择与质量检验、金属材料及热处理实训指导书等。为加深理解和学用结合，每章都附有思考题和习题。

本书可作为高等职业院校和高等专科学校的材料成形、焊接以及机械制造类专业教材，也可作为成人大专、职工培训和继续教育的教材，并可供工程技术人员参考。

本书配有电子课件，凡使用本书作为教材的教师可登录机械工业出版社教育服务网 www.cmpedu.com 注册后下载。咨询邮箱：cmpgaozhi@sina.com。咨询电话：010-88379375。

图书在版编目（CIP）数据

金属材料及热处理/丁仁亮主编. —5版. —北京：机械工业出版社，2015.11（2025.1重印）
“十二五”职业教育国家规划教材
ISBN 978-7-111-52187-7

Ⅰ.①金…　Ⅱ.①丁…　Ⅲ.①金属材料-高等职业教育-教材②热处理-高等职业教育-教材　Ⅳ.①TG1

中国版本图书馆CIP数据核字（2015）第270731号

机械工业出版社（北京市百万庄大街22号　邮政编码100037）
策划编辑：王海峰　责任编辑：王海峰
责任印制：胡艳萍　责任校对：常天培
北京中科印刷有限公司印刷
2025年1月第5版·第14次印刷
184mm×260mm·16印张·392千字
标准书号：ISBN 978-7-111-52187-7
定价：45.00元

电话服务
客服电话：010-88361066
010-88379833
010-68326294

网络服务
机　工　官　网：www.cmpbook.com
机　工　官　博：weibo.com/cmp1952
金　书　网：www.golden-book.com
机工教育服务网：www.cmpedu.com

第5版前言

本书是依据教育部《关于开展“十二五”职业教育国家规划教材选题立项工作的通知》精神，根据《教育部关于“十二五”职业教育教材建设的若干意见》及教育部新颁布的《高等职业学校专业教学标准（试行)》，在第4版基础上修订而成的。在编写过程中，我们对教材用户和企业相关岗位工程技术人员做了广泛的调查和征求意见工作，在吸纳生产实践应用知识、体现高职院校的教学改革和工学结合的教学需要的基础上，充分保留了第4版中在教学实践中反映较好的教学内容。

本书对第4版的结构进行了部分调整，对书中所采用的标准进行了全面的修订，书中的内容尽量反映最新的国家标准，但考虑企业在工程实践中的应用习惯，对部分符号和名词仍保留习惯用法（如：应力 σ、抗拉强度 σ_b、伸长率 δ、断面收缩率 ψ 等)，对新国家标准规定的性能名称和符号，在书中列出了新旧国家标准对照表加以说明。

本书这次修订仍保留第4版参编人员团队，丁仁亮担任主编并负责统稿。第十三章、第十五章和附录由辽宁装备制造职业技术学院丁仁亮编写；绪论、第一章、第二章、第三章和第四章由辽宁装备制造职业技术学院宋欣颖编写；第八章、第九章、第十章、第十一章和第十二章由沈阳航空职业技术学院赵彬编写；第五章、第六章、第七章和第十四章由辽宁装备制造职业技术学院赵云龙编写。

由于编者的理论水平、生产实践和教学经验限制，本书难免有谬误或欠妥之处，敬请读者提出修改意见和建议，共同搞好本课程的教材建设工作。

编　者

第4版前言

应机械工业出版社的要求，我们对本书的用户做了广泛的调查和征求意见，根据目前高等专科学校和高职院校的教学改革和工学结合的需要，提出了本书的修订大纲。

在保持原书第3版结构和基本内容的基础上，编者对书中所采用的标准进行了全面的修订，书中的内容尽量反映最新的国家标准，但为了考虑工程实践中的应用习惯，对部分符号和名词仍保留习惯用法（如：应力σ、伸长率δ、断面收缩率ψ等），对新的国家标准规定的符号在书中也作了说明。

为反映现代材料的发展和应用，有色金属部分增加了钛合金内容，同时增加了第十四章纳米材料简介；根据目前非金属材料的应用，对第3版中非金属材料的内容作了部分修订。

参加第4版修订的有：辽宁装备制造职业技术学院丁仁亮（第十三、十五章）；辽宁装备制造职业技术学院宋欣颖（绪论及第一、二、三、四章）；沈阳航空职业技术学院赵彬（第八、九、十、十一、十二章）；辽宁装备制造职业技术学院赵云龙（第五、六、七、十四章及附录）。由丁仁亮任主编。

编者在此对原主编赵忠老师在第1版和第2版中所做的大量基础工作深表谢意。

由于编者受理论水平、生产实践和教学经验的限制，本书仍难免有谬误或欠妥之处，敬请读者提出批评和建议，共同完善本课程的教材建设工作。

编　者

第 3 版前言

本书第 3 版是根据机械工业部教材编辑室的要求和近年来职工大学教学改革的需要，在总结多年来使用原教材的实践，并广泛地征求各职工大学的意见的基础上进行修订的。

为了便于教学，对第 2 版的结构作了部分调整，将原第七章合金钢分为三章，即合金结构钢、工具钢和特殊性能钢，并将粉末冶金与硬质合金另设一章。

根据征求的意见，本次修订在内容上作了更新和增补，使其尽量符合职工大学的特点（培养技艺型和工艺型人才），适当增加了与生产实践紧密相关的知识；并根据目前新理论、新材料、新技术、新工艺的发展，增加了与之有关的教学内容。此外，对第 2 版中叙述过于繁琐的部分作了删减。

本书采用了我国的法定计量单位和近年来颁布的有关国家标准。

编者试图在保持前版特色的基础上，尽量满足当前职工大学的改革发展和教学需要，使本教材能适用于职工大学各类型的教学和培训要求。

本书承东北大学李再先教授及广州业余大学黄福炽副教授细心审阅，提出了很多宝贵意见，在此表示衷心感谢，并聘任为本书主审。

参加第 3 版修订的有：武汉市机械局职工大学许清芬（第一、二章）；韶钢集团职工大学余雪梅（第三、四章）；杭州钢铁厂职工大学周而康（绪论及第五、十三章）；沈飞集团公司陈洪俊（第六章）；上海汽车工业培训中心曹严华（第七章）；沈飞工学院丁仁亮（第八、十四章）；南昌高等专科学校赵忠义（第九章、附录）；沈飞工学院赵彬（第十、十一章）；山东铝业公司职工大学袁淑敏（第十二章）。由赵忠、丁仁亮、周而康任主编。

此外，感谢沈飞工学院梁宽正同志协助部分修订和统稿工作。承蒙沈飞工学院和杭州钢铁厂职工大学教职员工的热情支持和帮助，使本书得以顺利出版。

殷切希望广大读者在使用过程中对本书的错误和欠妥之处提出批评和建议。

编　者

第2版前言

1990年机械电子工业部机械教材编辑室来函，要求广泛征求意见，对本书进行修订。为此我们对全国大、中、小城市不同行业的一些职工大学、职业大学发出征求意见表。承蒙各校领导和任课教师的支持，收到很多意见。我们根据这些意见编写了修订提纲，并于1991年2月末在沈阳飞机公司工学院召开了“金属材料及热处理”修订提纲讨论会。参加讨论会的老师有：北京内燃机总厂内燃机学院赵惠臣，重庆西南航天职工大学王晶，大庆职工大学杨兆仁，长春第一汽车制造厂职工大学张温林，营口市职工大学李学琛，沈阳黎明工学院侯玉山，沈阳第一机床厂职工大学韩成志，齐齐哈尔第二机床厂职工工学院孟庆文，吉林铁路职工大学刘纲，哈尔滨飞机公司工学院陶颖，沈阳飞机公司工学院孙东杰、由世芬。

本书是按讨论会的意见修订的，与第1版相比，书中作了较大的修改，篇章和内容均有所不同。现作如下五点说明：

1. 根据一致意见，删去了第1版中的第十一章，加入非金属材料内容（共5学时）。各学校可根据自己的情况适当调整。

2. 根据常用金属材料新标准（GB9439—88、GB1348—88、GB700—88、GB9440—88、GB699—88、GB1298—80、GB1591—88、GB3077—88、GB9943—88、GB2075—87，GB8731—88、GB1222—84、GB9943—88、GB2075—87、GB3203—82、GB1220—84，GB1221—84、GB5676—85、GB1176—87、GB3190—82、GB1173—80、GB175—82、JB403—87等），对材料牌号、成分等进行了修改，但由于有的新标准改动很大，而贯彻新标准有一个过程，且1990年以前的科技图书和工厂使用的技术资料绝大多数是旧标准，因此，本书中部分内容采用新、旧并列形式。如普通碳素钢，除介绍新标准外，还保持了旧标准内容；又如国内外应用甚广的1Cr18Ni9Ti不锈钢，由于晶间腐蚀不如近期开发的超低碳不锈钢好，国内外均已停用，但在本书中仍保留了此牌号。

3. 目前国内各工厂正在贯彻“金属热处理标准”。因此对热处理工艺名词和部分内容按参考文献［28］作了修订。

4. 热处理新工艺、新技术不断出现，根据大多数教师的意见，适当增加了新工艺方面内容简介。

5. 为了扩大使用范围，使本书基本能适用于专业证书和职业高等教育，对第1版各章内容作了适当增删。

内蒙古第一机械制造厂工学院李子璋、北京汽车工业学校张坚、南昌职业大学赵忠义、广州业余大学黄福炽、鞍山市职工大学白跃起、南京汽车制造厂职工大学张玉庭、沈阳有色冶金总厂李萍等老师，对本书的修订提出了很多宝贵意见，在此表示衷心感谢。

由于编者受理论水平、生产实践和教学经验的限制，本书仍难免有谬误或欠妥之处，敬请各校任课教师和读者提出批评和建议，共同搞好本门课程的教材建设工作。

编　者

目　录

材料性能名称、符号新旧标准对照

GB/T 228—2002		GB/T 228—1987	
性能名称	符号	性能名称	符号
—	—	屈服强度	σ_s
上屈服强度	R_{eH}	上屈服强度	σ_{sU}
下屈服强度	R_{eL}	下屈服强度	σ_{sL}
规定非比例延伸强度	R_p	规定非比例伸长应力	σ_p
规定总延伸强度	R_t	规定总伸长应力	σ_t
规定残余延伸强度	R_r	规定残余伸长应力	σ_r
抗拉强度	R_m	抗拉强度	σ_b
最大力总伸长率	A_{gt}	最大力下的总伸长率	δ_{gt}
最大力非比例伸长率	A_g	最大力下的非比例伸长率	δ_g
断裂总伸长率	A_t	—	—
断后伸长率	A，$A_{11.3}A_{xmax}$	断后伸长率	δ_5，δ_{10}，δ_{xmax}
断面收缩率	Z	断面收缩率	ψ

注：GB/T 228—2002《金属材料室温拉伸试验方法》已替代原 GB/T 228—1987《金属拉伸试验方法》、GB/T 3076—1982《金属薄板（带）拉伸试验方法》和 GB/T 6397—1986《金属拉伸试验试样》三个标准，且与原标准差异较大。为与国际接轨，性能的定义及符号均按照国际标准重新规定。标准中定义了 12 种可测拉伸性能，其中 10 种性能的名称与原标准 GB/T 228—1987 中的名称、符号有差异。由于原标准已使用十多年，且一些相关的产品标准还未同步修订，因此，本书中仍沿用原标准的名称和符号。

绪　论

一、材料的发展与应用

自从地球上有了人类，材料便成为人类社会最重要的物质文明的基础。人类最基本的活动就是学会制作与使用工具（设备），从事生产活动，不断改善自身的生存环境和生活质量，创造人类的物质和精神文明，而这些活动都离不开物质和材料。

人类的生活和生产活动同材料的发展息息相关，并与之一起经历各个历史阶段。史学家是以材料的生产和使用作为文明的尺度来划分社会发展阶段的，如石器、陶器、青铜器、铁器时代以及正在进入的人工合成材料的新时代。

从石器时代到陶器时代是人类发展史上的第一次飞跃，因为人的智慧发展到将天然材料改造为人工材料及其制品。青铜器时代则是人类使用金属材料的第一个里程碑，它标志着人类在征服自然、发展社会生产力方面又迈出了具有深远意义的一步。但是，只有在进入铁器时代，人们把铁（钢）制成工具、设备之后，才使社会经济和生活发生巨大变化，进入堪称近代文明的时代，这是生产力重大发展的时代，并延续至今将近三千年了。

据文物考古记载，我国在公元前6世纪已掌握了冶铸技术，春秋战国开始大量使用铁器，铸锻技术有很大提高并掌握了热处理技术，能制造出“干将”、“莫邪”之类的著名宝剑，而直到18世纪中叶才在英国出现这种冶铸技术。我国的“两步炼钢法”也比其他国家早一千六百余年。西汉时期已大量使用灰口铁，汉魏时期制造了类似现代球墨铸铁的镢和斧等工具，并发展了多种炼钢方法。从纯金属到合金，从铸锻到热处理工艺，其方法之多样，工艺之精湛，质量之优良，在世界古代冶金史上都留下了光彩夺目的篇章。值得一提的是，我国天然高分子材料——丝绸及其制品的生产也有五千多年的历史和辉煌成就。11世纪，我国丝绸就经海上“丝绸之路”传入波斯、阿拉伯和埃及，直到1470年才传到威尼斯及欧洲各国。

但是，由于材料种类繁多，涉及多种基础学科，加之社会制度和环境等多种因素的制约，以至到18—19世纪工业革命时期，人类对材料的认识仍停留在非理性的、工匠或艺人的经验技术水平上。18世纪后，随着现代工业迅速发展，对钢铁的需求急速增长，才逐渐在化学、物理、力学及冶金等学科基础上产生了一门新学科——金属学，它明确提出了金属的外在性能取决于内部组织结构的概念，其主要任务是研究成分、组织结构与性能之间的关系和变化的规律。光学显微镜、X射线技术、电子探针等新技术的发明和应用，又进一步促进了金属学的长足进步。

当今，材料、信息、能源和生物工程已成为当代技术的四大支柱，近一百多年来发展特别迅速。从20世纪60年代至70年代，人工合成高分子材料的增长率为14%，金属材料仅为4%。目前，有机高分子材料的生产按体积计已超过钢产量，除了可代替一部分钢铁等金属材料之外，还研制和发展具有良好导电和耐高温等特殊性能的有机合成材料。陶瓷材料除具有某些特殊功能之外，其脆性及抗热震性已逐步改善，有望作为理想的高温结构材料。因此，工程材料科学就在金属学、高分子科学和陶瓷学等的基础上迅速建立起来，其主要任务是揭示固体材料的成分、组织结构、性能和应用之间的关系及其变化的一般规律。

近年来，我国在材料工业的生产和科研方面取得了巨大的成就，在金属材料的生产方面，已经形成了符合我国国情的系列产品，并能够生产具有世界先进水平的产品。目前我国的钢产量已居世界首位。我国的材料工业正蓬勃发展，但应该看到，我国在材料的制造技术、工艺和新材料的开发及应用方面与世界上的发达国家之间还有一定的差距，因此，我们应该努力学习，争取尽快赶超世界材料工业的先进水平。

二、本课程的内容、学习目的和方法

随着经济的飞速发展和科学技术的进步，对材料的要求越来越苛刻。结构材料向高强度、高刚度、高韧性、耐高温、耐腐蚀、抗辐照和多功能的方向发展，新材料也在不断地涌现。机械工业是材料应用的重要领域，随着机械工业的发展，对产品的要求越来越高。无论是制造机床，还是建造轮船、石油化工设备，都要求产品技术先进、质量高、寿命长、造价低。因此，在产品设计与制造过程中，会遇到越来越多的材料及材料加工方面的问题，这就要求机械工程技术人员掌握必要的材料科学与材料工程知识，具备正确选择材料和加工方法、合理安排加工工艺路线的能力。本课程正是为实现这一目标而设置的。

“金属材料及热处理”这门课程的内容包括金属学基础及热处理、机械工程常用的金属材料、非金属材料（高分子材料、陶瓷材料和复合材料）、零件毛坯的选用。主要讲授工程构件和机器零件用材的成分、组织结构和性能之间的关系、变化规律和改变材料性能的途径等。

学习本课程的目的在于使学生获得有关工程材料的基本理论和基本知识，初步掌握零件设计时的合理选材、用材，并具有正确运用热处理技术、妥善安排加工工艺路线及材料检测等方面的知识和能力。

本课程的名词概念较多，较为抽象和分散，初学者颇难掌握。但是，只要认真弄清其基本理论及重要名词、概念，按照材料成分、工艺、组织结构及性能变化规律进行认真学习、记忆，注重理解、分析和综合应用，多联系生产实践，认真完成习题、实验等教学环节，入门也是不难的。学习本课程之前，学生应具备必要的专业基础知识和生产实践知识，所以本课程一般应安排在化学、材料力学、金工实习等课程之后。同时，学习中需要改进思维方式，调整和改进学习方法，注重主动学习、自主学习、提高学习效率；还应注意运用已学过的知识，注重分析、理解与应用，特别是注意前后知识的综合运用，把相对分散、孤立的材料科学知识转变为系统而整体的理论体系，培养独立分析问题与解决问题的能力。

第一章　金属材料的性能

本课程所涉及的材料主要是金属材料和部分非金属材料，因非金属材料的性能指标及测试方法与金属材料大多是相同或相似的，所以本章主要以金属材料为例来阐述工程材料的一般性能及其主要指标。

迄今为止，金属材料仍然是现代工业、农业、国防以及科学技术各个领域应用最广泛的工程材料，这不仅是由于其材料来源丰富，生产工艺简单且成熟，还因为其某些性能大大优于某些非金属材料。

金属材料的性能，是指用来表征材料在给定外界条件下的行为参量，当外界条件发生变化时，同一种材料的某些性能也会随之变化。通常所指的金属材料的性能包括以下两个方面：

（1）使用性能　即为了保证零件、工程构件或工具等的正常工作，材料所应具备的性能。包括力学、物理、化学等方面的性能。金属材料的使用性能决定了其应用范围、安全可靠性和使用寿命等。

（2）工艺性能　即反映材料在被制成各种零件、构件和工具的过程中，适应各种冷、热加工的性能。主要包括铸造、压力加工、焊接、切削加工、热处理等方面的性能。

这里主要介绍金属材料的力学性能，并简单介绍其物理及化学性能，金属材料的工艺性能可参见本书第十五章或其他相关教材。

第一节　金属材料的力学性能

金属材料在加工和使用过程中都要承受不同形式外力的作用，当外力达到或超过某一限度时，材料就会发生变形，甚至断裂。材料在外力作用下所表现的一些性能（如强度、刚度、韧性等），称为材料的力学性能。

材料的力学性能，不仅是设计零（构）件、选择材料的重要依据，而且也是验收、鉴定材料性能的重要依据之一。对冶金产品的生产来说，金属（钢铁）材料的力学性能还是改进工艺、控制产品质量的重要参数。

根据载荷的性质和零件的受力情况，载荷可分为静载荷和动载荷两类。静载荷是指逐渐而缓慢地作用在工件上的力，如机床主轴箱对床身的压力、钢索的拉力、梁的弯矩和剪切力等。动载荷包括冲击载荷和交变载荷等，如空气锤锤杆所受的冲击力；齿轮、曲轴、弹簧等零件所承受的大小与方向随时间而变化的载荷。

当载荷性质、环境温度以及介质等外在因素改变时，对材料力学性能的要求也不同。金属材料的力学性能主要是指强度、刚度、硬度、塑性和韧性等。

一、强度指标

强度是指材料在外力作用下抵抗永久变形和断裂的能力。根据外力的作用方式，有多种强度指标，如抗拉强度、抗弯强度、抗剪强度等。其中以拉伸实验所得强度指标的应用最为广泛。按 GB/T 228—2002 的规定，把一定尺寸和形状的金属试样（图 1-1）装夹在试验机上，然后对试样逐渐施加拉伸载荷，直至把试样拉断为止，根据试样在拉伸过程中承受的载荷和产生的变形量之间的关系，可测出该金属的拉伸曲线（图 1-2）。

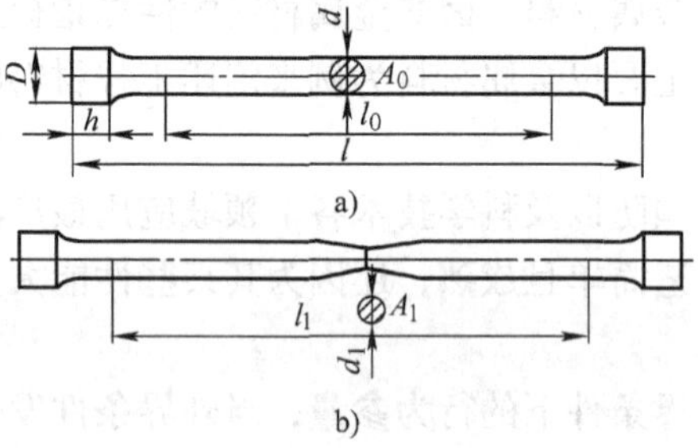

图 1-1 钢的标准拉伸试样

a）拉伸前 b）拉伸后

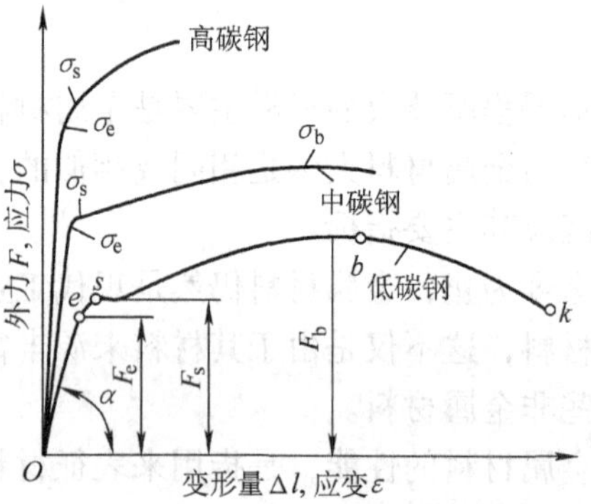

图 1-2 退火低碳、中碳和高碳钢的拉伸曲线（外力 F - 变形量 Δl 曲线与应力 σ - 应变 ε 曲线形状相似，只是坐标不同）

无论何种固体材料，其内部原子之间都存在相互平衡的原子结合力的相互作用。当工件材料受外力作用时，原来的平衡受到破坏，材料中任何一个小单元与其邻近的各小单元之间就诱发了新的力，称为内力。在单位截面上的内力，称为应力，用 σ 表示。材料在外力作用下引起形状和尺寸改变，称为变形，包括弹性变形（卸载后可恢复原来的形状和尺寸）和塑性变形（卸载后不能恢复原来的形状和尺寸）。

1. 弹性极限（σ_e）

从图 1-2 可以看出，不同性质材料的拉伸曲线形状是不相同的。拉伸曲线 Oe 段是直线，这一部分试样变形量 Δl 与外力 F 成正比。当去除外力后，试样恢复到原来尺寸，称这一阶段的变形为弹性变形。外力 F_e 是使试样只产生弹性变形的最大载荷。

弹性极限是指在产生完全弹性变形时材料所能承受的最大应力。弹性极限用符号 σ_e 表示，单位为 MPa（N/mm^2），即

$$\sigma_e = \frac{F_e}{S_0}$$

式中 S_0——试样的原始截面积（mm^2）；

F_e——试样完全弹性变形时所能承受的最大载荷（N）。

弹性极限 σ_e 是由试验得到的，其值受测量精度影响很大。为了便于实际测量和应用，一般规定以残余应变量（即微量塑性变形量）为 0.01% 时的应力值（$\sigma_{0.01}$）为“规定弹性极限”。

2. 屈服强度（σ_s）

从拉伸曲线上可以看到，当载荷增加至超过 F_e 后，试样必定保留部分不能恢复的残余变形，即塑性变形。在外力达 F_s 时，曲线出现一个小平台。此平台表明不增加载荷试样仍继续变形，这时材料已经失去抵抗外力的能力而屈服了。我们称试样屈服时的应力为材料的屈服强度，用 σ_s 表示，单位为 MPa，即

$$\sigma_s = \frac{F_s}{S_0}$$

式中　F_s——试样发生屈服时承受的载荷（N）；

S_0——试样的原始截面积（mm^2）。

很多金属材料，如大多数合金钢、铜合金以及铝合金，其拉伸曲线不出现平台，而脆性材料，如普通铸铁、镁合金等，甚至断裂之前也不发生塑性变形，因此工程上规定试样发生某一微量塑性变形（0.2%）时的应力作为该材料的屈服强度，即所谓的“条件屈服强度”，记作 $\sigma_{0.2}$。

3. 抗拉强度（σ_b）

试样在屈服时，由于塑性变形而产生加工硬化，所以只有载荷继续增大时变形才能继续增加，直到增至最大载荷 F_b。拉伸曲线的这一阶段，试样沿整个长度均匀伸长，当载荷达到 F_b 后，试样就在某个薄弱部位形成“缩颈”，如图 1-1b 所示。此时不增加载荷试样也会发生断裂。F_b 是试样承受的最大外力，相应的应力即为材料的抗拉强度，用 σ_b 表示，单位为 MPa，代表金属材料抵抗大量塑性变形的能力，即

$$\sigma_b = \frac{F_b}{S_0}$$

式中　F_b——试样在屈服阶段之后所能抵抗的最大载荷，对于无明显屈服（连续屈服）的金属材料，为试验期间的最大载荷（N）；

S_0——试样的原始截面积（mm^2）。

抗拉强度是工程上最重要的力学性能指标之一。对于塑性较好的材料，σ_b 表示了对最大均匀变形的抗力。对于塑性较差的材料，一旦达到最大载荷，材料便迅速发生断裂，所以 σ_b 也是材料的断裂抗力（断裂强度）指标。一般机器构件都是在弹性状态下工作的，不允许微小的塑性变形，所以在机械设计时应采用 σ_s 或 $\sigma_{0.2}$ 强度指标，并加上适当的安全系数。但由于抗拉强度 σ_b 测定较方便，而且数据也较准确，所以设计零件时有时也可以直接采用抗拉强度 σ_b，但需使用较大的安全系数。

σ_s/σ_b 的比值称为屈强比，是一个有意义的指标。比值越大，越能发挥材料的潜力，减小结构的自重。但为了使用安全，亦不宜过大，适合的比值在 0.65～0.75 之间。

4. 疲劳强度（σ_{-1}）

某些机器零件，如轴、弹簧、齿轮、叶片等，在交变载荷的长期作用下工作，很多情况是在工作应力峰值低于弹性极限的情况下突然破坏的。在多次交变载荷作用下的破坏现象，称为疲劳。交变载荷可以是大小交变、方向交变，或同时改变大小和方向的载荷。

金属材料的疲劳破坏过程，首先是在其薄弱部位，如在有应力集中或缺陷（划伤、夹渣、显微裂纹等）处产生微细裂纹。这种裂纹是疲劳源，而且一般出现在零件表面上，形成裂纹扩展区。当此区达到某一临界尺寸时，零件就会在甚至低于弹性极限的应力下突然脆断。最后的脆断区称为最终破断区。图 1-3a 是典型疲劳断口（汽车后轴）的宏观照片，而图 1-3b 是典型断口三个区域的示意图。

测定材料的疲劳强度时，要用较多的试样，在不同交变载荷下进行试验，作出疲劳曲线，如图 1-4 所示。由图可以看出，循环次数增加，应力降低。当应力降到某一值后，曲线变成水平直线，这就意味着材料可以经受无限次循环载荷而不发生疲劳断裂。把试样承受无

限次应力循环或达到规定的循环次数才断裂的最大应力，作为材料的疲劳强度。对在弯曲循环载荷下测定的疲劳强度用符号 σ_{-1}表示，而在剪切循环载荷下测定的用 τ_{-1}表示。

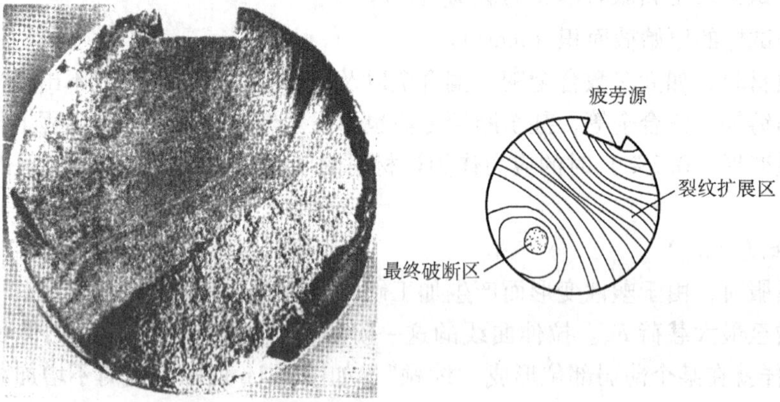

a)　　　　b)

图 1-3　疲劳断口的特征

a）汽车后轴的断口　b）断口的示意图

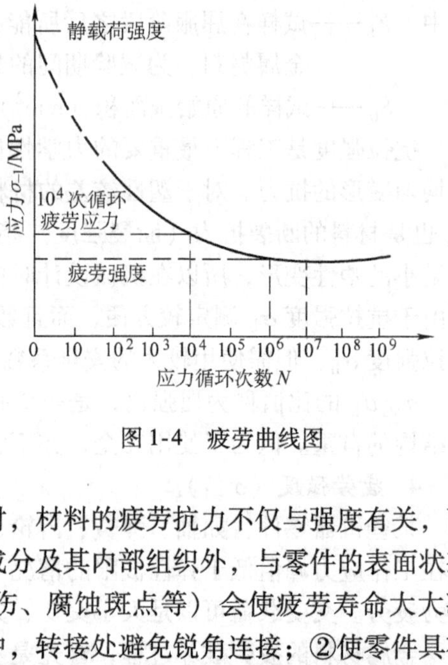

图 1-4　疲劳曲线图

图 1-4 是钢铁材料的疲劳曲线，在试验循环次数达到$N=10^7$ 时，出现水平直线。所以对于钢铁材料，把循环数达到 10^7 时的最大应力作为疲劳强度。非铁金属（有色金属）和合金的疲劳曲线不出现水平直线，工程上规定循环次数达到$N=10^8$ 时的最大应力作为它们的疲劳强度。材料的σ_{-1}与σ_b是紧密相关的。对钢来说，其关系大约为$\sigma_{-1}=0.45\sim0.55\sigma_b$。可见材料的疲劳强度随其抗拉强度增高而增高。根据疲劳的特点和总的循环次数，可以分为高周疲劳（$N\geqslant10^4$）和低周疲劳（$N\leqslant10^4$）。高周疲劳时，重要的性能是疲劳强度。如果零件的工作应力低于材料的疲劳强度，则在理论上不会发生疲劳断裂。而低周疲劳时，材料的疲劳抗力不仅与强度有关，而且与塑性有关。零件的疲劳强度除了取决于材料的成分及其内部组织外，与零件的表面状态及其形状也有很大关系。表面应力集中（划伤、损伤、腐蚀斑点等）会使疲劳寿命大大减低。提高零件寿命的方法是：①设计上减小应力集中，转接处避免锐角连接；②使零件具有较小的表面粗糙度；③强化表面，如渗碳、渗氮、喷丸、表面滚压等，在零件表面造成残余压应力，抵消一部分拉应力，降低零件表面实际拉应力峰值，从而提高零件的疲劳强度。

二、刚度指标

材料在弹性范围内，应力 σ 与应变 ε 的关系服从胡克定律：$\sigma=E\varepsilon$（或 $\tau=G\gamma$）。ε（或γ）为应变，即单位长度的变形量，$\varepsilon=\Delta l/l$。

材料的刚度通常用弹性模量 E 来衡量。弹性模量是指在应力－应变曲线上完全弹性变形阶段，应力与应变的比值。即

$$E=\frac{\sigma}{\varepsilon}$$

刚度是指材料在受力时抵抗弹性变形的能力，它表征了材料弹性变形的难易程度。

由图 1-2 可以看出，弹性模量是拉伸曲线上的斜率，即 $\tan\alpha=E$。斜率越大，弹性模量越大，弹性变形越不容易进行。因此 E、G 是表示材料抵抗弹性变形能力和衡量材料“刚度”的指标。弹性模量越大，材料的刚度越大，即具有特定外形尺寸的零件或构件保持其原有形状与尺寸的能力也越大。

弹性模量的大小主要取决于金属键，与显微组织的关系不大。合金化、热处理、冷变形等对刚度的影响很小，生产中一般不考虑也不检验它的大小，金属的弹性模量值基本上是一个定值。在材料不变的情况下，只有改变零件的截面尺寸或结构，才能改变它的刚度。

在设计机械零件时，要求刚度大的零件，应选用具有高弹性模量的材料。钢铁材料的弹性模量较大，所以对要求刚度大的零件，通常选用钢铁材料，例如镗床的镗杆应有足够的刚度，如果刚度不足，当进给量大时镗杆的弹性变形就会大，镗出的孔就会偏小，因而影响加工精度。

要求在弹性范围内对能量有很大吸收能力的零件（如仪表弹簧），一般使用软弹簧材料铍青铜、磷青铜制造，应具有极高的弹性极限和低的弹性模量。

在表 1-1 中列出的是常用金属的弹性模量。

表 1-1　常用金属的弹性模量

金　属	弹性模量 E/MPa	切变模量 G/MPa
铁	214 000	84 000
镍	210 000	84 000
钛	118 010	44 670
铝	72 000	27 000
铜	132 400	49 270
镁	45 000	18 000

三、塑性指标

塑性是指金属材料在载荷作用下断裂前发生不可恢复的永久变形的能力。评定材料塑性的指标通常是伸长率和断面收缩率。

1. 伸长率（δ）

伸长率可用下式表示

$$\delta=\frac{l_1-l_0}{l_0}\times 100\%$$

式中　l_0——试样原标距长度（mm）；

　　　l_1——拉断后试样的标距长度（mm）（图 1-1）。

材料伸长率的大小与试样原始标距 l_0 和原始截面积 S_0 密切相关。在 S_0 相同的情况下，l_0 越长则 δ 越小，反之亦然。对于同一材料，具有不同长度或截面积的试样要得到比较一致的 δ 值，必须使比值 $l_0/\sqrt{S_0^2}$ 为一常数。国家标准规定，当此值为 11.3 时，（$l_0=10d_0$ 的试棒），所得的伸长率用 δ_{10} 表示。当此值为 5.65 时，（$l_0=5d_0$ 的试棒），所得的伸长率用 δ_5

表示。同种材料的 δ_5 为 δ_{10} 的 1.2～1.5 倍。所以只有相同符号的伸长率才能相互进行比较。

2. 断面收缩率（ψ）

断面收缩率用下式求得

$$\psi = \frac{S_0 - S_1}{S_0} \times 100\%$$

式中 S_0——试样的原始截面积（mm^2）；

S_1——试样拉断后缩颈处的截面积（mm^2）（图 1-1）。

断面收缩率不受试样标距长度的影响，因此能更可靠地反映材料的塑性。对必须承受强烈变形的材料，塑性指标具有重要的意义。塑性优良的材料冷压成形性好。此外，重要的受力零件也要求具有一定的塑性，以防止超载时发生断裂。

必须指出，塑性指标不能直接用于零件的设计计算，只能根据经验来选定材料的塑性。一般来说，伸长率达 5% 或断面收缩率达 10% 的具有高收缩率的材料可承受高的冲击吸收功。

但对各种具体形状、尺寸和应力集中的零件来说，对塑性的要求是有一定限度的，并不是越大越好，否则会限制材料强度使用水平的提高，不能发挥材料强度的潜力，造成产品粗大笨重、浪费材料和缩短使用寿命。

四、韧性指标

1. 冲击韧度（a_K）

机械零部件在使用过程中不仅受到静载荷或动载荷作用，而且受到不同程度的冲击载荷作用，如锻锤、冲床、铆钉枪等。在设计和制造受冲击载荷的零件和工具时，必须考虑所用材料的冲击吸收功或冲击韧度。

目前最常用的冲击试验方法是摆锤式一次冲击试验，其试验原理如图 1-5 所示。

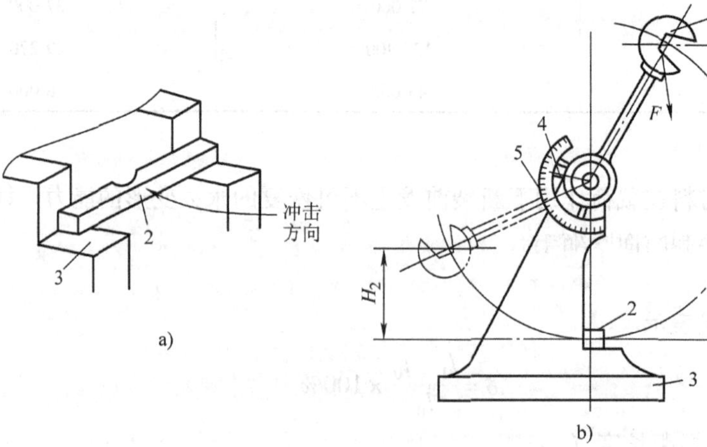

图 1-5 冲击试验原理图

1—摆锤 2—试样 3—机架 4—指针 5—刻度盘

欲测定的材料先加工成标准试样，然后放在试验机的机架上，试样缺口背向摆锤冲击方向（图 1-5），将具有一定重力 F 的摆锤举至一定高度 H_1，使其具有势能（FH_1），然后摆锤落下冲击试样；试样断裂后摆锤上摆到 H_2 高度。在忽略摩擦和阻力等条件下，摆锤冲断试样所做的功，称为冲击吸收功，用 A_K（单位 J）表示，则有 $A_K = FH_1 - FH_2 = F(H_1 - H_2)$。在 GB/T 229—2007 中，仅规定了冲击吸收功的概念。用试样的断口处截面积 S_N（单位 cm^2）与 A_K 的比值定义为冲击韧度，用 a_K 表示，单位为 J/cm^2，即

$$a_K = A_K / S_N$$

对一般常用钢材来说，所测冲击吸收功 A_K 越大，材料的韧性越好。但由于测出的冲击吸收功 A_K 的组成比较复杂，所以有时测得的 A_K 值及计算出来的 a_K 值不能真正反映材料的韧脆性质。

长期生产实践证明，A_K、a_K 值对材料的组织缺陷十分敏感，能灵敏地反映材料品质、宏观缺陷和显微组织方面的微小变化，因而冲击试验是生产上用来检验冶炼和热加工质量的有效办法之一。由于温度对一些材料的韧脆程度影响较大，为了确定出材料由韧性状态向脆性状态的转化趋势，可分别在一系列不同温度下进行冲击试验，测定出 A_K 值随试验温度的变化。实验表明，A_K 随温度的降低而减小，在某一温度范围，材料的 A_K 值急剧下降，表明材料由韧性状态向脆性状态转变，此时的温度称为韧脆转变温度。根据不同的钢材及使用条件，其韧脆转变温度的确定有冲击吸收功、脆性断面率、侧膨胀值等不同的评定方法。

2. 断裂韧度（K_{IC}）

前面讨论的力学性能，都是假定材料是均匀、连续、各向同性的。以这些假设为依据的设计方法称为常规设计方法。根据常规设计方法分析认为是安全的设计，有时会发生意外断裂事故。在研究这种在高强度金属材料中发生的低应力脆性断裂的过程中，发现前述假设是不成立的。实际上，材料的组织远非是均匀、各向同性的，组织中有微裂纹，还会有夹杂、气孔等宏观缺陷，这些缺陷可看成是材料中的裂纹。当材料受外力作用时，这些裂纹的尖端附近便出现应力集中，形成一个裂纹尖端的应力场。根据断裂力学对裂纹尖端应力场的分析，裂纹前端附近应力场的强弱主要取决于一个力学参数，即应力强度因子 K_I，单位为 $MN \cdot m^{-3/2}$。即

$$K_I = Y\sigma\sqrt{a}$$

式中 Y——与裂纹形状、加载方式及试样尺寸有关的量，是个无量纲的系数；

σ——外加拉应力（MPa）；

a——裂纹长度的一半（m）。

对某一个有裂纹的试样（或机件），在拉伸外力作用下，Y 值是一定的。当外加拉应力逐渐增大，或裂纹逐渐扩展时，裂纹尖端的应力强度因子 K_I 也随之增大；当 K_I 增大到某一临界值时，试样（或机件）中的裂纹会产生突然失稳扩展，导致断裂。这个应力强度因子的临界值称为材料的断裂韧度，用 K_{IC} 表示。

断裂韧度是用来反映材料抵抗裂纹失稳扩展，即抵抗脆性断裂能力的性能指标。当 $K_I < K_{IC}$ 时，裂纹扩展很慢或不扩展；当 $K_I \geqslant K_{IC}$ 时，则材料发生失稳脆断。这是一项重要的判断依据，可用来分析和计算一些实际问题。例如，若已知材料的断裂韧度和裂纹尺寸，便可以计算出裂纹扩展以致断裂的临界应力，即机件的承载能力；或者已知材料的断裂韧度和工作应力，就能确定材料中允许存在的最大裂纹尺寸。

断裂韧度是材料固有的力学性能指标，是强度和韧性的综合体现。它与裂纹的大小、形状、外加应力等无关，主要取决于材料的成分、内部组织和结构。

五、硬度指标

硬度是指材料抵抗局部变形，特别是表面局部塑性变形、压痕或划痕的能力。硬度是材料的一个重要指标，试验方法简便、迅速，不需要破坏试件，设备也比较简单，而且对大多数金属材料，可以从硬度值估算出它的抗拉强度，因此在设计图样的技术条件中大多规定材料的硬度值，检验材料或工艺是否合格有时也需采用硬度指标。因此，硬度试验在生产中广泛应用。

材料的硬度值是按一定方法测出的数据，不同方法在不同条件下测量的硬度值，因含意不同，其数据也不同，因此一般不能进行相互比较。工业生产中经常采用的硬度试验方法有以下几种。

1. 布氏硬度（HB）

布氏硬度试验方法是把规定直径的硬质合金球以一定的试验力压入所测材料表面（图1-6），保持规定时间后，测量表面压痕直径（图1-7），然后按下式计算硬度

$$\mathrm{HBW}=0.102\frac{F}{A}=0.102\frac{2F}{\pi D(D-\sqrt{D^2-d^2})}$$

式中 HBW ——使用硬质合金球试验时的布氏硬度值；

F ——试验力（N）；

A ——压痕表面积（mm^2）；

D ——球体直径（mm）；

d ——压痕平均直径（mm）。

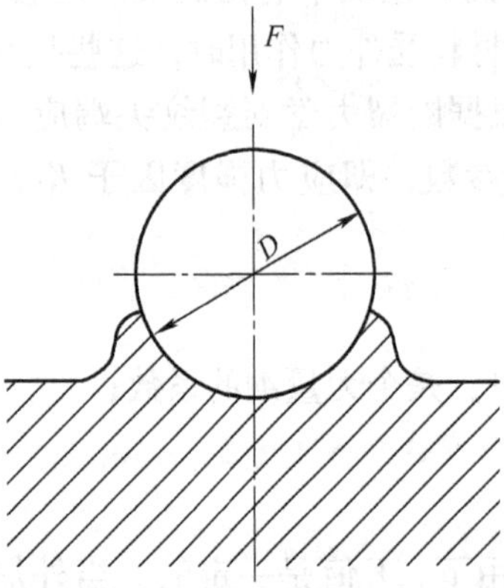

图1-6 布氏硬度测量示意图

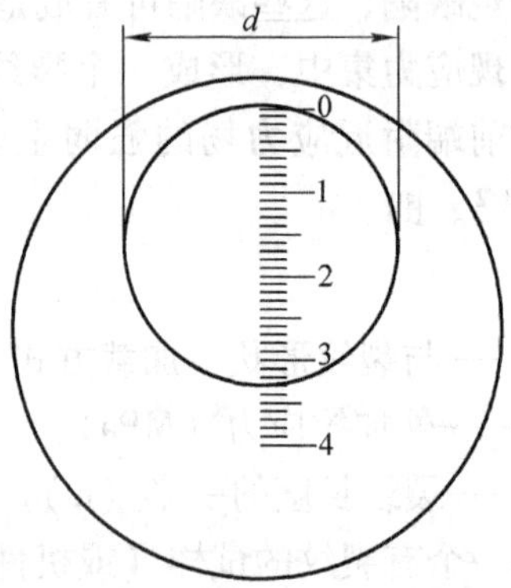

图1-7 用读数显微镜测量压痕直径

由于金属材料有软有硬，被测工件有薄有厚，尺寸有大有小，如果只采用一种标准的试验力 F 和压头直径 D，就会出现对某些材料和工件不适应的现象。因此，在进行布氏硬度试验时要求使用不同的试验力和压头直径，建立 F 和 D 的某种选配关系，以保证布氏硬度的不变性。

根据金属材料的种类、试样的硬度范围和厚度的不同，按照表1-2的规范选择试验压头直径 D、试验力 F 及保持时间。

符号HBW之前用数字标注硬度值，符号后面依次为：用数字注明压头直径（mm）、试验力（0.102N）及试验力保持时间（s）（10～15s不标注）。例如，500HBW5/750，表示用

直径 5mm 硬质合金球在 7355N 试验力作用下保持 10 ~ 15s，测得的布氏硬度值为 500。

目前，布氏硬度主要用于铸铁、非铁金属以及经退火、正火和调质处理的钢材。

表 1-2　布氏硬度试验规范

材料种类	布氏硬度 HBW	球直径 D/mm	$0.102F/D^2$	试验力 F/N	试验力保持时间/s	备　注
钢、铸铁	≥140	10	30	29420	10	压痕中心距试样边缘距离不应小于压痕平均直径的 2.5 倍 两相邻压痕中心距离至少为压痕平均直径的 3 倍 试样或试验层厚度应不小于残余压痕深度的 15 倍
		5		7355		
		2.5		1839		
	<140	10	10	9807	10 ~ 15	
		5		2452		
		2.5		613		
非铁金属材料	≥130	10	30	29420	30	
		5		7355		
		2.5		1839		
	35 ~ 130	10	10	9807	30	
		5		2452		
		2.5		613		
	<35	10	2.5	2452	60	
		5		613		
		2.5		153		

2. 洛氏硬度（HR）

洛氏硬度试验是目前应用最广的硬度试验方法，它是采用直接测量压痕深度来确定硬度值的。

洛氏硬度试验原理如图 1-8 所示。它是用顶角为 120°的金刚石圆锥体或直径为 1.588mm（1/16 英寸）的淬火钢球作压头，先施加初始试验力 F_1（98N），再加上主试验力 F_2，其总试验力为 $F = F_1 + F_2$（588N、980N、1471N）。图中 1 为压头受到初始试验力 F_1 后压入试样的位置；2 为压头受到总试验力 F 后压入试样的位置且经规定的保持时间；卸除

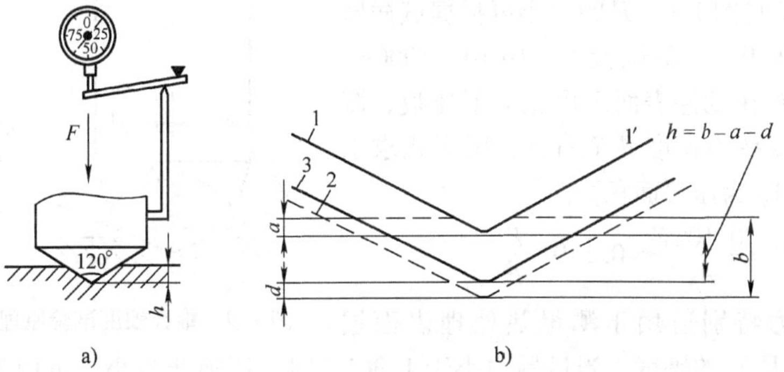

图 1-8　洛氏硬度试验原理

主试验力 F_2，仍保留初试验力 F_1，试样弹性变形的恢复使压头上升到3的位置。此时压头受主试验力作用压入的深度为 h，即1位置至3位置。

金属越硬，h 值越小。为适应人们习惯上数值越大硬度越高的观念，故人为地规定将一常数 K 减去压痕深度 h 的值作为洛氏硬度指标，并规定每0.002mm为一个洛氏硬度单位，用符号HR表示，则洛氏硬度值为

$$HR = \frac{K-h}{0.002}$$

由此可见，洛氏硬度值是一个无量纲的材料性能指标。使用金刚石压头时，常数 K 为0.2；使用钢球压头时，常数 K 为0.26。

为了能用一种硬度计测定从软到硬的材料硬度，采用了不同的压头和总试验力组成几种不同的洛氏硬度标度，每一个标度用一个字母在洛氏硬度符号HR后加以注明。我国常用的是HRA、HRB、HRC三种，试验条件（GB/T 230.1—2004）及应用范围见表1-3。洛氏硬度值标注方法为硬度符号前面注明硬度数值，例如52HRC、70HRA等。

洛氏硬度HRC可以用于硬度很高的材料，操作简便迅速，而且压痕很小，几乎不损伤工件表面，故在钢件热处理质量检查中应用最多。但由于压痕小，硬度值代表性就差些。如果材料有偏析或组织不均匀的情况，则所测硬度值的准确性差。故需在试样不同部位测定三点，取其算术平均值。

表1-3 常用的三种洛氏硬度的试验条件及应用范围

洛氏硬度符号	压头类型	总试验力 F/N	值有效范围	应用举例
HRA	120°金刚石圆锥体	588.4	70～85HRA	硬质合金，表面淬硬层，渗碳层
HRB	ϕ1.588mm淬火钢球	980.7	25～100HRB	非铁金属，退火、正火钢等
HRC	120°金刚石圆锥体	1471	20～67HRC	淬火钢，调质钢等

注：总试验力＝初始试验力＋主试验力；初始试验力全为98N。

3. 维氏硬度（HV）

为了更准确地测量金属零件的表面硬度或测量硬度很高的零件，常采用维氏硬度，其符号用HV表示。

维氏硬度试验也采用金刚石锥体，用正棱角锥，其测量原理见图1-9。F 的大小可根据试样厚度和其他条件选用，一般试验力可用10～1000N。试验时试验力 F 在试件表面压出正方形压痕，测量压痕两对角线平均长度 d（mm），用下式求出硬度值（式中 A_V 为压痕面积）

$$HV = \frac{0.102F}{A_V} \approx 0.1891\frac{F}{d^2}$$

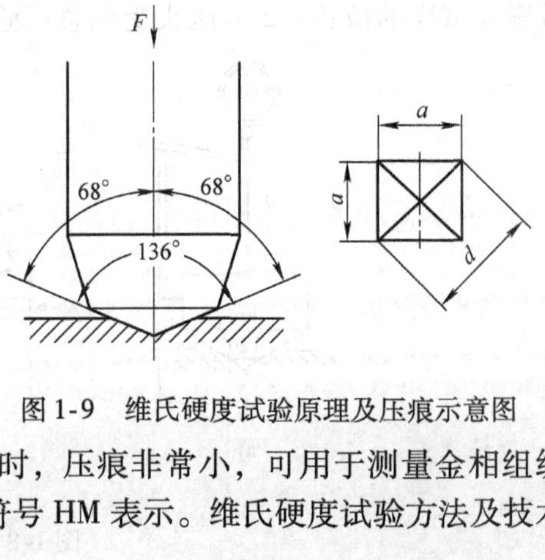

图1-9 维氏硬度试验原理及压痕示意图

10N试验力特别适用于测量热处理表面层（如渗碳、渗氮层）的硬度。当试验力小于1.961N时，压痕非常小，可用于测量金相组织中不同相的硬度，测得的结果称为显微硬度，多以符号HM表示。维氏硬度试验方法及技术条件可参阅国家标准GB/T 4340.1—1999。

第二节 金属材料的物理和化学性能

一、金属材料的物理性能

金属材料的物理性能是指在重力、电磁场、热力（温度）等物理因素作用下，材料所表现的性能或固有属性。机械零件及工程构件在制造中所涉及的金属材料的物理性能主要包括密度、熔点、导电性、导热性、热膨胀性、磁性等。

1. 密度

同一温度下单位体积物质的质量称为密度（g/cm^3 或 kg/m^3），与水密度之比叫相对密度。根据相对密度的大小，可将金属分为轻金属（相对密度小于4.5）和重金属（相对密度大于4.5）。Al、Mg 等及其合金属于轻金属；Cu、Fe、Pb、Zn、Sn 等及其合金属于重金属。在机械制造业中，某些高速运转的零件、车辆、飞机、导弹以及航天器等，常要求在满足力学性能的条件下尽量减轻材料质量，因而常采用铝合金、钛合金等轻金属。常用的金属材料的相对密度差别很大，如铜为8.9，铁为7.8，钛为4.5. 铝为2.7等。在非金属材料中，陶瓷的密度较大，塑料的密度较小，常用的聚乙烯、聚丙烯、聚苯乙烯等塑料的相对密度为0.9～1.1。

2. 熔点

材料在缓慢加热时由固态转变为液态并有一定潜热吸收或放出时的转变温度，称为熔点。熔点低的金属（如 Pb、Sn 等）可以用来制造钎焊的钎料、熔体（保险丝）和铅字等；熔点高的金属（如 Fe、Ni、Cr、Mo 等）可以用来制造高温零件，如加热炉构件、电热元件、喷气机叶片，以及火箭、导弹中的耐高温零件。

非金属材料中的陶瓷（金属陶瓷）有一定熔点，如石英（SiO_2）熔点为1670℃，苦土（MgO）熔点为2800℃，常用作耐火材料；而塑料和一般玻璃等非晶态材料则没有熔点，只有软化点或称玻璃化温度。

3. 导电性

材料传导电流的能力称为导电性。以电导率 γ（单位 s/m）表示。纯金属中银的导电性最好，其次是铜、铝。工程中为减少电能损耗常采用纯铜或纯铝作为输电导体；采用导电性差的材料（如 Fe－Cr、Ni－Cr、Fe－Cr－Al 等合金、碳硅棒等）作为加热元件。

4. 导热性

材料传导热量的能力称为导热性，用热导率 λ（单位 W/（m · K））表示。热导率越大，导热性越好。纯金属的导热性比合金好，银、铜的导热性最好，铝次之。非金属中，碳（金刚石）的导热性最好。

合金钢的导热性比碳钢差，因此合金钢在进行热处理加热时的加热速度应缓慢，以保证工件或坯料内外温差小，减少变形和开裂倾向。另外，导热性差的金属材料切削加工也较困难。

5. 热膨胀性

材料因温度改变而引起的体积变化现象称为热膨胀性，一般用线膨胀系数来表示。常温下工作的普通机械零件（构件）可不考虑热膨胀性，但在一些特殊场合就必须考虑其影响，例如工作在温差较大场合的长零（构）件（如火车导轨等）、精密仪器仪表的关键零件热膨胀系数均要小。工程中也常利用材料的热膨胀性来装配或拆卸配合过盈量较大的机械零件。

6. 磁性

材料在磁场中能被磁化或导磁的能力称为导磁性或磁性。通常用磁导率μ（单位H/m）来表示。具有显著磁性的材料称为磁性材料。目前应用的磁性材料有金属和陶瓷两类：金属磁性材料也称为铁磁材料，常用的有Fe、Co、Ni等金属及其合金；陶瓷磁性材料通称为铁氧体。工程中常利用材料的磁性制造机械及电气零件。

二、金属材料的化学性能

材料的化学性能是指材料抵抗其周围介质侵蚀的能力，主要包括耐蚀性和热稳定性等。

1. 耐蚀性

金属材料在常温下抵抗周围介质侵蚀的能力称为耐蚀性，包括化学腐蚀和电化学腐蚀两种类型。化学腐蚀一般是在干燥气体及非电解液中进行的，腐蚀时没有电流产生；电化学腐蚀是在电解液中进行，腐蚀时有微电流产生。

根据介质侵蚀能力的强弱，对于不同介质中工作的金属材料的耐蚀性要求也不相同。如海洋设备及船舶用钢，须耐海水和海洋大气腐蚀；而贮存和运输酸类的容器、管道等，则应具有较高的耐酸性能。一种金属材料在某种介质、某种条件下是耐蚀的，而在另一种介质或条件下就可能不耐蚀。如镍铬不锈钢在稀酸中耐蚀，而在盐酸中则不耐蚀；铜及铜合金在一般大气中耐蚀，但在氨水中却不耐蚀。

2. 热稳定性

材料在高温下抵抗氧化的能力称为热稳定性。在高温（高压）下工作的锅炉、各种加热炉、内燃机中的零件等都要求具有良好的热稳定性。

思考题和习题

1. 说明以下符号的意义和单位。

σ_e、σ_s、σ_b、σ_{-1}、E、δ、ψ、a_K、HBW、HRC、HV。

2. 在设计机械零件时多用哪两种强度指标？为什么？

3. 设计刚度好的零件，应根据何种指标选择材料？采用何种材料为宜？材料的E越大，其塑性越差。这种说法是否正确？为什么？

4. 拉伸试样的原标距长度为50mm，直径为10mm，拉断后对接试样的标距长度为79mm，缩颈区的最小直径为4.9mm，求其伸长率和断面收缩率。

5. 标距不相同的伸长率能否进行比较？为什么？

6. 常用的硬度试验方法有几种？其应用范围如何？这些方法测出的硬度值能否进行比较？

7. 反映材料受冲击载荷的性能指标是什么？不同条件下测得的这种指标能否比较？怎样应用这种性能指标？

8. 疲劳破坏是怎样形成的？提高零件疲劳寿命的方法有哪些？为什么表面粗糙和零件尺寸增大能使材料的疲劳强度减小？

9. 断裂韧度是表明材料何种性能的指标？为什么要求在设计零件时考虑这种指标？

10. 下列说法是否正确？如不正确请更正。

（1）机械在运行中各零件都承受外加载荷，材料强度高的不会变形，材料强度低的一定会变形。

（2）材料的强度高，其硬度就高，所以刚度就大。

（3）强度高的材料，塑性都低。

（4）弹性极限高的材料，所产生的弹性变形大。

11. 下列零件图样标注的硬度是否正确？如有错误，请改正。

（1）HBW600～650

（2）HRC70～75

（3）HRB90N/mm^2

（4）HB200～300MN/m^2

12. 下列各种工件或钢材可用哪些硬度试验法测定其硬度值？（写出硬度符号）

（1）钢车刀、锉刀

（2）材料库中的原材料

（3）渗碳钢工件

（4）铝合金半成品

第二章 常见金属的晶体结构与结晶

物质是由原子构成的。根据原子在物质内部的排列方式不同，可将固态物质分为晶体和非晶体两大类。凡内部原子呈规则排列的物质称为晶体，如所有固态金属都是晶体；凡内部原子无规则排列的物质称为非晶体，如松香、玻璃等都是非晶体。晶体与非晶体不同，晶体具有一定的熔点、规则的几何外形及各向异性。

金属原子结构的特点是原子最外层电子数很少，这些最外层电子很容易脱离原子核的引力，成为自由电子，同时使原子成为正离子。大量金属原子聚集在一起构成固态金属时，绝大多数原子会失去其最外层电子而成为正离子；脱离原子核束缚的自由电子在各正离子之间自由运动，并为整个金属原子所共有，形成“电子云”。金属晶体就是依靠各正离子和电子云之间的静电引力牢固地结合在一起的。这种共有化的电子和正离子以静电引力结合起来就形成了所谓的金属键。

金属键理论能较好地解释固态金属的下述特性：由于金属中存在大量自由电子，在外加电场作用下自由电子作定向流动，形成电流，故具有良好的导电性；随着温度升高，作热运动的正离子的振动频率和振幅增加，自由电子定向运动的阻力增大，所以电阻率增高，即具有正的电阻温度系数；各种固体是靠其原子（分子或离子）的振动而传递热能的，而金属固体除正离子振动传热之外，其自由电子运动也能传热，所以金属的导热性一般比非金属好；金属在外力作用下，各部分原子发生相对移动而改变形状时，正离子与自由电子间仍保持金属键结合而不被破坏，故显示出良好的可锻性。

金属材料的性能与其内部的晶体结构和组织状态密切相关。因此，研究金属的晶体结构与结晶过程，掌握其规律，可以更好地控制其性能，正确选用材料，并指导人们开发新型材料。

第一节 常见金属的晶体结构

一、晶体的结构

晶体结构就是晶体内部原子排列的方式及特征。只有研究金属的晶体结构，才能从本质上说明金属性能的差异及变化的实质。

1. 晶格

为了便于研究和描述晶体内原子的排列规律，通常把原子当作刚性小球，并把不停地热振动的原子看成在其平衡位置上静止不动，且处在振动中心，如图 2-1a 所示。

以假想的直线在几个方向上将原子振动中心连接起来，形成一个空间格子，叫做晶格（图 2-1b）。

2. 晶胞

由图 2-1b 可见，晶体中的原子排列具有周期性，可以从晶格中选取一个能代表晶格特征的最小几何单元来研究晶体结构，那么，这个最小几何单元就叫晶胞（图 2-1c）。

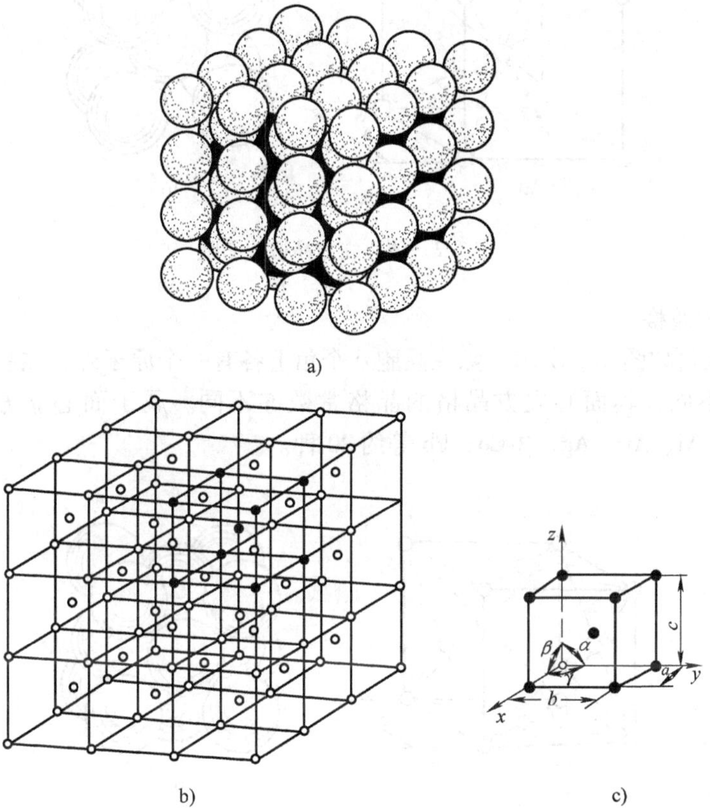

图 2-1 α-Fe 原子排列示意图
a）原子堆垛模型 b）晶格 c）晶胞

3. 晶格常数

在图 2-1c 中，晶胞的三个互相垂直的棱边长度 a、b、c 及三棱边夹角 α、β 和 γ，通常可以表示晶胞的尺寸和形状。a、b、c 的单位为Å或 nm（$1\text{Å}=10^{-10}\text{m}=0.1\text{nm}$）。这六个量被称为晶格常数。在立方晶格中，$a=b=c$，且 $\alpha=\beta=\gamma=90°$。

二、常见金属的晶格类型

在已知的 80 多种金属元素中，除少数具有复杂的晶体结构外，大多数具有简单的晶体结构。这是由于金属键没有方向性和饱和性，结合对象的选择性不强，所以金属原子结合在一起总是趋于结合得最紧凑和最密集。这种最密集的排列方式就是面心立方晶格和密排六方晶格，其次为体心立方晶格。

1. 体心立方晶格

这种晶格如图 2-2 所示，除晶胞的八个角上各有一个原子外，中心还有一个原子。不同金属由于其原子直径不同，晶格常数也不同。属于体心立方晶格的金属有 α-Fe、Cr、W、V、β-Ti 等 30 多种。

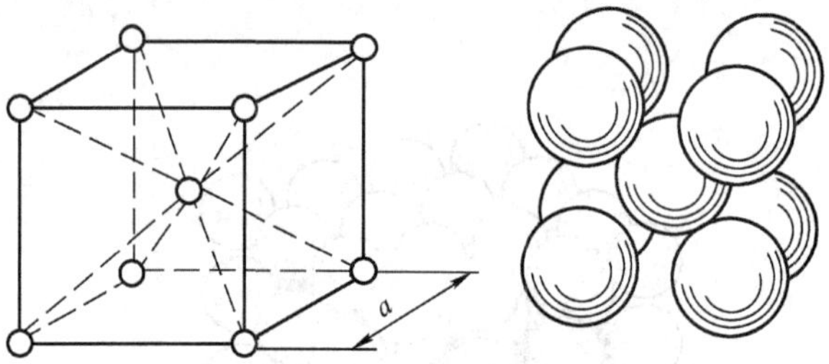

a) b)

图 2-2 体心立方晶格的晶胞

2. 面心立方晶格

面心立方晶格如图 2-3 所示，除在晶胞八个角上各有一个原子外，在各面的中心还有一个原子。金属不同，其面心立方晶格的晶格常数亦不同。属于面心立方晶格的金属有：γ-Fe、Al、Cu、Ni、Au、Ag、β-Co、Pb 等约 20 种。

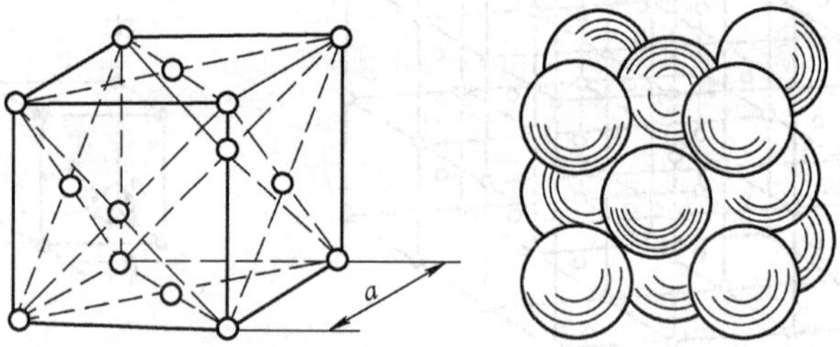

a) b)

图 2-3 面心立方晶格的晶胞

3. 密排六方晶格

这种晶格晶胞的原子排列如图 2-4 所示。在晶胞六棱柱体的十二个角和上下六边形底面中心各有一个原子，晶胞的中间还有三个原子。密排六方晶格晶胞的晶格常数常用二棱边 a 和 c 来表示（图 2-4a），其比值 c/a 约为 1.633。

具有这种晶格的金属有：Mg、Zn、Be、α-Ti、α-Co、Cd 等。

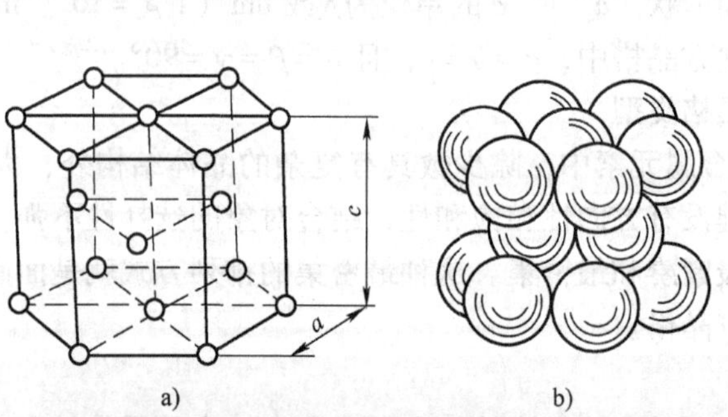

a) b)

图 2-4 密排六方晶格的晶胞

三、金属的实际晶体结构

通常用的金属都是由很多晶粒组成的，叫做多晶体。图 2-5 为工业纯铁的显微组织，由许多类似多边形的颗粒组成，把这些小颗粒称为晶粒。晶粒之间的界面称为晶界，每一晶粒相当于一个单晶体。金属晶体中各个晶粒的原子排列虽然相同，但每个晶粒原子排列的位向是不相同的，如图 2-6 所示。

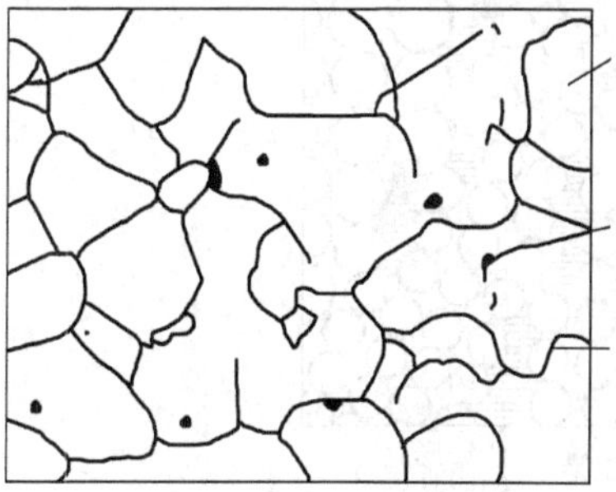

图 2-5 工业纯铁的显微组织图

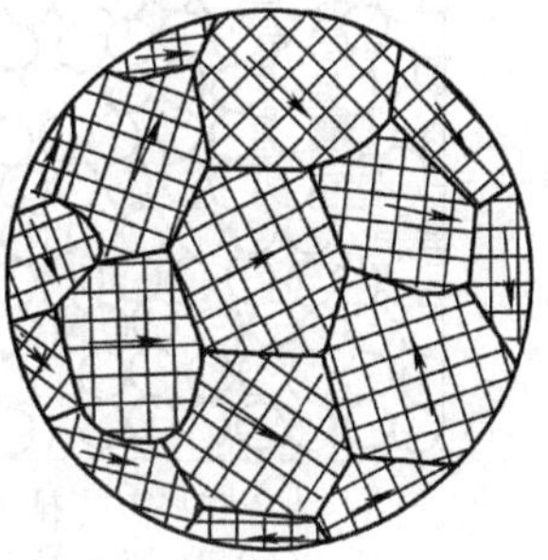

图 2-6 各晶粒位向示意图

多晶体金属的性能在各个方向上基本上是一致的，例如 α-Fe 多晶体在各方向的弹性模量 E 都是 2.1×10^5MPa，这种现象称之为“伪各向同性”。这是由于在多晶体中，虽然每个晶体都是各向异性的，但它们是任意分布的，晶体的性能在各个方向相互补充和抵消，再加上晶界的作用，就掩盖了每个晶粒的各向异性。

实际应用的金属，其内部结构的原子排列并非是完全完整无缺的，而是在每个晶体的某些部位，由于铸造、变形等一系列原因使原子排列受到破坏，从而存在着各种各样缺陷。实际金属晶体的结构如图 2-7 所示，存在有空位、间隙原子、位错、晶界等缺陷。根据晶格缺陷的几何特征，可分为点缺陷、线缺陷和面缺陷三类。

1. 点缺陷

点缺陷是指晶体在三维方向上尺寸很小（原子尺寸范围内）的缺陷。常见的点缺陷有空位、间隙原子和置代原子。

在实际晶体中，并非晶格每一位置都有原子占据，而有些是空的，称为空位。当金属中含有杂质，而这些杂质原子又相当小时，这些杂质原子往往存在于金属晶格的间隙中，称为间隙原子。例如钢中的碳、氢、氧便是以这样的方式溶于铁中。当异类原子占据晶格的位置时，称为置代原子。

由于空位、间隙原子、置代原子的存在引起周围晶格畸变（图 2-8），其结果使金属屈服强度增高，影响金属的许多物理、化学性能。

空位和间隙原子不是固定不变的。当空位周围的某个原子获得足够振动的能量时，它就会脱离原来的位置而进入空位，而在原来的位置上形成新的空位，这就是空位运动。同理，间隙原子也可以从这一间隙跑到另一间隙。这种空位或间隙原子的运动，是化学热处理时原子扩散的重要方式。

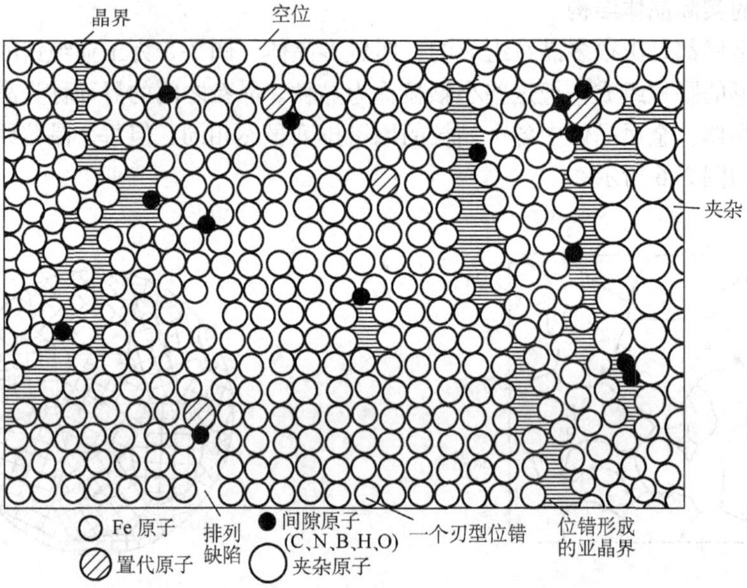

图2-7 实际金属晶体的结构

2. 线缺陷

线缺陷是指晶体在三维方向上两个方向的尺寸很小，另一个方向的尺寸相对很大的呈线状分布的晶格缺陷。主要指各种类型的位错。

位错是金属的一种更重要的缺陷，它是晶体滑移部分与未滑移部分的交界线，即位错线，简称位错。通常位错分为两种：一种称为刃型位错；一种称为螺型位错。

刃型位错如图2-9所示，晶体上下两部分的原子排列数不同，好像是沿着某一晶面插入了一个原子平面，但没有插到底。刃型位错可用符号“⊥”或“⊤”表示。

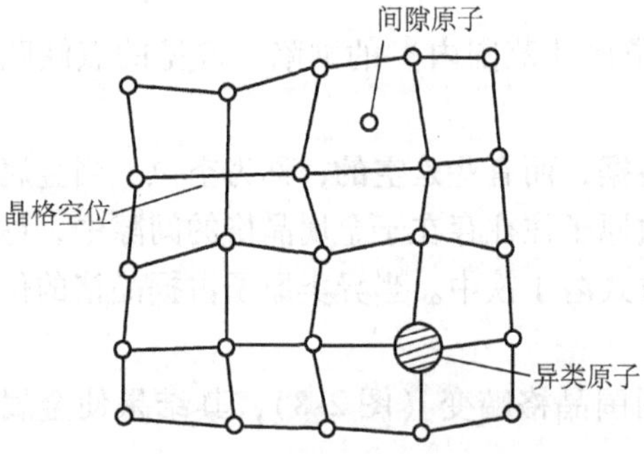

图2-8 空位及间隙原子引起晶格畸变

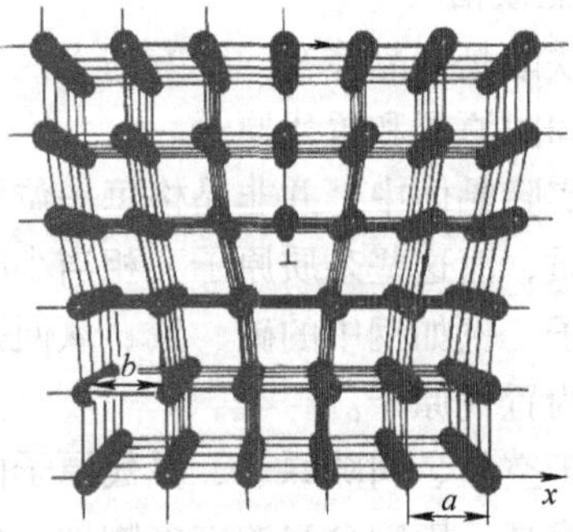

图2-9 刃型位错

螺型位错如图2-10所示，晶体上下两部分的原子排列面在某些区域相互吻合的次序发生错动，使不吻合的过渡区域的原子排列呈螺旋形，因此称为螺型位错。

在位错附近区域产生晶格畸变。位错的特点是易动，对金属的塑性变形、强度、扩散、相变、疲劳、腐蚀等物理化学性能都起重要作用。

晶体中的位错密度用单位体积中位错线的总长度或晶体中单位面积上位错线的根数来度量。铸造金属的位错密度约为$10^4 \sim 10^6/cm^2$，冷变形后可达$10^{12}/cm^2$。在国外，某些材料的位错密度已被列入有关规范。图2-11为用电子显微镜观察到的金属锗中的刃型位错。

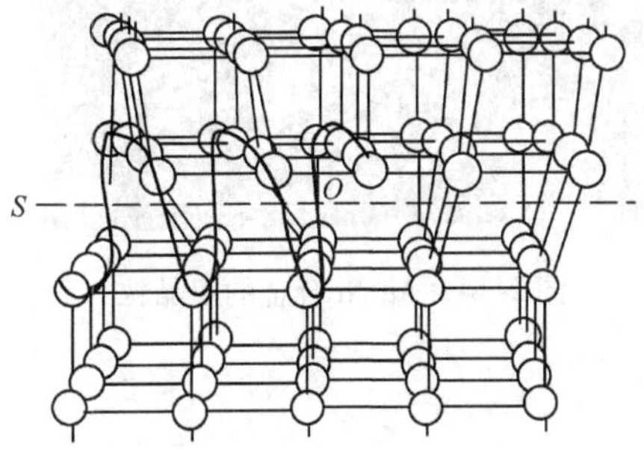

图2-10　螺型位错

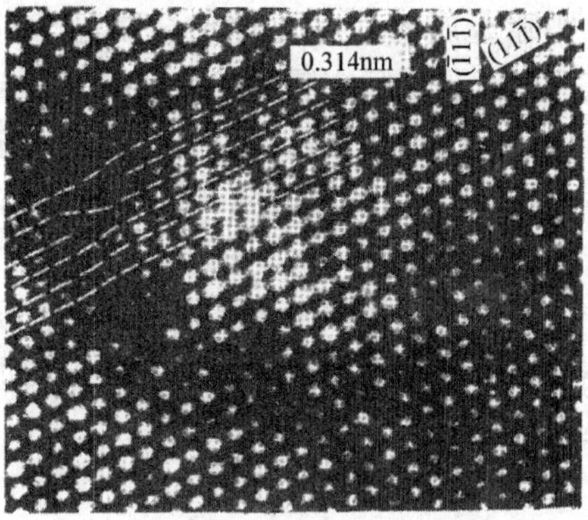

图2-11　用电子显微镜观察到的金属锗中的刃型位错

3. 面缺陷

面缺陷是指晶体中存在一个方向上的尺寸很小，另外两个方向上的尺寸相对很大，呈现面状分布的晶格缺陷。金属晶体中的面缺陷主要指晶体材料中的各种界面，如晶界、亚晶界和相界。

晶界可以被看成是两个邻近晶粒间具有一定宽度的过渡地带，其原子排列是不规则的，处于相邻两晶粒取向的折衷位置上，如图2-12所示。相邻晶粒的位向差大于15°的称为大角度晶界；反之，称为小角度晶界。一般认为，小角度晶界大多是由一系列位错排列而成的，如图2-13所示。

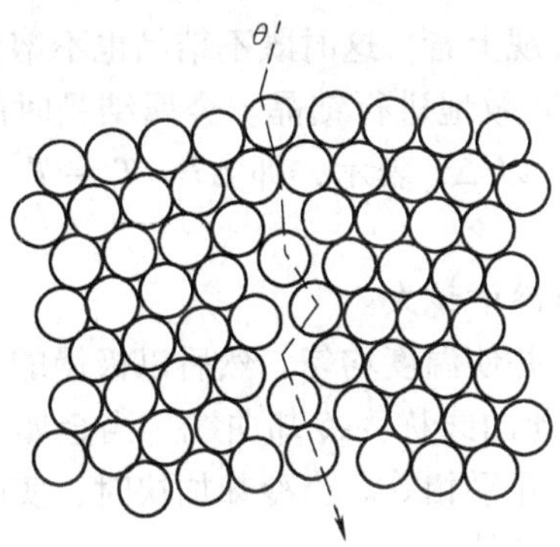

图2-12　大角度晶界的原子排列示意图

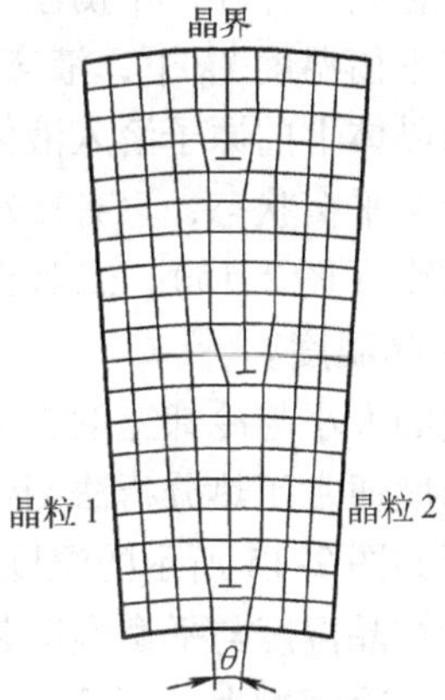

图2-13　小角度晶界的位错模型

晶界处的晶格畸变，处于一种不稳定状态，比晶粒内部具有高的能量，原子间的空隙也较大，并常有杂质存在。

在电子显微镜下观察晶粒可以看出，除晶界外，晶粒是由一些小晶块所组成，这些小晶块称为“亚结构”（也称亚晶、嵌镶块）。它们的边界是由一系列刃型位错构成的角度特别小的晶界，称之为亚晶界，位向差一般只有几十分之一至两度，因此细化亚晶粒，可以显著提高金属的强度和硬度。图 2-14 是 Au-Ni 合金的亚晶粒。实际金属的强度比理想金属晶体约低一半，其原因就是实际金属中存在着缺陷，特别是位错。位错的易动性使晶体易于变形，以至局部断裂。不过，当大量缺陷存在时，由于缺陷本身彼此之间的相互作用，发生相互干扰，阻碍原子往某一方向运动，反而使金属强度提高。研究金属晶体结构缺陷的实际意义之一，在于增加缺陷数量是强化金属的重要途径。

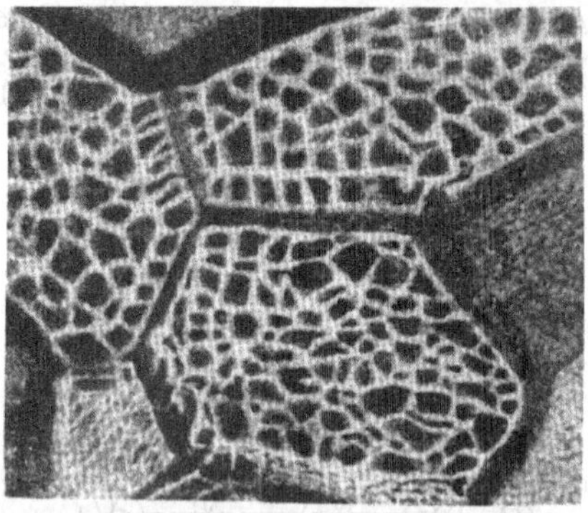

图 2-14 Au-Ni 合金的亚晶粒

第二节 实际金属的结晶

除粉末冶金产品外，金属制品一般都要经过熔化、浇铸的工序。前面讨论的晶体内部结构都是关于固态的。工业上所用的机件，相当一部分是直接利用铸件，所以铸造的生产过程会直接影响它的质量。金属结晶时形成的铸态组织，也影响锻、轧件的各种性能。此外，使金属材料组织发生变化的加工过程仍与其铸造组织有联系。因此，了解金属从液态结晶为固体的规律是十分必要的。

一、结晶的一般规律

1. 过冷现象

结晶就是原子由不规则排列状态（液态）过渡到规则排列状态（固态）的过程。

对每一金属，存在一平衡温度，用 T_0 表示。当液态金属冷却到低于这一温度时，即开始结晶。在平衡温度 T_0 下，液态金属与其晶体处于平衡状态，这时液体中的原子结晶为晶体的速度与晶体上的原子溶入液体中的速度相等。从宏观上看，这时既不结晶也不熔化，晶体与液体处于平衡状态，只有冷却到低于 T_0 温度才能有效地进行结晶。金属结晶时的这种现象称为过冷（图 2-15），二者温度之差称为过冷度，以 ΔT 表示，即 $\Delta T = T_0 - T_n$。式中 T_n 为实际结晶温度。

过冷度的大小与冷却速度有关。冷却速度越快，过冷度越大。

结晶温度通常用热分析法测量，即先将金属熔化，并使温度均匀，然后以极慢的速度冷却，记录下如图 2-15 所示的温度随时间的变化曲线，此曲线称为冷却曲线。当金属开始结晶时，实际结晶温度与平衡温度趋于一致，即 T_0 与 T_n 几乎相等。当冷却加快时，实际结晶温度下降，过冷度增大。可见，过冷是金属结晶的必要条件。

为什么金属液体必须过冷才能结晶呢？这是由热力学条件决定的。液态结晶，以及以后讲的热处理的相变过程，是从一种状态转变为另一种状态，可用自由能 E 这个状态函数来表示。自由能的物理意义是指在物质转变过程中用来对外界作功的那部分能量。

在等温等压条件下，一切自发转变过程都是朝着自由能减小方向进行的（即新态与旧态自由能差值 $\Delta E < 0$）；就是说，在这种转变过程中不需外界对其作功。相反，如果转变的

结果是自由能增加（$\Delta E>0$），则不能自发进行。

液态金属转变为固态金属，伴随自由能减小（图 2-16），这是转变过程的推动力。在 T_0 温度，液态和固态处于平衡状态，没有自由能变化，即没有推动力，因而不能进行结晶，只有在过冷的条件下才能满足这一热力学条件，因此结晶必须在过冷的条件下进行。过冷度 ΔT 越大，液态金属和固态金属的自由能差越大，结晶的推动力越大，即晶体的生长速度越快。

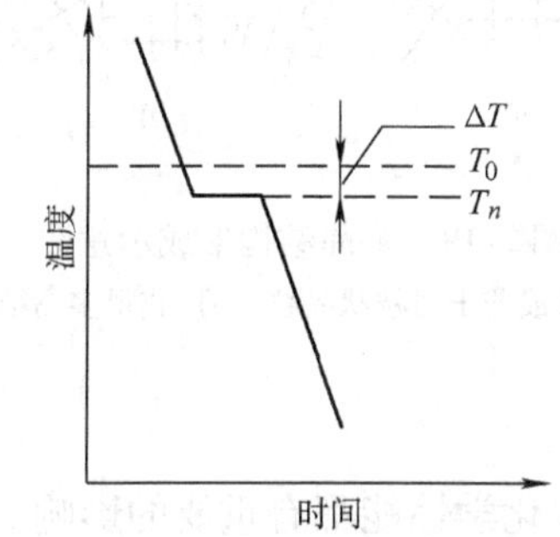

图 2-15　纯金属的冷却曲线

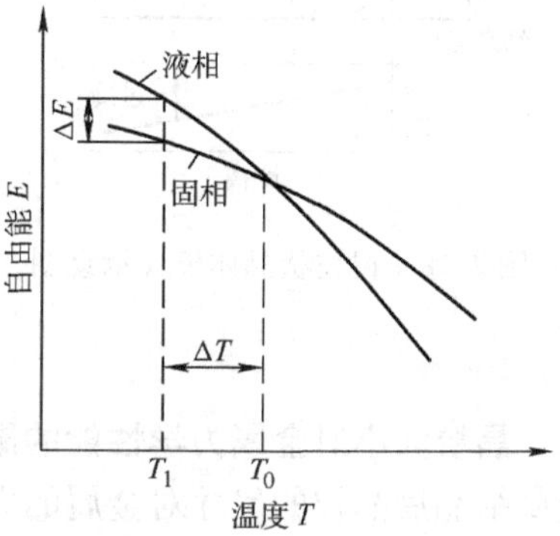

图 2-16　液体与晶体在不同温度下自由能的变化

过冷是结晶的必要条件，但不是充分条件。要进行结晶，还要满足动力学条件，如原子的移动和扩散等。

2. 结晶的一般过程

实验证明，结晶过程总是从形成一些极小的晶体开始，称这些细小晶体为晶核，如图 2-17a ~ f 所示。此后，液体中的原子不断向晶核聚集，使晶核长大；同时液体中会不断有新的晶核形成并长大，直到每个晶粒长大到相互接触，液体消失为止。结晶的这种形核与长大过程，是一切物质（包括非金属物质）进行结晶的普遍规律。

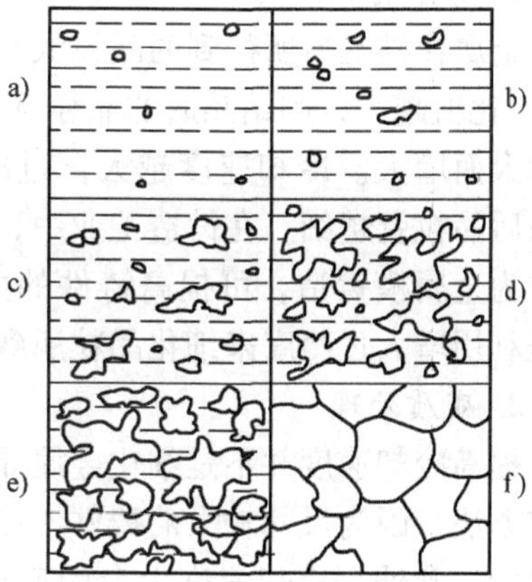

图 2-17　金属的结晶过程示意图

3. 自发形核与非自发形核

在一定过冷条件下，仅依靠本身的原子有规则排列而形成晶核，称为自发形核。在实际铸造生产中，这种形核现象很少。通常金属液中总是存在着各种固态杂质微粒，依附于这些杂质表面很容易形成晶核，这种形核过程叫非自发形核。

4. 晶核的长大

晶核形成后随着便是长大。如果在晶核的平面上偶然出现一个突起，则由于此突起前方的液体处于过冷状态，该处散热条件比较好，故此突起将继续向液体不断伸展而形成枝干，称为晶轴，再向侧面伸展形成树枝状，如图 2-18 所示。各个树枝状晶体长大接触后，就获得如图 2-19 所示的多晶结构。

晶体在长大过程中，树枝状晶体的晶轴可能由于种种原因，如金属流动等，使晶轴之间发生转动，产生晶格的位向差，从而在晶粒内形成亚晶粒。

必须指出，树枝状长大并不是晶体的唯一长大方式，还有平面长大方式。

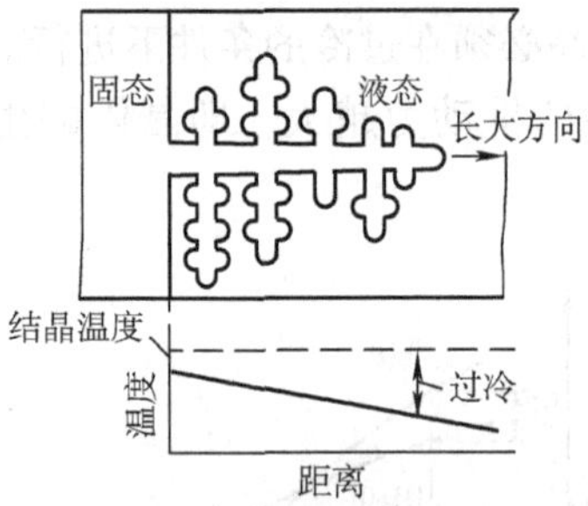

图 2-18 树枝状晶体长大示意图

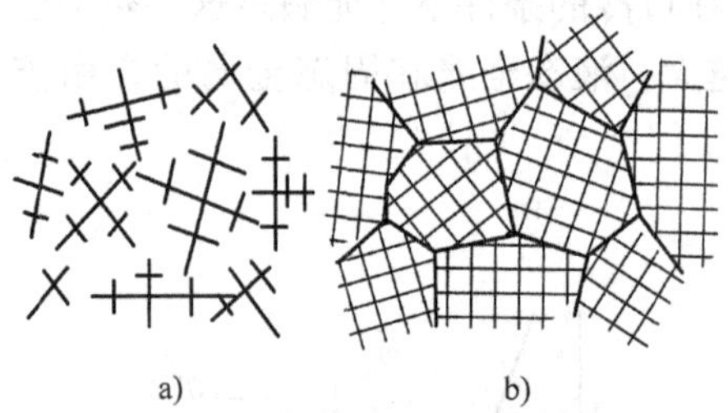

图 2-19 多晶结构形成示意图

a）形成若干树枝状晶粒 b）获得多晶结构

二、晶粒大小对金属力学性能的影响

金属结晶后晶粒的尺寸对金属的力学性能以及物理和化学性能都有重要的影响。晶粒的大小称为晶粒度，用单位体积内晶粒的数目来表示。数目越多，晶粒越小。为了测量方便，常用单位截面积上晶粒的数目或晶粒的平均直径来表示。对细晶粒金属来说，不但强度、硬度高，而且塑性好。

三、影响晶粒大小的因素及晶粒大小的控制

1. 过冷度的影响

金属在结晶后所得到的晶粒大小，取决于其结晶过程中的生核率 N 与长大速度 v 的比值 N/v。比值越大，则结晶后的晶粒越细；反之则越粗。从图 2-20 可以看出，N/v 值随过冷度的增大而增大。冷却速度越大，过冷度越大，结晶后晶粒就越细。在铸造工业中，由砂型铸造改为金属模铸造，可提高铸件的力学性能，就是利用增大过冷度来细化晶粒所致。

2. 变质处理

提高冷却速度并不是细化金属晶粒的一种最佳方法，因为尺寸较大的铸件，冷却速度是有限的。此外，冷却速度大会引起应力增加，带来变形，甚至开裂。在实际生产过程中，为了提高产品的性能，有目的地在金属液中加入某些物质，使它在金属液中形成大量分散的固体质点，起非自发形核作用，用来细化铸件的晶粒，这种处理方法称为变质处理或孕育处理。加入的这种物质称为变质剂。例如，在浇铸铁液前加入石墨粉、硅钙合金，在铝合金中加入微量钛或铝，都能大大细化晶粒。

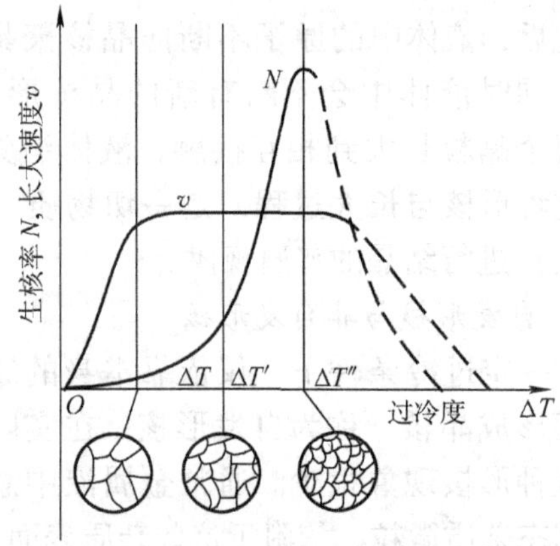

图 2-20 过冷度对生核率 N 和长大速度 v 的影响

此外，结晶时加以机械振动或用超声波、电磁搅拌金属，使液态金属发生相对运动，从而使在结晶初期形成的枝晶受到冲击而破坏，破碎枝晶作为晶核，也可获得细晶组织。

四、定向结晶与单晶

定向结晶是通过控制冷却方式，使沿铸件轴向造成一定的温度梯度，从而可使铸件从一端开始凝固，并按一定方向逐步向另一端发展的结晶过程。目前，已用这种方法生产出整个制件都是由同一方向的柱状晶所构成的涡轮叶片。柱状晶区比较致密，并且沿晶柱的方向和垂直于晶柱的方向在性能上有很大差别。沿柱晶方向的性能较好，而叶片工作时恰是沿这个方向承受较大载荷，因此这样的叶片具有良好的使用性能。例如结晶成等轴晶粒的叶片，工作温度最高可达880℃，而定向结晶的柱状晶叶片工作温度可达930℃。

单晶就是其原子都是按照一个规律和位向排列的一个晶体。硅单晶和锗单晶是大家熟知的制造电子元件的材料。单晶体制备的基本原理，就是使液体结晶时只形成一个晶核，再由这个晶核提拉成一整块晶体（称为拉晶）。拉晶的方法之一是将金属装入一个带尖头的容器中熔化，然后将容器从炉中缓慢拉出，容器的尖头首先移出炉外缓慢冷却，于是尖头部分产生一个晶核，在容器继续向炉外移动时，便由这一晶粒长成一个单晶。

由于单晶体具有高的强度和方向性能，如果把一些重要零件做成一个单晶，例如把飞机发动机的叶片凝固成一个晶体，工作温度可达970℃。激光元件也都采用单晶体。

思考题和习题

1. 解释下列名词。

结晶、晶格、晶胞、晶体、晶面、晶向、单晶体、多晶体、晶粒、亚晶粒、空位、位错、晶界、过冷度、变质处理。

2. 实际金属晶体中存在有哪些晶体缺陷？对性能有什么影响？

3. 什么叫过冷度？它对结晶过程和晶粒度的影响规律如何？

4. 为何单晶体具有各向异性，而多晶体在一般情况下不显示出各向异性？

5. 如果其他条件相同，试比较在下列铸造条件下，铸件晶粒的大小。

（1）金属模浇注与砂模浇注。

（2）高温浇注与低温浇注。

（3）铸成薄件与铸成厚铸件。

（4）浇注时采用振动与不采用振动。

6. 金属结晶的基本规律是什么？决定金属结晶后晶粒度的因素有哪些？如何控制金属结晶晶粒的大小？

7. 形核有几种？非自发形核对实际生产有何作用？

第三章　金属的塑性变形与再结晶

塑性是金属的重要特性之一。金属压力加工，就是利用这一特点通过轧制、锻造、挤压、冲压、拉拔等成形工艺，使金属产生一定的塑性变形而获得制件的。因此，研究金属塑性变形后的组织结构变化规律，对于深入了解金属材料各项力学性能指标的本质，充分发挥材料强度的潜力，为正确制定和改进金属压力加工工艺，提高产品质量及合理用材等都具有重要意义。

第一节　金属材料的塑性变形

一、弹性变形、塑性变形与断裂

金属的变形可以分为三个连续阶段：弹性变形（是可逆的，一般变形量不大于1%，不能使金属成形）、弹塑性变形（变形量较大，多数变形为不可逆的，是压力加工的基础）和断裂阶段（材料最严重的失效形式）。

为什么金属材料变形会出现上述现象呢？现以单晶体受力作为研究对象进行分析。当单晶体受拉力 F 时（图 3-1），在一定的晶面分解为垂直于晶面的正应力 σ_N 和平行于晶面的切应力 τ。

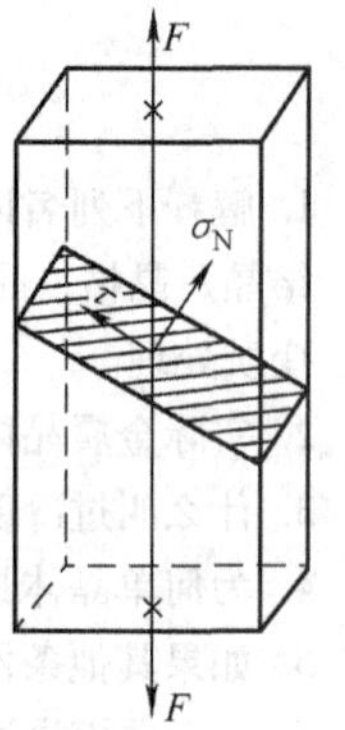

图 3-1　应力的分解

正应力 σ_N 使晶格沿其受力的方向拉长（图 3-2），这些晶格的原子离开平衡位置，原子间的吸引力与 σ_N 平衡。当外力去除后，受拉长的晶格恢复原状，变形消失，这就是弹性变形。当应力 σ_N 大于原子间的结合力时，晶体断裂，称为脆性断裂，其特点是断口常具有闪烁状的金属光泽。正应力只能使晶体产生弹性变形和断裂。

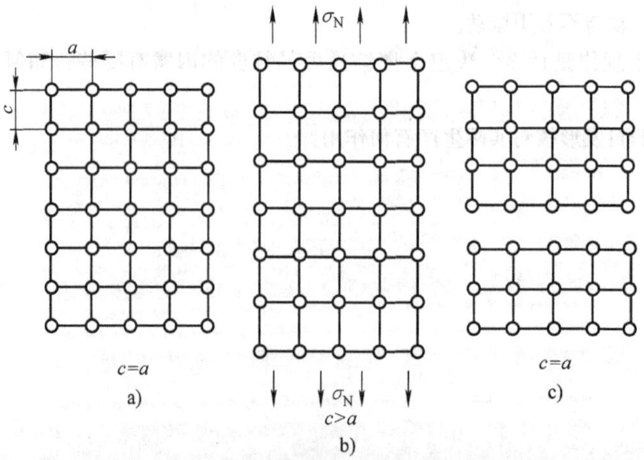

图 3-2　正应力作用下晶体变形示意图

a）变形前　b）弹性变形　c）断裂

在切应力 τ 作用下，晶体的变形如图 3-3 所示。当切应力较小时，晶体发生弹性变形（图 3-3b）。切应力增大到一定值后，晶体的一部分相对另一部分沿着滑移面相对滑移，滑移的距离为原子间距离的整数倍（图 3-3c）。这时去除外力后，晶体中的原子不能完全回复到它原来的位置（图 3-3d），这种现象就是弹塑性变形。切应力 τ 很大时，在产生一定塑性变形后晶体也将被切断破坏，称为延性断裂。延性断裂的特征是断口呈纤维状（内部晶粒被拉长为条状）且灰暗无光泽。

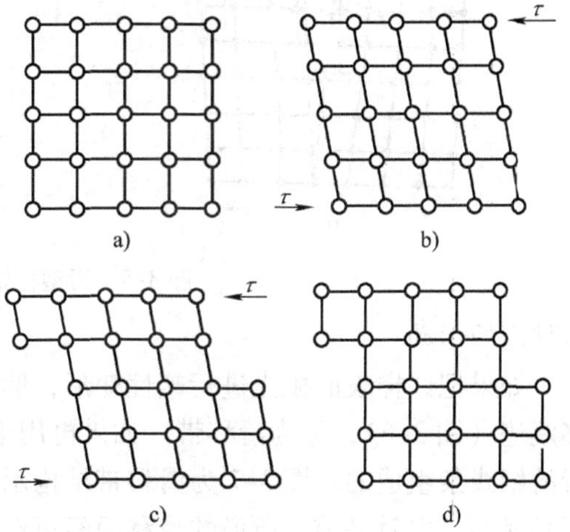

图 3-3　切应力作用下晶体变形示意图
a）变形前　b）弹性变形　c）弹塑性变形　d）变形后

任何断裂都是由一个小裂纹源开始，在力的作用下裂纹源扩展直至最终断裂的。材料的组织对裂纹形核、长大的过程有极大影响。合金元素通过对组织的影响而改变材料的韧性，即是影响材料抗断裂的能力。生产上常用断口分析法判明断裂的性质，并找出其断裂原因。

二、单晶体的塑性变形

单晶体的塑性变形方式有两种：滑移与孪生。

1. 滑移

晶体塑性变形时，出现的切应力使晶体内部上下两部分的原子沿着某特定的晶面相对移动，这种现象称为滑移。滑移主要发生在原子排列最紧密或较紧密的晶面上，并沿着这些晶面上原子排列最紧密的方向进行，因为只有在最密排晶面之间的面间距及最密排晶向之间的原子间距才最大，原子结合力也最弱，所以在最小的切应力下便能引起它们之间的相对滑移。发生滑移的面称为滑移面，而发生滑移的方向称为滑移方向。晶体中每个滑移面和该面上的一个滑移方向组成一个滑移系。晶体中滑移系越多，其塑性就越好。

滑移的示意图如图 3-4 所示，A 和 A' 面的原子密度较 B 和 B' 面大，其面间距离也比 B 和 B' 面大，因而 A 与 A' 晶面间更容易相对移动。

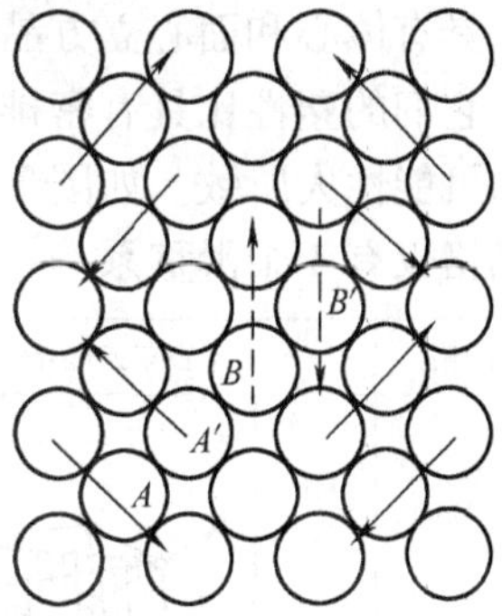

图 3-4　紧密晶面滑移示意图

由于实际晶体中存在位错，因此滑移不是按刚性滑移进行，而是按图 3-5a 所示那样，由位错的移动来实现的。即具有位错的晶体，在切应力作用下，位错线上面的两列原子向右作微量位移，进到虚线位置，位错线下面的一列原子向左作微量位移，进到虚线位置，这样就可使位错向右移动一个原子间距。在切应力作用下，如位错线继续向右移动到晶体表面时，就形成了一个原子间距的滑移量，如图 3-5b 所示，结果晶体就产生了塑性变形。

由此可见，晶体通过位错移动而产生滑移时，并不需要整个滑移面上全部的原子同时移动，只需位错附近的少数原子作微量的移动，移动的距离远小于一个原子间距，因而位错移动所需的切应力就小得多，且与实测值基本相符。故滑移实质上是在切应力作用下，位错沿

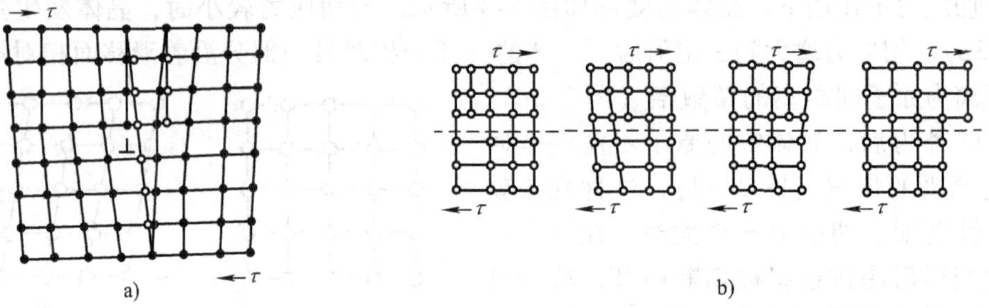

图 3-5 刃型位错运动形成滑移示意图

滑移面的运动。

如果把试样表面抛光进行塑性变形，然后用显微镜观察，可以在表面看到很多平行的滑移痕迹（图 3-6），称为滑移带。如果再用电子显微镜观看，则可以看出滑移带是由很多平行的细线条组成的。图 3-7 为滑移带结构示意图，带中的细线条称为滑移线。滑移线实际上就是晶面，也就是前面所说的滑移面经过滑移后出现的痕迹。两条滑移线之间的区域称为滑移层。

图 3-6 铝变形后出现的滑移带

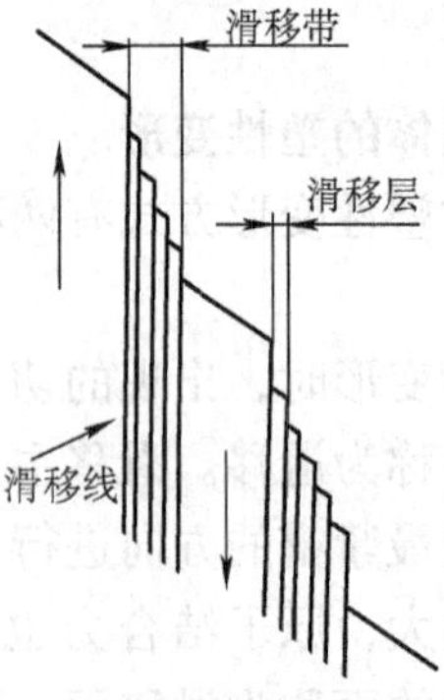

图 3-7 滑移带结构示意图

具有体心和面心立方晶格的金属，如铁、铜、铝、铬等，在通常情况下均按滑移方式变形，它们的塑性比具有密排六方晶格的金属好得多，这是由于前者的滑移系多，金属发生滑移的可能性大所致。如图 3-8 所示，体心立方和面心立方晶格都有 12 个滑移系，而密排六方晶格仅有 3 个滑移系。

晶格	体心立方晶格		面心立方晶格		密排六方晶格	
滑移面	{110} ×6	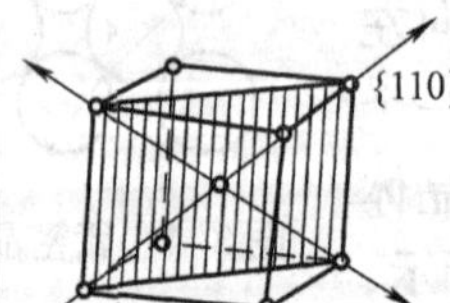	{111} ×4	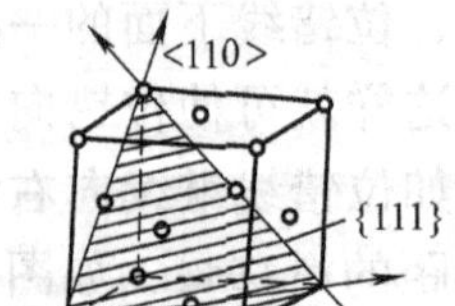	六方底面 ×1	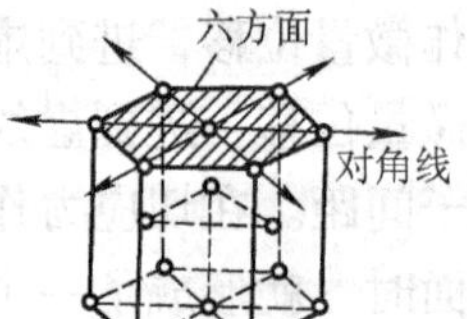
滑移方向	<111> ×2		<110> ×3		底面对角线 ×3	
滑移系	6×2=12		4×3=12		1×3=3	

图 3-8 三种常见金属晶格的滑移系

2. 孪生

孪生变形是塑性变形的另一种形式。

孪生，就是晶体中的一部分原子对应特定的晶面（孪生面）沿着一定晶向（孪生方向）产生剪切变形。如图 3-9 所示，产生孪生变形部分的晶体位向发生了改变，它是以孪生面为对称面与未变形部分（位向不变）相互对称，这种对称的两部分晶体称为孪晶或双晶；发生变形的那部分晶体称为孪晶带或双晶带。

孪生和滑移不同，滑移时切变只局限在给定的滑移面上，滑移后滑移总量是近邻原子间距的整倍数，滑移前后晶体的位向不变。孪生时是各层原子平行于孪生面和孪生方向运动，在这部分晶体中，每个相邻原子间的相对位移只有一个原于间距的几分之一，但许多层晶面累积起来的位移便可形成比原子间距大许多倍（不一定是整倍数）的切变。孪生后晶体位向发生的改变，如图 3-10 所示。

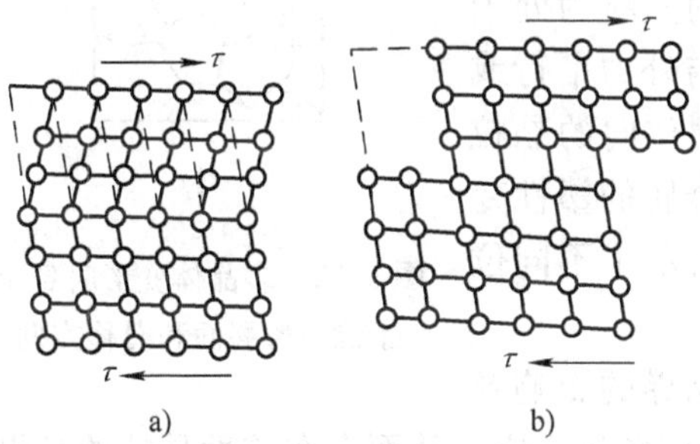

图 3-9　孪生与滑移的区别

a）孪生　b）滑移

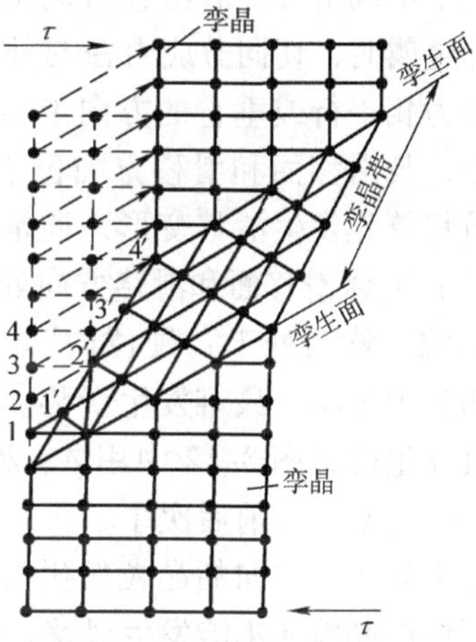

图 3-10　孪生过程示意图

1、2、3、4—孪生前原子的位置

1′、2′、3′、4′—孪生后原子的位置

三、多晶体的塑性变形

多晶体的塑性变形也是通过滑移或孪生方式进行的，不过有其自身特点。

1. 晶界及晶粒位向的影响

如果把只有两个晶粒组成的试样作拉伸试验，则出现图 3-11 的情况：试样的两端为试验夹持处，所以变形小；在远离夹头和晶界的晶粒中部出现明显的缩小；在靠近晶界的地方，其截面几乎保持不变，出现“竹节”现象。

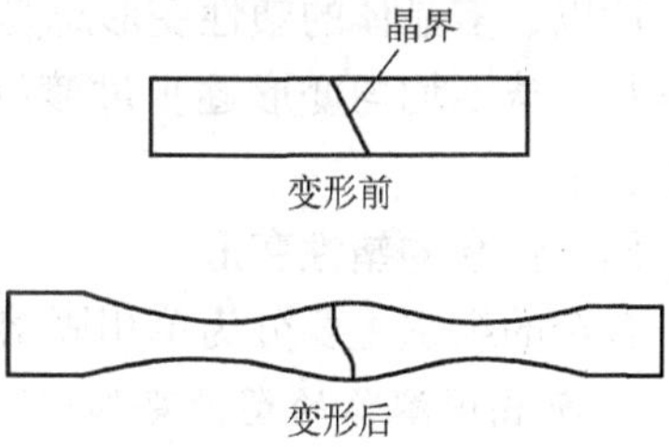

图 3-11　两个晶粒的试样拉伸时的变形

可见，晶界抵抗塑性变形的能力较晶粒本身要大。这是由于晶界附近晶格畸变程度大，加之常常聚集有杂质原子，处于高能量状态，对滑移变形时位错的移动起阻碍作用所致。晶界排列越紊乱，滑移抗力就越大。

同时，在多晶体金属中，由于各个晶粒的位向不同，若某一晶粒要发生滑移，必然会受到它周围位向不同晶粒的影响，这就必须在克服相邻晶粒的阻力之后才能发生滑移。晶粒越细，晶界的面积及不同位向的晶粒越多，金属的塑性变形抗力就越高，因而其强度和硬度就越高；另一方面，晶粒越细，可能发生滑移的晶粒越多，变形可以分散在更多的晶粒内进行，故塑性、韧性越大。因此，如果冲压钢板的晶粒粗大，会使冲压性能恶化，使冲压件表面粗糙，出现桔皮现象，甚至出现裂纹。

工业上通过压力加工和热处理工艺使金属获得细而均匀的晶粒，是目前提高金属材料力学性能的有效途径之一。细晶强化在提高材料强度的同时也使材料的塑性和韧性得到改进，这是其他强化方法所不能比拟的。

2. 多晶体的塑性变形过程

在多晶体金属中，由于各个晶粒的晶格位向不同，其滑移面和滑移方向的分布也不相同（图3-12)，所以在外力作用下，每个晶粒中不同滑移面和滑移方向上受到的切向分应力便不相同。拉伸金属时，切向分应力在与外力成45°的方向上为最大，而在与外力相平行或垂直的方向上为最小。因此，在多晶体金属试样中，凡滑移面和滑移方向位于或接近于与外力成45°方位的晶粒将首先发生滑移变形，通常称这些位向的晶粒为处于“软位向”；而将滑移面和滑移方向处于或接近于与外力平行或垂直的晶粒，称为处于“硬位向”。可见，处于硬位向的晶粒受到的切应力最小，最难发生滑移。所以多晶体金属的塑性变形是逐批发生的，图3-12中用A、B、C示意地表示了不同位向的晶粒分批滑移的前后次序。

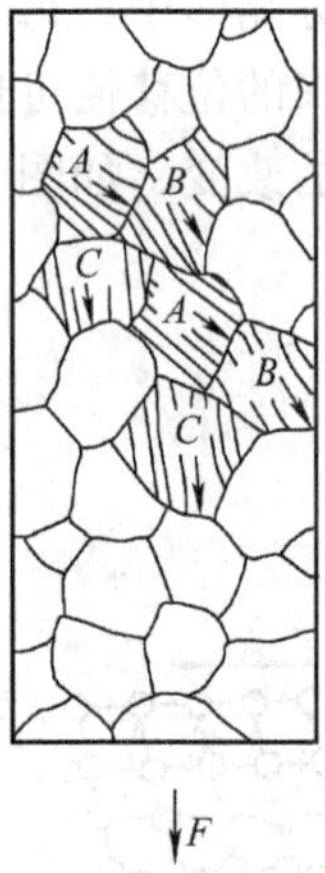

图3-12 多晶体变形时各个晶粒的滑移面和滑移方向

当首批处于软位向的晶粒发生滑移时，由于晶界的影响及其周围硬位向晶粒还不能发生滑移，而只能以弹性变形相适应，从而会在首批晶粒的晶界附近造成位错的堆积。随着外力增大至应力集中到一定程度后，变形才会越过晶界，传递到另一批晶粒中。此外，随着滑移的发生，首批晶粒的位向同时也发生转动，这也会使这些晶粒从“软位向”逐步转到“硬位向”，不能再继续发生滑移，从而促使另一批晶粒开始滑移变形。所以，多晶体的塑性变形总是一批一批晶粒逐步发生的，从少量晶粒开始逐步扩大到大量晶粒，从不均匀变形逐步过渡到较均匀的变形。总之，多晶体变形过程要比单晶体复杂得多。

四、合金的塑性变形

合金的组织主要分为单相固溶体和多相混合物两类，其塑性变形也各有自身的特点。

1. 单相固溶体的塑性变形

单相固溶体合金的显微组织与纯金属相似，故其塑性变形情况与其类似，但由于合金中存在溶质原子，所以其塑性变形抗力比纯金属大。如前所述，无论形成置换或间隙固溶体，都会在金属中引起晶格畸变，阻碍位错运动，从而提高合金的强度和硬度。例如，纯铁的抗拉强度σ_b为250MPa，当铁中固溶的硅含量$w_{si}=1\%$时，则σ_b提高到约360MPa。

2. 多相混合物的塑性变形

合金混合物中的第二相可能是金属、固溶体或化合物。若第二相为金属或固溶体，它们与基体的塑性变形能力相近，则合金的变形能力为二者的平均值。但是一般工业合金多是以化合物作为强化第二相的（如钢组织中的硬脆相 Fe_3C），而第二相的性能、数量、大小、形状及分布等情况对合金塑性变形的影响有以下几种情况：

（1）第二相以粒状弥散分布在基体晶粒内　第二相质点在这种情况下可使合金强度显著提高，对塑性及韧性的不利影响较小。这是因为硬脆的质点在晶内弥散分布，导致异相界面显著增多，并使其周围晶格发生畸变而提高变形抗力；再则第二相质点本身成为位错移动的障碍，这就是弥散强化的机理。至于对合金的塑性和韧性的影响，粒状分布比片状分布时要小，这是因为这些细小弥散分布的质点不破坏基体相的连续性，塑性变形时第二相质点可随基体的变形而“流动”，不会造成明显的应力集中。

（2）第二相以层片状分布在基体晶粒内　在这种情况下，第二相对塑性变形的阻碍作用较大，对塑性的不利影响比粒状质点要大。随着层片间距的减小（即弥散度增加），合金的强度、硬度提高，塑性降低。

（3）第二相以连续网状分布在基体晶粒的边界上　在这种情况下，滑移变形只限于基体晶粒内部，基体晶粒边界上呈网状分布的硬脆第二相几乎不能发生塑性变形，且严重阻碍基体晶粒内的滑移变形。当基体晶粒变形稍大时，晶界处将产生裂纹，引起合金断裂，大大降低了合金的塑性。随着第二相数量增加，网状组织也增加（增厚），致使合金的硬度提高而强度却有所下降，这就是过共析钢在冷加工前要清除网状渗碳体的主要原因。

第二节　冷塑性变形对金属的组织和性能的影响

塑性变形包括冷塑性变形和热塑性变形，本节主要讨论冷塑性变形对金属组织和性能的影响。在冷塑变形后，金属的组织和性能都将发生一系列重要的变化。

一、冷塑性变形后金属组织结构的变化

1. 晶粒变形

金属晶体在外力作用下，随着外形和尺寸的变化，其内部晶粒也由原先的等轴晶逐渐改变为沿变形方向被拉长或压扁的晶粒。当变形量很大时，各晶粒可以被拉成纤维状，在光学显微镜下已很难分开，晶界变得模糊不清，称之为纤维组织。图 3-13 所示为纯铜经不同程度冷轧后的显微组织。

a)　　b)　　c)

图 3-13　纯铜经不同程度冷轧后的显微组织

a）30% 压下量　b）50% 压下量　c）99% 压下量

2. 亚结构细化

随着变形量的增加，原来晶粒被破碎，形成许多位向略有不同的小晶块（约 10^{-3} ~ 10^{-6}cm）。每一小晶块称为亚晶粒，这种组织称为亚结构，如图 3-14 所示。在亚晶粒边界上集聚着较多位错，随着塑性变形程度增大，亚晶粒将进一步细化并产生位错增殖（位错

密度增大），从而出现严重的晶格畸变。但是亚晶粒内部的晶格则比较完整。亚结构的出现和细化，对滑移变形过程有巨大阻碍作用，显著地提高了晶体的变形抗力，对于强化金属材料起着十分重要的作用。图3-15是位错密度与强度关系示意图。

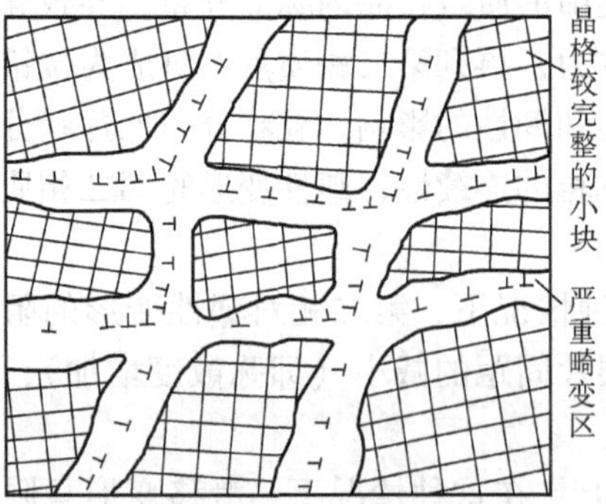

图3-14 金属冷塑性变形后亚结构示意图

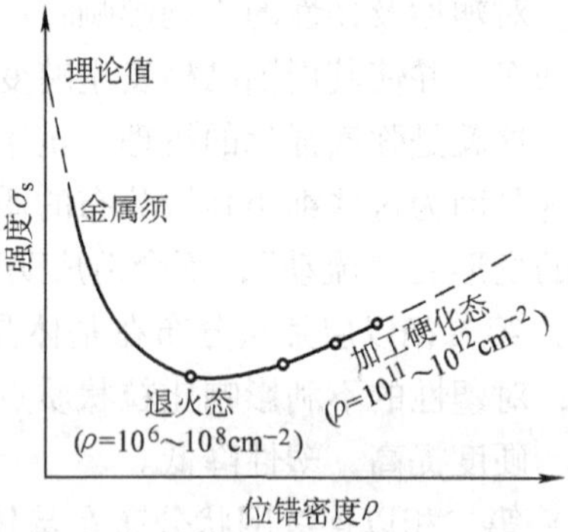

图3-15 位错密度与强度关系示意图

3. 产生形变织构

塑性变形除了使晶粒拉长、压扁和出现亚晶之外，当变形量足够大时，还会使晶粒发生转动，即各晶粒的某一晶向都不同程度地转到与外力相近的方向（与金属延伸方向呈一定关系），从而使多晶体中原来任意位向的各晶粒取得接近于一致的位向，形成所谓“择优取向”，这种组织称为形变织构。

形变织构的性质与金属的变形方式有关。例如，面心立方晶格的金属，在拉丝时形成的织构称为丝织构，其特点是大多数晶粒的取向是［111］晶向并与拉丝方向平行；而同样是面心立方晶格的金属，在轧制时则形成板织构，其特点是各晶粒的某一晶面（110）和某一晶向［112］都分别平行于轧制平面和轧制方向，如图3-16所示。

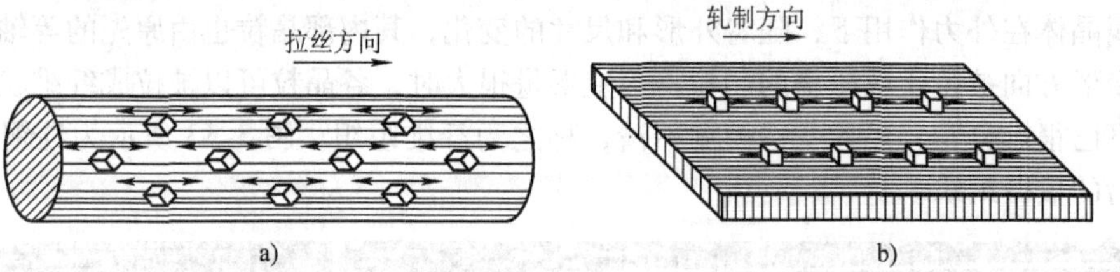

图3-16 面心立方晶格金属形变织构示意图

a）丝织构 b）板织构

织构的形成使多晶体金属出现各向异性，在冲压复杂形状零件（如汽车覆盖件等）时，产生不均匀塑性变形而可能导致工件报废。当然，也可能利用织构现象来提高硅钢板的某一方向的磁导率。

二、冷塑性变形对金属性能的影响

1. 产生加工硬化

金属材料随着冷塑性变形程度的增大，强度和硬度逐渐升高，塑性和韧性逐渐降低的现象称为加工硬化或冷作硬化，这也是冷塑性变形后的金属在力学性能方面所引起的最为突出的变化。

显然，加工硬化是金属内部组织结构发生变化的宏观表现。经冷变形后，晶界总面积增大，位错密度也增大，位错线间的距离减小，彼此干扰作用明显增强，使得能够产生滑移变形的潜在部位减少，从而导致滑移阻力增加，塑性变形能力降低。再则，金属冷变形后，原来的晶粒破碎了，形成许多亚结构，在亚晶粒边界上聚集着大量位错，产生严重的晶格畸变，也对滑移过程产生巨大阻碍。所有这些都使金属的变形抗力升高，塑性和韧性降低。图3-17是$w_C=0.3\%$碳钢冷轧后力学性能的变化。加工硬化在工业上具有很重要的现实意义。首先，在生产上作为强化金属（提高强度）的一种重要手段，这对于一些纯金属和不能通过热处理来提高强度的金属合金（某些不锈钢、黄铜等）尤为重要。即使经过热处理后的某些金属材料，也可以通过加工硬化来进一步提高强度，充分发挥材料的潜力。例如，可以使经热处理的冷拉钢丝强度提高到3100MPa。其次，加工硬化能保证金属的某些工艺性能，使之得以实现，获得均匀截面的产品。例如，通过模具冷拉钢丝时，断面收缩部位引起加工硬化，继续拉伸时这些部位的拉应力增加，但还不致断裂，使冷拉工艺得以继续进行。

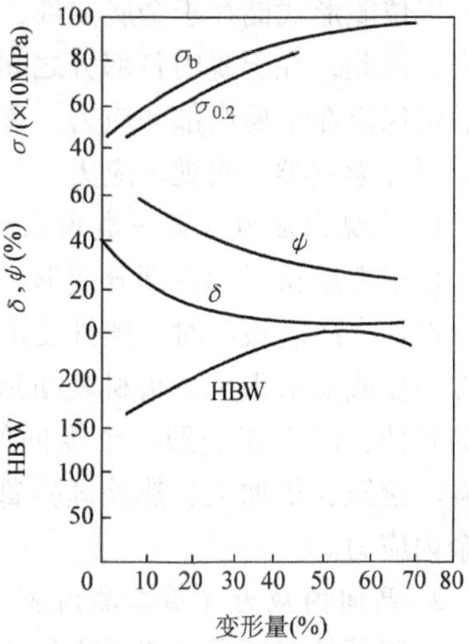

图3-17　$w_C=0.3\%$碳钢冷轧后力学性能的变化

同样，在冲压（拉伸）杯状制品时，由于已变形部位得到强化（不再变形）而未变形部位可以继续变形，从而获得均匀壁厚的成品。

加工硬化使金属强化是以牺牲金属的塑性、韧性为代价的，而且在冷变形加工过程中，随着加工硬化现象的产生要不断增加机械功率，这对设备和工具的强度提出了较高要求，随着材料塑韧性的下降，也可能发生脆性破坏。此外，加工硬化也使冷轧、冷拉、冲压等成形工艺增加能耗。为恢复塑性，继续进行冷变形往往要经中间退火，这就使生产周期延长，成本增加。

2. 产生各向异性

金属在冷塑性变形中，随着晶粒被拉长或压扁，特别是产生纤维组织后，金属会具有明显的方向性，其纵向（沿纤维的方向）的力学性能高于横向（垂直纤维的方向）的性能。同样，当金属产生织构时，其力学和电磁性能呈各向异性。在大多数情况下形成织构是有害的，由于材料性能不一致造成变形分布不均匀，使冲压件厚度不均，如杯形件出现“制耳”现象（图3-18）。

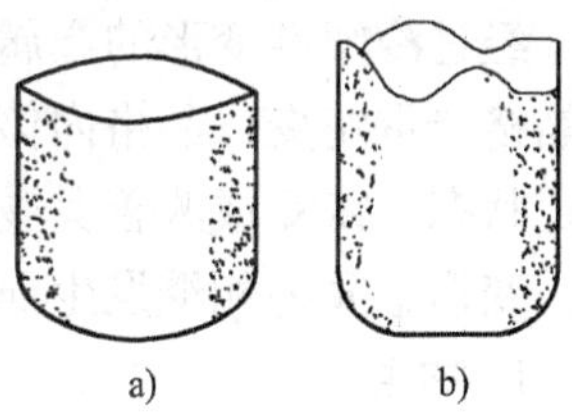

图3-18　“制耳”现象
a）无制耳　b）有制耳

但是织构现象在有些方面是可以利用的，例如，生产变压器硅钢片时，其晶格为体心立方，沿<100>晶向最易磁化，如采用具有织构取向的硅钢片制作铁心，使其<100>晶向平行于磁场方向，则其磁导率显著增大，从而可提高变压器效率，减少铁心质量和铁损。

3. 对物理、化学性能的影响

冷塑性变形会降低金属的导电、导热性能，降低磁性材料的导磁性能，降低金属的抗蚀性能（电化学腐蚀）。

三、冷塑性变形与内应力

实验证明，施加外力使金属变形所消耗的机械功，大部分以热能形式散失，只有约10%以位能形式储存于金属内部，其表现为大量金属原子偏离原来的平衡位置而处于不稳定状态。因此，在金属内各部分之间就有力的作用，以恢复到原来的稳定状态。这种在外力消除后仍保留在金属内部的应力，称为残余应力或形变内应力，简称内应力。按内应力作用范围，可分为三类：宏观内应力、晶间内应力和晶格畸变内应力。

1. 宏观内应力（第一类内应力）

由于金属材料的各部分变形不均匀而造成的在宏观范围内互相平衡的内应力叫宏观内应力。例如，冷轧板材时，塑性变形主要集中在板材表面。板材表面在轧辊作用下伸长，板材心部不变或变形很少。板材表面延伸时力图拉长心部，使心部受拉应力，而心部又限制了表面的延伸，使表面受到一个纵向的压应力。几乎各种机械制造工艺（挤压、拉丝、轧制、喷丸、滚压、机加工、热处理）都会由于不均匀的塑性变形而引起大小相等、方向相反的残余内应力。

2. 晶间内应力（第二类内应力）

由于晶粒或亚晶粒之间变形不均匀，在晶粒或亚晶粒之间形成的内应力叫晶间内应力。

3. 晶格畸变内应力（第三类内应力）

它是在金属塑性变形时，内部产生的大量位错，使晶格畸变形成的内应力。金属塑性变形时所产生的内应力主要表现为第三类内应力。

形变内应力有时是有害的，它导致工件的变形、开裂和抗蚀性降低，使工件降低抗负荷能力。但如果控制得当，比如使内外应力叠加后互相抵消，可提高工件的抗负荷能力。例如钢板弹簧经喷丸处理后，在表面层造成压应力，提高了钢板弹簧的疲劳强度。第三类应力所造成的晶格畸变，增加了位错移动的阻力，提高了金属的抗塑变能力。为了防止零件变形、开裂，要进行人工或振动时效处理。

第三节 回复与再结晶

一、冷塑性变形的金属加热时组织和性能的变化

经过冷塑性变形的金属，由于晶粒被拉长、压扁或破碎、亚晶粒细化、位错密度增高，使晶格严重畸变，晶格内储存着较高能量，其组织处于不稳定状态。为了使其组织结构趋于稳定状态，恢复或改善其物理、化学、力学性能，可以对金属进行加热。随加热温度的提高，变形金属将相继发生回复、再结晶和晶粒长大三个过程。

1. 回复

回复是指冷塑性变形金属在加热温度较低时，金属中的一些点缺陷和位错发生迁移，使晶格畸变逐渐降低，内应力逐渐减小的过程，如图3-19所示。当温度不高（$<T_1$）时，原子扩散能力低，不能产生较大位移，只是使晶格的弹性畸变大为减小，内应力和电阻都明显下降，但回复不能改变金属晶粒的大小和形状，故其强度、硬度和塑性基本上没有变化。

工业上常常利用回复现象，将冷塑性变形金属在图3-19所示的T_1温度以下加热并保持一定时间，进行消除应力退火，以便提高某些物理性能（如电磁性能等）和工艺性能。而

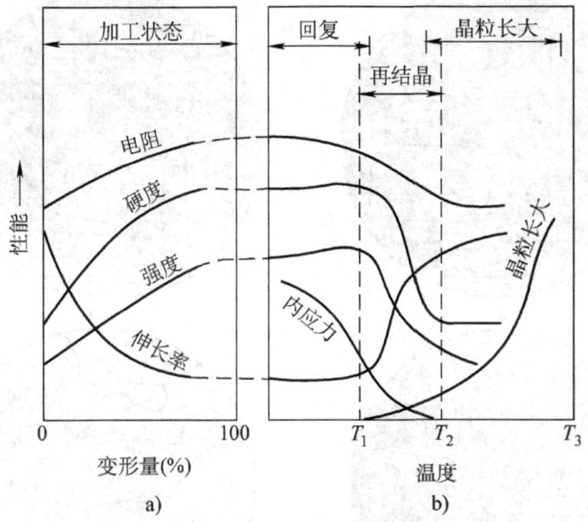

图 3-19　加工硬化金属在加热时性能的变化

a）冷加工状态　b）加热时性能的变化

在回复阶段，塑性、韧性几乎不变，强度、硬度可保持相当高的水平。例如，用冷拉钢丝绕制弹簧，绕成后应在 280～300℃进行消除应力退火使其定形。

2. 再结晶

当温度继续升高时，由于原子活动能力增大，金属的显微组织发生明显的变化，由破碎的、被拉长或压扁的晶粒变为均匀细小的等轴晶粒（见图 3-20）。这一变化过程也是新晶体形核及核长大的过程，如同再进行一次结晶过程，故称之为再结晶。

再结晶新晶核一般是在变形晶粒的晶界或滑移带及晶格畸变严重的地方形成，这些部位的原子处在最不稳定状态，向着规则排列的趋势最大。但是应该注意，再结晶不是一个相变过程，没有恒定的转变温度，并无晶格类型的变化。

经再结晶后，金属的强度、硬度显著降低，而塑性、韧性大大升高（图 3-19 中 T_1～T_2 之间），所有力学和物理性能全部恢复到冷变形以前的状态，即内应力和加工硬化完全消除。

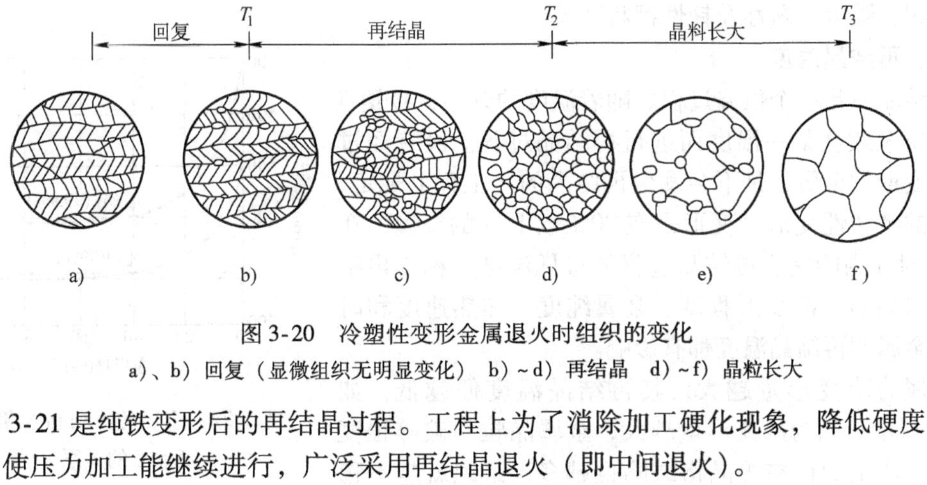

图 3-20　冷塑性变形金属退火时组织的变化

a)、b) 回复（显微组织无明显变化） b)～d) 再结晶　d)～f) 晶粒长大

图 3-21 是纯铁变形后的再结晶过程。工程上为了消除加工硬化现象，降低硬度，提高塑性，使压力加工能继续进行，广泛采用再结晶退火（即中间退火）。

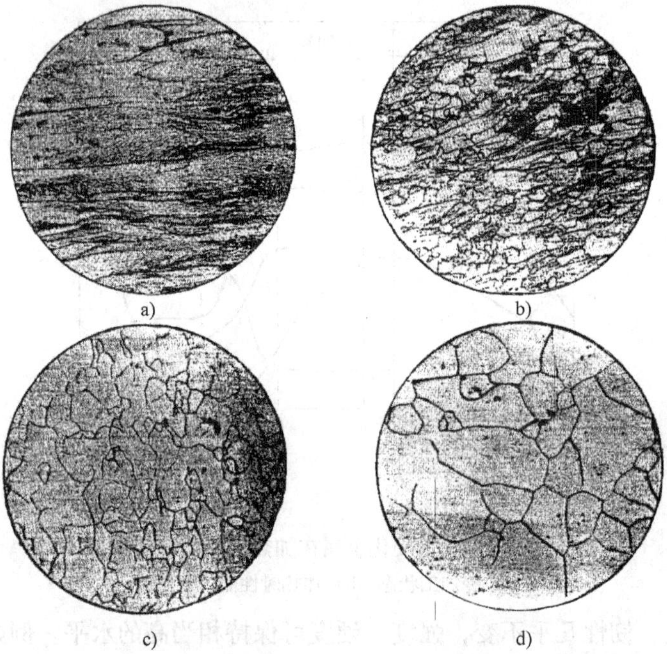

图 3-21 纯铁变形后的再结晶过程

a）冷轧后（变形度 80%） b）625℃退火（不完全再结晶）

c）670℃退火（再结晶） d）750℃退火（聚集再结晶）

3. 晶粒长大

将温度升高（超过图 3-19 中 T_2）或延长加热时间，金属的晶粒就会继续长大。晶粒长大可以降低表面能（晶界面积减少之故），故是一个降低能量的自发过程。因为粗晶粒的能量较细晶粒的能量低，晶粒粗大了，表面能就降低了，故细晶粒有变成粗晶粒的自发趋势。只要温度足够高，原子具有足够的活动能力，则晶粒便可迅速长大，这种晶粒长大现象称为二次再结晶。晶粒长大实际上是一个晶界迁移的过程，即通过一个晶粒边界向另一个晶粒迁移，把另一晶粒中的晶格位向逐渐改变为与长大晶粒相同位向，即合成为一个大晶粒的过程。金属冷加工后，晶粒大小越不均匀，则晶粒将长大得越快，再结晶退火时就容易出现粗晶粒组织，强度、塑性及韧性都将变差。

二、再结晶温度

再结晶不是一个恒温过程。随着温度的升高，冷塑性变形金属大致从某一温度而进行再结晶过程。没有经过冷塑性变形的金属，是不会发生再结晶的。工程上规定，经过大的冷塑性变形（变形是在 70% 以上）的金属，在 1h 保温时间内能完成再结晶过程的最低温度，称为再结晶温度（$T_{再}$）。冷变形程度、金属纯度、加热速度和时间，对金属的再结晶温度都有影响。

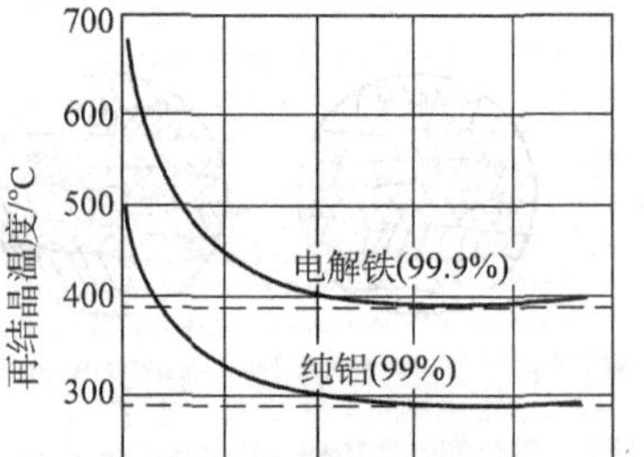

图 3-22 金属的再结晶温度与变形量的关系

金属的冷变形量越大，其再结晶温度便越低，如图 3-22所示。因为冷变形量越大，金属晶粒的破碎程度便越大，产生的位错等晶格缺陷也越多，组织就越不稳定，因而会较早开始结晶。从图中可以看出，当变形达到一定程度之后，再结晶温度将趋于某一最低极限值，称为“最低再结晶温度”。各种纯金属的最低再结晶温度 $T_{再}$ 与其熔点 $T_{熔}$ 按热力学温度（K）大致有如下关系

$$T_{再} \approx 0.4 T_{熔}$$

可见，金属的熔点越高，其再结晶温度也越高。金属中的杂质或合金元素，特别是高熔点元素，常会阻碍原子扩散或晶界迁移，可显著提高金属的再结晶温度。工业用合金的再结晶温度大约为

$$T_{再} \approx (0.5 \sim 0.7) T_{熔}$$

再结晶过程需要有一定时间才能完成，故提高加热速度会使再结晶过程推迟到较高温度。退火加热时保温时间越长，原子的扩散移动越能充分进行，再结晶温度便越低，即可使再结晶过程在较低温度下完成。

由于以上各种因素的影响，为了缩短退火周期，在工业上选择再结晶退火温度一般比“最低再结晶温度”高 100～200℃。表 3-1 列出了常见工业金属材料的再结晶退火和去应力退火的温度。

表 3-1　常见工业金属材料的再结晶退火和去应力退火的温度

金属材料		去应力退火温度/℃	再结晶退火温度/℃
钢	碳钢及合金结构钢	500～650	680～720
	碳素弹簧钢	280～300	
铝及铝合金	工业纯铝	≈100	350～420
	普通硬铝	≈100	350～370
铜及铜合金（黄铜）		270～300	600～700

三、影响再结晶晶粒大小的因素

变形金属在退火后得到的晶粒大小，不仅影响到金属的强度和塑性，还影响到金属的冲击韧度。影响退火再结晶后晶粒大小的主要因素是加热温度和冷变形量。

1. 退火加热温度的影响

再结晶退火时加热温度越高，金属的晶粒尺寸便越大，如图 3-23 所示。当加热温度一定时，时间过长也会使晶粒长大，但其影响不如温度的影响大。

2. 冷变形量的影响

金属的冷变形量是影响再结晶晶粒大小的另一重要因素。图 3-24 表明了再结晶后的晶粒大小与冷变形程度的关系。当金属冷变形量在 2%～10% 范围内，再结晶后的晶粒会异常粗大。通常把再结晶时使晶粒异常粗大的冷变形量称为“临界变形量”。

从图 3-24 中还可看出，当变形量超过临界变形量后，随着变形量的增加，再结晶的晶粒逐渐变细。

当变形量很小时，金属晶粒没有多大变化，晶格畸变很小，不足以引起再结晶，因而晶粒保持原来大小。但在临界变形量范围内（2%～10%），由于变形量不大，仅在一部分晶粒中产生较大变形，具备了产生再结晶形核的条件，金属的形核数目少，所以再结晶后形成粗大晶粒。当变形量超过临界变形量时，随着变形量的增加，晶格畸变增加，再结晶核心数目增多，各晶粒变形越趋于均匀，再结晶时形核速率便越大，因而再结晶后的晶粒反而越细且均匀。

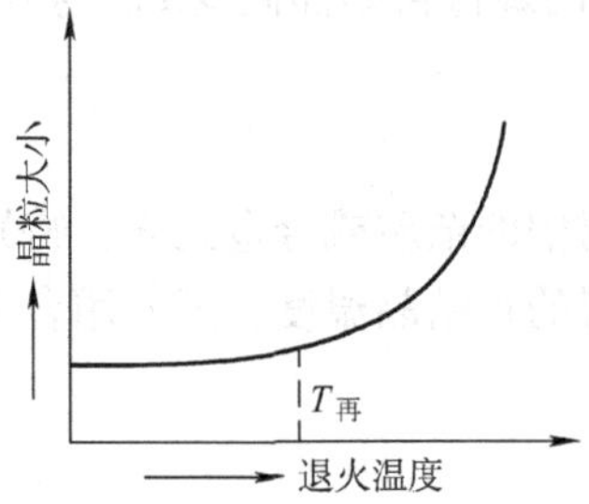

图 3-23 再结晶退火温度与晶粒大小的关系

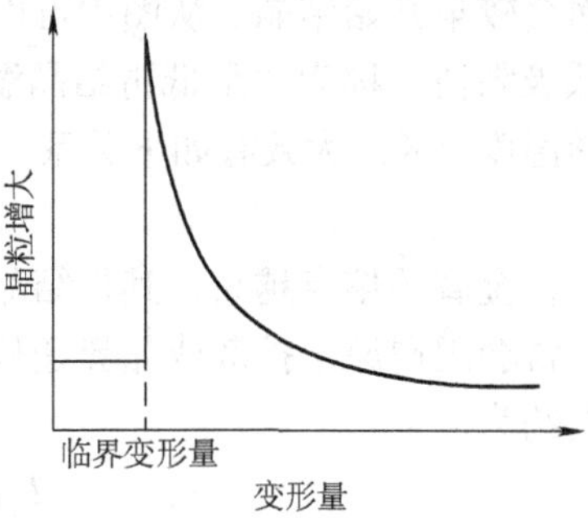

图 3-24 冷变形程度对再结晶后晶粒大小的影响

四、工业中常见的冷塑性变形工艺

为了获得优良的组织和性能，金属材料在制定压力加工工艺时，必须避免在临界变形量附近进行冷变形，如工业上冷轧金属，一般都采用 30% ~60% 变形量。但是，当金属是不均匀变形时（这现象很难避免），例如冲制薄板零件，再结晶退火后在其变形与未变形区之间会出现粗晶粒区。

第四节 金属材料的热变形

一、热变形的特点

变形有热变形与冷变形之分。从金属学的观点来说，把再结晶温度以上的变形称为热变形；而把再结晶温度以下的变形称为冷变形。锡、铅的再结晶温度低于室温，因此它们在室温的变形也属于热变形。铁的最低再结晶温度为 450℃，故即使它在 400℃ 的变形仍属于冷变形。

金属材料冷变形和热变形不是根据变形时金属是否加热，而是根据金属的再结晶温度来区分的。冷变形后金属晶粒被拉长，在变形过程中不发生再结晶，金属将保留加工硬化现象。热变形是在再结晶温度以上进行的，变形过程中要发生再结晶过程，金属将不显示加工硬化现象。冷变形和热变形后组织的对照见图 3-25。

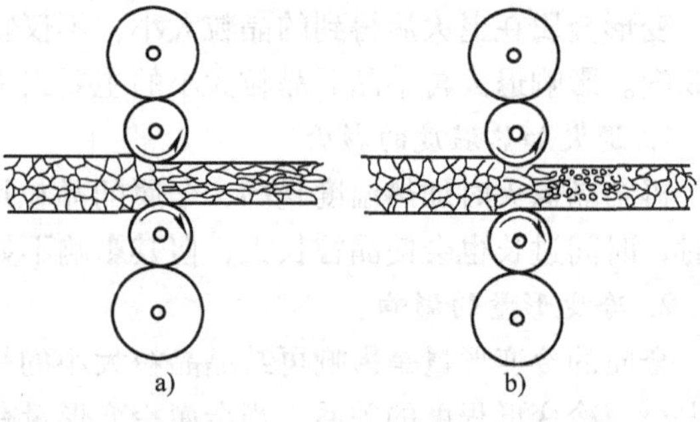

图 3-25 冷变形和热变形后组织的对照示意图
a）冷变形 b）热变形

为了获得良好的塑性和加速再结晶过程，工业中采用的热变形温度大大超过再结晶温度。除了高温下塑性好，变形抗力小以外，热变形还给金属带来很多好处，如它能消除铸造金属中的某些缺陷（气孔的焊合、粗大晶粒的破碎及改变夹杂物的分布等）。但是，由于在高温下变形，金属表面严重氧化，表面粗糙而且精度差，故热变形一般用于大件或截面厚度大和变形量大的毛坯。

二、热变形对金属组织和性能的影响

热变形不能使金属硬化，但它能使金属的组织和性能发生显著的改变。

1. 消除铸态金属的组织缺陷

通过热变形（通常是轧制或锻压）可使金属锭中的气孔焊合、压实分散缩孔，使材料的致密度增加；由于在温度与压力的作用下扩散速度增快，因而偏析可部分地消除，使成分比较均匀。经过热变形后，一般都会使晶粒细化。当然，能否起到细化晶粒作用，取决于变形量及终锻温度。只要避免“临界变形量”和过高的终锻温度，就可以细化晶粒，提高金属材料的力学性能。表3-2是 $w_C=0.3\%$ 的碳钢在铸造和锻造后力学性能的比较。

表3-2 $w_C=0.3\%$ 的碳钢在铸造和锻造后力学性能的比较

毛坯状态	σ_b/MPa	σ_s/MPa	δ（%）	ψ（%）	a_K/(J·cm^{-2})
铸造	500	280	15	27	35
锻造	530	310	20	45	70

2. 形成锻造流线

金属内部的夹杂物在高温下具有一定的塑性，在热变形过程中金属锭中的粗大枝晶和各种夹杂物都要沿变形方向伸长，这样就使金属锭中枝晶间富集的杂质和非金属夹杂物的走向逐渐与变形方向一致，使之变成条带状、线状或片层状，在宏观试样上沿着变形方向呈现为一条条的细线，这就是热变形金属中的流线。由一条条流线勾画出来的这种组织称为热变形纤维组织。

由于锻造流线的出现，使金属的力学性能呈现各向异性。在沿着纤维伸展的方向上具有较高的力学性能，而在垂直于纤维伸展方向的性能较低，见表3-3。

表3-3 45钢不同纤维方向的力学性能

性能 / 取样	σ_b/MPa	σ_S/MPa	δ（%）	ψ（%）	a_K/(J·cm^{-2})
横向	675	440	10	31	30
纵向	715	470	17.5	62.8	62

在设计重要的零件时，应考虑它的纤维状态，使纤维方向与承受较大应力的方向一致。如图3-26所示的锻造齿轮和曲轴，要比切削加工出来的纤维组织分布状态更佳，因而具有较高的力学性能。

3. 形成带状组织

在经过热变形的亚共析钢的显微组织中，因铁素体在被拉长的杂质上优先成核，有时还会出现铁素体与珠光体沿金属的加工变形方向呈平行交替分布的层状或条带状组织，称为带状组织，其形貌如图3-27所示。

带状组织使钢材的力学性能呈各向异性，纵向与横向的力学性能不同，并降低塑性和韧性，热处理时易产生变形，且使钢材组织、硬度不均匀；带状碳化物还影响轴承和工具（刃具）的使用寿命。

减轻或消除带状组织的主要措施有：

1）提高钢的纯度，降低硫、磷和非金属夹杂物的含量。

2）热变形时采用高温加热和长时间保温，以减轻或消除枝晶偏析。

3）热加工后提高冷却速度，细化组织。

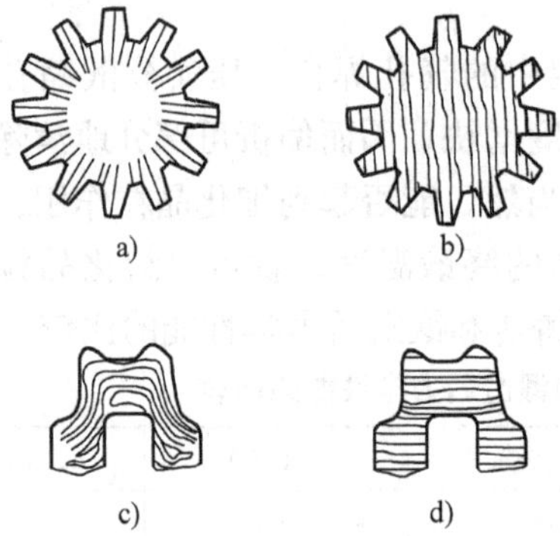

图 3-26 锻造和切削加工齿轮和曲轴的纤维组织
a)、c) 锻造的齿轮、曲轴 b)、d) 切削加工的齿轮、曲轴

图 3-27 钢中的带状组织

思考题和习题

1. 解释下列名词。

塑性、滑移、孪生、加工硬化、回复、再结晶、织构、纤维组织、临界变形量、带状组织、再结晶温度、冷变形、热变形、各向异性。

2. 举出两个实际金属零件说明塑性变形行为的重要性。

3. 为什么在一般条件下进行塑性变形时，在锌中易出现孪晶带，而纯铜中易出现滑移带？

4. 金属经冷和热塑性变形后的组织和性能有什么变化？能否根据它们的显微组织区别这两种变形？

5. 低碳钢板冲零件前硬度为100HBW，而板冲零件后硬度不均匀，有的部位为100HBW，有的部位为150HBW，说明其原因。

6. 如何选择再结晶退火温度？什么是热变形和冷变形？钢的再结晶退火温度是多少？

7. 将三个低碳钢试样变形至5%、15%和30%，如果将它们加热至800℃，指出哪个产生粗晶粒？并说明晶粒对性能的影响。

8. 锡在室温下变形，钨在1000℃变形，它们属于热变形还是冷变形？组织和性能会有何种变化？

9. ①由厚钢板机械加工成齿轮；②由粗钢棒机械加工成齿轮；③由圆棒热锻成齿轮坯，再加工成齿轮。哪种方法较为理想？为什么？

10. 在制造长的精密螺杆或轴时，常在半精加工之后将其吊挂起来，并用木锤沿全长轻击几遍，再吊挂5~7天，然后再精加工。试解释这样做的目的和原因。

11. 金属塑性变形造成哪几种残余应力？残余应力对机械零件可能产生哪些利弊？

12. 说明下列现象产生的原因。

(1) 滑移面是原子密度最大的晶面，滑移方向是原子密度最大的方向。

(2) 晶界处滑移的阻力最大。

(3) 实际测得的晶体滑移所需的临界切应力比理论计算的数值小得多。

(4) Zn、α-Fe、Cu的塑性不同。

13. 多晶体、多相合金的塑性变形特点是什么？

14. 为什么不同金属有不同的再结晶温度？哪些因素会影响金属的再结晶温度？

15. 影响再结晶后晶粒大小的主要因素有哪些？

16. 何谓热变形？它对金属的组织和性能有何影响？

第四章　合金的结构与结晶

纯金属虽具有较高的导电性和导热性，但由于其强度、硬度等力学性能一般较低，不能满足使用性能的要求，且冶炼困难、价格较高，因此，工业中广泛使用的金属材料不是纯金属，而是合金。在生产上，合金材料可以通过改变其化学成分或组织结构来进一步提高金属材料的力学性能，并获得某些特殊的物理和化学性能，以满足各种机械零件和工程结构对材料的要求。

第一节　合金的相结构及二元合金相图

一、合金的相结构

1. 合金与相的基本概念

（1）合金　合金是指由两种或两种以上的金属元素或金属与非金属元素组成的具有金属性质的材料。

（2）组元　组元是组成合金的最基本的独立物质。一般来说，组元就是组成合金的元素，但也可以是化合物。

（3）合金系　合金系是指由若干给定组元按不同比例配制成一系列不同成分的合金，这一系列合金，构成一个合金系统，简称合金系。例如铁碳合金系、铜锌合金系等。

（4）相　相就是在一个合金系统中的一种物质部分，它具有相同的物理和化学性能，并与该系统的其余部分以界面分开。例如，水和冰虽然化学成分相同，但物理性能不同，则为二个相。冰可击成碎块，但还是同一个固相。

（5）组织　组织是用金相观察方法，在金属及合金内部看到的涉及晶体或晶粒的大小、方向、形状、排列状况等组成关系的构造情况。金属或合金的金相磨面经过适当的显露（如浸蚀）或制成金属薄膜后借助光学显微镜或电子显微镜所观察到的组织，称为显微组织。

（6）结构　结构是指晶体中原子排列的几何形式。

2. 合金中相结构的基本类型

合金在液态时各组元相互溶解，只有一种液相。合金在固态下，由于各组元相互作用不同，可能形成不同的相结构。合金的基本相结构可分为两大类：固溶体和金属化合物。

（1）固溶体　合金在固态下一种组元的晶格内溶解了另一种元素的原子，形成的晶体相称为固溶体。固溶体是单相，它是合金的一种基本相结构。合金中与固溶体晶格相同的组元为溶剂，在合金中含量较多；另一组元为溶质，含量较少。按溶质溶解度的不同，固溶体可分为无限固溶体和有限固溶体；按溶质原子在溶剂晶格中所处位置的不同，固溶体可分为置换固溶体和间隙固溶体。

1）置换固溶体　当溶质原子代替一部分溶剂原子占据溶剂晶格中的一些结点位置时，所形成的固溶体相称为置换固溶体，如图 4-1 所示。在置换固溶体中，溶质在溶剂中的溶解度主要取决于两者原子直径的差别、它们在周期表中的相互位置和晶格类型。一般说来，溶质原子和溶剂原子的直径差别越小，则溶解度越大；两者在周期表中位置越靠近，则溶解度也越大。如果上述条件很好地满足，而且固溶体溶质与溶剂的晶格结构也相同，则这些组元往往能无限互溶，即可以任何比例形成置换固溶体，这种固溶体称为无限固溶体。铁和铬、铜和镍便能形成无限固溶体。反之，若不能很好满足上述条件，则溶质在溶剂中的溶解度是有限的，这种固溶体称为有限固溶体，如铜和锌、铜和锡都形成有限固溶体。有限固溶体的溶解度还与温度有密切关系，一般温度越高，溶解度越大。

2）间隙固溶体　当溶质原子在溶剂晶格中不占据结点位置，而是嵌入各结点之间的空隙内形成的固溶体称为间隙固溶体，如图4-2所示。该固溶体中的溶质元素大多是原子直径较小的非金属元素（如碳、硼、氮等）。

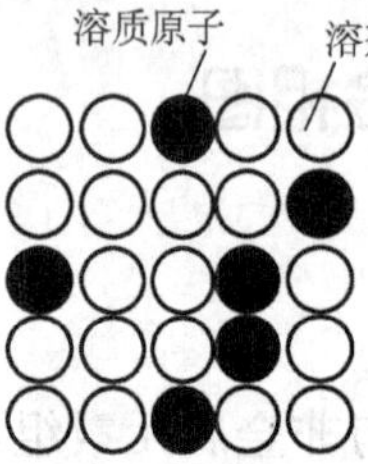

图4-1　置换固溶体

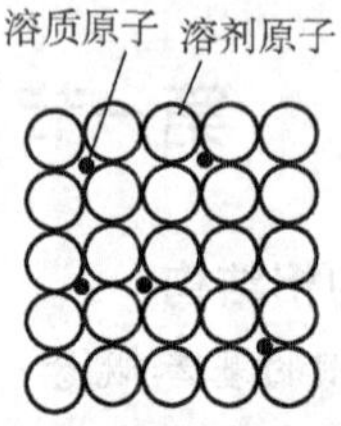

图4-2　间隙固溶体结构示意图

固溶体随着溶质原子的溶入，晶格发生畸变，如图4-3所示。晶格畸变增大位错运动的阻力，使金属的滑移变形变得更加困难，从而提高合金的强度和硬度。这种通过形成固溶体使金属强度和硬度提高的现象称为固溶强化。固溶强化是金属强化的一种重要机制。在溶质含量适当时，可显著提高材料的强度和硬度，而塑性和韧性没有明显降低。

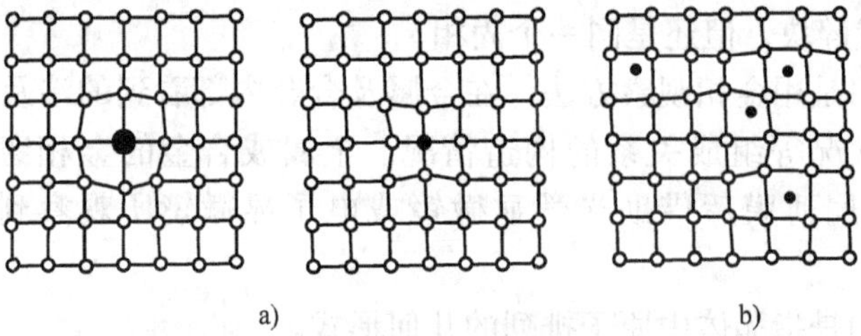

图4-3　形成固溶体时的晶格畸变
a）置换固溶体　b）间隙固溶体

（2）金属化合物　金属化合物是指合金中各组元原子按一定比例结合而成的晶体相。金属化合物的晶体结构不同于任一组元，一般具有复杂的晶体结构，有较高的熔点，硬而脆。在合金中，它是一种强化相，通常能提高合金的强度、硬度及耐磨性，但使其塑性、韧性显著降低，故金属化合物一般作为金属材料中的重要强化相。

在合金中常会遇到机械混合物，它是合金中的一类多相混合组织。不同的固溶体、固溶体与纯组元，或固溶体与金属化合物等均可组成机械混合物。在机械混合物中，各组成相仍保持着它原有的晶格类型和性能，而机械混合物的性能介于各组成相性能之间，并由其各自的形状、大小、数量及分布而定。工业上大多数合金属于机械混合物组成的合金，它们往往比单一固溶体具有更高的强度和硬度，特别是在固溶体基体上分布均匀细小的金属化合物时，强度和硬度的提高更为显著。

二、合金的组织结构

上述的固溶体和金属化合物都是组成金属组织的基本单元或基本相。组织与结构是有区别的，主要在于其尺度不同。组织是指显微尺度，用肉眼、低倍放大镜或普通金相显微镜可观察到的金属和合金内部晶体形貌（如晶粒尺寸、形状及组成物的特点）；而结构则指原子尺度，即晶体中原子的排列方式，目前只能用 X 射线、电子探针才能确定。习惯上将放大镜或肉眼能观察到的组织称为低倍组织或宏观组织；用放大 100 ~ 200 倍的金相显微镜观察到的组织称为高倍组织或显微组织；用 X 射线衍射法研究晶体中原子的排列形式，称为晶体结构分析。

合金组织在室温或高温下可以是一种或几种晶体结构，既可以是单相，也可以是两相甚至多相共存，因而比纯金属的组织要复杂得多。不同的相可以构成不同的组织。在两相或多相合金的组织中，数量较多的一相称为基本相（大多数是以金属或合金为溶剂的固溶体），其余的相可以是合金的另一组元为基体形成的固溶体或另一组元的纯金属，还可以是合金各组元形成的化合物或化合物的固溶体。由于组成工业合金的元素（组元）性能不同以及在合金中的含量不同，便会形成不同的相，从而使合金具有不同的组织和性能。例如，普通黄铜中，$w_{Zn}=30\%$，$w_{Cu}=70\%$，Zn 原子全部溶于 Cu 中。此时，合金组织为单相的 α 固溶体；而当含 $w_{Zn}>40\%$ 时，合金的组织则由 α 固溶体和金属化合物 β 相（CuZn）组成。

工业上的合金组织，大多数是以固溶体为基体的，而金属化合物是作为强化相出现的，所以金属化合物一般所占的数量是不多的。例如在 $w_C=0.8\%$ 的碳钢中，Fe_3C 占 12%（相对含量）左右，而常用的 45 钢中，Fe_3C 只占 7%（相对含量），但它对钢的组织和性能影响却是很大的。

为了满足工业上对合金性能的要求，可以通过各种工艺改变强化相（金属化合物）的形状、数量、大小及分布状态等方法来改变合金的组织，从而改变合金的性能。

三、二元合金相图

相图又称状态图，它表明金属的相结构或状态随温度、压力及成分的改变而发生变化的情况。由于它只表示金属在平衡状态（极缓慢加热或冷却条件）下的相结构，所以也称平衡图。在生产条件下，压力变化不大，通常不考虑这一因素，所以一般相图都指合金相随着成分和温度而改变的图形。

通过相图可以了解各种成分的合金在不同温度下的组织状态，在什么温度发生结晶和相变，存在几个相，每个相的成分如何等。但是必须注意，在非平衡状态时（即较快地加热或冷却），相图中的特性点或线是要发生偏离的。

1. 二元合金相图的建立

为了便于理解，首先讨论纯铜在小坩埚内的结晶情况（图 4-4）。

当液态纯铜在平衡状态下缓慢冷却时于 1084℃ 结晶，随着时间的延长，此结晶过程在恒温下完成。但是，固溶合金的结晶情况与纯金属不同。以图 4-5 的 Cu50% + Ni50% 合金为例，它是在一个温度范围内结晶，并伴同液体和固体金属的成分变化。当液态合金冷却到

1348℃时，液相成分仍然是 $w_{Cu}=50\%$，$w_{Ni}=50\%$，但开始形成固相晶核时，成分为 $w_{Cu}=33\%$，$w_{Ni}=67\%$，随着温度下降，结晶继续进行而且常为枝晶长大。当冷却到大约 1/2 结晶温度范围时，固相成分为 $w_{Cu}=40\%$，$w_{Ni}=60\%$，而液相成分变为 $w_{Cu}=57\%$，$w_{Ni}=43\%$；完全结晶后（1315℃以下）液相消失，此时结晶组织的成分是不均匀的。在随后的冷却过程中，由于高温时原子的扩散能力较强，Ni、Cu 原子会自发地由高浓度区域向低浓度区域扩散，最终达到均匀的浓度状态，恢复到原来的均匀成分。

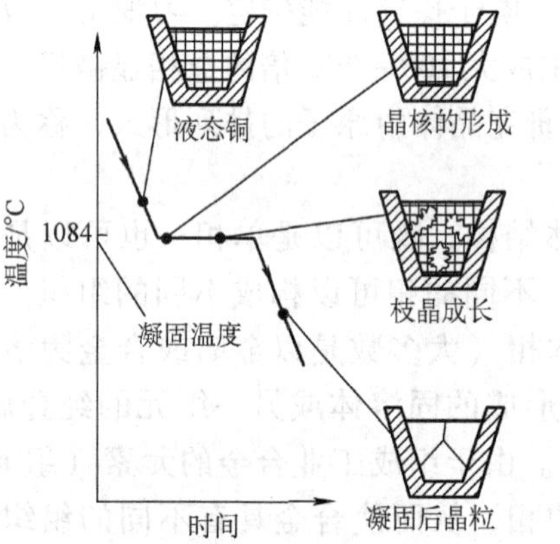

图 4-4 纯铜在小坩锅内结晶的冷却曲线

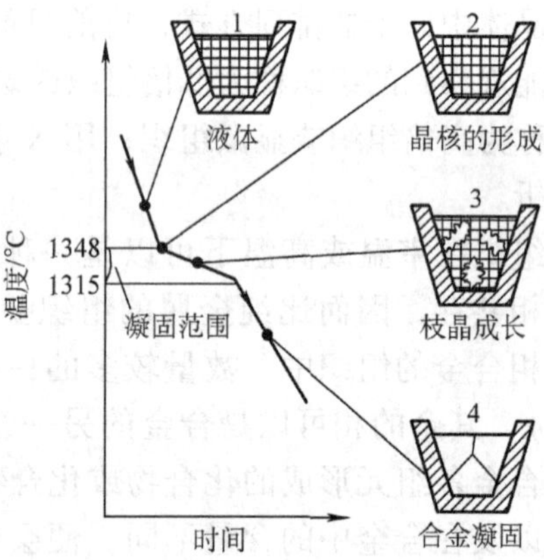

图 4-5 Cu50% + Ni50% 合金在小坩锅内结晶的冷却曲线

1—液相成分 $w_{Cu}=50\%$，$w_{Ni}=50\%$

2—固相成分 $w_{Cu}=33\%$，$w_{Ni}=67\%$

3—固相成分 $w_{Cu}=40\%$，$w_{Ni}=60\%$ 4—全凝固

冷却曲线上的转折点或平台温度称为合金的临界点，可以用各种方法测定。上述两条冷却曲线是用热分析法测出的。该法是利用相变时的吸热或放热现象，由于热量补偿，反映在冷却曲线上出现转折点。

现在以 Cu-Ni 合金为例来说明相图的建立：

1）配制图 4-6 所列的不同成分合金。

2）用热分析法分别作出每种成分的一系列冷却曲线（图 4-6a）。

3）以横坐标（图 4-6b）表示合金成分，纵坐标表示温度，将测量的合金相变临界点分别标在坐标图上相应的合金成分线上。

4）将各点连成光滑曲线，再根据热分析结果，填上相区，即得此二元合金相图。

图 4-6 中 $t_A a t_B$ 称为液相线，表示结晶开始；$t_A b t_B$ 称为固相线，表示结晶结束。曲线上的液相线即结晶开始温度，又称上临界点；固相线（结晶终了温度）又称下临界点。通过金相和 X 射线衍射法分析得知，合金生成固溶体的结晶过程都是在一个温度范围内进行的。

2. 基本相图

合金的相图有各种各样，且有些相图是很复杂的。下面介绍几种基本相图。

（1）匀晶相图 两组元在固态时形成无限固溶体，且液态时又能完全互溶的合金相图称为匀晶相图，如 Cu-Ni、W-Mo、Fe-Ni、Fe-Cr 等合金的相图均是匀晶相图。

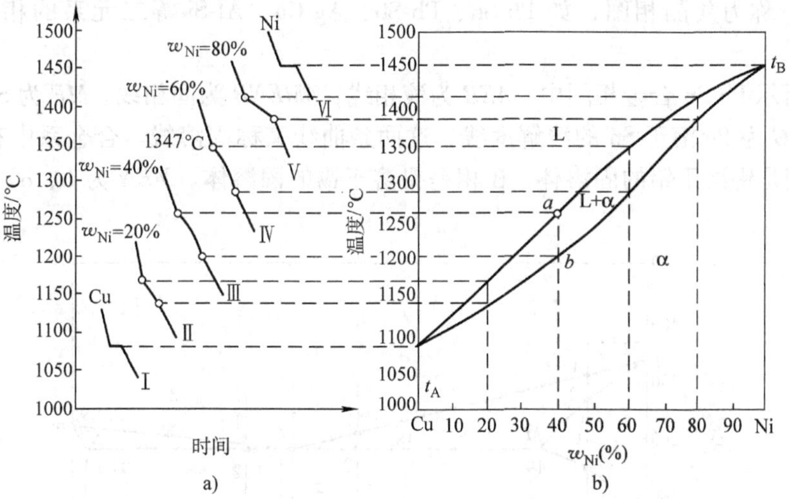

图 4-6　Cu-Ni 合金相图的建立

a）不同成分合金的冷却曲线　b）Cu-Ni 状态图

1）相图分析　图 4-7 为工业用 Cu-Ni 合金相图，有三个相区：液相线 t_Aat_B 以上为液相区，以 L 表示；固相线 t_Abt_B 以下为固相区，以 α 表示；上下临界线之间为 L 相和 α 相共存，称为两相区，以（L + α）表示。

2）合金的结晶过程　图 4-7 右边示意图说明 w_{Ni} = 60% 的铜镍合金的结晶过程。当合金从高温缓慢冷却到与液相线相交的 t_1 温度时，开始从液相结晶出成分为 α_1 的固溶体。温度继续降低到 t_2 温度时，不论是新结晶出来的固溶体，还是以先前结晶的 α_1 固溶体为核心长大的固溶体，此时都是成分为 α_2 的固溶体，这是由于在结晶过程中缓慢冷却原子扩散的结果。随着温度的降低，结晶不断进行，液相的成分沿着液相线变化，固相的成分沿着固相线变化。在温度 t_3 结晶终了，得到与原合金成分 α_3（即 w_{Ni} = 60%）固溶体。继续冷却到室温时，组织与成分不再发生变化。

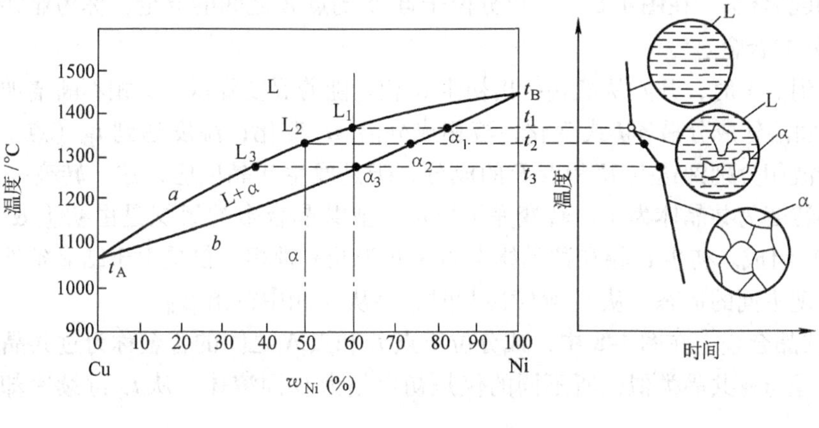

图 4-7　w_{Ni} = 60% 合金的冷却曲线及结晶过程

（2）共晶相图　两组元在液态无限互溶，在固态相互有限溶解或不溶解且发生共晶转变的相图，称为共晶相图，如 Pb-Sn、Pb-Sb、Ag-Cu、Al-Si 等二元系的相图都属共晶相图。

图 4-8 所示 Pb-Sn 合金相图中，*AEB* 为液相线，*AMENB* 为固相线。*MF* 为 Sn 溶于 Pb 的溶解度线，*NG* 为 Pb 溶于 Sn 的溶解度线，这两条曲线又称固溶线。合金系中有 L、α 和 β 三个相。α 相是锡溶于铅的固溶体，β 相是铅溶于锡的固溶体。*MEN* 为 L、α、β 三相共存的水平线。

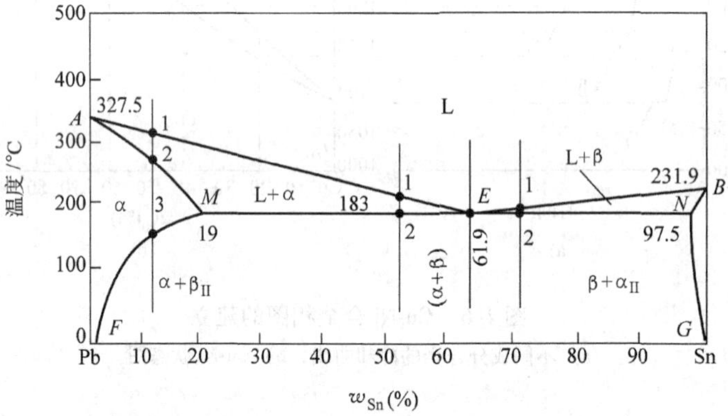

图 4-8　Pb-Sn 合金相图

1）$w_{Sn}<19\%$ 时的 Pb-Sn 合金　从图 4-8 可知，$w_{Sn}=12\%$ 的合金由液态慢冷到点 1 时，开始析出 α 固溶体。随着温度的降低，α 相的数量不断增加，而液相数量不断减少；α 相固溶体的成分沿 *AM* 线变化，液相的成分沿 *AE* 线变化。冷却到与固相线的交点 2 时，合金全部结晶成 α 固溶体。继续冷却时，在点 2 和点 3 之间，合金组织不发生变化，为 α 单相固溶体。当冷却到点 3 温度时，Sn 在 Pb 中的溶解达到饱和状态。温度再下降时，过剩的 Sn 以 β 固溶体的形式从 α 相中析出。为了与从液态析出的 β 相相区别，以 β_{II} 表示。

2）$w_{Sn}=61.9\%$ 的共晶合金　从图 4-8 可以看出，$w_{Sn}=61.9\%$ 的合金从液态缓冷到温度 t_E 时同时析出 α 和 β 两种晶体，即为共晶反应，这一过程一直进行到液相完全消失为止。

3）亚共晶合金　在图 4-8 中，成分位于点 *M* 到点 *E* 之间的合金，称为亚共晶合金，例如 $w_{Sn}=50\%$ 的合金。

当缓冷到点 1 时，开始从液相析出初生 α 相。随着温度降低，α 相不断增加，液相量相对减少，α 固溶体成分沿 *AM* 线变化，液相成分沿 *AE* 变化；温度达到 t_E（点 2）时，α 固溶体与剩余液相分别到达点 *M* 和点 *E* 的成分，于是发生共晶反应，这一转变一直进行到剩余液相全部转变为共晶体为止。转变完了以后，亚共晶合金的组织是由初生 α 相和共晶组织（α +β）组成。初生 α 相和共晶体中的 α 相为同一种相，仅是由于结晶条件不同，在显微组织中呈现不同的形态。从 t_E 继续冷却时，将从 α 相中析出 β_{II}。

4）过共晶合金　在图 4-8 中，成分位于点 *E* 和点 *N* 之间的合金称为过共晶合金。过共晶的结晶过程与亚共晶类似，所不同的仅是初生相为 β 固溶体，从 t_E 继续冷却时，将从 β 相中析出 α_{II}。

从上述可以看出，成分介于点 *M*、*N* 之间的亚共晶、共晶及过共晶合金，在其缓慢冷却或缓慢加热中，凡是与 *MEN* 线相遇时，到 t_E 温度都要发生共晶反应。所以称 *MEN* 为共晶线，t_E 为共晶温度，点 *E* 为共晶点。

相图中可以标出相组成物，也可以标出组织组成物。如共晶相图中，除在固溶线区域内的合金外，都是由 α 和 β 两相组成的，标出（α+β）两相即可。

（3）其他相图

1）包晶相图　两个组元在液态无限互溶，在固态形成有限固溶体并发生包晶反应的相图，称为包晶相图，如 Pt-Ag、Sn-Sb、Cu-Sn、Cu-Zn 等合金系的相图，均为包晶相图。

2）具有稳定化合物的二元相图　所谓稳定化合物，是指熔化前既不分解也不产生任何化学反应的化合物，例如 Mg 与 Si，即可形成稳定化合物 Mg_2Si，而 Mg-Si 相图就是形成稳定化合物的二元合金相图，可以认为是由 Mg-Mg_2Si 和 Mg_2Si-Si 两个共晶相图组成的。

第二节　合金的性能与相图的关系

合金的性能取决于它的成分和组织，相图则可反映不同成分的合金在不同温度下的平衡组织。因此，具有平衡组织的合金的性能与相图之间存在着一定的对应关系。

一、力学性能与相图的关系

通过各种合金相图分析可以看出，二元合金室温平衡组织主要有两种类型，一种为单相固溶体，一种为两相混合物。

1）单相固溶体的合金相图为匀晶相图，实验表明，固溶体的性能与溶质元素的溶入量有关，总的规律是呈透镜形曲线关系。即对一定的溶剂和溶质来说，溶质的溶入量越多，则合金的强度、硬度越高，电阻越大，电阻温度系数越小，并在某一成分下达到最大或最低值，如图 4-9 所示。

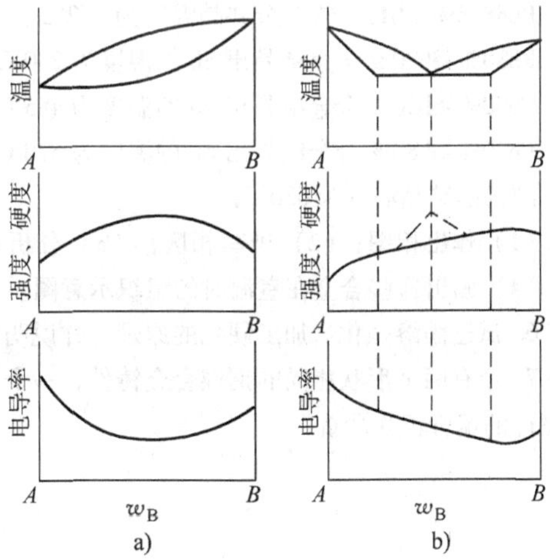

图 4-9　固溶体合金的力学性能和物理性能与相图的关系
a）匀晶系合金　b）共晶系合金

2）两相混合物一般分两种情况，一种是形成普通混合物，另一种是通过共晶或共析转变形成机械混合物。当合金形成普通混合物时，合金的性能将随合金的化学成分而改变，在两相性能之间呈直线变化（图 4-9b），为两相性能的算术平均值。当合金形成共析或共晶机械混合物时，合金的性能还与组织的细密程度有关，组织越细密，其强度、硬度均将显著提高，且偏离直线关系，出现高峰，如图 4-9 中虚线所示。

二、铸造性与相图的关系

纯组元和共晶成分的合金的流动性最好，缩孔集中，铸造性能好。相图中液相线和固相线之间距离越小，液体合金结晶的温度范围越窄，对浇注和铸造质量越有利。合金的液、固相线温度间隔大时，形成枝晶偏析的倾向性大；同时，先结晶出的枝晶阻碍未结晶液体的流动，从而降低其流动性，增多分散缩孔。所以，铸造合金常选共晶或接近共晶的成分，如发

动机活塞常采用 $w_{Si}=11\%\sim13\%$ 的铝硅铸造合金则为共晶合金。

单相固溶体合金具有较好的塑性，变形抗力小，变形较均匀，故压力加工性能良好，但切削加工性能差。

形成两相混合物的合金的塑性不如单相固溶体合金好，特别是其中含有硬而脆的相，而且是沿着另一相的晶界呈网状分布时，其塑性更差。当合金中含有低熔点共晶体时，热压力加工性能更坏，因为在加热过程中，低熔点共晶体将被熔化，并沿晶界分布，故在压力加工时易发生断裂，这种现象被称为“热脆”。但形成两相混合物的合金的切削加工性能通常优于单相固溶体合金。

思考题习题

1. 解释下列名词。

合金、组元、相、组织、相图、固溶强化、置换固溶体、间隙固溶体、共晶反应。

2. 什么是固溶体和金属化合物？它们的特性怎样？

3. 间隙固溶体和间隙相在晶体结构和性能上的差别是什么？

4. 固溶体主要有哪两种？它们的形成条件是什么？

5. 下列为 Pb-Sb 合金的热分析数据：

纯铅的结晶温度为 327℃。

Pb95%-Sb5%合金结晶出 Pb 的温度为 296℃，共晶温度为 252℃。

Pb90%-Sb10%合金结晶出 Pb 的温度为 260℃，共晶温度为 252℃。

Pb88.8%-Sb11.2%合金共晶温度为 252℃。

Pb80%-Sb20%合金结晶出 Sb 的温度为 280℃，共晶温度为 252℃。

Pb50%-Sb50%合金结晶出 Sb 的温度为 485℃，共晶温度为 252℃。

Pb20%-Sb80%合金结晶出 Sb 的温度为 570℃，共晶温度为 252℃。

纯锑的结晶温度为 630℃。

(1) 作出相图；(2) 填写相区；(3) 分析 $w_{Pb}=95\%$、$w_{Pb}=88.8\%$ 和 $w_{Pb}=50\%$ 三种合金的结晶过程；(4) 画出这些合金在室温时的组织示意图。

6. 试述固溶强化、加工硬化的原理，并说明它们的区别。

7. 今有两个形状相同的铜镍合金铸件，一个 $w_{Ni}=90\%$，一个 $w_{Ni}=50\%$，铸后自然冷却，问凝固后哪个铸件的偏析较为严重？

第五章　铁碳合金相图和碳钢

钢铁是现代工业中应用最为广泛的金属材料，其基本组元是铁和碳两种元素，故统称为铁碳合金。碳钢和铸铁均属铁碳合金范畴。为了熟悉钢铁材料的组织与性能，以便在生产中合理使用，首先必须研究铁碳合金相图。

铁与碳可以形成 Fe_3C、Fe_2C、FeC 等一系列化合物，而稳定的化合物可以作为一个独立的组元，因此整个 Fe-C 相图也可视为由 Fe-Fe_3C、Fe_3C-Fe_2C、Fe_2C-FeC 等一系列二元相图组成。但实际上只有含碳量 $w_C<5\%$ 的铁碳合金才有实际使用价值；含碳量 $w_C>5\%$ 时，合金脆而硬，无实用价值。因此，工业生产中只需研究铁碳合金相图中的一部分，即含碳量 $w_C<6.69\%$ 的部分。

第一节　纯铁、铁碳合金的相结构及其性能

一、纯铁及其同素异构转变

大多数金属在结晶终了之后以及继续冷却的过程中，其晶体结构不再发生变化，但也有一些金属，如 Fe、Co、Mn、Sn 等，在结晶之后继续冷却时还会出现晶体结构变化，即从一种晶格转变为另一种晶格。金属在固体状态下随着温度的改变由一种晶格转变为另一种晶格，这种变化称为同素异构（晶）转变，由同素异构转变得到的不同晶格的晶体称为同素异构（晶）体。

纯铁的冷却曲线上有三种同素异构体，如图 5-1 所示。液态纯铁（L）在 1538℃时开始结晶出具有体心立方晶格的 δ-Fe；继续缓冷到 1394℃时，δ-Fe 开始转变为具有面心立方晶格的 γ-Fe；再冷却到 912℃时，又由 γ-Fe 转变为 α-Fe；如果再继续冷却直至室温时，α-Fe 的晶格类型不再发生变化，整个转变过程可以表示为

$$\underset{\text{液相}}{L_{Fe}} \xleftrightarrow{1538^{\circ}C} \underset{\text{体心立方}}{\delta-Fe} \xleftrightarrow{1394^{\circ}C} \underset{\text{面心立方}}{\gamma-Fe} \xleftrightarrow{912^{\circ}C} \underset{\text{体心立方}}{\alpha-Fe}$$

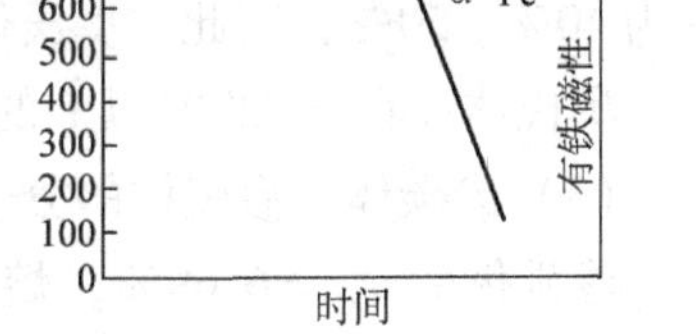

图 5-1　纯铁的冷却曲线及晶体转变

因为纯铁具有同素异构转变现象，所以在生产中可以对钢和铸铁进行相变热处理，达到改变钢铁的内部组织和提高性能的目的。

金属（纯铁）的同素异构转变是一个重结晶过程，与液态金属的结晶过程相似，遵循结晶的基本规律：有一定的转变温度；转变时需要过冷；有结晶潜热的释放；而且转变过程也是由晶核的形成和长大来完成的。但这种转变过程是在固态下发生的，原子的扩散较液体困难，必须有较大的过冷度；由于转变时晶体的致密度改变引起晶体体积的变化，因而同素异构转变往往产生更大的内应力。

在图5-1所示的纯铁冷却曲线上，770℃为纯铁的磁性转变点（又称居里点）。在770℃以下纯铁具有铁磁性，在770℃以上则失去铁磁性。磁性转变时不发生晶格转变，因此也没有形核和晶核长大过程。

一般说来，纯铁并不很纯，总是含一些杂质。工业纯铁常含有 $w_{杂}=0.1\% \sim 0.2\%$ 的杂质。其强度和硬度很低，在工程上很少使用，其力学性能指标大致为：屈服强度 $\sigma_{0.2}=100 \sim 170\text{MPa}$，抗拉强度 $\sigma_b=180 \sim 280\text{MPa}$，伸长率 $\delta=30\% \sim 50\%$，断面收缩率 $\psi=70\% \sim 80\%$，硬度为50～80HBW，冲击韧度 $a_K=160 \sim 200\text{J/cm}^2$。

二、Fe-Fe$_3$C合金的相结构及其性能

工业纯铁虽然塑性较好，但强度较低，所以很少用它制造机械零件，常用的是铁碳合金。铁碳合金中的相结构有以下几种。

（1）铁素体　纯铁在912℃以下具有体心立方晶格。碳溶于α-Fe中的间隙固溶体称为铁素体，用符号F表示。由于是体心立方晶格间隙的直径很小，因而溶碳能力差，在727℃时溶碳量最大（$w_C=0.0218\%$）；随着温度下降，溶碳量逐渐减少，在600℃时溶碳量约为 $w_C=0.0057\%$，因此其室温时的性能几乎与纯铁相同，数值如下：

抗拉强度 σ_b	180～280MPa
屈服强度 σ_s	100～170MPa
伸长率 δ	30%～50%
断面收缩率 ψ	70%～80%
冲击韧度 a_K	160～200J/cm^2
硬度	～80HBW

由此可见，铁素体的强度、硬度不高，但具有良好的塑性和韧性。

铁素体在770℃以下具有铁磁性，在770℃以上则失去铁磁性。

（2）奥氏体　碳溶于γ-Fe中的间隙固溶体称为奥氏体，以符号A表示。由于γ-Fe是面心立方晶格，它的致密度虽然高于体心立方晶格的α-Fe，但由于其晶格间隙的直径要比α-Fe大，故溶碳能力也较大。在1148℃时，溶碳能力最大（$w_C=2.11\%$）；随着温度下降，溶碳量逐渐减少，在727℃时的溶碳量为 $w_C=0.77\%$。

奥氏体的性能与其溶碳量及晶粒大小有关，一般奥氏体的硬度为170～220HBW，伸长率为40%～50%，因此，奥氏体的硬度较低而塑性较高，易于锻压成形。

奥氏体存在于727℃以上的高温范围内。奥氏体为非铁磁性相。

（3）渗碳体　渗碳体的分子式为 Fe_3C，它是一种具有复杂晶格的间隙化合物。

渗碳体的 $w_C=6.69\%$，熔点是1227℃；不发生同素异构转变；但有磁性转变，它在230℃以下具有弱铁磁性，而在230℃以上则失去铁磁性；硬度很高（950～1050HV），而塑性和韧性几乎为零，脆性极大。

渗碳体中碳原子可被氮等小尺寸原子置换，而铁原子则可被其他金属原子（Cr、Mn等）置换。这种以渗碳体为溶剂的固溶体称为合金渗碳体，如 $(Fe, Mn)_3C$，$(Fe, Cr)_3C$ 等。

渗碳体在钢和铸铁中与其他相共存时呈片状、球状、网状或板状。渗碳体是碳钢中主要的强化相，它的形态和分布对钢的性能有很大影响。同时，渗碳体在一定条件下会发生分解，形成石墨状的自由碳。

第二节　$Fe\text{-}Fe_3C$ 相图分析

$Fe\text{-}Fe_3C$ 相图是研究铁碳合金以及热处理的基础，如图 5-2 所示。为了便于分析，可以将图 5-2 中的包晶反应部分省略。

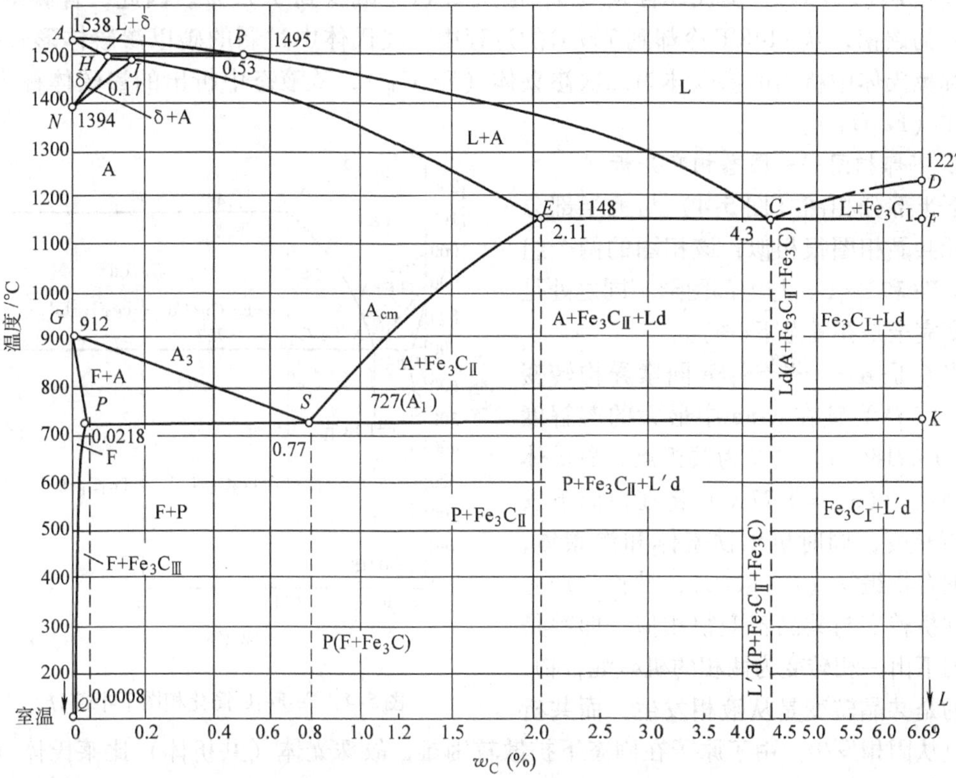

图 5-2　$Fe\text{-}Fe_3C$ 相图

一、$Fe\text{-}Fe_3C$ 相图的特性点与特性线

1. 上部相图——*液态结晶分析*

从 $Fe\text{-}Fe_3C$ 简化相图的上半部分（图 5-3）可以看出，它属于二元共晶相图（其中 $\gamma\text{-}Fe$ 和 Fe_3C 是该相图的两个组元），反映了由液态合金转变为固态的一次结晶过程。

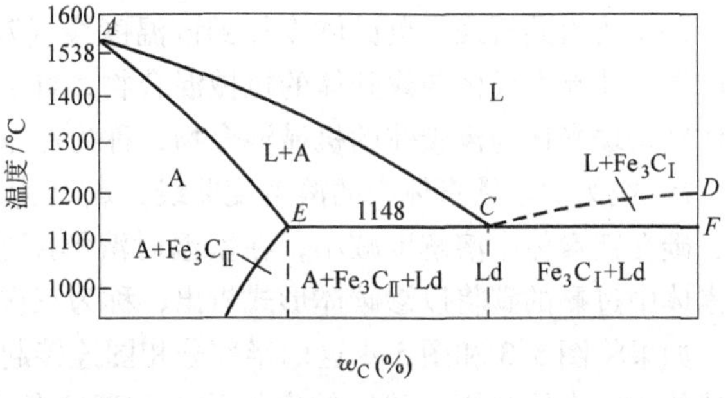

图 5-3　$Fe\text{-}Fe_3C$ 简化相图上半部分

点 A 与点 D 分别为纯铁和渗碳体的熔点温度。点 E 为碳在奥氏体中的最大溶解度，也是碳钢与白口铸铁的分界点：在点 E 左边（$w_C < 2.11\%$）的铁碳合金称为碳钢，点 E 右边

（w_C>2.11%）的称为白口铸铁。点 C 为共晶点，液态合金冷却到水平线 ECF 上将发生共晶转变，在恒温（1148℃）下同时结晶出奥氏体和渗碳体所组成的共晶体（$A+Fe_3C$），这是一种组织较细密的机械混合物，通称高温莱氏体。在图5-3上，ACD 为液相线。其中液态合金冷却到 AC 线或稍低温度时就开始结晶出奥氏体；冷却到 DC 线或稍低温度就开始结晶出一次渗碳体 Fe_3C_{I}。$AECF$ 为固相线，其中 AE 为奥氏体结晶的终了线；ECF 是共晶转变线。ES 为碳在奥氏体中的溶解度曲线（图5-2），随着温度从点 E（1148℃）下降到点 S（727℃），奥氏体含碳量 w_C 也从2.11%减少到0.77%。因此，含碳量 w_C>0.77%的碳钢，从1148℃冷却到727℃的过程中，奥氏体中过剩的碳以渗碳体形式析出。通常称奥氏体中析出的渗碳体为二次渗碳体（Fe_3C_{II}），从液态中析出的渗碳体称为一次渗碳体（Fe_3C_{I}）。

2. 下部相图——固态相变分析

下半部分相图（图5-4）与上半部分的二元共晶相图很相似，该相图的两个组元是α-Fe 和 Fe_3C，与上部图形不同之处是其相变完全是在固态下进行。

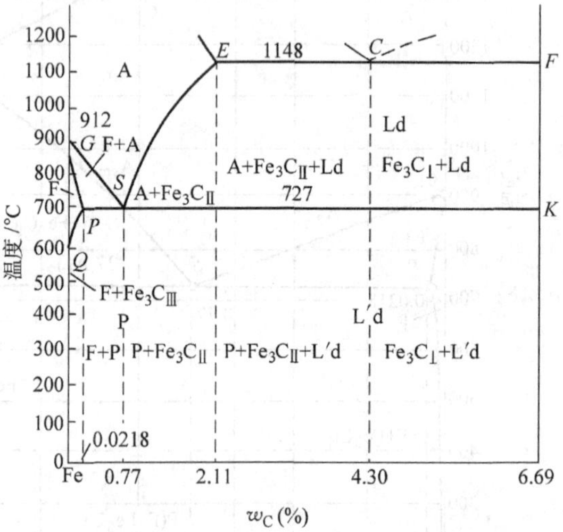

图5-4 $Fe-Fe_3C$ 简化相图下半部分

点 G 是 α-Fe $\xrightleftharpoons{912℃}$ γ-Fe 同素异构转变温度。点 P 为碳在 α-Fe 中最大的溶解度（w_C=0.0218%）。点 S 为共析点，奥氏体冷却到点 S（w_C=0.77%）将在恒温下发生共析转变，同时析出铁素体和渗碳体，机械混合物组织（$F+Fe_3C$），被称为珠光体。共析转变与共晶转变很相似，即都是在恒温下由一相转变为两相的机械混合物，不同的是共晶转变是从液相发生，而共析转变是从固相发生。由于原子在固态下扩散较困难，故珠光体（共析体）比莱氏体（共晶体）组织更细密。

GS 线为冷却时奥氏体转变为铁素体的开始线或者加热时铁素体转变为奥氏体的终了线。

GP 线为冷却时奥氏体转变为铁素体的终了线或者加热时铁素体转变为奥氏体的开始线。

PSK 线为共析线，奥氏体冷却到该温度线（727℃）将发生共析转变。在727℃以上的莱氏体是共晶奥氏体与渗碳体的机械混合物，称为高温莱氏体（Ld），而在727℃以下的莱氏体则是珠光体与渗碳体的机械混合物，称为低温莱氏体（L′d）。

PQ 线为碳在铁素体中的溶解度曲线，点 P 为最大溶解度点，达0.0218%；随着温度下降，碳在铁素体中溶解度减小，在室温时溶解度趋向于零。因此，从727℃冷却的过程中，铁素体中过剩的碳将以渗碳体形式析出，称为三次渗碳体（Fe_3C_{III}）。

如果将图5-3和图5-4这两半部分相图连接起来，就是简化了的 $Fe-Fe_3C$ 相图，再结合上述的相区点线分析，就比较容易看出和理解各个区域的组织。相图中各特性点、线的温度、成分、符号及其含义分别列于表5-1与表5-2。

表 5-1 $Fe-Fe_3C$ 相图中的特性点

特性点	温度/℃	w_C（%）	含 义
A	1538	0	纯铁熔点
B	1495	0.53	包晶转变时的液相成分
C	1148	4.30	共晶点。共晶转变反应式 $L_C \rightleftharpoons A_E + Fe_3C$
D	1227	6.69	Fe_3C 熔点
E	1148	2.11	碳在 γ-Fe 中的最大溶解度，也是碳钢与白口铸铁的分界点（奥氏体的最高含碳量）
F	1148	6.69	共晶渗碳体成分点
G	912	0	α-Fe ⇌ γ-Fe 同素异构转变点（A_3）
H	1495	0.09	碳在 δ-Fe 中最大溶解度
J	1495	0.17	包晶点成分。包晶反应式 $L_B + \delta_H \rightleftharpoons A_J$
K	727	6.69	共析渗碳体成分点
N	1394	0	γ-Fe ⇌ δ-Fe 同素异构转变点（A_4）
P	727	0.0218	碳在 α-Fe 中的最大溶解度
S	727	0.77	共析点。共析转变反应式 $A_S \rightleftharpoons F_P + Fe_3C$
Q	600～室温	0.0057～0.0008	600℃时碳在 α-Fe 中的溶解度

注：表中各特性点含义，均指合金在缓慢冷却或加热时的相变。

表 5-2 $Fe-Fe_3C$ 相图中的特性线

特性线	温度/℃	含 义
ABCD	1538～1227	液相线。从液态合金中分别结晶出奥氏体（*ABC* 线）和一次渗碳体 Fe_3C_{I}（*CD* 线）
HJB	1495	包晶转变线
AECF	1538～1148	固相线，是奥氏体结晶终了线，并在 *ECF* 发生共晶转变，即 $L_C \rightleftharpoons A_E + Fe_3C$
GS（A_3）	912～727	奥氏体转变为铁素体的开始线
GP	912～727	奥氏体转变为铁素体的终了线
ES（A_{cm}）	1148～727	碳在 γ-Fe 中的溶解度曲线
PQ	727～600	碳在 α-Fe 中的溶解度曲线
PSK（A_1）	727	共析转变线

注：表中各特性线含义，均指合金在缓慢冷却或加热时的相变。

二、碳钢的组织转变过程

$Fe-Fe_3C$ 相图上的合金，按其含碳量和组织的不同，一般分为三类，即工业纯铁（$w_C < 0.0218\%$）、碳（素）钢（$w_C = 0.0218\% \sim 2.11\%$）和白口铸铁（$w_C = 2.11\% \sim 6.69\%$）。碳钢在组织上的特点是高温区的固相组织主要为奥氏体，高温和低温区都没有脆硬的莱氏体，因而适合于压力加工；而白口铸铁在高温和低温区都存在莱氏体，因而不适于压力加工。根据室温组织不同，碳钢又可以分为共析钢（$w_C = 0.77\%$）、亚共析钢（$w_C = 0.0218\% \sim 0.77\%$）和过共析钢（$w_C = 0.77\% \sim 2.11\%$）三种。现在应用图 5-5 所示

$Fe\text{-}Fe_3C$相图钢的部分（略去液相区和左上角包晶部分）来分析上述三种碳钢结晶后的组织转变过程。

1. 共析钢结晶后的组织转变

从图5-5可以看出，共析钢在点1处是单相奥氏体组织（A），缓冷到点2以上，组织不变化；当冷到较点2稍低温度时发生共析转变，其过程如图5-6所示，转变后形成片层状的铁素体与渗碳体组成的机械混合物，称为珠光体（P）。在点2以下直至室温，其组织不变。图5-7是共析钢的显微组织。在金相图上，白色为铁素体基体，黑色线条为渗碳体。珠光体硬度和强度较高（180HBW，$\sigma_b = 750MPa$），塑性也较好（$\delta = 20\% \sim 25\%$）。

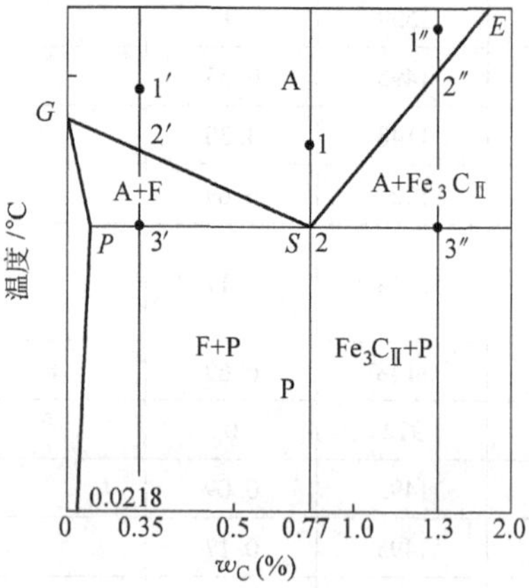

图5-5 $Fe\text{-}Fe_3C$相图钢的部分

共析碳钢的组织组成物是100%珠光体，其相组成物是铁素体（F）和渗碳体（Fe_3C），相对含量可以用杠杆定律计算

$$F = \frac{6.69 - 0.77}{6.69 - 0.0218} \times 100\% \approx 88.8\%$$

$$Fe_3C = \frac{0.77 - 0.0218}{6.69 - 0.0218} \times 100\% \approx 11.2\%$$

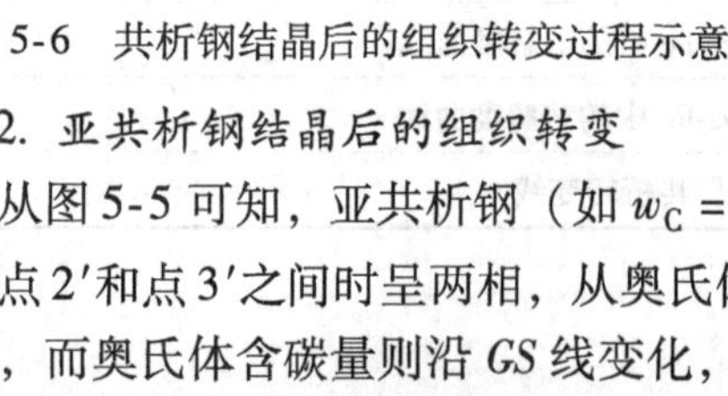

图5-6 共析钢结晶后的组织转变过程示意图

图5-7 共析钢（珠光体）的显微组织

2. 亚共析钢结晶后的组织转变

从图5-5可知，亚共析钢（如$w_C = 0.35\%$）在点1′处也是单相奥氏体组织（A），当缓冷到点2′和点3′之间时呈两相，从奥氏体中不断析出铁素体（F），其铁素体含碳量沿*GP*线变化，而奥氏体含碳量则沿*GS*线变化，析出的铁素体通常沿奥氏体晶界形核并长大。当缓冷到点3′时，剩余的奥氏体成分达到点*S*（$w_C = 0.77\%$），即在恒温下（727℃）发生共析转变形成珠光体（P）组织。在点3′以下直到室温，亚共析钢的组织都是（F+P），只是F和P的相对量随着碳含量变化而有所不同。图5-8是亚共析钢结晶后的组织转变示意图，图5-9是亚共析钢（$w_C = 0.35\%$）的显微组织，其中白色基体为铁素体，黑色部分为珠光体（因为放大倍数小，层状组织分辨不清），各自相对含量可以用杠杆定律计算

$$F = \frac{0.77 - 0.35}{0.77 - 0.0218} \times 100\% \approx 56\%$$

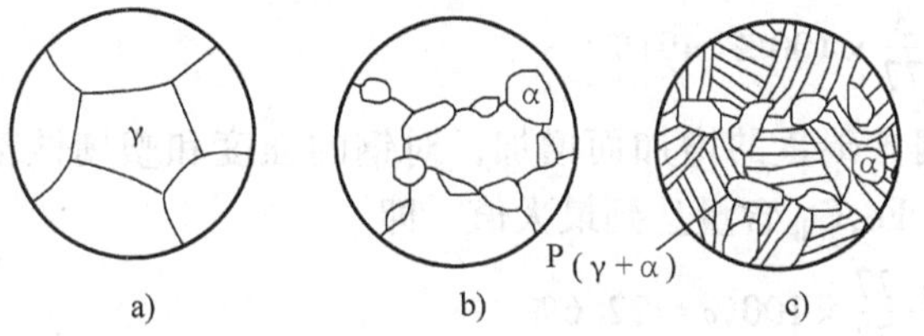

图 5-8　亚共析钢结晶后的组织转变示意图

a）冷却到点 1′　b）冷却到点 2′~3′　c）冷却到点 3′以下

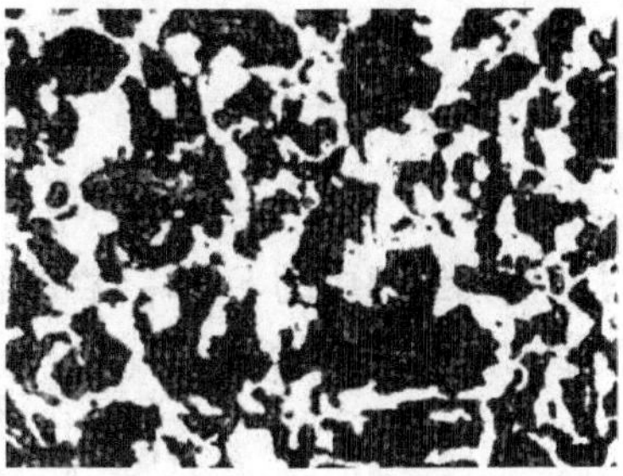

图 5-9　亚共析钢（$w_C=0.35\%$）的显微组织

$$P=\frac{0.35-0.0218}{0.77-0.0218}\times100\%\approx44\%$$

由此可见，亚共析钢含碳量越接近共析点成分，组织中所含珠光体的数量越多；反之，铁素体数量就越多。此外，还可以根据显微组织中珠光体所占面积（P%），粗略确定亚共析钢含碳量。因为，室温下铁素体含碳量可以忽略不计，即

$$w_C=P\%\times0.77\%$$

式中　w_C——亚共析钢中碳的质量分数；

P%——视场中珠光体所占面积百分数。

3. 过共析钢结晶后的组织转变

从图 5-5 可见，过共析钢（$w_C=1.3\%$）在点 1″处仍为单相奥氏体组织（A），缓冷到点 2″（与 *ES* 线相交）时，奥氏体含碳量达到饱和，开始以 Fe_3C_{II} 的形式析出碳。随着温度下降，Fe_3C_{II} 含量不断增加，剩余奥氏体含碳量沿 *ES* 线逐渐减少，而 Fe_3C_{II} 沿着奥氏体晶界析出并呈网状分布。当继续缓冷到点 3″时（与 *PSK* 共析线相交），奥氏体含碳量减少到点 *S* 共析成分（$w_C=0.77\%$），并在此温度（727℃）下转变成珠光体（P）。再继续冷却到点 3″以下直至室温时，合金组织基本不变。因此，过共析钢的室温组织是珠光体（P）+ 网状二次渗碳体（Fe_3C_{II}）。图 5-10 为过共析钢结晶后的组织转变过程示意图。

图 5-11 为过共析钢（$w_C=1.3\%$）的显微组织。基体为层片状珠光体组织，白色网状条纹为二次渗碳体，其相对含量可以用杠杆定律计算

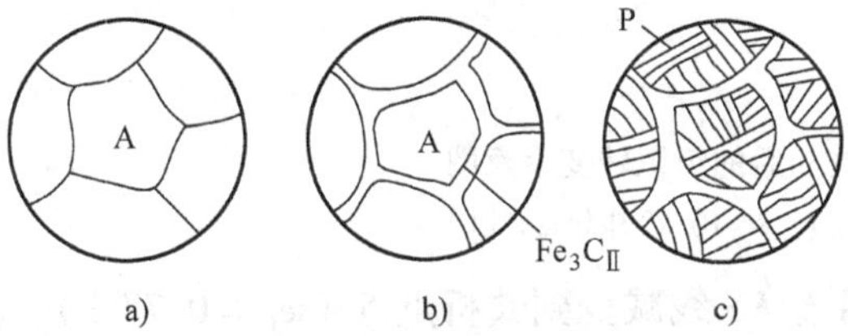

图 5-10　过共析钢结晶后的组织转变示意图

a）冷却到点 1″　b）冷却到点 2″~3″

c）冷却到点 3″以下

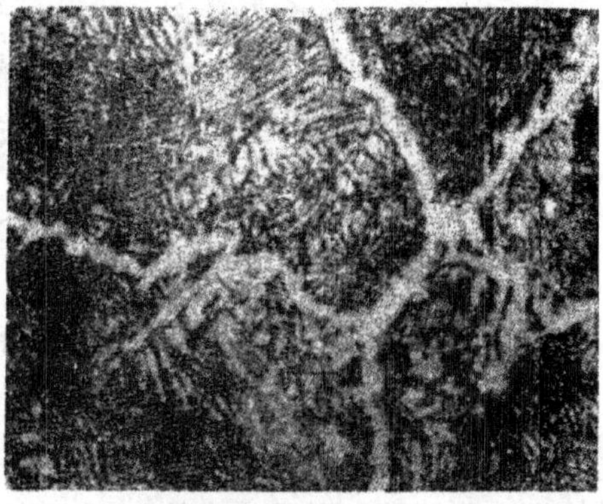

图 5-11　过共析钢（$w_C=1.3\%$）的显微组织

$$Fe_3C_{II} = \frac{1.3-0.77}{6.69-0.77} \times 100\% \approx 9\%$$

$$P = \frac{6.69-1.3}{6.69-0.77} \times 100\% \approx 91\%$$

过共析钢组织中的 Fe_3C_{II} 含量随着碳钢含碳量的增加而增加，对钢的强度和塑韧性都有不良影响。当含碳量达到 $w_C = 2.11\%$ 时，Fe_3C_{II} 含量达到最大值，即

$$Fe_3C_{II} = \frac{2.11-0.77}{6.69-0.77} \times 100\% \approx 22.6\%$$

所以，为了保证碳钢具有足够强度和韧性，过共析钢含碳量一般控制在 $w_C = 1.3\% \sim 1.4\%$。

三、白口铸铁的结晶过程

根据 $Fe\text{-}Fe_3C$ 相图，含碳量 $w_C = 4.3\%$ 的铁碳合金称为共晶白口铸铁；$w_C = 2.11\% \sim 4.3\%$之间的称为亚共晶白口铸铁；$w_C = 4.3\% \sim 6.69\%$之间的称为过共晶白口铸铁。工业上常用的铸铁是亚共晶白口铸铁，而共晶和过共晶白口铸铁很少使用，一般仅作为炼钢原料。

1. 共晶白口铸铁的组织转变过程

图5-12是 $Fe\text{-}Fe_3C$ 相图白口铸铁部分，从图可以看出，$w_C = 4.3\%$ 的液态合金缓冷到略低于点1处即发生共晶转变，形成奥氏体和共晶渗碳体的混合物（$L_C \rightleftharpoons A_E + Fe_3C$），称为高温莱氏体，以符号Ld表示。

在点1~2之间缓冷时，由于奥氏体的含碳量是沿 *ES* 线减少，所以将不断地从Ld中析出二次渗碳体，这时共晶组织是（$A + Fe_3C_{II} + Fe_3C$）。由于 Fe_3C_{II} 依附于共晶渗碳体 Fe_3C 上，在显微照片上分辨不出，如图5-13a、b所示。

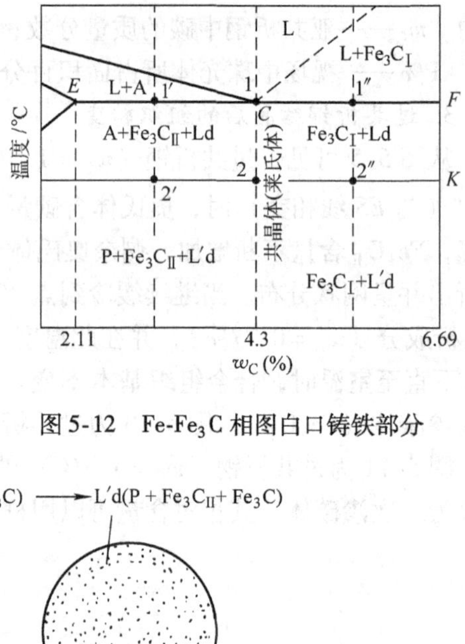

图5-12 $Fe\text{-}Fe_3C$ 相图白口铸铁部分

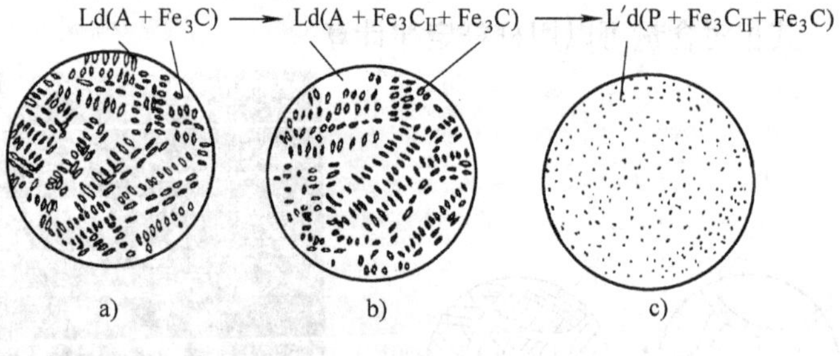

图5-13 共晶白口铸铁结晶后的组织转变示意图

a）冷却到点1 b）冷却到点1~2 c）冷却到点2以下

再冷却到点2处，Ld中的奥氏体成分已沿着 *ES* 线减少到共析点 *S*（$w_C = 0.77\%$），奥氏体发生共析转变形成珠光体（P）；如果再继续缓冷到室温，共晶组织不再转变。所以，共晶白口铸铁的室温组织是渗碳体和珠光体组成的机械混合物（$P + Fe_3C_{II} + Fe_3C$），称之为低温莱氏体，用符号L′d表示。

图 5-14 为共晶白口铸铁室温时的显微组织，其中白色基体为共晶渗碳体 Fe_3C，二次渗碳体 Fe_3C_{II} 晶粒细小且数量较少，一般附在共晶渗碳体上，难以分辨；黑色点条状为珠光体组织。

2. 亚共晶白口铸铁的组织转变过程

图 5-14 共晶白口铸铁室温时的显微组织

从图 5-12 可以看出，在冷却至点 1′处的亚共晶白口铸铁组织为（A + Ld）。

再缓冷到点 1′～2′之间时，奥氏体含碳量沿 *ES* 线而减少，因此，从奥氏体（包括 Ld 中的 A）中不断以 Fe_3C_{II} 形式析出碳，这个温度区域的组织是（$A + Fe_3C_{II} + Ld$）。当冷却到点 2′（727℃）时，奥氏体含碳量降到共析点 *S*（w_C = 0.77%）发生共析转变，所有的奥氏体都转变为珠光体（P）；再冷却到点 2′以下直至室温，亚共晶组织不再转变。所以，亚共晶白口铸铁的室温组织为（$P + Fe_3C_{II} + L'd$）。图 5-15 为亚共晶白口铸铁结晶后的组织转变示意图。图 5-16 为亚共晶白口铸铁的显微组织，其中黑色枝状晶体为珠光体，基体中黑白相间的为低温莱氏体。

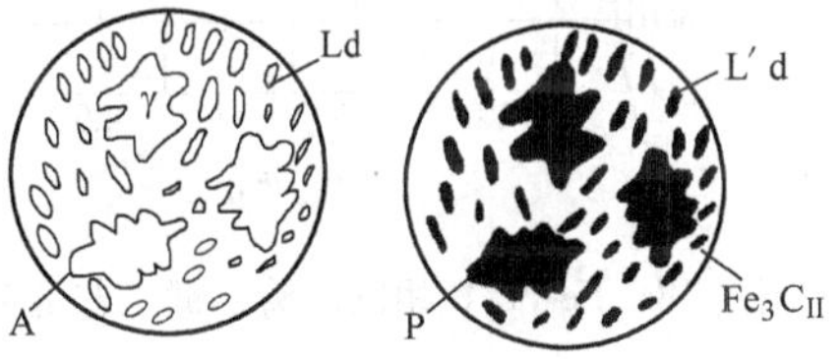

a) b)

图 5-15 亚共晶白口铸铁结晶后的组织转变示意图

a）冷却到点 1′ b）冷却到点 2′以下

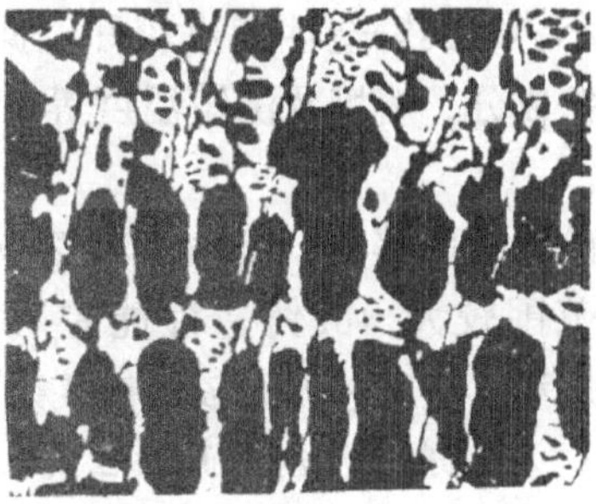

图 5-16 亚共晶白口铸铁的显微组织

3. 过共晶白口铸铁的组织转变过程

从图 5-12 可知，当过共晶合金缓冷到点 1″（即共晶线 *ECF*）时，液相合金含碳量达到共晶成分点 *C*（w_C = 4.3%），即发生共晶转变形成 $Ld + Fe_3C_I$；当冷却到点 1″～2″之间时，Ld 中的奥氏体也沿 *ES* 线析出 Fe_3C_{II}，其组织是 $Ld + Fe_3C$；缓冷到点 2″时，Ld 中剩余奥氏体也发生共析转变为珠光体；冷却到点 2″以下直至室温时，不再发生转变。所以，过共晶白口铸铁的室温组织是一次渗碳体和低温莱氏体的混合物（$Fe_3C + L'd$）。图 5-17 为过共晶白口铸铁的显微组织，其中白色板条状的是 Fe_3C，其余黑白相间的组织为 L′d。

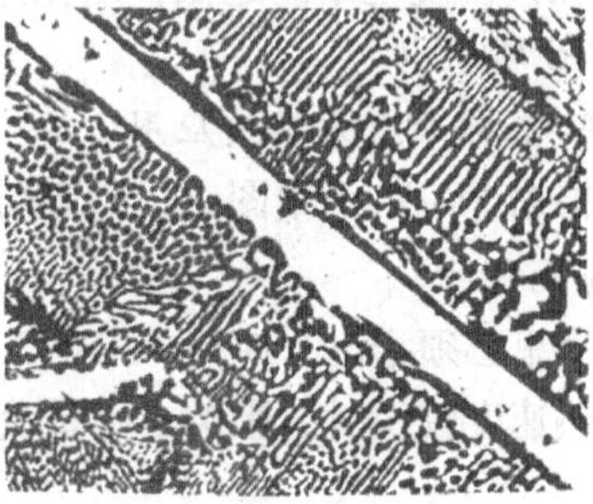

图 5-17 过共晶白口铸铁的显微组织

四、$Fe\text{-}Fe_3C$ 相图的应用

$Fe\text{-}Fe_3C$ 合金相图概括了平衡状态下不同合金成分、温度与显微组织及性能之间的关系，奥氏体相区和其他各相区的范围，因而对铸造、锻轧、焊接以及热处理等生产实践具有

重要意义。

1. 在选材方面的应用

在设计和生产上，通常是根据机器零件或工程构件的使用性能要求来选择钢的成分（钢号）的。例如，大多数机件和工程构件主要选用低碳钢和中碳钢；其中要求塑性、韧性好而强度不高的机件，则应选用低碳钢（$w_C<0.25\%$）；要求强度、塑性、韧性等综合性能较好的，则应选用中碳钢（$w_C=0.3\%\sim0.55\%$），并通过热处理等工艺进一步提高钢的使用性能和工艺性能；各种工具用钢则应选用高碳钢来制造（详见后面选材的部分）。

2. 在铸造方面的应用

在 $Fe-Fe_3C$ 相图上，含碳量 $w_C>2.11\%$ 的铁碳合金叫白口铸铁，无论在高温区和室温都存在硬而脆的组织莱氏体，所以一般不能进行压力加工（锻、轧等），只能作为铸造或炼钢原料。铸铁含碳量越接近共晶点 C（$w_C=4.3\%$），其熔点越低，结晶温度范围也越小，故其铸造性能也较好。据此可以确定铸铁成分、熔炼及浇铸温度等，如图5-18所示。

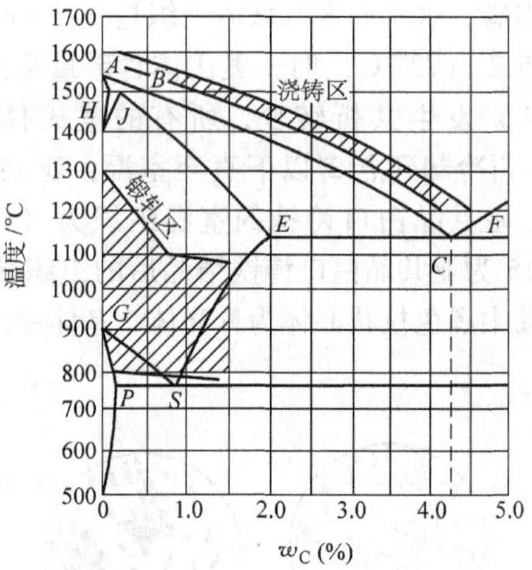

图5-18 $Fe-Fe_3C$ 相图与铸、锻工艺的关系

碳钢也可铸造，但由于其熔点高，结晶温度范围较大，故铸造性能差（易收缩），在熔炼和铸造工艺方面较铸铁复杂。

3. 在锻造、轧制方面的应用

单相合金比多相合金具有更佳的压力加工性能，这是由于多相合金中各相的晶体结构和位向不同以及晶界的作用，使变形抗力提高所致。在 $Fe-Fe_3C$ 相图中，碳钢的高温区是单相奥氏体面心立方晶格，变形抗力小，塑性好，所以碳钢的热压力加工（锻、轧等）温度都选在高温奥氏体相区。但是，开始锻（轧）温度不能过高，以免严重氧化导致脱碳；而终锻（轧）温度也不能过低，以免产生裂纹。根据相图选择的最佳压力加工工艺温度范围如图5-18所示。

4. 在热处理方面的应用

根据 $Fe-Fe_3C$ 相图，可以确定各种热处理操作（退火、正火、淬火等）的加热温度（详见第六章）。

这里必须指出，使用 $Fe-Fe_3C$ 相图的同时，要考虑多种合金元素、杂质及在生产上冷却和加热速度较快时的影响，不能完全用相图来分析，还须借助其他理论知识和有关手册及图表。

第三节 碳　钢

碳钢又称碳素钢。碳钢有较好的力学性能、工艺性能，而且冶炼工艺较简单，价格低廉，因而在机器制造和工程构件上得到广泛应用。为了在设计和生产上合理选择和正确使用各种碳钢。必须了解碳钢的分类、编号及用途，以及碳和一些常见杂质、非金属夹杂物对钢性能的影响。

一、含碳量对钢组织和力学性能的影响

一般说来，钢的成分决定钢的组织，而组织又决定了钢的性能。碳钢的组织都是由铁素体和渗碳体这两个基本相组成的，但随着含碳量的不同其组织形态和分布将有所不同。图5-19a表示碳含量对 Fe-Fe_3C 合金组织的影响；图5-19b表示组织组成物的数量随着含碳量的变化情况；图5-19c表示相组成物的相对量随着含碳量的变化。图5-20表示含碳量对碳钢力学性能的影响。

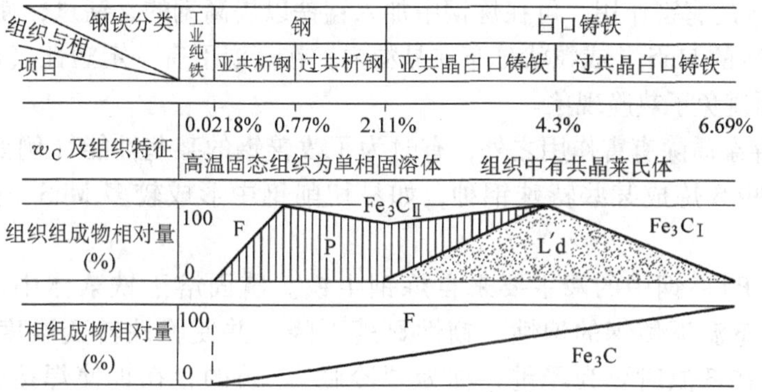

图5-19 Fe-Fe_3C 成分与组织

从图5-19和图5-20可以看出，随着含碳量增加，碳钢中的渗碳体数量也随着增多，因此硬度逐渐升高。但是碳含量对碳钢的强度影响则不同：当含碳量 $w_C<0.9\%$ 时，随着含碳量的增加，碳钢的强度提高，而塑性、韧性均降低；但是，当含碳量 $w_C>0.9\%$ 时，由于 Fe_3C_{II} 的数量随碳含量的增加而急剧增多，且明显地呈网状分布于奥氏体晶界上，不仅降低了碳钢的塑性和韧性，也明显地降低了碳钢的强度，如图5-20所示。所以，为了保证工业用钢具有足够的强度和塑性、韧性，碳钢的含碳量一般为 $w_C=1.3\%\sim1.4\%$。

二、常见杂质元素对钢性能的影响

碳钢中除铁和碳两个主要元素外，一般还含有一些杂质，如 Si、Mn、P、S、非金属夹杂物及氧、氮、氢等气体。碳钢的组织和性能会受到杂质元素和夹杂物、气体等的影响。

（1）锰（Mn） 在碳钢中作为杂质存在时一般含量 $w_{Mn}<0.8\%$，其脱氧能力较好，可消除有害气体，能防止形成 FeO；Mn 还能与 S 化合成 MnS，以减轻 S 的有害影响。在室温下，Mn 可溶入铁素体形成置换固溶体，使钢强化；Mn 还能增加珠光体的相对量，使组织细化；但是 Mn 作为少量杂质存在时对碳钢力学性能的影响并不显著。

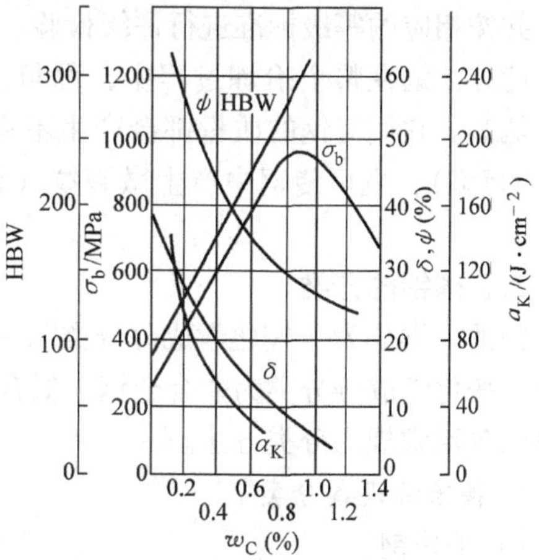

图5-20 含碳量对碳钢力学性能的影响

(2) 硅 (Si) 在镇静钢中作为杂质含量 $w_{Si}=0.10\%\sim0.40\%$；沸腾钢中 $w_{Si}=0.03\%\sim0.07\%$。Si 的脱氧能力比 Mn 强，可以防止形成 FeO，改善钢质；Si 可溶于铁素体提高钢的强度、硬度和弹性，但使钢的塑性和韧性降低。当 Si 作为少量杂质存在时，对碳钢的性能影响也不显著。

(3) 硫 (S) 在固态下，S 在铁素体中的溶解度极小，在钢中主要以 FeS 的形态存在。FeS 塑性差，强度低，所以含 S 量高的钢，脆性大。更严重的是，FeS 和 Fe 能形成低熔点 (985℃) 的共晶体分布在奥氏体晶界上，当碳钢加热到 1100～1200℃进行锻、轧等压力加工时，由于低熔点共晶体熔化而使钢在热加工过程中沿着晶界开裂，这种现象称为钢的“热脆”。

为了消除 S 的有害作用，可在炼钢中加入锰铁以提高钢的含锰量，使 Mn 与 S 化合成高熔点 (1620℃) 的 MnS 并成粒状分布在晶粒内，在高温下有一定塑性（部分 MnS 随炉渣一起清除），从而避免了热脆现象。

S 作为常存杂质除有害作用之外，有时为了改善钢的某些性能（例如切削性能等），也人为地加入一些 S 炼成某些特殊钢种，如易切削钢中形成较多 MnS，在切削加工中对断屑有利。

(4) 磷 (P) 钢中的磷主要来自炼钢生铁。磷固溶于铁素体中，提高了钢的强度和硬度，但在室温下使钢的塑性、韧性显著下降，并使脆性转变温度升高，使钢变脆。这种脆化现象在低温时更为严重，称为“冷脆”。磷的存在也使焊接性能变差。磷有时也作为有益元素加入或与其他合金元素一起加入，生产出某些特殊性能钢，如耐大气腐蚀钢。

(5) 非金属夹杂物 在炼钢过程中，少量炉渣、耐火材料及冶炼中的反应产物可能进入钢液，形成非金属夹杂物，例如氧化物、硫化物、硅酸盐、氮化物等。它们都会降低钢的力学性能，特别是降低塑性、韧性及疲劳强度。严重时，还会使钢在热加工与热处理时产生裂纹，或使用时突然脆断。非金属夹杂物也促使钢形成热加工纤维组织与带状组织，使材料具有各向异性。严重时，横向塑性仅为纵向的一半，并使冲击韧度大大降低。因此，对重要用途的钢（如滚动轴承钢、弹簧钢等）要检查非金属夹杂物的数量、形状、大小与分布情况，并按相应的等级标准进行评级检验。

此外，钢在整个冶炼过程中，都与空气接触，因而钢液中总会吸收一些气体，如氮、氧、氢等。它们对钢的质量都会产生不良影响。尤其是氢对钢的危害性更大，它使钢变脆（称为氢脆），也可使钢中产生微裂纹（称为白点），严重地影响钢的力学性能，使钢易于脆断。

三、碳钢的分类

钢的分类分为“按化学成分分类”、“按主要质量等级和主要性能及使用特性分类”两部分。按化学成分分类为非合金钢、低合金钢、合金钢三大类，碳钢即属于非合金钢范畴。这里仍延用常规的分类方法。

1. 按冶炼设备分类

1）平炉钢。

2）转炉钢。

3）电炉钢。

上述每种钢因炉衬材料不同而分为酸性和碱性两类。

2. 按脱氧程度和浇注制度分类

（1）沸腾钢　在冶炼末期和浇注前用锰铁和少量铝作脱氧剂进行轻微脱氧，使大量的氧留在钢液中；在浇入锭模后，钢中的氧与碳反应，产生大量 CO 气泡而引起钢液表面剧烈沸腾，故称沸腾钢。其最显著特点是钢锭中有规律地分布着气泡，不出现集中缩孔，成材率比镇静钢高，碳硅含量低（$w_C < 0.27\%$，$w_{Si} \leqslant 0.03\%$），故塑性良好，钢板的深冲性能和表面质量良好；适合生产普通碳钢，工艺简单，价廉。主要缺陷是成分偏析大，组织不够致密，成材后力学性能不均。

（2）镇静钢　钢液浇注前相继用锰铁、硅铁和铝等脱氧剂进行充分脱氧，使钢液浇入锭模后凝固时没有 CO 气泡产生，锭模内钢液平静，故称镇静钢。其特点是成分偏析较小，钢质均匀，致密，强度较高；但钢的成材率低，成本高，适于生产优质钢或高级优质钢。

（3）半镇静钢　钢液脱氧程度不够充分，介于沸腾钢与镇静钢之间，浇注时产生轻微沸腾，钢的组织和性能也介于镇静钢与沸腾钢之间。此类钢在冶炼上较难掌握。

（4）连铸坯　经过连铸机直接生产的钢坯叫连铸坯。与模铸比较有许多优点：省去模铸的整套设备、初轧机和均热炉，节省基建投资约 30%，节能 70%，降低生产成本 10% ~ 25%，提高成材率 10% ~15%；改善劳动条件，提高生产率，为实现炼钢和轧钢生产的自动化、连续化创造条件。同时，连铸坯组织较致密，夹杂少。主要缺陷是中心疏松和中心偏析。表 5-3 给出了各种钢的名称、冶炼方法及代号。

表 5-3　各种钢的名称、冶炼方法及代号（GB/T 221—2008）

名称	代号表示		名称	代号表示	
	汉字	汉语拼音字母		汉字	汉语拼音字母
平炉	平	P	磁钢	磁	C
酸性转炉	酸	S	容器用钢	容	R
碱性侧吹转炉	碱	J	易切削钢	易	Y
顶吹转炉	顶	D	碳素工具钢	碳	T
氧气转炉钢	氧	Y	滚动轴承钢	滚	G
沸腾钢	沸	F	高级优质钢	高	A
半镇静钢	半	b	船用钢	船	C
镇静钢	镇	Z	桥梁钢	桥	q
特殊镇静钢	特镇	TZ	锅炉钢	锅	g
甲类钢	甲	A	钢轨钢	轨	U
乙类钢	乙	B	焊条用钢	焊	H
特类钢	特	C	铸钢		ZG
高温合金	高温	CH	铆螺钢	铆螺	ML

3. 按含碳量分类

（1）低碳钢　$w_C < 0.25\%$。

（2）中碳钢　$w_C = 0.25\% \sim 0.60\%$。

（3）高碳钢　$w_C > 0.60\%$。

此外，近年还开发了超低碳深冲IF钢。

4. 按品质分类

这种分类方法在分类时主要根据钢中所含有害杂质S、P的质量分数分为：

（1）普通碳素钢 $w_S \leqslant 0.050\%$、$w_P \leqslant 0.045\%$。

（2）优质碳素钢 $w_S \leqslant 0.040\%$、$w_P \leqslant 0.040\%$。

（3）高级优质碳素钢 $w_S \leqslant 0.03\%$、$w_P \leqslant 0.035\%$。

5. 按钢的用途分类

（1）碳素结构钢 主要用于制造各种工程构件（如桥梁、船舶、建筑用钢）和机器零件（如齿轮、轴、螺钉、螺母、曲轴、连杆等）。这类钢一般属于低碳和中碳钢。

（2）碳素工具钢 主要用于制造各种刀具、量具、模具。这类钢含碳量较高，一般属于高碳钢。

四、碳钢的牌号、主要性能及用途

1. 碳素结构钢的牌号、性能及用途

（1）普通碳素结构钢 这类钢冶炼容易、工艺性好、价廉，而且在力学性能上也能满足一般工程结构及普通机器零件的要求，所以应用很广。但钢中的S、P和非金属夹杂物含量比优质碳素结构钢多，在相同含碳量及热处理条件下，其塑性、韧性较低，加工成形后一般不进行热处理，大都在热轧状态下直接使用，通常轧制成板材、带材及各种型材。GB/T 700—2006中其牌号编排如下

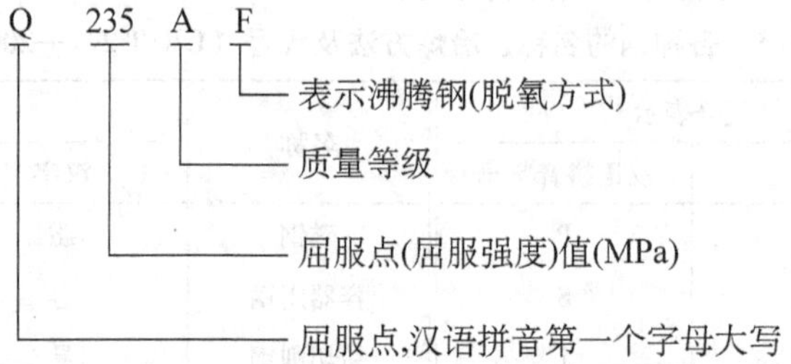

碳素结构钢Q195、Q215、Q235塑性好，焊接性好，强度较低，一般轧制成板带材和各种型钢，主要用于工程结构（如桥梁、高压线塔、金属构件、建筑构架等）和制造受力不大的机器零件（如铆钉、螺钉、螺母、轴套及某些农机零件等）。Q255、Q275的强度较高，可用于制作受力中等的普通零件（如链轮、拉杆、小轴活塞销、轻轨鱼尾板等）。表5-4列出了碳素结构钢的化学成分及力学性能。

（2）优质碳素结构钢 这类结构钢的硫、磷含量较低（$w_S \leqslant 0.030\%$，$w_P \leqslant 0.035\%$），非金属夹杂物也较少，钢的品质较高，塑性、韧性都比（普通）碳素结构钢更佳，出厂时既保证化学成分，又保证力学性能，主要用于制造较重要的机械零件。

优质碳素结构钢的牌号是用两位数字表示平均含碳量的万分比，如08钢表示平均$w_C = 0.08\%$；45钢表示平均$w_C = 0.45\%$。这类钢按含Mn量的不同，可分为普通含锰量（$w_{Mn} = 0.35\% \sim 0.8\%$）和较高含锰量（$w_{Mn} = 0.7\% \sim 1.2\%$）两组。在含锰量较高的一组，牌号数字后应附加“Mn”，以示与普通含锰量的区别，如15Mn、60Mn等。如为沸腾钢，则在牌号数字后面加“F”字母，如08F、15F等。含锰量较高的一组优质碳素结构钢，淬透性稍好些（因含Mn量较多）、强度也较高（由于Mn的固溶强化），但是这两组不同含Mn量的钢用途类

表 5-4 碳素结构钢的化学成分及力学性能（GB/T 700—2006）

牌号	等级	化学成分 w_i（%）					脱氧方法	拉伸试验												冲击试验	
		C	Mn	Si	S	P		屈服强度 σ_s/ MPa						抗拉强度 σ_b/MPa	断后伸长率 δ（%）					温度 t/℃	V 型冲击吸收功（纵向）A_{KV}/J
				不大于				钢材厚度（直径）δ（d）/mm							钢材厚度（直径）δ（d）/mm						
								≤16	>16~40	>40~60	>60~100	>100~150	>150		≤40	>40~60	>60~100	>100~150	>150		
								不小于							不小于						不小于
Q195		0.12	0.50	0.30	0.040	0.035	F、Z	195	195					315~430	33						
Q215	A	0.15	1.2	0.35	0.050	0.045	F、Z	215	205	195	185	175	165	335~410	31	30	29	27	26		27
	B				0.045															20	
Q235	A	0.22	1.4		0.050			235	225	215	215	195	185	370~500	26	25	24	22	21		
	B	0.20			0.045															20	
	C	0.17			0.040	0.040	Z													0	
	D				0.035	0.035	TZ													-20	
Q275	A	0.24	1.5		0.050	0.045	Z	275	265	255	245	225	215	410~540	22	21	20	18	17		
	B	0.21			0.045															20	
	C	0.2			0.040	0.040	Z													0	
	D				0.035	0.035	TZ													-20	

注：Q255 钢在 GB/T 700—2006 标准中被 Q275 取代。

似。优质碳素结构钢的牌号、性能和用途列于表5-5。有关汽车用深冲和超深冲的超低碳（$w_C<0.005\%$）IF钢，参见第七章低合金结构钢部分。

表5-5 优质碳素结构钢的牌号、性能和用途（参见GB/T 699—1999）

牌号	w_C（%）	σ_s	σ_b	δ_5	ψ	a_K	HBW		主要用途
		MPa		（%）		J/cm^2	热轧	退火	
		不小于					不大于		
08F	0.05~0.11	175	295	35	60	—	131	—	塑性好，焊接性好。宜制作冷冲压件、焊接件及一般螺钉、铆钉、垫圈、螺母、容器和渗碳件（齿轮、小轴、凸轮、摩擦片等）等
08	0.05~0.11	195	325	33	60	—	131	—	
10F	0.07~0.13	185	315	33	55	—	137	—	
10	0.07~0.13	205	335	31	55	—	137	—	
15F	0.12~0.18	205	355	29	55	—	143	—	
15	0.12~0.18	225	375	27	55	—	143	—	
20	0.17~0.23	245	410	25	55	—	156	—	
25	0.22~0.29	275	450	23	50	90	170	—	
30	0.27~0.34	295	490	21	50	80	179	—	综合力学性能优良，宜制承受力较大的零件，如连杆、曲轴、主轴、活塞杆、齿轮
35	0.32~0.39	315	530	20	45	70	197	—	
40	0.37~0.44	335	570	19	45	60	217	187	
45	0.42~0.50	355	600	16	40	50	229	197	
50	0.47~0.55	375	630	14	40	40	241	207	
55	0.52~0.60	390	645	13	35	—	255	217	
60	0.57~0.60	400	675	12	35	—	225	229	屈服强度高，硬度高，宜制弹性元件（如各种螺旋弹簧、板簧等）以及耐磨零件、弹簧垫圈、轧辊等
65	0.62~0.65	410	695	10	30	—	225	229	
70	0.67~0.75	420	715	9	30	—	269	220	
75	0.72~0.80	880	1080	7	20	—	285	241	
80	0.77~0.85	930	1080	6	30	—	285	241	
85	0.82~0.90	980	1130	6	30	—	302	255	
15Mn	0.12~0.18	245	410	26	55	—	163	—	可制作渗碳零件、受磨损零件及较大尺寸的各种弹性元件等，或要求强度稍高的零件
20Mn	0.17~0.23	275	450	24	50	—	197	—	
25Mn	0.22~0.29	295	490	22	50	90	207	—	
30Mn	0.27~0.34	315	540	20	45	80	217	187	
35Mn	0.32~0.39	335	560	18	45	70	229	197	
40Mn	0.37~0.44	355	590	17	45	60	229	207	
45Mn	0.42~0.50	375	620	15	40	50	241	217	
50Mn	0.48~0.56	390	645	13	40	40	255	217	
60Mn	0.57~0.65	410	695	11	35	—	266	229	
65Mn	0.62~0.70	430	735	9	30	—	285	229	
70Mn	0.67~0.75	450	785	8	30	—	285	229	

从表5-5可知，08F~25钢都属于低碳钢，其特性是塑性、韧性、焊接性和冷冲压性能良好，但强度较低。08F钢是含碳量很低、含硅量极少的沸腾钢，强度最低，塑性最好，一

般可轧成很薄的板带供应，主要用来制造冷冲压零件。08、10F、15F 等钢种，具有类似性能和用途。

10、15、20 钢塑性好，具有良好冷冲压性能和焊接性能，宜于制作各种冷冲压件，焊接件以及尺寸不大、承受载荷较小的渗碳件，如轴套、链条的滚子和轴以及不重要的齿轮、链轮、摩擦片等。这些渗碳件通过渗碳和热处理，可以提高工件表面的硬度和耐磨性，而心部仍具有一定的强度和较高的韧性。

30～55 钢属于中碳钢，须经调质后使用。这种钢经调质后具有良好的综合力学性能，既具有较高强度，又具有较好的塑性和韧性。这部分钢是碳钢中应用最广的一类，主要用来制造齿轮、轴类、连杆、套筒等零件，如机车车轴、汽车、拖拉机的曲轴、内燃机车的低速齿轮等。

60～85 钢属于高碳钢，经淬火 + 中温回火后，具有高的弹性极限和屈服强度，主要用于制造各类弹簧，如机车车辆及汽车上的螺旋弹簧、板弹簧、气门弹簧、弹簧发条等，其中 65、70、75、65Mn 钢用得最多。

（3）碳素铸钢　在机器制造和工程结构上，有许多形状复杂难以用锻造、切削加工等方法成形的零件，如轧钢机机架、水压机横梁、机车车架及大齿轮等，用铸铁铸造又难以满足性能要求，这时一般选用铸钢铸造。

铸钢（一般工程用）牌号用“铸钢”汉语拼音字首“ZG”表示，后面两组数字分别表示该铸钢的 σ_s 和 σ_b 值。一般工程常用铸造碳钢的牌号、成分、力学性能及用途列于表 5-6。

表 5-6　工程常用铸造碳钢的牌号、成分、力学性能及用途（GB/T 5613—1995）

牌号	w_i（%）				室温力学性能（不小于）					用途举例
	C≤	Si≤	Mn≤	P、S ≤	σ_s，$\sigma_{0.2}$ /MPa	σ_b /MPa	δ（%）	ψ（%）	A_{KV} /J	
ZG200—400	0.20	0.50	0.80	0.04	200	400	25	40	30	良好的塑性、韧性及焊接性，用于承力不大的机械零件，如机座、变速箱壳等
ZG230—450	0.30	0.50	0.90	0.04	230	450	22	32	25	一定的强度和塑性韧性，焊接性良好。用于受力不大、韧性好的机械零件，如砧座、外壳、轴承盖、阀体、犁柱等
ZG270—500	0.40	0.50	0.90	0.04	270	500	18	25	22	较高的强度和较好的塑性，铸造性良好，焊接性尚好，切削性好，用于轧钢机机架、轴承座、连杆、箱体、曲轴、缸体等

（续）

牌号	w_i（%）				室温力学性能（不小于）					用途举例
	C≤	Si≤	Mn≤	P、S ≤	σ_s，$\sigma_{0.2}$ /MPa	σ_b /MPa	δ（%）	ψ（%）	A_{KV} /J	
ZG310—570	0.50	0.60	0.90	0.04	310	570	15	21	15	强度和切削性良好，塑性、韧性较低，用于载荷较高的大齿轮、缸体、制动轮、辊子等
ZG340—640	0.60	0.60	0.90	0.04	340	640	10	18	10	有高的强度和耐磨性，切削性好，焊接性较差，流动性好，裂纹敏感性较大，用作齿轮、棘轮等

2. 碳素工具钢的编号、性能及用途

碳素工具钢的编号是在汉字“碳”字拼音首字“T”之后附以数字表示，数字表示平均含碳量（质量分数）的千分数。例如T8、T12分别表示平均含碳量为 $w_C=0.8\%$、$w_C=1.20\%$；若为高级优质碳素工具钢，则在牌号后加“A”，如T8A、T12A。

碳素工具钢的化学成分的特点是含高碳（$w_C=0.65\%\sim1.35\%$），对S、P杂质限制较严格，保证淬火后有足够的硬度和耐磨性，并提高工具钢的可锻性，减少淬裂倾向。有关碳素工具钢的牌号、成分、热处理及主要用途，详见本书第九章工具钢的有关部分。

思考题和习题

1. 解释下列名词，并说明其显微组织特征和力学性能。

铁素体（F）、奥氏体（A）、渗碳体（Fe_3C）、珠光体（P）、莱氏体（Ld与L′d）。

2. 何谓共析反应？与共晶反应的区别何在？

3. 分析 $Fe_3C_{Ⅰ}$、$Fe_3C_{Ⅱ}$ 共晶渗碳体、共析渗碳体的异同，说明各在什么条件下产生。

4. 默画简化的Fe-Fe_3C相图，说明图中主要点、线的意义，填出各相区的相和组织组成物。

5. 试分析 $w_C=0.45\%$，$w_C=0.77\%$ 和 $w_C=1.2\%$ 的铁碳合金从奥氏体区缓冷到室温时的组织变化过程及最终组织。

6. 分析 $w_C=5\%$ 的白口铸铁的结晶转变过程，并应用杠杆定律计算其组织组成物的相对量。

7. 根据Fe-Fe_3C相图填写下表，并说明相组成物和组织组成物的区别。

材料	纯铁	工业纯铁	亚共析钢	共析钢	过共析钢	亚共晶白口铸铁	共晶白口铸铁	过共晶白口铸铁
含碳量								
室温组织								
室温相组分								

8. 退火状态下，比较45钢、T8钢、T12钢的强度、硬度、塑性、韧性的大小，说明其变化原因。

9. 用杠杆定律求出 $w_C=0.45\%$ 的碳钢在略低于727°时：（1）相组成物（F+Fe_3C）相对量；（2）组织组成物（F+P）相列量；（3）已知珠光体量（P%），利用杠杆定律求出钢的含碳量（略去F中的碳含量）。

10. 一块低碳钢和一块白口铸铁，形状和大小都一样，如何迅速区分开来？

11. 说明 Q215、Q235-AF、45、60、T10、T12 钢所属钢类，大致含碳量、性能及主要用途。

12. 求退火钢（w_C = 0.45%）在室温下的 F 与 P 的相对量，并估算其力学性能 σ_b 及 HBW，已知 Fe_3C 的硬度为 800HBW，铁素体为 80HBW，珠光体约为 220HBW。

13. 在退火状态下，碳对钢的组织与性能有何影响（可用图表说明）？为什么工业用钢的含碳量一般为 $w_C \leq 1.4\%$？

14. 什么叫热脆？分析其产生原因和防止热脆的方法。

15. 指出磷在钢中的形态以及对钢性能的影响。

16. 说明：（1）莱氏体的塑性比珠光体差的原因；（2）w_C = 0.77% 的碳钢比 w_C = 1.2% 的钢强度高的原因。

17. 钢中常见的非金属夹杂物有哪些？对钢的性能有什么影响？

18. 分析氧、氢、氮对钢的影响。

19. 什么叫碳素钢？下述钢名称是按什么分类来命名的？

高碳钢，沸腾钢，优质钢，工具钢，转炉钢，铸钢或碳素铸钢。

第六章 钢的热处理

热处理是通过加热、保温和冷却固态金属的方法来改变其内部组织结构，并获得所需性能的一种工艺方法。

热处理不仅可以强化金属材料、充分发挥其内部潜能、提高或改善工件的使用性能和加工工艺性，而且还是提高加工质量、延长工件和刀具使用寿命、节约材料、降低成本的重要手段。所以，机械、交通、能源以及航空航天等工业部门的大多数零部件和一些工程构件，都需要通过热处理来提高产品质量和性能。例如：机床工业的60%～70%零件，汽车、拖拉机的70%～80%零件，飞机的几乎全部零件都要进行热处理。

根据热处理的目的、要求以及加热和冷却条件的不同，钢的热处理可分为退火、正火、淬火、回火及表面热处理等五种基本方法。

第一节 钢的热处理原理

钢的热处理原理主要是利用钢在加热和冷却时内部组织发生转变的基本规律，根据这些基本规律和要求来确定加热温度、保温时间和冷却介质等有关参数，以达到改善材料性能的目的。

热处理方法虽多，但任何一种热处理都是由加热、保温和冷却三个阶段组成的，因此可以用“温度—时间”曲线图表示（图6-1）。

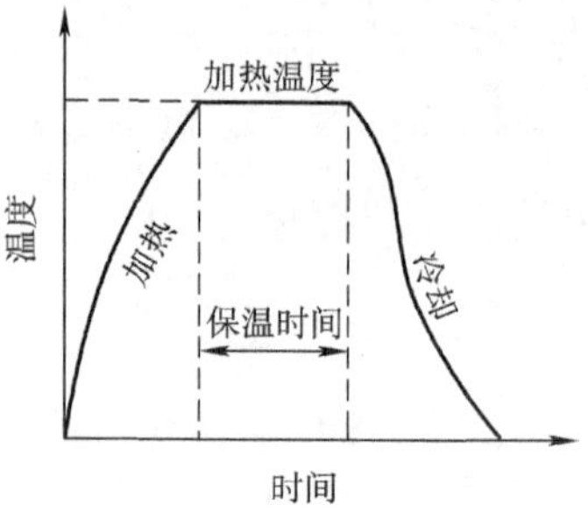

图6-1 热处理的基本工艺曲线

一、钢在加热时的组织转变

碳钢的室温组织基本上由铁素体和渗碳体两个相组成，只有在奥氏体状态才能通过不同冷却方式使钢转变为不同组织，获得所需要的性能。所以，热处理时须将钢加热到一定温度，使其组织全部或部分转变为奥氏体。现以共析钢为例，说明奥氏体的形成过程。

1. 奥氏体的形成

根据铁碳相图，共析钢的室温组织为珠光体，其奥氏体化的温度应在 A_1 线以上。因此，奥氏体的形成必须经过原来晶格（铁素体和渗碳体）的改组和铁、碳原子的扩散来实现。从室温组织珠光体向高温组织奥氏体的转变，也遵循“形核与核长大”这一相变的基本规律。共析钢奥氏体的形成由奥氏体形核、奥氏体长大、剩余渗碳体溶解及奥氏体充分均匀化四个过程组成，如图6-2所示。

（1）第一阶段为奥氏体形核 钢在加热到 A_1 时，奥氏体晶核优先在铁素体与渗碳体的相界面上形成。这是因为相界面的原子是以铁素体与渗碳体两种晶格的过渡结构排列的，原子偏离平衡位置处于畸变状态，具有较高能量；再则，与晶体内部比较，晶界处碳的分布是不均匀的，这些都为形成奥氏体晶核在成分、结构和能量上提供了有利条件。

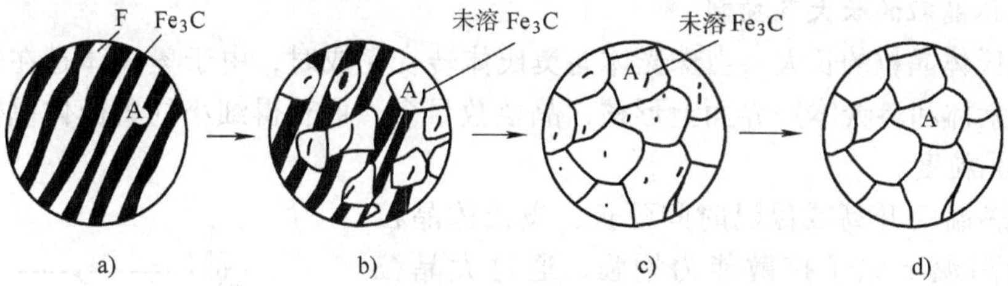

图 6-2 共析钢的奥氏体形成过程示意图

a）A 形核 b）A 长大 c）剩余 Fe_3C 溶解 d）A 均匀化

（2）第二阶段为奥氏体晶核长大　奥氏体形核后的长大，是新相奥氏体的相界面向着铁素体和渗碳体这两个方向同时推移的过程。通过原子扩散，铁素体晶格先逐渐改组为奥氏体晶格，随后通过渗碳体的连续不断分解和铁原子扩散而使奥氏体晶核不断长大。

（3）第三阶段为剩余渗碳体的溶解　由于渗碳体的晶体结构和含碳量与奥氏体差别很大，所以，渗碳体向奥氏体的溶解速度必然落后于铁素体向奥氏体转变的速度。在铁素体全部转变消失之后，仍有部分渗碳体尚未溶解，因而还需要一段时间继续向奥氏体溶解，直至全部渗碳体消失为止。

（4）第四阶段为奥氏体成分均匀化　奥氏体转变刚结束时，其成分是不均匀的。在原来铁素体处含碳量较低，在原来渗碳体处含碳量较高，只有继续延长保温时间，通过碳原子扩散才能得到均匀成分的奥氏体组织，以便在冷却后得到良好的组织与性能。

亚共析钢和过共析钢的奥氏体形成过程基本上与共析钢是一样的，不同之处是有过剩相的出现。

亚共析钢的室温组织为铁素体和珠光体，因此当加热到 A_1 线以上保温后，其中珠光体转变为奥氏体，还剩下过剩相铁素体，需要加热超过 A_3 线，过剩相才能全部消失。

过共析钢在室温下的组织为渗碳体和珠光体。当加热到 A_1 线以上保温后，珠光体转变为奥氏体，还剩下过剩相渗碳体，只有加热超过 A_{cm} 线后，过剩的渗碳体才能全部溶解。

这里需要说明，在 Fe-Fe_3C 相图中，A_1、A_3、A_{cm} 是平衡时的转变温度，称为临界点。但在实际生产中加热速度都比平衡状态下的快，因此相变的临界点要高些，分别以 Ac_1、Ac_3、Ac_{cm} 表示；相反，在冷却时其速度也较平衡状态的快，因此相应的临界点下降，分别以 Ar_1、Ar_3、Ar_{cm} 表示，如图 6-3 所示。加热越迅速，转变温度越高；冷却越快，转变温度越低。

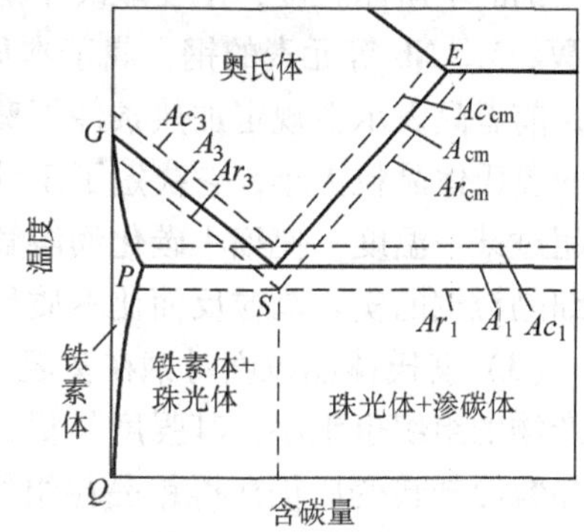

图 6-3 加热和冷却时 Fe-Fe_3C 相图上临界点的位置

加热温度及速度的高低会影响奥氏体的形成速度，如图 6-4 所示。从图上可知，奥氏体的形成需要经历一定的“孕育期”（是在第一个奥氏体晶核形成之前的一段准备时间）。加热温度越高，孕育期越短，全部形成奥氏体所需要时间也越短。例如采用高频感应加热，奥氏体的形成只需几秒，用激光加热所需时间更短。

2. 奥氏体晶粒的长大及控制

（1）奥氏体晶粒的长大　当珠光体向奥氏体转变完成时，由于奥氏体是在片状珠光体的两相（铁素体和渗碳体）界面上形核，晶核数量多，可获得细小的奥氏体晶粒，称为奥氏体的起始晶粒度。

随着加热温度升高或保温时间延长，奥氏体晶粒长大，因为高温下原子扩散能力增强，通过大晶粒“吞并”小晶粒可以减少晶界表面积，从而使界面表面能降低，奥氏体组织处于更稳定的状态。由此可见，奥氏体晶粒长大是个自发过程，而高温和长大的保温时间只是个外因或外部条件。加热温度越高，保温时间越长，奥氏体晶粒就越大。钢在某一具体加热条件下实际获得的奥氏体晶粒度，称为奥氏体实际晶粒度，其大小直接影响到热处理后的力学性能。

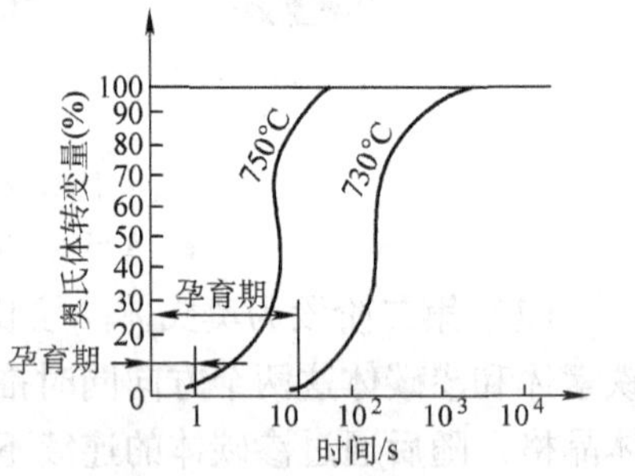

图6-4　奥氏体转变量与温度、时间的关系

（2）奥氏体晶粒度（晶粒大小的尺度）　奥氏体晶粒度是表示奥氏体晶粒大小的尺度。奥氏体晶粒大小通常采用晶粒度等级来表示。钢的奥氏体晶粒度分为10级，如图6-5所示。在生产中，将钢试样在金相显微镜下放大100倍，全面观察并选择具有代表性视场的晶粒与国家标准晶粒度等级图进行比较，以确定其级别。若已知晶粒度等级 G，便可按下列公式计算每645mm^2（1in^2）试样面积上的平均晶粒数 n，即

$$n=2^{G-1}$$

显然，晶粒度等级越大，平均晶粒数 n 越多，则晶粒越细。一般1～4级称粗晶粒：5～10级称细晶粒（其中5～8级称细晶粒，9级以上称超细晶粒）。

不同钢的奥氏体晶粒加热时长大的倾向也不同。奥氏体晶粒随温度升高而迅速长大的钢，称为本质粗晶粒钢；奥氏体晶粒随温度升高长大倾向小，只有加热到930～950℃才显著增长的钢，称为本质细晶粒钢，如图6-6所示。

钢的本质晶粒度，主要取决于炼钢时加入的脱氧剂和合金元素。用Al、Ti等脱氧或加入W、V、Nb等元素的钢，属于本质细晶粒钢。奥氏体的本质晶粒度与实际晶粒度是不同的；前者只表示在规定加热条件下奥氏体晶粒长大的倾向；后者是指在具体热处理条件下获得的奥氏体晶粒大小，它决定了工件热处理或热加工后的晶粒大小。要注意的是，由于加热时超过某一温度，使细小碳化物溶解、聚集长大，从而使奥氏体晶粒突然增大，也可以使本质细晶粒钢的实际晶粒反而比本质粗晶粒钢大。

（3）奥氏体晶粒度对钢在室温下的组织和性能的影响　奥氏体晶粒细小时，冷却后转变产物的组织也细小，其强度与塑、韧性都较高，冷脆转变温度也较低；反之，粗大的奥氏体晶粒冷却转变后仍获得粗晶粒组织，使钢的力学性能（特别是冲击韧度）降低，甚至在淬火时产生变形、开裂。所以，热处理加热时获得细小均匀的奥氏体晶粒，往往是保证热处理产品质量的关键之一。

（4）奥氏体晶粒的长大及控制　热处理加热时为了使奥氏体晶粒不致粗化，除在冶炼时采用Al脱氧或加入Nb、V、Ti、Zr等合金元素外，还须制订合理的加热工艺，主要包括以下两方面：

1）加热温度和保温时间。加热温度越高，晶粒长大越快，奥氏体晶粒越粗大。因此，

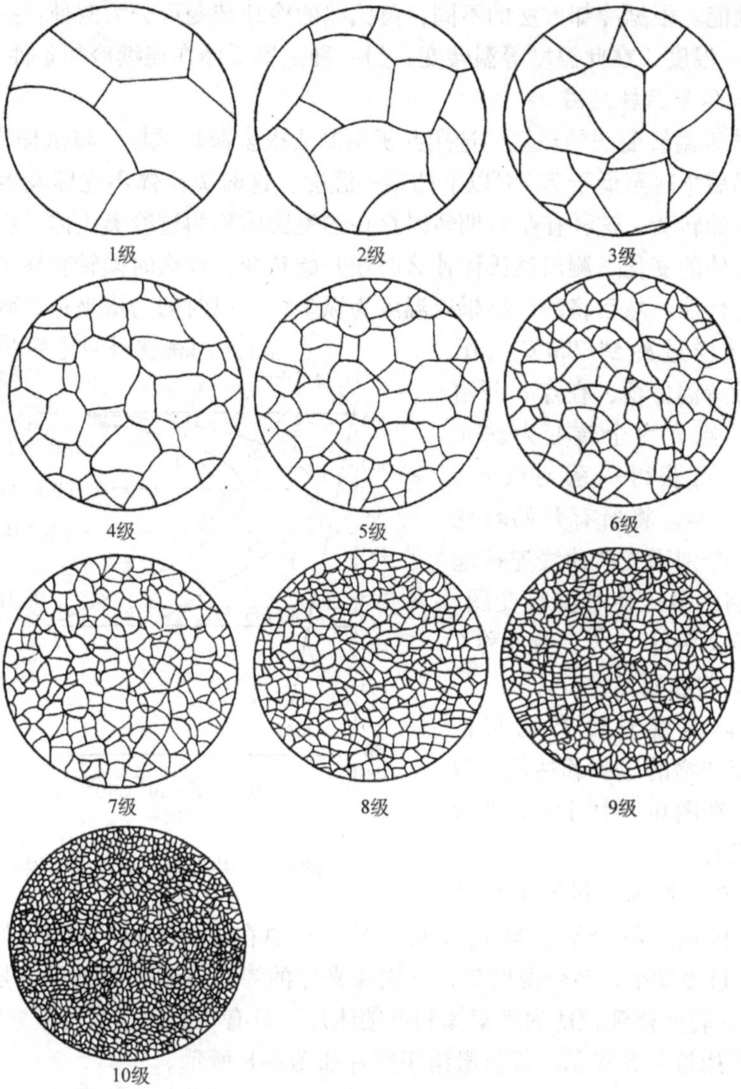

图 6-5　10 级奥氏体晶粒度标准图（数字为晶粒度等级）

必须严格控制加热温度。当加热温度一定时，随着保温时间的延长，晶粒不断长大，但长大速度越来越慢，不会无限长大下去，所以延长保温时间的影响要比提高加热温度小得多。

2）加热速度。当加热温度一定时，加热速度越快，则过热度越大（奥氏体化的实际温度越高），形核率越高，因而奥氏体的起始晶粒越小；此外，加热速度越快，则加热时间越短，晶粒越来不及长大，所以快速短时加热是细化晶粒的重要手段之一。

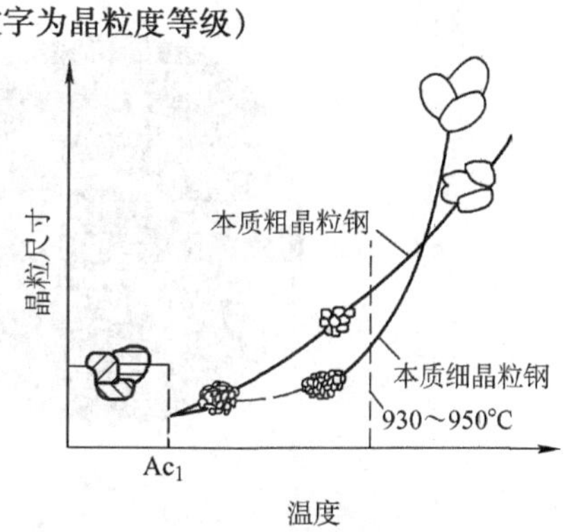

图 6-6　奥氏体晶粒度随加热温度变化趋势示意图

二、钢在冷却时的组织转变

钢件经加热、保温后采用不同方式冷却，将获得不同的组织和性能。根据冷却方法的不同，奥氏体的冷却转变可分为两种：一是将奥氏体急冷到 Ar 以下某一温度，在此温度等温转变；另一种是奥氏体在连续冷却条件下转变。

1. 过冷奥氏体等温转变图

（1）奥氏体等温转变图的建立 选用共析钢制成很多薄片试样。将试样均加热到 727℃以上，经过保温后急冷至低于 727℃以下的某一温度，这时奥氏体不立即发生转变，需有一个孕育期后才开始转变，这种在孕育期暂时存在的奥氏体称为过冷奥氏体。在等温过程中观察不同过冷奥氏体的变化，测出奥氏体什么时候开始转变，什么时候转变终了，确定转变产物的组织特征与性能。然后将测试结果以温度为纵坐标，以时间为横坐标，画成曲线。

例如，将试样过冷到 700℃（图 6-7），在此温度等温停留，在点 a 开始转变为珠光体，点 b 完全转变为珠光体。如此类推，可获得一系列点 a_1、a_2、a_3，b_1、b_2、b_3。将所有开始转变点和终了转变点分别用光滑曲线连接起来，便获得该钢的奥氏体等温转变图。由于其形状像英文字母“C”，故亦称 C 曲线（以下称 C 曲线）。

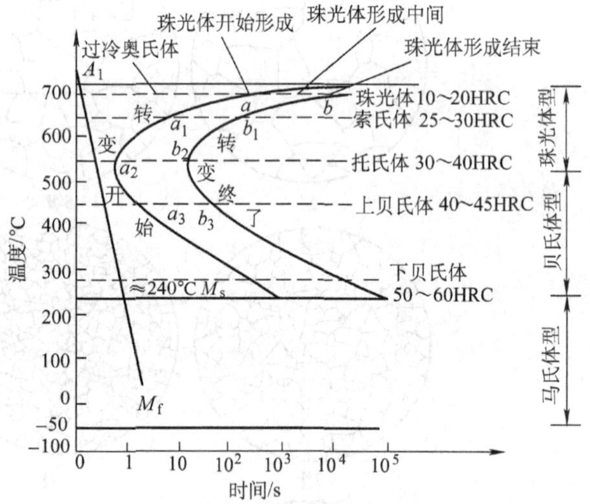

图 6-7 共析钢的奥氏体等温转变图

（2）奥氏体等温转变产物与性能 奥氏体转变产物的组织和性能，取决于转变温度。在图 6-7 中可将 C 曲线分为三个温度范围。

1）珠光体转变区域。过冷奥氏体在 A_1～550℃范围内，将分解为珠光体型组织。其中在 A_1～650℃温度范围形成珠光体（P）。这时由于过冷度小，转变温度高，形成珠光体的渗碳体和铁素体呈片层状。在 650～600℃温度范围，转变得到较薄的铁素体和渗碳体片，只有在高倍显微镜下才能分辨这两相，称为索氏体，可用符号 S 表示。其显微组织照片如图 6-8 所示。

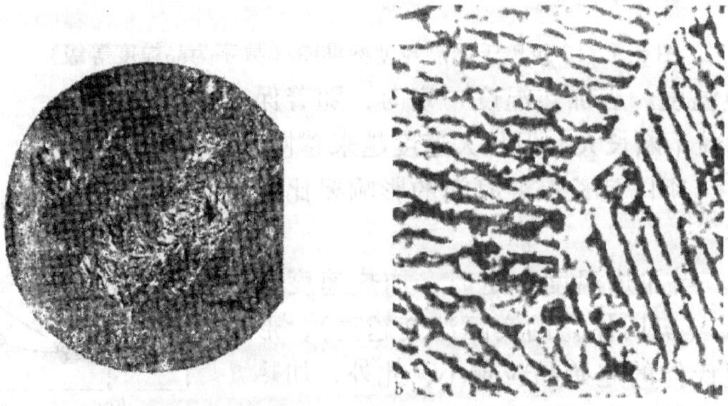

a） b）

图 6-8 索氏体

a）光学显微 500× b）电子显微 1500×

在 600～550℃范围内，获得的铁素体和渗碳体片更薄，用电子显微镜才能分辨这两相，称这种组织为托氏体，可用符号T表示，其显微组织照片如图6-9所示。珠光体型组织的力学性能，主要取决于其粗细程度，即珠光体层片厚度。珠光体型组织中层片越薄，则塑性变形的抗力越大，强度及硬度就越高，而塑性及韧性则有所下降。在珠光体型组织的形态中，托氏体组织最细，即层片厚度最小，因而它的强度和硬度就较高，其硬度可达300～450HBW，比珠光体的硬度大得多。

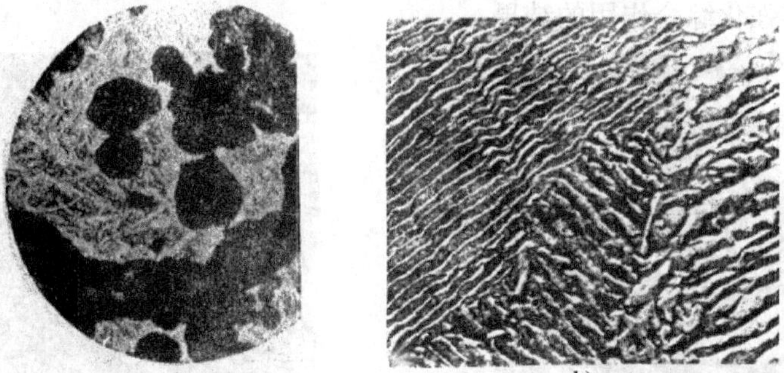

a)　　b)

图6-9　托氏体

a）光学显微1000×　b）电子显微15000×

2）贝氏体转变区域（550～240℃）。在C曲线鼻部（550℃）与M_s点之间的范围内，过冷奥氏体等温分解为贝氏体，可用符号B表示。

贝氏体的形态主要取决于转变温度，而这一温度界限又与钢中的含碳量有一定关系。含碳量$w_C>0.7\%$以上的钢，大致以350℃为界（钢的成分变化时，这一温度变化不大），高于350℃的产物，组织呈羽毛状，称之上贝氏体，如图6-9a所示；低于350℃的产物，组织呈针叶状，称之下贝氏体，如图6-10a所示。

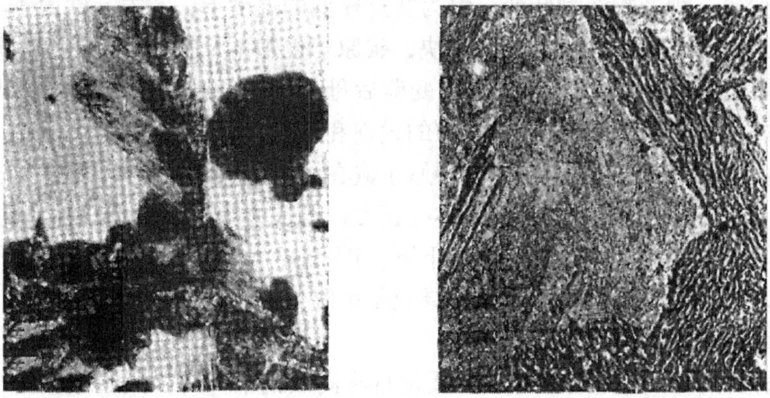

a)　　b)

图6-10　上贝氏体

a）光学显微500×　b）电子显微10000×

从性能上看，上贝氏体的脆性较大，基本上无实用价值；而下贝氏体则是韧性较好的组织，是热处理时（如采用等温淬火）经常要求获得的组织。对某些钢种来说，形成下贝氏体组织是钢材强化的一条途径。如果用电子显微镜观察，上贝氏体中的碳化物渗碳体呈较粗的片状平行分布于铁素体板条间（图6-10b），而下贝氏体中的碳化物是$Fe_{2.4}C$（ε碳化物），呈细小颗粒状或短杆状均匀地分布在铁素体针叶内（图6-11b），且针叶铁素体的碳量也有较高过饱和度。由于上贝氏体的渗碳体分布在铁素体板条之间且又不均匀，使板条容易发生脆断，故硬度虽高，但塑性和韧性差，裂纹容易扩展。下贝氏体的强度、塑性、韧性均高于上贝氏体，这是由于碳化物均匀弥散分布在铁素体针叶内造成沉淀硬化，以及铁素体本身过饱和造成固溶强化综合作用的结果。

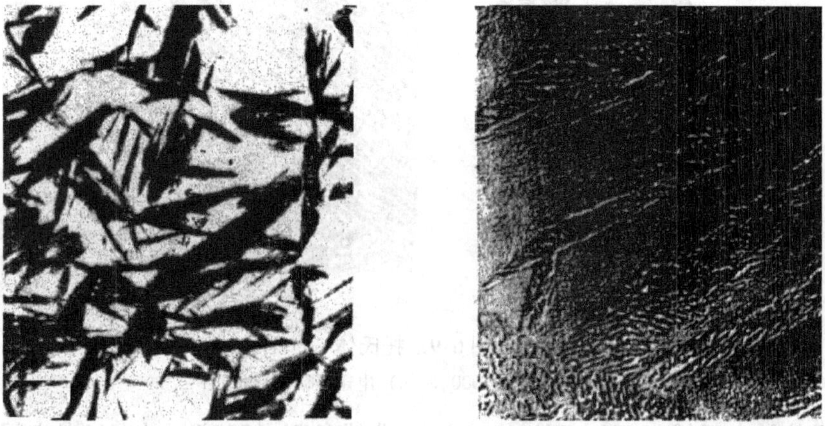

a）　　　　b）

图6-11　下贝氏体

a）光学显微500×　b）电子显微10000×

3）马氏体转变区域。在图6-7上有两条水平线，一条约240℃，一条为－50℃。若将奥氏体过冷到这样低的温度，它将转变为另一种组织——马氏体，可用符号M表示。M_s表示马氏体转变开始温度，M_f表示马氏体转变终了温度。

马氏体转变是一种非扩散型转变。因为在这样低的温度下，一方面铁原子不能发生扩散移动；另一方面由于马氏体形成的速度极快，碳原子也来不及扩散移动，所以转变时只通过切变（原子间相对移动）过程来实现。转变前后母相和新相成分基本相同，没有成分上的变化。因此，马氏体实际上是碳在α-Fe中的过饱和固溶体。

马氏体的晶格模型如图6-12所示，碳原子嵌在α-Fe晶格的空隙。由于马氏体中溶有过量的碳，故使α-Fe晶格由体心立方变为体心正方。马氏体中含碳量越高，其晶格畸变越大，相应地马氏体硬度就越高，但塑性、韧性下降。图6-13为马氏体的含碳量与硬度之间的关系。影线区域表明由于残留奥氏体的形成导致硬度降低的范围。

马氏体组织有两种形态：

① 针状马氏体：如图6-14所示，主要出现在高碳钢中，所以又叫高碳马氏体。最先在奥氏体晶粒内形成的马氏体晶粒比较大，其长度可以贯穿奥氏体晶粒。针状马氏体晶体是一批一批形成的，彼此之间成一定角度。针状马氏体组织硬度高、脆性大。由于马氏体形成的速度极快，马氏体晶体彼此相遇，造成很大的撞击，因而在马氏体晶体内部或晶界地方容易出现显微裂纹，这就又增加了针状马氏体的脆性，同时也增加了淬火开裂的倾向。通过高倍透射电镜分析证明，马氏体针内充满大量细小的孪晶带亚结构。因此，针状马氏体又称为孪晶马氏体。

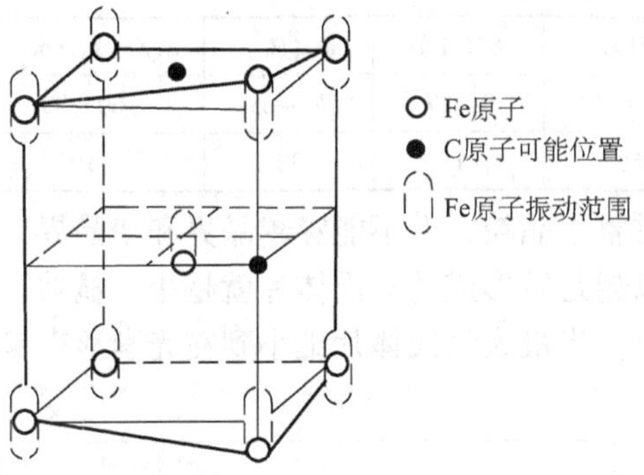

图 6-12　马氏体的晶格模型

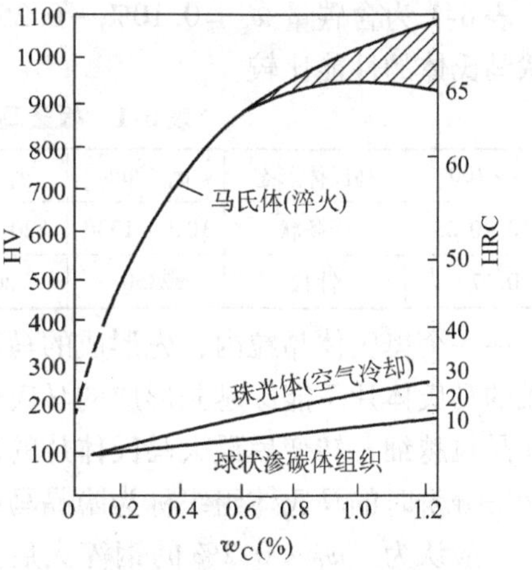

图 6-13　马氏体的含碳量与硬度之间的关系

② 板条马氏体：如图 6-15 所示，主要出现在低碳钢中，又称为低碳马氏体。它是由许多呈板条状的马氏体群所构成的。在一个马氏体群里，又有许多长而窄的大致相互平行的马氏体晶体（板条）。在一个奥氏体晶粒内，通常可以形成几个马氏体群，先形成的马氏体群的领域大，后形成的则小。

高倍透射电镜观察表明，在板条马氏体内有大量位错存在，因此这种马氏体也称为位错马氏体。

图 6-14　针状马氏体 400×（$w_C = 1.3\%$ 钢）

板条马氏体提高了强度和硬度的同时，塑性、冲击韧度和断裂韧度均不降低。它打破了马氏体“硬而脆”的传统概念。近年来，随着对板条马氏体研究的不断深入，在生产中已经日益广泛地采用低碳钢和低碳合金钢进行马氏体淬火，以获得具有良好力学性能的低碳马氏体组织，这对于节约钢材、减轻机械质量和延长使用寿命等方面都具有很大意义。

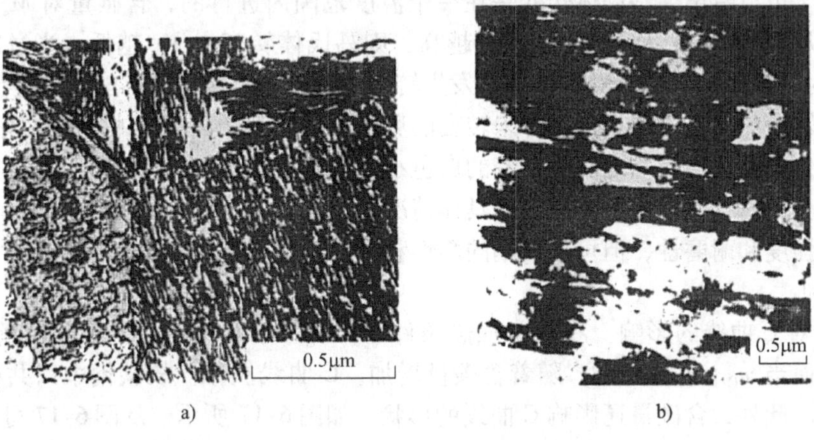

图 6-15　板条马氏体

a）光学显微 400×　b）电子显微 800×

表6-1为含碳量 $w_C=0.10\%\sim0.25\%$ 和 $w_C=0.77\%$ 的碳钢淬火后获得的板条马氏体和针状马氏体的性能比较。

表6-1 板条马氏体和针状马氏体的性能比较

$w_C\times100$	马氏体形态	σ_b/MPa	σ_s/MPa	HRC	δ（%）	ψ（%）	a_K/（$J\cdot cm^{-2}$）
0.10～0.25	板条状	1020～1330	820～1330	30～50	9～17	40～65	60～80
0.77	针状	2350	2040	65	1	30	10

在一个奥氏体晶粒内，先形成的马氏体片横贯整个晶粒，但不能穿越晶界和孪晶界，后形成的马氏体片不能穿越先形成的马氏体片，所以越是后形成的马氏体片就越小。显然，奥氏体晶粒越细，转变后最大马氏体片的尺寸也越小。当最大马氏体片细小到在光学显微镜下都无法分辨时的马氏体组织称为隐晶马氏体。

一般认为，$w_C<0.2\%$ 的钢淬火后主要是板条马氏体；$w_C>1.0\%$ 的钢淬火后主要是针状马氏体；w_C 介于 $0.2\%\sim1.0\%$ 之间的钢淬火后的组织是上述两种组织的混合，如图6-16所示。通常情况是：含碳越低，板条马氏体越多；反之，含碳越高，针状马氏体越多。

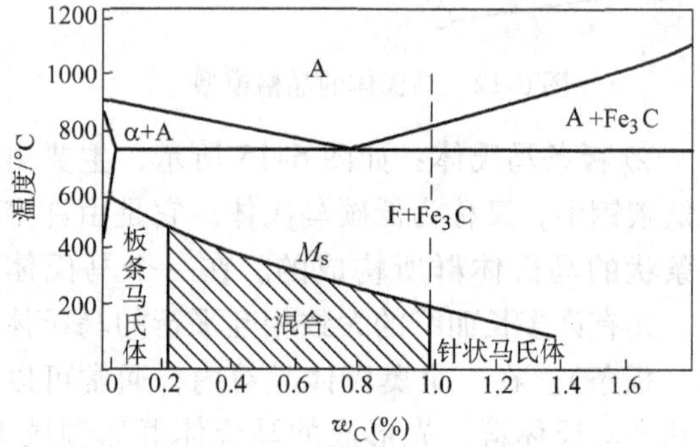

图6-16 含碳量对 M_s 点和马氏体形态的影响

马氏体转变时，带来了体积增加。其原因一方面是由于晶格改变引起体积膨胀；另一方面是由于晶格畸变也引起体积增加。所以马氏体比体积（比容）比其他组织比体积大，并且含碳量越高其比体积越大。马氏体比体积的增大，是造成钢在热处理时变形、开裂的主要原因。

板条马氏体内部含有极高密度的位错，有很强的位错强化效应；马氏体形成时奥氏体分割成很多小块，使组织大大细化；碳及合金元素（特别是碳）除使马氏体固溶强化外，回火析出碳化物成弥散状，出现第二相析出强化，且具有一定韧性。因此，获得马氏体并加上回火工艺，是钢最经济且最有效的综合强化手段。

从图6-7可以看出，马氏体转变是在一个温度范围内进行的，含碳量对 M_s 和 M_f 点有较大影响。从图6-16可以看出，含碳量越高，则马氏体转变点 M_s 越低。当过冷奥氏体达到 M_f 终点时，仍然有一部分奥氏体不能发生转变，因此马氏体转变不能完全进行，而且 M_f 点越低，未转变的奥氏体越多。这种未转变的奥氏体，称为残留奥氏体。在高碳钢的淬火显微组织里，位于马氏体针叶之间存在着的白色小块，便是残留奥氏体。

残留奥氏体对钢性能的影响应根据具体情况具体分析，不能一概而论。总的来说，它可降低硬度、强度和耐磨性，但可提高钢的塑性和冲击韧度，甚至在一定条件下对提高断裂韧度 K_{IC} 亦有利。

（3）碳对C曲线的影响 在正常加热条件下，$w_C<0.77\%$ 时，随着含碳量的增加，C曲线右移；而当 $w_C>0.77\%$ 时，随着含碳量增加，C曲线左移。故碳钢中以共析钢过冷奥氏体最稳定。此外，含碳量还影响C曲线的形状，如图6-17所示。从图6-17可以看出，亚共析钢和过共析钢C曲线鼻尖上部区域比共析钢的C曲线多一条曲线，这条曲线表示过冷奥氏体转变为珠光体类型组织之前，已经开始发生相变或析出新相，即形成先共析相。亚共析钢形成先共析铁素体，而过共析钢形成先共析渗碳体。

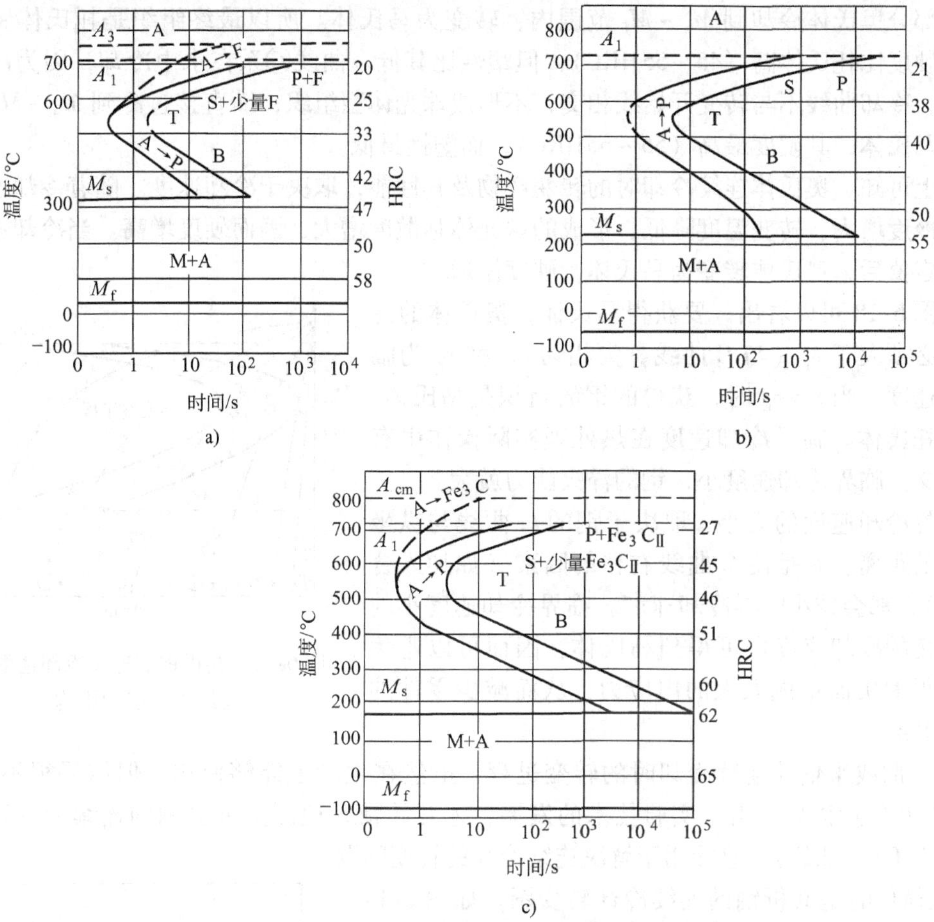

图 6-17 碳钢的 C 曲线比较

a）亚共析碳钢 b）共析碳钢 c）过共析碳钢

从图 6-17a、c 可以看出，亚共析钢和过共析钢奥氏体化后，如果过冷到 C 曲线的最不稳定的鼻尖部分，则无先析出相析出，奥氏体可以直接转变为托氏体。这时钢的组织与共析钢一样，但钢并非共析成分，称为“伪共析组织”。

2. *过冷奥氏体在连续冷却条件下的转变*

在实际生产中，过冷奥氏体的转变大多是在连续冷却过程中进行的。钢在连续冷却过程中，只要过冷度与等温转变的相对应，则所得到的组织与性能也是相对应的。因此生产上常常采用 C 曲线来分析钢在连续冷却条件下的组织。

结合图 6-7 来分析，图 6-18 中曲线①是共析钢加热后在炉内冷却，冷却缓慢，过冷度很小，转变开始和转变终了的温度都比较高，当冷却曲线与转变终了曲线相交时，珠光体的形成即告结束，最终组织为珠光体，硬度最低 180HBW，塑性最好。曲线②为在空气中冷却，冷却速度比在炉中冷却快，过冷度增加，在索氏体形成温度范围与 C 曲线相割，奥氏体最终转变产物为索氏体，硬度比珠光体高（25～35HRC），塑性较好。曲线③是在强制流动的空气中冷却，比在一般的空气中冷却快，过冷度比曲线②大，所以冷却曲线相交于托氏体形成温度范围。最终组织是托氏体，硬度较索氏体高（35～45HRC），而塑性较其差。曲线④表示在油中冷却，比强制流动的空冷更快，以致冷却曲线只有一部分转变为托氏体，而剩下的部分奥氏体冷却到 $M_s \sim M_f$ 范围内，转变为马氏体。所以最终组织是托氏体 + 马氏体，其硬度比托氏体高（45～55HRC），但塑性比其低。曲线⑥系在水中冷却，因为冷却速度很快，冷却曲线不与转变开始线相交，不形成珠光体型组织，而直接过冷到 $M_s \sim M_f$ 范围转变为马氏体，其硬度最高（55～65HRC），而塑性最低。

由上可知，奥氏体连续冷却时的转变产物及其性能，取决于冷却速度。随着冷却速度增大，过冷度增大，转变温度降低，形成的珠光体弥散度增大，因而硬度增高。当冷却速度增大到一定值后，奥氏体转变为马氏体，硬度激增。

从图6-18可以看出，要获得马氏体，奥氏体的冷却速度必须大于 v_k（与C曲线鼻尖相切），称 v_k 为临界冷却速度。当 $v > v_k$ 时，获得的钢的组织是马氏体，不出现托氏体。临界冷却速度在热处理实际操作中有重要意义。临界冷却速度小，钢的淬火能力就大。

临界冷却速度的大小，取决于钢的C曲线与纵坐标之间的距离。凡是使C曲线右移的因素（如加入合金元素），都会减小临界冷却速度。临界冷却速度小的钢，较慢的冷却速度也可得到马氏体，因而可以避免由于冷得太快而造成太大的内应力，从而减少零件的变形与开裂。

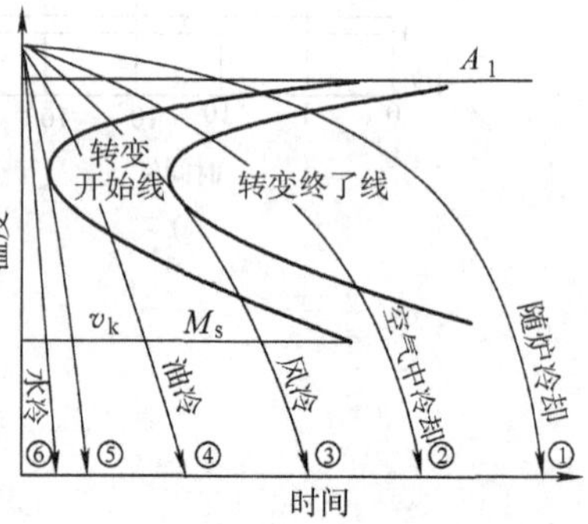

图6-18 共析钢的连续冷却速度对其组织性能的影响

用C曲线来估计连续冷却时的转变过程，虽然在生产上能够使用，但结果很不准确。20世纪50年代以后，由于实验技术的发展，才开始精确地测量很多钢的连续冷却转变图（又称“CCT”曲线），直接用于解决连续冷却的转变问题。

最简单的是共析钢的连续冷却转变图，如图6-19所示。P_s 线表示珠光体开始形成，即A→P转变开始线；P_f 表示珠光体全部形成，即A→P转变终了线；K 线表示珠光体形成终了，即A→P终了线，冷却曲线碰到 K 线，过冷奥氏体就不再发生珠光体转变，而是保留到 M_s 点以下转变为马氏体。因此，在连续冷却转变图中也称 v_k 为上临界冷却速度，它是获得全部马氏体组织的最小冷却速度；同C曲线一样，v_k 越小，钢件在淬火时越容易得到马氏体组织，即钢的淬火能力越大。v_k' 称为下临界冷却速度，是得到全部珠光体组织的最大冷却速度；v_k' 越小，则退火所需要的时间越长。结合图6-7、图6-19可以看出，水冷获得的是马氏体；油冷获得的是马氏体 + 托氏体；空冷获得的是索氏体；而炉冷获得的是珠光体。

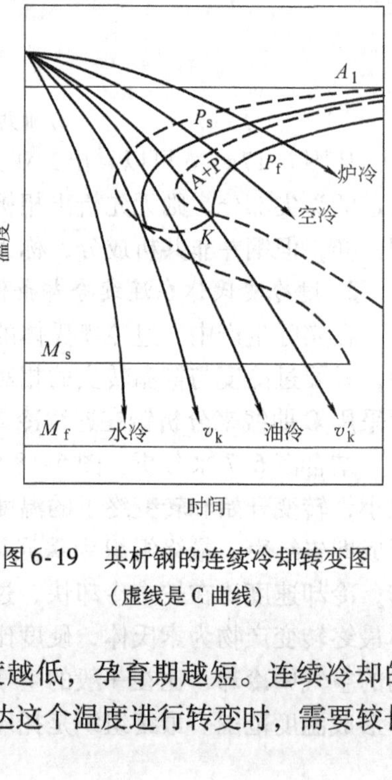

图6-19 共析钢的连续冷却转变图（虚线是C曲线）

连续冷却转变图与等温转变图的差别是：

1）连续冷却时曲线靠右一些，这是因为鼻尖以上温度越低，孕育期越短。连续冷却的转变温度均比等温转变曲线温度低一些，所以连续冷却到达这个温度进行转变时，需要较长的孕育期（约为C曲线的1.5倍）。

2）连续冷却转变组织不均匀，先转变的组织较粗，后转变的组织较细。

3）连续冷却转变的曲线只有C曲线的上半部分，没有下半部分。这就是说，共析钢在连续冷却时只有珠光体和马氏体转变，而没有贝氏体转变。或者说，当冷却曲线碰到K线时，过冷奥氏体不再发生珠光体转变，而一直保持到M_s线以下才转变为马氏体。

第二节　钢常用的热处理工艺

热处理工艺是指通过加热、保温和冷却来改变材料组织，以获得所需性能的方法。根据钢在加热和冷却时的组织与性能变化规律，热处理工艺分为退火、正火、淬火、回火及化学热处理等。

一、钢的退火和正火

1. 退火

将钢材或钢件加热到适当温度，保温一定时间后缓慢冷却，以获得接近平衡状态组织的热处理工艺，称为钢的退火。

根据钢的成分和目的的不同，退火又分为完全退火、不完全退火、等温退火、球化退火、去应力退火和扩散退火（均匀化退火）等。在机械零件、工具、模具等的制造过程中，经常采用退火作为预备热处理工序，安排在铸造或锻造之后，粗切削加工之前，用以消除前一工序所带来的某些缺陷，为随后的工序作准备。

（1）完全退火和不完全退火　完全退火又称重结晶退火，是将钢件加热到Ac_3 + (30 ~ 50)℃，保温后在炉内缓慢冷却的工艺方法。实际操作时，是随炉缓慢冷却至500 ~ 600℃以下后放在空气中冷却（图6-20中的虚线），也可埋在砂、石灰中冷却。缓慢的冷却速度是保证奥氏体在珠光体转变区的上部完成转变，因此完全退火的组织是接近Fe-Fe_3C相图的平衡组织（铁素体 + 珠光体）。

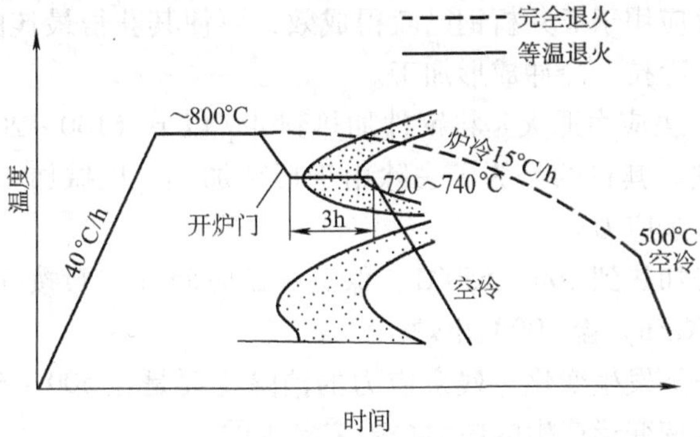

图6-20　高速工具钢的等温退火与完全退火的比较

完全退火主要用于各种亚共析成分的碳钢和合金钢的铸、锻件及热轧型材，有时也用于焊接结构，常作为一些不重要零件的最终热处理，或作为某些重要零件的预备热处理，目的在于细化组织、降低硬度、改善可加工性、消除内应力。

不完全退火是将钢加热到临界点Ac_1 + (30 ~ 50)℃，保温后缓慢冷却的方法。应用于晶粒并未粗化的中、高碳钢和低合金钢的锻轧件等，主要目的是降低硬度、改善可加工性，消除内应力。它的优点是加热温度低，消耗热能少，降低工艺成本。

(2) 等温退火 将钢件加热到 $Ac_3+(30\sim50)$℃（亚共析钢）或 $Ac_1+(20\sim40)$℃（共析钢和过共析钢），保温一定时间后冷却到稍低于 Ar_1 某一温度进行等温转变，以获得珠光体组织，然后在空气中冷却的工艺方法，称为等温退火，如图6-20中实线所示。

等温退火应用于中碳合金钢、经渗碳处理的低碳合金钢和某些高合金钢的大型铸锻件及冲压件等，其目的与完全退火相同，且能得到更为均匀的组织和硬度，可有效缩短退火时间。尤其对某些奥氏体比较稳定的合金钢，完全退火往往需要数十小时，甚至几天时间。所以生产中常用等温退火来代替完全退火。

(3) 球化退火 球化退火是将过共析钢件加热到 $Ac_1+(10\sim20)$℃。保温一定时间后以适当的方式冷却，使钢中的碳化物球状化的工艺方法。它应用于共析钢及过共析钢的锻轧件，以及结构钢的冷挤压件等，如生产中常用于制造刃具、量具、模具等用的过共析碳钢及合金工具钢。其目的在于降低硬度、改善可加工性，改善组织，提高塑性等。过共析钢经热轧、锻造后，珠光体呈片状，而且还有二次渗碳体，不仅使钢的硬度增加，可加工性变坏，而且淬火时易产生变形和开裂。如果把片状渗碳体变成球体，其可加工性大大改善。这可以从图6-21看出，当珠光体中渗碳体呈片状时，刀具必须切过很硬的渗碳体片，从而使刀具剧烈磨损，降低其寿命。如果经过球化退火，钢中渗碳体球化，那么在切削时，刀具在渗碳体颗粒间滑过，可加工性能得到改善。

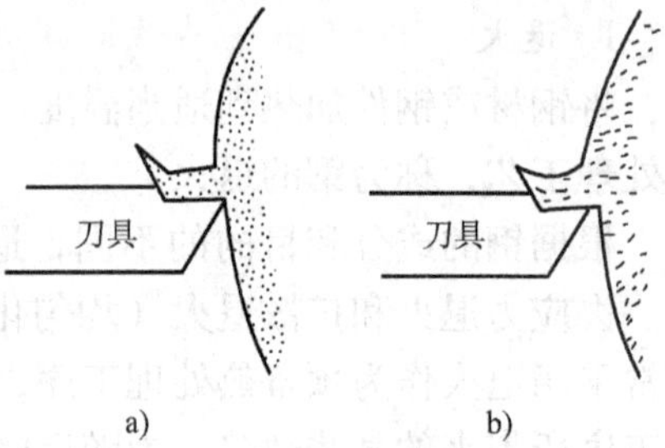

a) b)

图6-21 球状和片状渗碳体切削的比较
a) 球状渗碳体 b) 片状渗碳体

当加热超过 Ac_1 不多时，渗碳体开始溶解，但又不完全溶解，此时渗碳体片逐渐断开成许多细小链状或点状渗碳体；在随后的缓冷和等温过程中，这些细小渗碳体质点便成为核心，均匀地形成了颗粒状渗碳体。

若球化前有严重网状渗碳体存在，应先进行正火以消除网状渗碳体，获得伪共析组织。

近年来，球化退火应用于亚共析钢已获得成效，可使其获得最佳的塑性和较低的硬度，从而大大有利于冷挤、冷拉、冷冲成形加工。

(4) 去应力退火 去应力退火是将钢件加热到 Ac_1 以下（100~200)℃，保温一定时间后缓慢冷却的工艺方法。其目的是为了去除由于形变加工、机械加工、铸造、锻造、热处理、焊接等所产生的残余应力。

通常是将钢件缓慢加热到600~650℃，保温一定时间（一般按3min/mm计算），然后随炉缓慢冷却（≤100℃/h）至200℃出炉。

去应力退火时组织不发生变化，残余应力的消除主要是在500~650℃保温后的缓冷过程中通过塑性变形或蠕变变形产生的应力松弛来实现的。

若采用更高温度退火（如完全退火），当然应力消除得更彻底，但带来氧化、脱碳严重，还会产生高温变形，故为了消除应力，一般采用低温退火。

对一般大型焊接结构件无法装炉退火时，可用火焰及感应加热方法，对焊缝影响区进行局部去应力退火。

(5) 扩散退火（均匀化退火） 扩散退火又称为均匀化退火，主要用于合金钢铸锭和铸件，以消除枝晶偏析，使成分均匀化。

扩散退火是把铸锭或铸件加热到 Ac_3 以上 150～200℃（一般大约为 1000～1200℃），长时间保温后随炉冷却。由于退火时间长，零件烧损严重，能量耗费很大，因此主要用于质量要求高的优质高合金铸锭和铸件的退火。

因为温度高、时间长，扩散退火后晶粒剧烈长大，所以还要经过一次完全退火或正火来细化晶粒。

2. 钢的正火

正火是将钢加热到 Ac_3 或 A_{cm} + (50～70)℃，保温后在空气中冷却，得到以索氏体组织为主的珠光体类组织的热处理工艺。

正火与退火的不同之处在于，正火冷却速度较快，过冷度较大，因而发生伪共析组织转变，使组织中珠光体数量增多，且珠光体的片层厚度减小，通常获得索氏体组织。

由于正火和退火后钢的组织不同，所以它们的性能也不相同。表 6-2 为 45 钢退火以及正火后的力学性能。从表中可以看出，钢正火后的强度、硬度、韧性都较退火钢高。

表 6-2　45 钢退火以及正火后的力学性能

状态	σ_b/MPa	δ_5（%）	a_K/（$J \cdot cm^{-2}$）	HBW
退火	650～700	15～20	40～60	～180
正火	700～800	15～20	50～60	～220

和退火相比，正火不但力学性能高，而且操作简便，生产周期短，能量耗费少，故在可能的条件下，应优先考虑采用正火处理。

正火主要用于：

（1）改善低碳钢和低碳合金钢的可加工性　一般认为硬度在 160～230HBW 范围内，金属的可加工性好。硬度过高时，不但加工困难，刀具还易磨损；而硬度过低时切削容易“粘刀”，也使刀具发热和磨损，且加工零件表面粗糙度值大。低碳钢和低碳合金钢退火后的硬度一般都在 160HBW 以下，因而可加工性不良。正火可以提高其硬度，改善可加工性。

（2）作为普通结构零件或大型及形状复杂零件的最终热处理　因为正火可细化晶粒，力学性能较高，也能满足普通结构零件的性能要求，而大型或复杂零件淬火时可能有开裂危险。

（3）作为中碳钢和低合金结构钢重要零件的预备热处理　这种钢正火后硬度在 160～230HBW 范围内，消除了热加工时带来的缺陷，故不仅有良好的可加工性，而且还能减少零件的变形与开裂，提高淬火质量。另外，也可代替调质处理，为以后高频感应淬火作准备。

（4）消除过共析钢中的网状二次渗碳体　正火时，由于冷却速度较快，二次渗碳体来不及沿奥氏体晶界析出。

退火和正火除了经常作为预备热处理工序外，对一些普通铸件、焊接件及不重要的热加工工件，也可作为最终热处理工序。图 6-22 为各种退火与正火的工艺示意图。

3. 退火与正火的加热速度与加热时间

退火与正火的加热时间与钢的成分、零件的形状和尺寸、加热温度、加热介质、加热方式、装炉量和堆放方式及处理目的等因素有关，应根据具体情况决定，必须保证在规定的加热温度范围内保持足够的时间。

加热速度也应根据钢的成分、零件尺寸和形状等因素来确定。对高碳合金钢及形状复杂

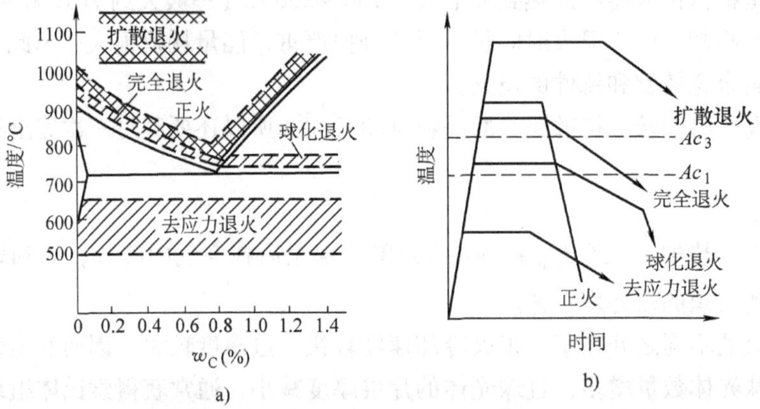

图6-22 各种退火与正火的工艺示意图

a）加热温度范围 b）工艺曲线

的或截面大的零件，一般应预热或低温入炉随炉升温；对中小件可以在工作温度装炉加热。

4. 退火与正火零件的硬度误差范围

目前我国已规定退火、正火零件的硬度误差，见表6-3。表中HBW、HV及HRB硬度数值是根据硬度计测定的，彼此间没有直接的换算关系。表中单件硬度误差是指抽检单件时表面硬度值的不均匀度；同一批硬度误差是指用同一批材料在同一热处理条件下的零件表面硬度值的偏差范围。

表6-3 退火、正火零件的硬度误差

工艺类型	级别	单件			同一批件		
		HBW	HV	HRB	HBW	HV	HRB
正火	A	25	25	4	50	50	8
	B	35	35	6	70	70	12
完全退火	—	35	35	6	70	70	12
不完全退火	—	35	35	6	70	70	12
等温退火	—	30	30	5	60	60	10
球化退火	—	25	25	4	50	50	8

注：表中A级适用于冷变形加工（如冷轧、冷拔、冷锻等）用钢材；B级适用于一般切削加工钢材。

大型零件的硬度误差应符合图样规定。此外，当零件的硬度误差范围超过表6-3中的规定时，应由供应双方协商确定。

二、钢的淬火和回火

1. 淬火

将钢奥氏体化后以适当的冷却速度冷却，使零件在截面内全部或一定范围内发生马氏体等不稳定组织结构转变的热处理工艺，称为淬火。

钢的淬火主要是为了获得马氏体组织，提高它的硬度和强度。例如，各种工模具、滚动轴承的淬火，是为了获得马氏体组织以提高其硬度和耐磨性；飞机零件的淬火，通常是为了提高钢的强度。

（1）淬火温度的选择 根据钢的相变临界点选择淬火加热温度，其一般原则是：亚共

析钢为 $Ac_3+(30\sim50)$℃，共析钢和过共析钢为 $Ac_1+(30\sim50)$℃。选择温度时，还应考虑淬火零件的钢种、性能要求、原始组织状态、形状及尺寸等因素，必要时要进行小批量试淬。

如果淬火是为了获得马氏体，亚共析钢正常温度淬火后应是均匀细小的马氏体组织，在光学显微镜下看不到什么组织形态，称为隐晶马氏体。淬火温度过高将是粗大马氏体组织，可以在光学显微镜下看到马氏体晶体，同时会引起钢件较严重变形；若淬火温度过低。在淬火组织中会出现铁素体，使淬火组织出现软点，降低钢的强度和硬度。

共析钢和过共析钢的淬火温度在 Ac_1 以上（30～50)℃，淬火后，获得的组织是均匀细小的马氏体和粒状渗碳体。超过此温度得到的是粗针状马氏体，同时引起严重变形，增大开裂倾向。此外，由于渗碳体溶解过多，增加残留奥氏体量，降低钢的硬度和耐磨性。若温度过低，则获得非马氏体组织，达不到性能要求。

图 6-23 所示为碳钢淬火热处理工艺的加热温度范围。

（2）保温时间　保温的目的是使钢件热透，使奥氏体转变彻底并均匀化。其时间长短主要根据钢的成分、加热介质和零件尺寸来决定。可根据热处理手册或其他资料来确定。

（3）淬火冷却介质　钢在加热获得奥氏体后需要用一定冷却速度的介质冷却，保证奥氏体过冷到 M_s 点以下转变为马氏体。如果介质的冷却能力太大，虽易于淬硬，但容易变形和开裂；而冷却能力太小，钢件又淬不硬。冷却介质有油、水、盐水、碱水等，其冷却能力依次增加。

目前，国外广泛使用聚合物水溶液作为淬火冷却介质，如聚乙烯醇、聚二醇、五硫酸盐纸浆等。在聚二醇溶液中冷却时，零件表面形成聚二醇薄膜，使冷却均匀，可减少零件变形和开裂。

根据等温转变图可知，要获得马氏体组织，并不需要在整个冷却过程中都要快速冷却，只要求在 650～550℃（鼻尖附近）快冷。为了减少零件淬火时因快速冷却产生应力而引起的变形和开裂，最好在鼻尖部分以外温度（略低于 A_1 点和稍高于 M_s 点）采用缓慢冷却，因此，理想淬火冷却曲线如图 6-24 所示。不过，目前生产中还没有一种淬火冷却介质能获得这种淬火速度。

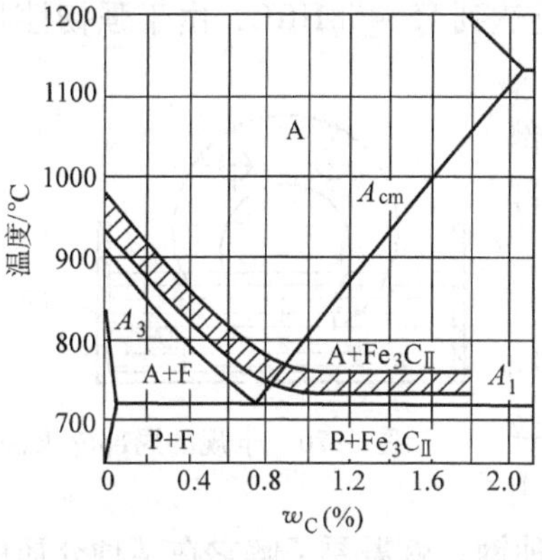

图 6-23　碳钢淬火热处理工艺的加热温度范围

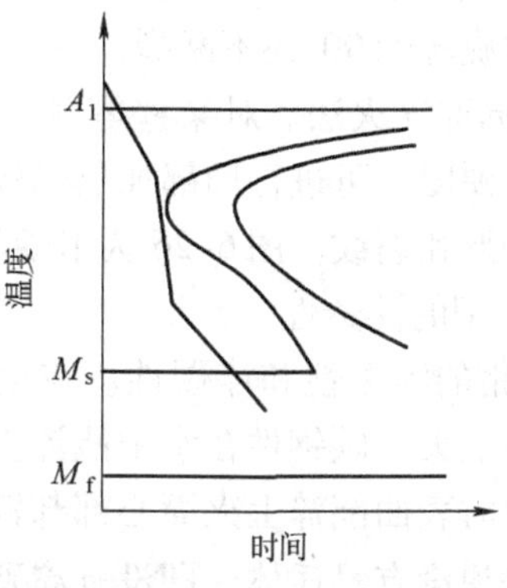

图 6-24　理想淬火冷却曲线

如果在鼻尖部分慢冷也能获得马氏体，就更能减少零件变形，不过需加入较多合金元素，这将在第七章介绍。

(4) 常用淬火方法

1) 普通淬火(单液法)。将淬火零件放入一种淬火介质中冷却,如图6-25a所示。这种方法虽然有容易变形、开裂的缺点,但操作简单,容易实现机械化、自动化,故应用广泛。

2) 双介质淬火。如图6-25b所示,零件先在水中淬火,待冷到300~400℃时取出放入油中冷却。这个方法的优点是高温冷却快,使奥氏体不转变为珠光体;在低温冷却较慢,减小了马氏体转变的应力。对于形状复杂的碳钢件,为了防止开裂和减小变形,适宜采用双介质淬火。

3) 分级淬火(热浴淬火)。如图6-25c所示,把零件放入稍高(或稍低)于M_s的盐槽或碱槽中(150~260℃),保温一定时间,然后取出空冷。保温时要避免奥氏体分解。这种方法的优点是应力小,变形轻微;但由于盐浴或碱浴冷却能力不够大,只适宜形状复杂的小零件。

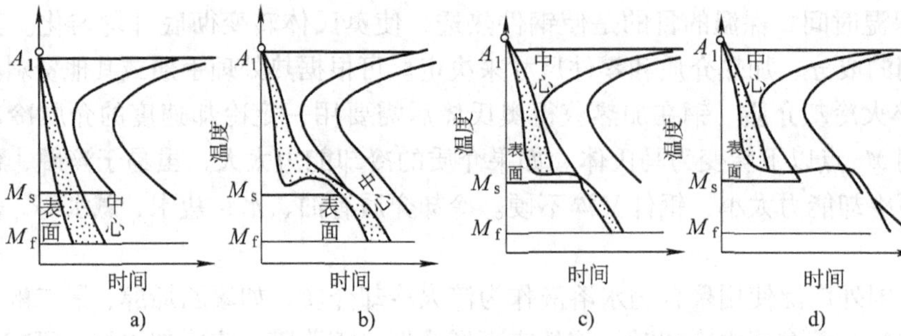

图6-25 常用淬火方法示意图

a) 普通淬火 b) 双介质淬火 c) 分级淬火 d) 等温淬火

4) 等温淬火。对一些形状复杂而又要求较高硬度或强度与韧性相结合的工具、模具或机器零件,可进行等温淬火以得到下贝氏体组织。其方法是零件放入温度高于M_s(图6-25d)的盐槽或碱槽中,保温使其发生下贝氏体转变后在空气中冷却。例如,螺钉旋具(T7钢制造),原来用淬火+低温回火工艺,其硬度高于55HRC,因韧度不够,使用时旋转到10°左右就发生脆性断裂。后采用等温淬火,硬度仍达到55~58HRC,由于强韧性和塑性都好,故旋转到90°还不断裂。

5) 局部淬火法。对某些零件,如果只是在某些部位要求高硬度,可进行局部加热和淬火,以避免其他部分产生变形和裂纹。图6-26为卡规的局部淬火法。

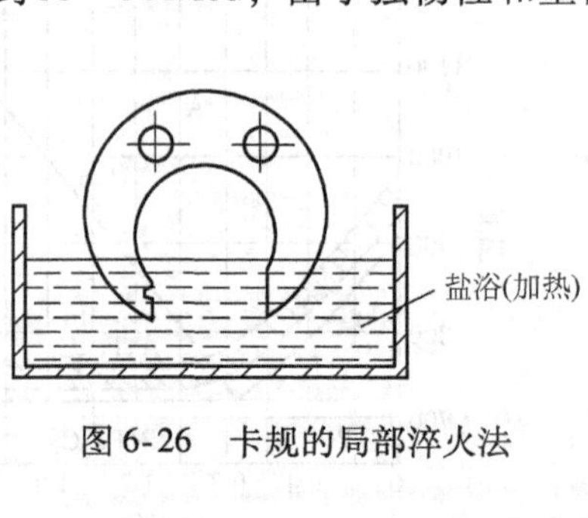

图6-26 卡规的局部淬火法

(5) 钢的淬透性

1) 钢的淬透性和淬硬性。在生产中常常碰到有的钢件淬不上火。碳钢件在水中能淬上火,但在油中就淬不上。有时表面能淬上火而心部却淬不上。所谓淬不上火,就是说没有马氏体,即没有淬硬。为此,对某一种钢,就需要了解它在某种介质中能否淬上火,能淬多深。

钢的淬透性是指在标准条件下,钢在淬火冷却时获得马氏体组织深度的能力,深度越大,钢的淬透性就越大。

淬火时，零件截面上各处的冷却速度是不同的，表面的冷却速度最大，越到中心冷却速度越小，如图 6-27a 所示。冷却速度大于该钢 v_k 的表面层部分，淬火后得到马氏体组织，可见图 6-27b。所以此零件未被淬透，图中的影线区域表示淬成马氏体组织的深度。

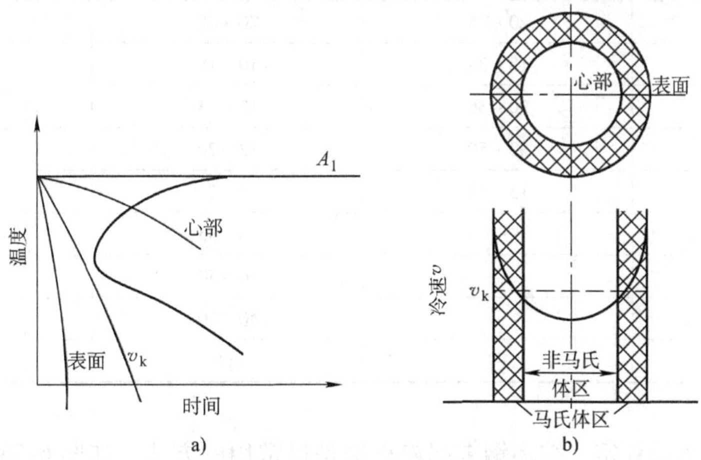

图 6-27　零件淬硬层与冷却速度的关系

由于马氏体组织混入少量非马氏体组织（5%～10%）时，在显微镜下难以分辨，而且硬度的差别也难被测出。因此，实际上是采用由零件表面向里得到半马氏体组织（50%马氏体+50%非马氏体）时的深度作为有效淬硬深度。因为不同成分钢半马氏体组织的硬度主要取决于钢的含碳量，以它作为淬硬层的界限，就容易用测量硬度的办法来确定有效淬硬深度。

钢的淬透性和淬硬性是两个不同的概念。淬硬性是指淬火成马氏体后得到的最高硬度，主要取决于含碳量，与合金元素含量没有多大关系；淬透性是指淬硬层的深度，除含碳量外，还受合金元素和其他因素（如晶粒度）的影响。淬透性好的钢，它的淬硬性不一定高。低碳合金钢的淬透性相当好，但它的淬硬性却不高；高碳钢的淬硬性高，但它的淬透性却差。

必须指出，不要把钢的淬透性和具体条件下具体零件的淬透层深度混为一谈。在同样奥氏体化条件下，同一种钢的淬透性是相同的，但不能说同一种钢水淬与油淬时的有效淬透深度相同。同一种钢材制的零件，如果尺寸、形状等不同，可能有效淬透深度在油中的反而比在水中的为大。因此，谈具体有效淬透层深度时，必须考虑零件的形状、尺寸和淬火冷却介质等的影响。

2）淬透性的评定

①按材料等温转变图（或 CCT）的位置评定。钢材的等温转变图的形状和位置，不仅对过冷奥氏体的转变速度和转变产物具有很大的意义，而且在考虑钢的淬透性时也有指导作用。等温转变图的位置右移，则钢的淬透性就变大。

② 借助临界淬透直径评定。临界淬透直径用符号 D_0 表示，是一种直观判断淬透性的方法。它是指钢在某种淬火冷却介质中冷却时，其心部能淬透的最大直径。显然，在冷却能力大的介质中比冷却能力小的介质中淬透的直径要大；同一淬火冷却介质中钢的临界淬透直径越大，其淬透性越好。表 6-4 列出了几种常用钢在水和油中淬火时的临界淬透直径。

表 6-4 常用钢的临界淬透直径

钢　号	$D_{0水}$/mm	$D_{0油}$/mm	心部组织
45	10～18	6～8	50% M
60	20～25	20～25	50% M
40Mn	18～38	10～18	50% M
40Cr	20～36	12～24	50% M
20CrMnTi	32～50	12～20	50% M
T8～T12	15～18	5～7	95% M
GCr15	—	30～35	95% M
9SiCr	—	40～50	95% M
CrWMn	—	40～50	95% M
Cr12	—	200	90% M

③ 用末端淬火法评定。结构钢末端淬火法是最常用的方法，如图 6-28a 所示。将试样加热到规定的淬火温度后，从试样末端喷水冷却。由于试样末端冷却最快，往上冷却速度逐渐减小，因此沿着试样长度方向能测出各种冷却速度的不同组织与硬度。若从喷水冷却末端起，每隔一定距离测一硬度点，就可以绘成如图 6-28b 所示的该钢种的淬透性曲线。由图可知，45 钢比 40Cr 钢硬度下降得快，故 40Cr 钢比 45 钢的淬透性好。同时，也可求出半马氏体区的距离。由图 6-28c（半马氏体区硬度与含碳量的关系），配合图 6-28b 可以找出这两种钢 50% 马氏体区至端面的距离。此距离越大，钢的淬透性越大。从图中可以看出，45 钢的 50% 马氏体至端面的距离大约为 3mm，而 40Cr 钢则为 10.5mm。

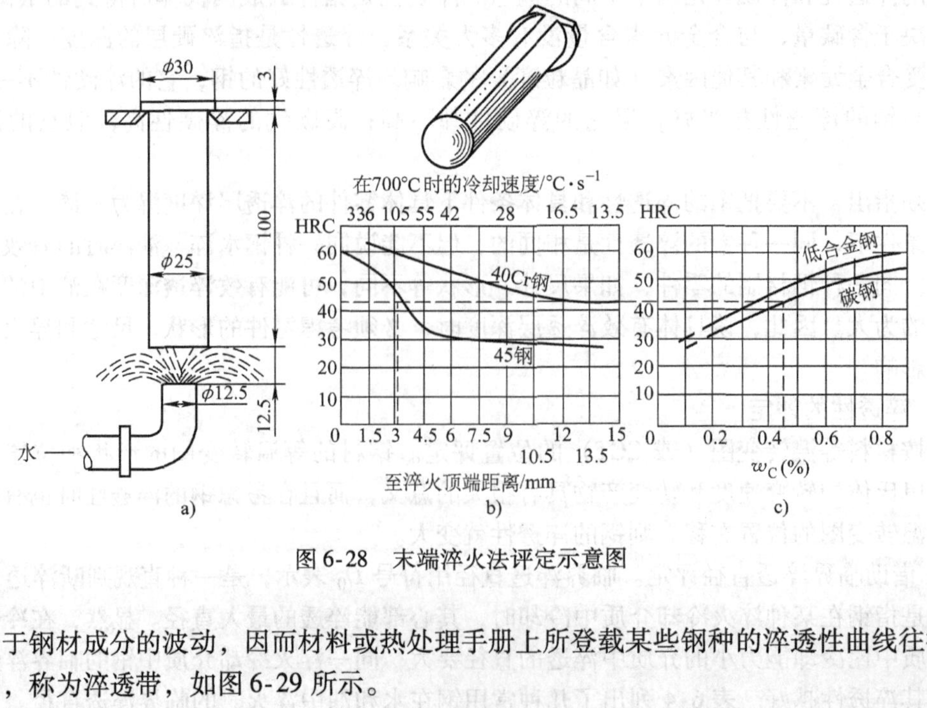

图 6-28 末端淬火法评定示意图

由于钢材成分的波动，因而材料或热处理手册上所登载某些钢种的淬透性曲线往往是一个范围，称为淬透带，如图 6-29 所示。

用此法测定钢的淬透值可以用 $J\frac{\text{HRC}}{d}$ 表示，其中 J 表示末端淬透性，d 表示至末端的距离，HRC 为该处测得的硬度值。例如 $J\frac{40}{6}$ 表示距离末端 6mm 处硬度平均值为 40HRC。

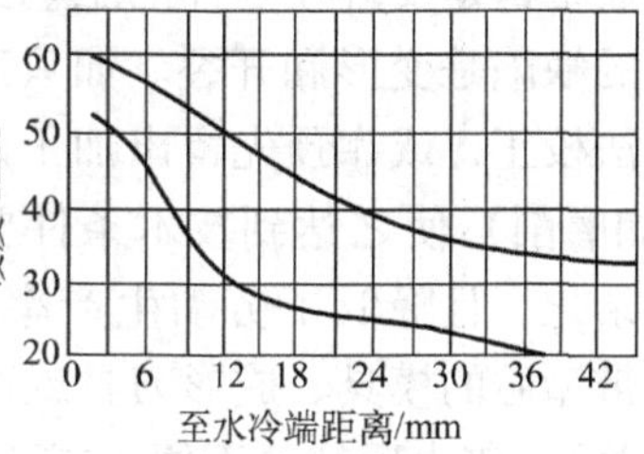

图 6-29　40Cr 钢的淬透带

3）淬透性对钢力学性能的影响。一个零件如果淬透了，不论是淬火后还是淬火 + 回火后，整个截面各处性能是均匀一致的，如图 6-30a 所示。但是如果未淬透。则截面各处的组织和性能不均匀，未淬透部分的力学性能，尤其是 σ_s 和 a_K 值明显下降，如图 6-30b 所示。钢的淬透性越小，零件的淬硬层越浅，未淬透部分的比例越大，如图 6-30c 所示，这就使零件承受载荷的能力大大下降。

4）影响钢淬透性的因素。凡增加过冷奥氏体稳定性的因素，均能增加钢的淬透性，主要表现在：

① 化学成分的影响。化学成分对钢的淬透性影响最大。含碳量对碳素钢临界冷却速度的影响如图 6-31 所示。由图可知，在亚共析成分范围内，随着含碳量的增加，钢的临界冷却速度降低；在过共析范围内，随着含碳量增加，临界冷却速度反而增大。因此，一般说来，在亚共析钢中，淬透性随着含碳量增加而增大；而在过共析钢中，含碳量 $w_C > 1.2\%$ 时，淬透性随含碳量增加而明显下降。

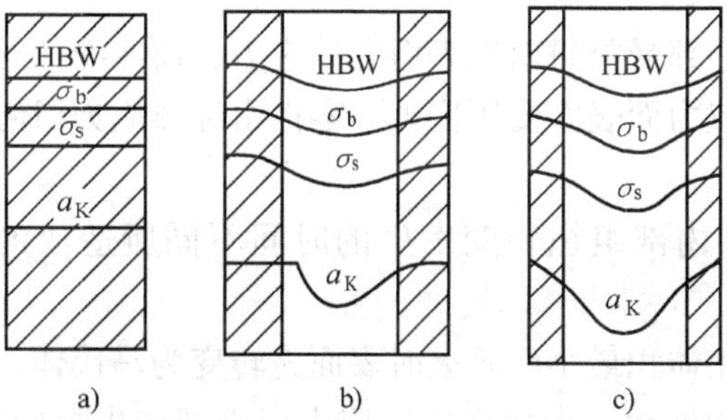

图 6-30　淬透性对零件淬火 + 回火后力学性能的影响

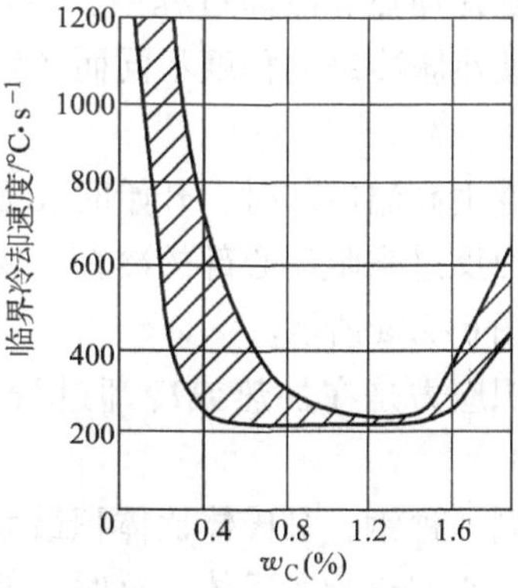

图 6-31　含碳量对碳素钢临界冷却速度的影响

② 奥氏体化条件的影响。奥氏体化温度越高，保温时间越长，由于奥氏体晶粒粗大，成分均匀，各种碳化物溶解彻底，使过冷奥氏体越稳定，淬火临界冷却速度小，故钢的淬透性增大。但需指出，粗晶粒并不适宜，因为它引起强度和塑性下降，开裂倾向增大。

5）影响具体零件有效淬透深度的因素

① 钢的淬透性越大，零件的有效淬透深度也越大。

② 淬火冷却介质的冷却能力越大，零件的有效淬透深度越大。

③ 零件的体积越大，则有效淬透深度越小。这种现象称为质量效应。

④ 零件不同部位对冷却速度有很大的影响。如图 6-32 所示，设平面的冷却速度为 1，则尖角处的冷却速度是它的 7 倍，棱边是它的 3 倍，面凹角处的冷却速度只有它的 1/3。零件的体积越小，表面积越大，则冷却越快，有效淬透深度越大。

⑤ 零件表面若黏附有塑料、锈斑及污物，会影响覆盖处的冷却速度，使该处淬硬层浅，甚至淬不硬，形成软点。

（6）淬火缺陷及其防止措施　在机械制造中，淬火工序通常都是安排在零件的工艺路线的后期。淬火时最易产生的缺陷是变形和开裂。如只产生变形，虽然有些零件可设法校正，或靠预先留出加工余量，通过随后的机械加工（如磨削）使之达到技术条件要求，但这样却使生产工艺复杂化，且降低了劳动生产率，提高了成本。有些零件，如带型腔的模具、成形刀具或高强度钢制零件（如飞机大梁等），淬火后往往不便于或不可能进行校正或机械加工，一旦变形超差就导致报废。至于零件淬裂，自然更无法挽救，从而给生产带来损失。

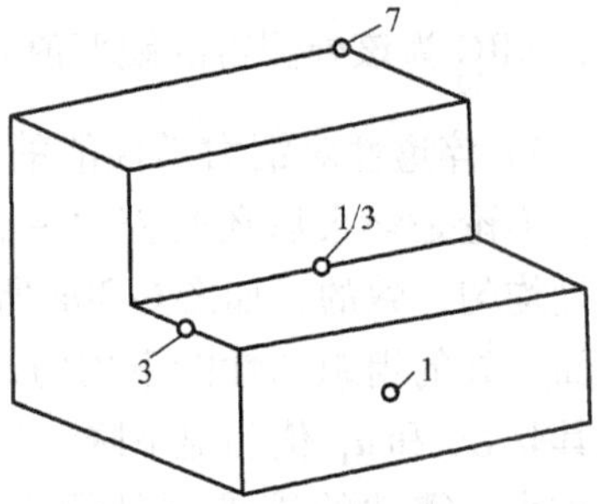

图6-32　零件不同部位的冷速比较

除变形和开裂外，在淬火中还会产生氧化和脱碳、过热和过烧、硬度不足和软点等缺陷。

1）变形与开裂。变形是指零件在热处理时引起的形状和尺寸的偏差。淬火时在零件中引起的内应力是造成变形和开裂的根本原因。当内应力超过材料的屈服强度时，便引起零件变形；当内应力超过材料的断裂强度时，便造成零件开裂。内应力分为热应力和组织应力。热应力是在加热和冷却过程中，零件内、外层加热和冷却速度不同所造成的各处温度不一致，致使热胀冷缩的程度不同而产生的。冷却速度越大，造成零件内外温差越大，内应力也越大。

零件由高温冷却时，开始时表面收缩大，心部受阻碍而使表面受拉应力；而在冷却的后期，表面反过来阻碍心部的冷却，使心部受拉应力而表面受压应力。零件由纯热应力引起的变形如图6-33a所示。

组织应力是在加热或冷却过程中，由零件内部组织转变发生的时间不同所造成的内应力。

对同一种钢，马氏体比体积最大，奥氏体比体积最小。淬火时表面先转变为马氏体，体积增大，心部仍为奥氏体，这时心部阻碍表面积增大。表面产生压应力而心部产生拉应力。当心部开始马氏体转变时，表面已经转变完了，已成硬壳，阻碍心部胀大，使之受压，而心部使表面受拉，结果产生拉应力。纯粹组织应力作用使零件变形的趋势如图6-33b所示。

淬火时，零件的变形是两种内应力综合作用的结果，如图6-33c所示。

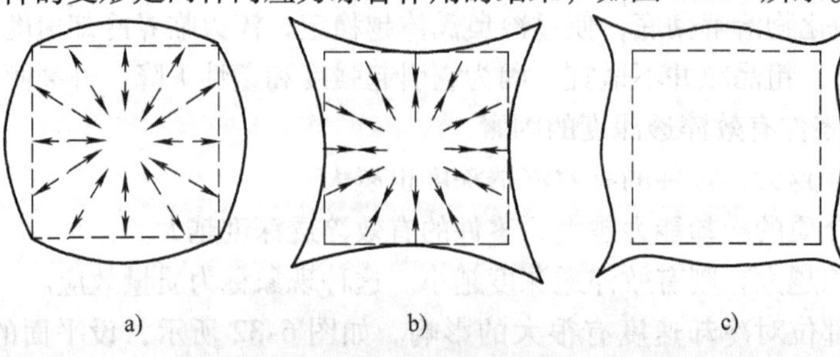

图6-33　不同应力作用下零件变形示意图

a）热应力　b）组织应力　c）热应力+组织应力

2）氧化和脱碳。钢在氧化介质中加热时，氧原子与零件表面或晶界的铁原子形成 FeO 的现象称为氧化。在介质中加热，使钢中溶解的碳形成 CO 或 CH_4 而降低含碳量的现象称为脱碳。

氧化和脱碳不仅降低零件的表面硬度和疲劳强度，而且还会影响零件尺寸，增加淬火开裂危险性。对重要受力零件和精密零件，为了防止氧化和脱碳，通常在盐浴炉内加热，但这种方法只能减轻氧化和脱碳，不能完全避免。要求更高时，可用有效涂料保护或在保护气氛及真空炉中加热。

3）过热和过烧。零件在热处理时，如果加热温度过高或在高温下保温的时间过长，引起奥氏体晶粒显著长大，这种现象称为过热。过热会影响零件随后热处理后的力学性能，一般可用正火办法矫正。如果加热温度过高，使钢的晶界严重氧化或熔化，这种现象称为过烧。过烧会严重降低钢的力学性能，而且不能用其他办法挽救，零件只能报废，因此必须严格控制加热温度。

4）硬度不足和软点。硬度不足是指工件上较大区域内的硬度达不到技术要求；软点是指工件内许多小区域的硬度不足。产生硬度不足和软点的原因很多，主要是：

① 淬火冷却速度不够。

② 淬火加热温度过低或保温时间过短。

③ 表面脱碳。

④ 淬火前原始组织不均匀。

⑤ 操作不当。

2. 回火

回火是将淬火后的零件加热到 Ac_1 以下的适当温度保持一定时间（一般为 1 ~ 3h），随后用符合要求的方法冷却（通常为空冷），以获得所需组织和性能的热处理工艺。

（1）回火的目的　钢淬成马氏体后一般都要进行回火，对产品使用性能和寿命起决定性的作用，其主要目的是：

1）降低脆性、消除或降低内应力。淬火获得的马氏体组织脆而内应力大，如果在室温放置，由于内应力的重新分布常导致零件变形、开裂。因此，零件淬火后一般都要进行回火以消除应力，提高韧性。

2）获得所要求的力学性能。通过调整回火温度，可获得不同的硬度、强度和韧性，以满足所要求的力学性能。

3）稳定尺寸。淬火马氏体和残留奥氏体都是不稳定组织，会自发地向稳定的铁素体和渗碳体转变，从而引起尺寸变化。回火可使组织稳定，使零件在使用过程中不再发生尺寸变化。

4）改善可加工性。对退火难以软化的某些合金钢，在淬火或正火后采用高温回火，可使钢中碳化物聚集，降低硬度，以提高可加工性。

（2）淬火钢在回火时发生的转变　钢淬火后的组织是不稳定的，存在着向稳定组织转变的自发倾向。回火只不过加快了这种自发转变过程。根据碳钢回火时发生的转变过程和形成的组织，一般可将回火分为四个阶段。

第一阶段：约 200℃ 以下时，马氏体开始分解。α 固溶体中过饱和的碳原子以 ε 碳化物（$Fe_{2.4}C$）形式析出，极为细小，并与母相保持共格关系，但 α 固溶体仍处于过饱和状态，所以性能上变化不大，硬度仍然很高。

所谓“共格关系”，是指两相界面上的原子恰好位于两晶格的共点线上，如图6-34所示。

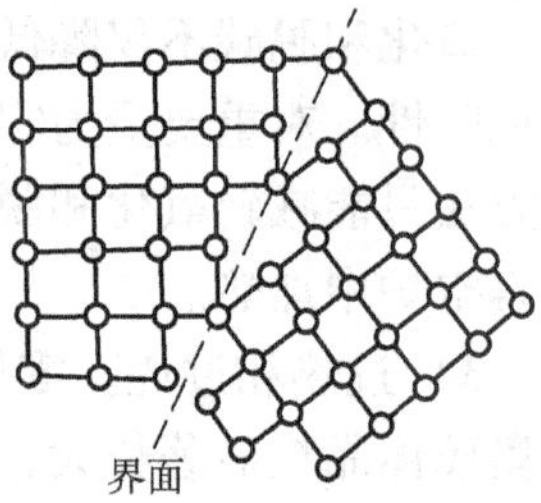

图6-34 共格关系示意图

第一阶段回火的组织由过饱和α固溶体和与其晶格相联系的ε碳化物所组成，这种组织称为回火马氏体。回火马氏体晶体易腐蚀，在显微镜下高碳钢呈黑色针状（图6-35），低碳钢呈暗板条状。这种组织由于ε碳化物析出，晶格畸变程度降低，使淬火应力在一定程度上减小。

第二阶段：约200～300℃，残留奥氏体分解。这一阶段由于马氏体的分解，降低了对残留奥氏体的压力，使其转变为下贝氏体，到300℃基本结束。组织亦为过饱和α固溶体和弥散分布的并保持共格的ε碳化物所组成。马氏体分解造成的硬度降低，由残留奥氏体分解带来的硬度升高所补偿，钢的硬度降低不大（图6-36），但淬火应力进一步减小。

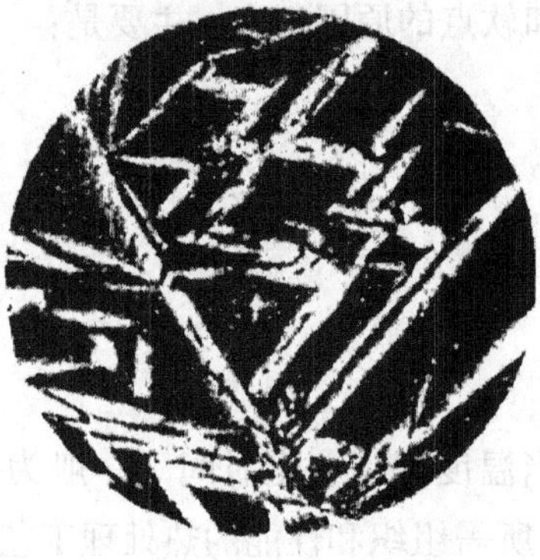

a)

b)

图6-35 淬火马氏体与回火马氏体

a）淬火马氏体 b）回火马氏体

第三阶段：约250～400℃，回火托氏体形成。马氏体快速分解，碳从过饱和固溶体中析出转变为铁素体，同时ε碳化物转变为稳定的细粒状渗碳体。到400℃基本结束。内应力大部分消除，钢的硬度、强度下降，塑性上升（图6-36）。此时的组织为铁素体+细粒状渗碳体的混合物，称为回火托氏体。在光学显微镜下不能把两相区分开。

第四阶段：400℃以上时，碳化物聚集长大。回火托氏体中的α固溶体恢复为平衡碳浓度的铁素体，完成回复和再结晶过程，针状α相变为多边形铁素体。此时固溶体强化作用消失，渗碳体颗粒快速聚集长大，硬度、强度继续下降，塑性继续升高（图6-36）。在500～600℃范围内回火后的组织，用光学显微镜能区别出铁素体和渗碳体两相，称为回火索氏体（多边形铁素体和粗粒状渗碳体的机械混合物）。

在650～A_1温度下回火时，钢的组织由多边形的铁素体和更大的粒状渗碳体组成，在光学显微镜下与球化退火后的组织相似，称为回火珠光体。

（3）回火组织与性能　回火马氏体等组织与淬火直接获得的马氏体等组织，是两种不同的组织形态，不是相同的组织。

从图6-36可以看出，随着回火温度的升高，钢的强度与硬度逐渐降低，塑性、韧性增高。

在600℃左右回火时，韧性达到最大值；而弹性极限σ_e则随回火温度升高而增大，到300～400℃达到最大值。但需指出，对大多数结构钢，随着回火温度的升高K_{IC}是增加的，但和ψ不同，有时会明显下降，不总是随着回火温度的升高而增大。高碳钢回火马氏体的强度、硬度高，而塑性、韧性差，钢易脆断；低碳钢回火马氏体则具有高的强度与韧性，且硬度、耐磨性亦较好；回火托氏体的强度与弹性极限较高，而回火索氏体则具有较好的综合力学性能。

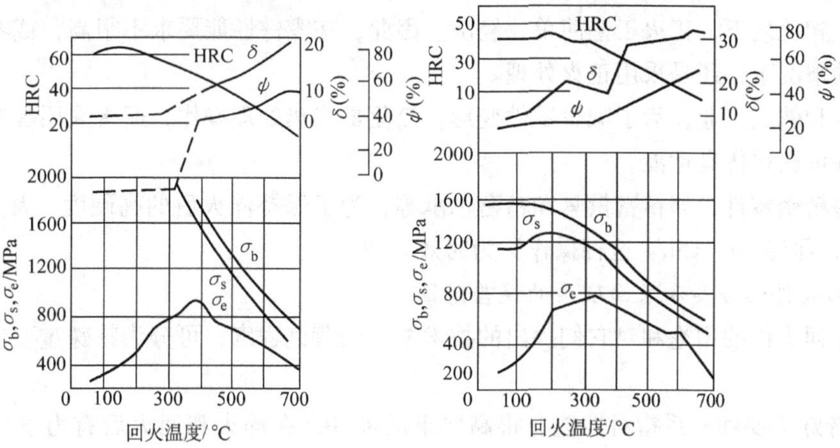

a)　b)

图6-36　淬火后回火温度对钢力学性能的影响

a）w_C = 0.82%钢　b）w_C = 0.2%钢

在硬度相同时，回火托氏体和回火索氏体比由过冷奥氏体直接转变的托氏体和索氏体性能好，具有较高的强度、塑性和韧性，这主要是由于回火组织中渗碳体呈粒状形态的缘故。

（4）回火种类及应用　根据钢件性能要求不同，按其回火温度范围，可以分为以下三类。

1）低温回火（150～250℃）　回火后得到回火马氏体组织，还有残留奥氏体和下贝氏体。其目的是保持高硬度和高耐磨性，降低淬火内应力和脆性。主要用于各种高碳钢的切削工具、冷冲模具、滚动轴承、渗碳零件等，回火后硬度可达58～64HRC。

2）中温回火（350～500℃）　回火后得到回火托氏体组织。其目的是获得高屈服强度、弹性极限和较高的韧性，主要用于各种弹簧和模具的处理。回火后硬度一般为35～50HRC。

3）高温回火（500～650℃）　回火后得到回火索氏体组织。通常将淬火＋高温回火称为调质处理。其目的是获得强度、硬度、塑性和韧性都较好的综合力学性能。广泛用于飞机、汽车、拖拉机、机床等重要的结构零件，如连杆、螺栓、齿轮和各种轴等，回火后硬度一般为200～330HBW。钢经调质处理后不仅强度较高，而且塑性与韧性更显著超过正火状态。因此，重要的结构零件均进行调质而不用正火。表6-5为45钢调质和正火后力学性能的比较。

表6-5　45钢调质和正火后力学性能的比较

热处理状态	σ_b/MPa	δ（%）	a_K/J·cm^{-2}	HBW	组　织
正火	700～800	15～20	50～80	162～220	细珠光体、铁素体
调质	750～850	20～25	80～120	210～250	回火索氏体

有人误认为，回火温度较低，又没有相变，在热处理中是一个不重要的工序。实际上，回火具有如下重要意义：

① 回火后的组织是零件使用时的组织，决定了零件的使用性能。

② 通过回火可以调整强度，使其与韧性良好配合，而且可消除应力，防止开裂。

但是必须指出，粒状渗碳体调质组织，只有在完全淬透得到马氏体组织的条件下才能经调质得到。相比之下，正火工艺简单、经济。因此，在零件性能要求不很高，或零件过大和形状复杂的情况下，还是采用正火处理。

对飞机和航天工业，为了减少零件变形，简化最终热处理操作，通常采用等温淬火来代替调质，并可获得优良性能。

对某些精密零件，如精密量具和精密轴承等，为了保持淬火后的高硬度，常采用100～150℃加热，保温10～15h。这种操作称为时效处理。

3. 淬回火件的分类和表面硬度的误差范围

根据淬回火件的用途和对它们提出的技术要求的苛刻程度，可分为特殊重要件、重要件及一般件。

（1）特殊重要件　系指对性能有很高要求的零件，在淬火和回火后有力学性能和金相组织诸方面的特殊要求。

（2）重要件　系指对性能有较高要求的零件，在淬火和回火后有力学性能或金相组织方面的要求。

（3）一般件　系指仅提出硬度要求的零件。

不同类型淬回火件的表面硬度的误差范围，不能超过表6-6中的规定。

表6-6　淬回火件的表面硬度的误差范围

硬度实验类型		HRC 表面硬度误差范围			HBW 表面硬度误差范围		HV 表面硬度误差范围		
淬回火零件类型	单件	<35	35～50	>50	<330	330～450	<350	350～500	>500
	特殊重要件	3	3	3	20	25	25	35	60
	重要件	4	4	4	30	35	30	45	80
	一般件	6	5	5	40	50	45	70	120
	同一批次	<35	35～50	>50	<330	330～450	<350	350～500	>500
	特殊重要件	5	5	5	30	45	40	55	100
	重要件	7	6	6	45	65	50	80	120
	一般件	9	7	7	60	80	70	90	150

表6-6中的HRC、HBW及HV值是根据各自的硬度计实测的数据，彼此之间没有直接的换算关系。对大型零件的表面硬度误差可按图样中的规定执行。单件表面硬度误差范围，是指随机抽检单件时硬度值的不均匀度；同一批次零件表面硬度误差范围，是指用一批材料在同一淬回火条件下的零件表面硬度最大值和最小值之差。

三、钢的冷处理

高碳钢及一些合金钢，由于M_f点位于零度以下，淬火后组织中有大量残留奥氏体。若将钢继续冷却到零度以下，会使残留奥氏体转变为马氏体，称这种操作为冷处理。

冷处理应当紧接着淬火操作之后进行，如果相隔时间过久，冷处理的效果下降。冷处理的温度应由 M_f 决定，一般是在干冰（固态 CO_2）和酒精的混合物或冷冻机中冷却，温度为 −70 ~ −80℃。这种方法主要用来提高钢的硬度和耐磨性（例如合金钢渗碳后的冷处理）。为了提高工具的寿命和稳定精密量具的尺寸，往往也进行冷处理。冷处理时体积要增大，所以这种方法也用于恢复某些高精密件（如量规）的尺寸。冷处理后可进行回火，以消除应力，避免裂纹。

工件在淬火后继续在液氮或液氮蒸气中冷却的工艺称深冷处理，目前在工具及耐磨零件获得应用，显著延长了它们的寿命。此外，还用于各种量具、枪杆等要求尺寸准确、稳定的零件。

四、时效处理

金属和合金（钢铁等）经过冷、热加工或热处理后，在室温下保持（放置）或适当升高温度时常发生力学和物理性能随时间而变化的现象，统称为时效。在时效过程中，金属和合金的显微组织并不发生明显变化。工业上常用的时效方法主要有自然时效和人工时效等。

1. 自然时效

自然时效是指经过冷、热加工或热处理的金属材料，于室温下发生性能随时间而变化的现象。如钢铁铸件、锻件或焊接件于室温下长期堆放在露天或室内，经过半年或几年后可以减轻或消除部分残余应力（约 10% ~12%），并稳定工件尺寸。其优点是不用任何设备，不消耗能源，即能达到消除部分内应力的效果；但周期太长，应力消除率不高。

2. 人工时效

（1）热时效　随温度不同，α-Fe 中碳的溶解度发生变化，使钢的性能发生改变的过程称为热时效。

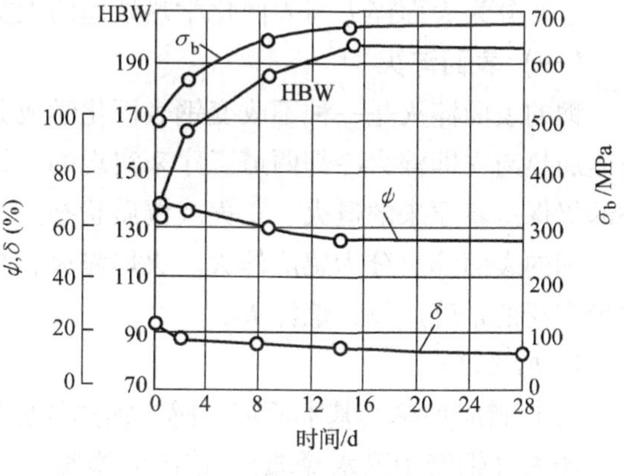

图 6-37　时效后碳钢力学性能的变化

低碳钢加热到 650 ~ 750℃（A_1 附近）并迅速冷却时，使来不及析出的 Fe_3C_{III} 可以保持在固溶体（铁素体）内成为过饱和固溶体。在室温放置过程中，碳有从固溶体中析出的自然趋势。由于碳在室温下有一定的扩散速度，长时间放置（保存）时，碳又呈 Fe_3C_{III} 析出，使钢的硬度、强度上升，而塑性、韧性下降，如图 6-37 所示。虽然低碳钢中含碳量不高，但硬度的提高可达 50%，这对低碳钢压力加工性能是不利的。加热温度越高，热时效过程中，碳的扩散速度越大，则热时效时间也大为缩短。

就某些使用性能和工艺性能而言，热时效现象并不总是有利的，需要加以控制和利用。例如，经过淬火回火或未经淬火回火的钢铁零件（包括铸锻焊件），长时间在低温（一般低于 200℃）加热，可以稳定尺寸和性能；但是冷变形（冷轧等）后的低碳钢板，加热到 300℃左右发生的热时效过程，却使钢板的韧性降低，这对低碳钢板的成形十分有害。

（2）形变时效 钢在冷变形后进行时效称为形变时效。室温下进行自然时效，一般需要保持（放置）15～16天（大型工件需放置半年甚至1～2年）；而热时效（一般在200～350℃）仅需几分钟，大型工件需几小时。

在冷塑性变形时，α-Fe（铁素体）中的个别体积被碳、氮所饱和，在放置过程析出碳化物和氮化物。形变时效可降低钢板的冲压性能，因而低碳钢板（特别是汽车用钢板）要进行形变时效倾向试验。

（3）振动时效 振动时效即通过机械振动的方式来消除、降低或均匀工件内应力的一种工艺。主要是使用一套专用电动机设备、测试仪器和装夹工具对需要处理的工件（铸、锻、焊件等）施加周期性的动载荷，迫使工件（材料）在共振频率范围内振动并释放出内部残余应力，提高工件的抗疲劳强度和尺寸精度的稳定性。工件在振动（一般选在亚共振区）过程中，材料各点的瞬时应力与工件固有残余应力相叠加，当这两项应力幅值之和大于或等于材料屈服强度时（即 $\sigma_d+\sigma_r\geqslant\sigma_s$），在该点的材料就产生局部微塑性变形，使工件中原来处于不稳定状态的残余应力向稳定状态转变，经一定时间振动（从十几分钟到1h）后，整个工件的内应力得到重新分布（均匀），使之在较低的能量水平上达到新的平衡。其主要优点是：①不受工件尺寸和重量限制（大到几百吨），可以露天就地处理。②节能率达98%以上。③内应力消除率达30%以上。④一般可以代替人工时效和自然时效。

五、表面热处理

在扭转和弯曲等交变载荷作用下工作的机械零件，如齿轮、凸轮、曲轴、活塞销等，其表面层承受着比心部高的应力，在有摩擦的情况下还要受磨损。因此，必须提高这些零件表面层的强度、硬度、耐磨性和疲劳极限，而心部仍保持足够的塑性和韧性，使其能承受冲击载荷。在这种情况下，若采用前述的热处理方法，很难满足要求，这就需要进行表面热处理，主要分为表面淬火与表面化学热处理两大类。

（一）表面淬火

钢的表面淬火是一种不改变钢表面化学成分，但改变其组织的局部热处理方法，是通过快速加热与立即淬火冷却两道工序来实现的。结果是表面层获得硬而耐磨的马氏体组织，而心部仍保持着原来的退火、正火或调质状态。

钢的表面淬火分为感应淬火、火焰淬火、激光淬火与电子束淬火等多种，目前生产中应用最广泛的是感应及火焰淬火。

1. 感应淬火

（1）感应加热的基本原理 感应加热的原理如图6-38所示。把零件放在纯铜管作成的感应器内（铜管中通水冷却），使感应器通过一定频率的交流电以产生交变磁场。结果在零件表面产生频率相同、方向相反的感应电流，称为“涡流”。涡流在零件截面上分布是不均匀的，表面密度大，中心密度小。电流的频率越高，涡流集中的表面层越薄，这种现象称为“趋肤效应”。由于钢本身具有电阻，因而集中于零件表面的涡流由于电阻热把表面层迅速加热到淬火温度，而心部温度不变。所以在随即喷水（合金钢浸油淬火）冷却后，零件表面层被淬硬。

交流电的频率越高，趋肤效应越显著，故感应加热深度 δ 就越薄，因此感应加热深度 δ（mm）与电流频率 f（Hz）之间有一定关系。对中碳及中碳合金钢来说，在淬火温度状态可

采用如下经验公式

$$\delta=\frac{500\sim600}{\sqrt{f}}$$

（2）感应加热的频率选用　在生产中，根据对零件表面有效淬硬深度的要求，选择合适频率的感应加热设备。

1）高频感应加热。电流频率在100～500kHz。我国目前采用电子管式高频发生装置，电流频率为200～300kHz，有效淬硬深度为0.5～2mm，主要用于要求淬硬层较薄的中、小型零件，如小模数齿轮、中小型轴等。

2）中频感应加热。电流频率在500～10000Hz。常用的频率为2500Hz和8000Hz，有效淬硬深度为2～10mm。电源设备分为机械式或晶闸管式中频发生器。主要用于淬硬层要求较深的零件，如直径较大的轴类、中等模数的齿轮、大模数齿轮等。

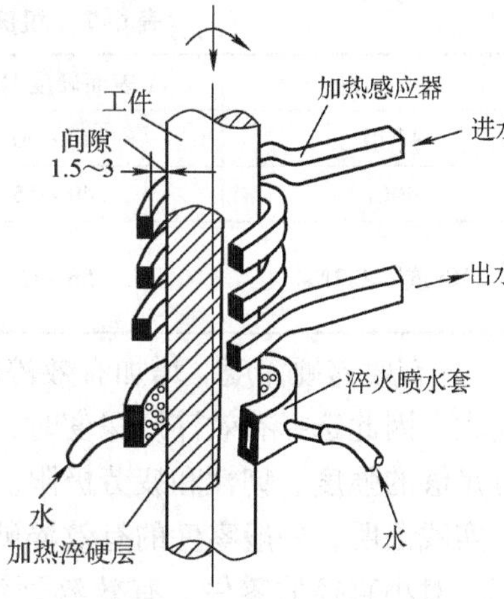

图6-38　感应淬火示意图

3）工频感应加热。电源频率为50Hz。电源设备为机械式工频加热装置。有效淬硬深度为10～20mm，主要用于大直径零件（轧辊、火车车轮等）的表面淬火，也可用于较大直径零件的透热。

4）超音频感应加热。电流频率一般为20～40kHz，高于音频，故称超音频，为20世纪60年代发展起来的先进表面淬火设备。它兼有高、中频加热的优点，淬硬层略高于高频感应，而且沿零件轮廓均匀分布。所以，它对用高、中频感应加热难以实现表面淬火的零件有着重要作为，适用于中小模数齿轮、花键轴、链轮等。

（3）感应淬火的特点　与普通加热淬火比较，感应淬火有以下主要特点：

1）加热速度极快，一般只需几秒到几十秒的时间就可把零件加热到淬火温度。这样，在相变过程中铁和碳原子来不及扩散，因而珠光体转变为奥氏体的相变温度升高，且相变温度范围扩大，通常比普通加热淬火高几十度。

2）加热时间短，奥氏体晶粒细小均匀，淬后可获得极细马氏体，零件硬度比普通淬火的高2～3HRC，且脆性较低。

3）淬后零件表面层存在的残余压应力，可提高疲劳极限，且变形小，不易氧化和脱碳。

4）生产率高，易实现机械化和自动化，适于大批生产。

5）感应加热设备较贵，维修调整比较难，形状复杂的感应器不易制造，也不适于小量生产。

（4）感应淬火用钢　最适宜的是中碳钢和中碳合金钢，如40钢、45钢、40Cr、40MnB等。含碳量过高，会增加淬硬层脆性，降低心部塑性和韧性，并增加淬火开裂倾向；含碳量过低，会降低表面层的硬度和耐磨性。不过在某些条件下，感应加热表面淬火也可用于高碳工具钢、低合金工具钢及铸铁等零件。

（5）感应淬火技术条件　感应淬火的技术条件主要包括表面硬度值、有效淬硬深度及淬硬区的分布。如果是局部表面淬火，还应标出淬硬的部位。

1）表面硬度。对不同材料和在不同条件下工作的零件，要求具有不同的表面硬度。表6-7列出了机床齿轮表面淬火常用材料及硬度要求。

表6-7 机床齿轮表面淬火常用材料及硬度要求

材 料	表面硬度HRC	备 注
45钢	40～50	淬火后表面硬度应达到55HRC以上，最终硬度由回火工艺确定
40Cr	40～55	
20Cr或12Cr2Ni4	56～62	预备热处理常采用正火、调质，以改善可加工性；渗碳后高频淬火

2）有效淬硬深度。增加有效淬硬深度虽然可以延长表面层的耐磨寿命，但脆性破坏倾向增大。因此选择有效淬硬深度时，除考虑耐磨性外，还应考虑零件的综合力学性能，使其具有足够的强度、韧性和疲劳极限。

实践证明，一般零件的有效淬硬深度为其半径的1/10左右时，可得到良好的综合力学性能。对小直径的零件，有效淬硬深度可取半径的1/5；对截面较大零件，取小于半径的1/10。表6-8中列出了不同零件感应淬火时所选用的有效淬硬深度、材料及设备。

表6-8 不同零件感应淬火时所选用的有效淬硬深度、材料及设备

工作条件及零件种类	有效淬硬深度/mm	选用材料	选用设备
摩擦条件下的零件，如一般较小齿轮、轴类	1.5～2	45，40Cr	电子管式高频设备
承受扭曲、压力负荷的零件，如曲轴、大齿轮、磨床主轴	3～5	45，40Cr，9Mn2V，球墨铸铁	中频发生器
承受扭曲、压力载荷的大型零件，如冷轧辊	>10～15	9Cr2W，9Cr2Mo	工频设备

3）淬硬区的分布。合理分布淬硬区，使其过渡层不出现应力集中部位，以提高零件结构强度和防止淬火变形、开裂。原则上，淬硬层应均匀沿零件外轮廓分布。对于轴类零件，则轴的端部可保留2～8mm不淬硬区；花键轴的淬硬区要大于花键全长10～15mm；一根轴上两个相邻淬硬区应保持足够大的距离；不同频率处理时，相邻淬硬区亦应有合理距离；带孔轴的轴孔应倒角；带凸缘的轴、轴颈，淬硬区最好从凸缘根部圆角处开始，如根部不需要淬硬区，距圆角根部的距离不应小于8mm。

淬硬区的分布与零件的尺寸、形状和采用的设备有关。例如，对于大模数齿轮（$m>5\sim8$），采用高、中频单齿感应淬火，能获得沿齿廓均匀分布的淬硬层。但对中、小模数齿轮（$m<5$），采用高、中频感应淬火就难以获得沿齿廓均匀分布的淬硬层，大多是整个齿轮被全部淬透，因而心部韧性差，不能承受大的冲击。采用超音频感应加热和低淬透性的钢，可改善中、小模数齿轮的淬硬层分布。

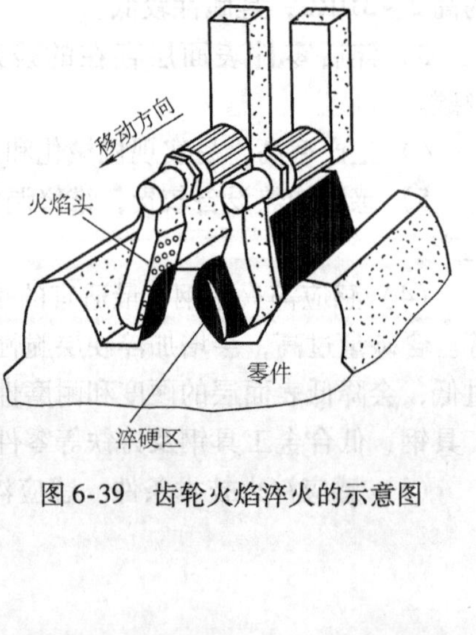

图6-39 齿轮火焰淬火的示意图

2. 火焰淬火

火焰淬火是以高温火焰为热源的一种表面淬火法。常用的火焰有煤气-氧（体积比约1:0.6）、天然气-氧（约1:1.2）、丙烷-氧（约1:4）及乙炔-氧（约1:1）焰。乙炔-氧火焰温度可达3200℃，煤气-氧火焰温度可达2000℃。高温火焰将零件表面迅速加热到淬火温度，随即喷水快速冷却，获得所需的表面淬硬层。图6-39为齿轮火焰淬火的示意图。

火焰加热淬硬层的深度一般为2～10mm，适用于中碳钢、中碳合金钢及铸铁铸成的大型零件的表面淬火，如大型轴类、大模数齿轮、轧辊、导轨、车床床身的导轨、压模等。

火焰淬火后也应及时回火，回火温度与时间取决于零件的化学成分和热处理技术条件，可查阅相关手册。

火焰淬火法，虽然有加热不易控制、零件表面易过热、淬火质量不稳定等缺点，但由于淬火方法简单，不需要特殊设备，操作准备快捷，设备相对低廉，操作方便，机动灵活，只要应用得当，仍有较大的生命力，特别是在我国中小型厂、单件小批量生产与产品多变的情况下，将发挥其独特作用。对某些特大件、异形件，火焰淬火工艺仍然是难以被取代的。我国已编写了《钢铁件的火焰淬火回火处理》标准JB/T 9200—2008。

目前，国外已经使用了各种不同的火焰淬火机，利用光电温度计来测温，气体混合比、火焰功率等重要工艺参数均由计算机控制。

3. 激光淬火和电子束淬火

大功率激光器所产生的激光束，是能量密度非常高的加热源。应用不同能量密度的激光束可以进行切割、钻孔、焊接、表面淬火等。适用于热处理的是CO_2激光器。

激光和电子束热处理是依靠零件本身的传热来实现冷却淬火。加热和冷却速度都很快，可在0.3s达到最高温度，1s内冷却到M_s点，因此可以在表面层获得全部马氏体组织（X射线分析证明，无残留奥氏体存在）。这样急剧的局部淬火，使残余压应力达到750MPa。同高频感应淬火比较，激光淬火和电子束淬火后可使全部硬化层为极细的马氏体组织；而高频感应淬火后表面外层虽然也是极细马氏体，但在表面内层存在不完全淬火组织，因此激光淬火后表面的硬度比高频感应淬火高。硬度高而残余压应力大，从而增高耐磨性和疲劳强度。但是，激光淬火存在回火软区、设备功率不够稳定以及生产中的安全性等问题，这些缺点限制了激光淬火的广泛应用。

电子束淬火如同电视机显像管的电子扫描。它在很大程度上克服了激光热处理的缺点，但保持其优点，尤其是对零件的深、小狭沟处的淬火更有利，不会引起烧伤。由于是在真空中进行，没有氧化，完全不需要最后加工。电子束淬火后，表面硬度比火焰淬火和高频感应淬火的高2～4HRC。

激光淬火和电子束淬火不受钢材种类的限制，因为它的冷却速度比奥氏体的临界冷却速度大得多，与钢的淬透性无关。硬化层深度取决于被加热材料的散热系数、热导率和热处理条件（如激光束移动速度、功率大小等）。目前该种方法在国内外主要用于汽车和机床工业。

（二）化学热处理

使某些元素渗入零件的表面层，以改变其表面层化学成分而获得所需性能（如抗磨、耐热和耐腐蚀等）的热处理，称为化学热处理。和其他热处理比较，它的特点是除组织变化外，表面层的化学成分也发生变化。

根据渗入元素的不同，可将化学热处理分为渗碳、渗氮、碳氮共渗、渗铬、渗铝等。目前，在机器制造业中最常见的化学热处理是渗碳、渗氮和碳氮共渗。

各种化学热处理都是依靠介质元素的原子向零件内部扩散来进行的，在零件加热到一定温度后，都要进行以下三个过程：

1）由介质分解出渗入元素的活性原子。

2）零件表面吸收活性原子，进入晶格内形成固溶体或形成化合物。

3）在一定温度下由表面向内部扩散，形成一定厚度的扩散层。

1. *渗碳*

渗碳是向钢件表面层渗入碳原子的过程，其目的是使零件表面具有高硬度和耐磨性，而心部仍保持一定强度及较高的塑、韧性。根据采用的渗碳剂的不同，有固体渗碳、液体渗碳和气体渗碳三种。目前生产中广泛应用的是气体渗碳，其次是固体渗碳。

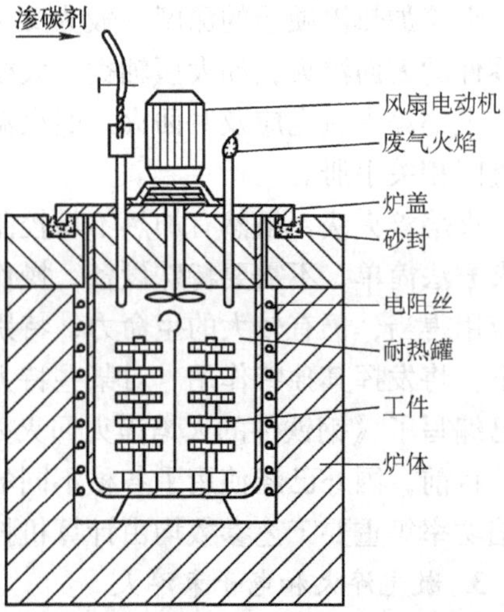

图6-40 气体渗碳炉简图

（1）气体渗碳法　把零件装入如图6-40所示的渗碳炉中。炉中滴入煤油、丙酮、甲醇、苯等液体渗碳剂，也可通入一定成分的含碳气体，同时将零件加热到900～950℃。零件便在这一温度下进行渗碳。渗碳剂甲醇等在高温下分解出活性原子，即

$$CH_4 \rightleftharpoons 2H_2 + [C]$$

$$2CO \rightleftharpoons CO_2 + [C]$$

$$CO + H_2 \rightleftharpoons H_2O + [C]$$

活性碳原子被钢表面吸收而溶于高温奥氏体中，并向钢的内部进行扩散而形成渗碳层。在一定的渗碳温度下，碳层深度取决于保温时间的长短。保温时间越长，渗碳层越深。在920℃进行渗碳，渗碳时间与渗碳层深度的大致关系见表6-9。

表6-9　920℃下渗碳时渗碳层深度与渗碳时间的大致关系

渗碳时间/h	3	4	5	6	7
渗碳层深度/mm	0.4～0.6	0.6～0.8	0.8～1.2	1.0～1.4	1.2～1.6

低碳钢零件在920℃下渗碳缓冷后，渗碳零件由表面层向内是：过共析组织、共析组织和亚共析组织，如图6-41所示。碳钢的渗碳层深度的确定，一般是指从表面到含碳量 $w_C = 0.4\%$ 的深度。测定时常用的是金相法，即从表面测到50%珠光体+50%铁素体处为止，但目前尚无统一标准，各厂均是根据自己习惯与经验进行

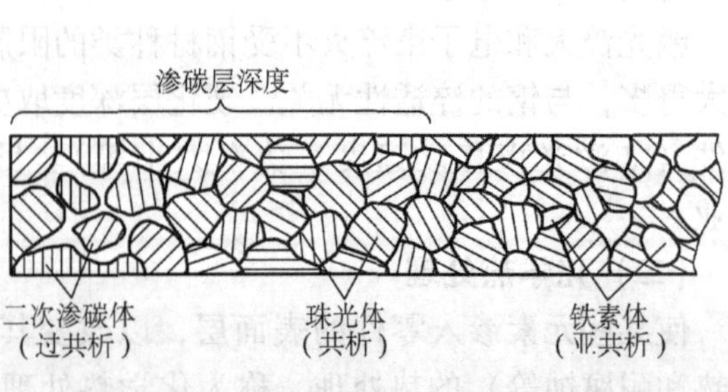

图6-41 缓冷渗碳层组织示意图

评定。

金相法并不是一个很好的方法，它与渗碳零件的组织状态有关。同一种钢渗碳后，正火状态下伪共析区比退火状态的伪共析区大。有些钢正火时，中心部分原始组织就没有铁素体出现（例如18Cr2Ni4WA钢），这时就需用硬度测量法，即在维氏或表面洛氏硬度测量时，可以与表面垂直或倾斜测量，如图6-42所示。硬度从表面至中心逐渐降低，从表面到中心原始组织硬度层之间的距离，即为渗碳层深度。

也可用肉眼或用10倍左右的放大镜直接观察渗碳试样断口，渗碳层表面是细密瓷器状脆性断口，而中心未渗碳区则为纤维韧性断口，在渗碳区和未渗碳区有一界限。直接观察方法很多，可迅速了解结果，用以指导生产，同时也能较准确定量，确保产品质量。

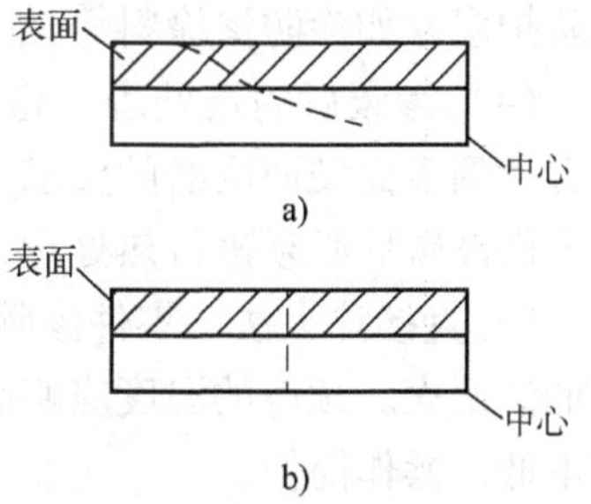

图6-42 渗碳层深度的硬度测量法
a）倾斜测量 b）垂直测量

（2）固体渗碳法 与气体相比较，固体渗碳速度慢，生产率低，劳动条件差，质量不易控制，故逐渐被气体渗碳法所代替。但由于固体渗碳法设备简单、成本较低，目前小厂仍广泛应用。

如图6-43所示，将零件置于四周填满固体渗碳剂的箱中，密封后放入炉中，加热至900~950℃，经保温一定时间后出炉，即得渗碳零件。渗碳剂通常是由木炭粒与“催渗剂”（$BaCO_3$ 或 Na_2CO_3）混合组成。加热时分解形成CO，如

$$BaCO_3 \rightarrow BaO + CO_2$$

$$CO_2 + C\text{（木炭粒）} \rightarrow 2CO$$

在渗碳温度下，CO不稳定，它在钢表面发生 $2CO \rightarrow [C] + CO_2$ 气相反应，活性碳原子［C］溶解于高温奥氏体中，然后向钢内部扩散进行渗碳。

固体渗碳法的渗碳深度，可按每保温1h时渗入0.1~0.15mm计算。

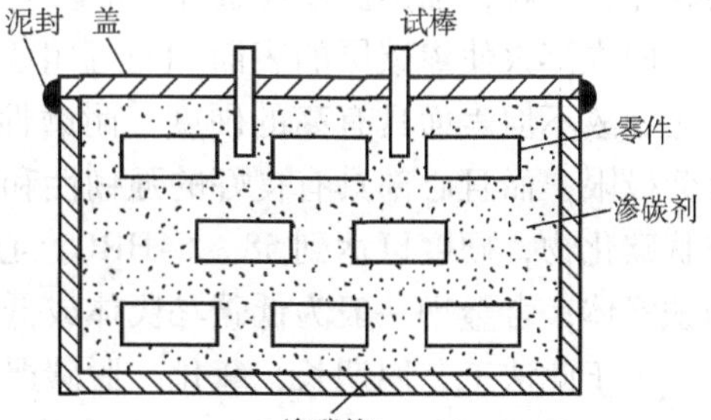

图6-43 固体渗碳装箱示意图

（3）渗碳零件的技术要求 决定渗碳层质量的主要指标是渗碳层的含碳量、深度和组织，这对渗碳件的使用寿命起着极为重要的作用。

渗碳层的表面含碳量适宜在 $w_C = 0.35\% \sim 1.05\%$ 范围内。表面层含碳量过低，则淬火和回火后是含碳量较低的回火马氏体，其硬度、耐磨性和疲劳极限均较低；若表面含碳量过高，渗碳层会出现大量的块状或网状渗碳体，使其变脆、易剥落。此外，使淬火组织中残留奥氏体量增加，结果表面硬度、耐磨性下降，而且残余压应力减小，导致疲劳极限显著降低。

渗碳件的疲劳极限、抗弯强度和耐磨性随渗碳层深度的增加而增大；但当渗碳层深度超过一定限度后，疲劳极限反而随渗碳层深度的增加而降低，而且渗碳层过深，会大大降低零件的冲击韧度。因此，应根据零件具体尺寸及工作条件确定渗碳层深度 h，下列经验公式可供参考：

$$\text{轴类}\ h = (0.1 \sim 0.2)R,\ R\text{——半径}$$
$$\text{齿类}\ h = (0.2 \sim 0.3)m,\ m\text{——模数}$$
$$\text{薄壁零件}\ h = (0.2 \sim 0.3)\delta,\ \delta\text{——壁厚}$$

若零件在工作条件下磨损较小，h 值取小些；磨损较大时，h 值取大些。

渗碳层一般应能按零件轮廓均匀分布。不需渗碳部位应在图样上注明，可采用镀铜方法来防止渗碳，或者多留加工余量，渗碳后（在淬火前）再切去该部位的渗碳层；也可用其他防护层，如涂防渗涂料等。

（4）渗碳后的热处理　渗碳层的组织在缓冷后是珠光体和网状渗碳体，硬度并不高，没有达到表面硬而耐磨的要求。此外，在高温下长时间保温，往往引起奥氏体晶粒长大。因此零件渗碳后必须进行热处理，其方法有以下三种。

1）直接淬火法。零件渗碳出炉缓冷至约830℃直接放入淬火冷却介质中淬火，然后进行低温回火。预冷的温度应略高于 Ar_3，以免心部析出铁素体。此法适用本质细晶粒钢，其成本低，操作简便。

2）一次淬火法。渗碳零件出炉缓慢冷却到室温后，再加热到淬火温度进行淬火和回火。此法也适用于本质细晶粒钢。

3）两次淬火法。这种方法如图6-44所示，第一次淬火（或正火）是为了细化心部组织和消除网状渗碳体，加热温度应在 Ac_3 以上；第二次淬火是为了改善渗碳层的组织和性能，使其获得细针状马氏体和均匀分布的碳化物颗粒，加热温度应选在 Ac_1 以上。

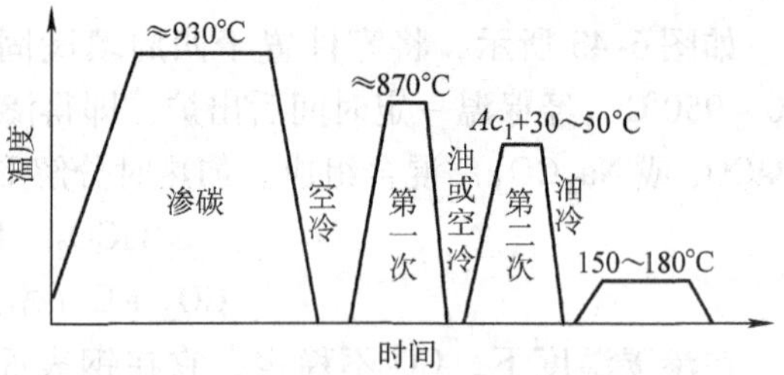

图6-44　渗碳后两次淬火规范

两次淬火使渗碳层的表面和心部组织都细化，故不但表面具有高的硬度、耐磨性和疲劳极限，而且心部具有良好的强韧性和塑性。表面组织为回火马氏体、少量残留奥氏体和粒状碳化物，硬度可达到58～64HRC。心部组织则取决于钢的淬透性，碳钢一般为珠光体和铁素体；合金钢一般为低碳马氏体或低碳马氏体加铁素体，硬度为30～45HRC。

由于此法工艺周期长，氧化、脱碳严重，只有受重载荷零件才采用。

（5）渗碳零件的工艺路线　渗碳零件的一般工艺路线为

锻造→正火→机械加工→渗碳→淬火＋低温回火→精加工（磨削等）

2. 渗氮

将氮渗入零件表面层的化学热处理，称为渗氮。对于磨床主轴、镗床主轴以及航空发动机曲轴和气缸套等零件，要求精度极高，在滑动轴承内运转，轴颈和轴瓦发生摩擦，所以耐磨性要求较高。此外，在工作时还承受很高的疲劳和一定的冲击载荷。在这种情况下，就可选用渗氮钢（例如，38CrMoAl钢）制造，然后渗氮。

（1）渗氮原理　和气体渗碳一样，渗氮零件也装入密封炉中，然后通入氨气，并加热到500～600℃，使氨分解，发生反应

$$2NH_3 \rightarrow 3H_2 + 2[N]\uparrow$$

通过分解产生活性氮原子，氮原子被零件表面吸收后逐渐向里层扩散，从而形成渗氮层。

氨的分解在200℃以上开始，同时因为铁素体对氮有一定的溶解能力，所以渗氮的温度

一般不超过 A_1 温度。

（2）渗氮层组织　氮渗入零件表面层后，除了形成氮溶于 α-Fe 的固溶体（α 相）外，还与铁和合金元素形成各种氮化物，如 FeN、Fe_4N、AlN、MoN、CrN 等。钢件经渗氮后，渗氮层的最外层氮的浓度最高，因而形成一层不易腐蚀的白亮氮化物层。由白亮层往里，组织为含氮的碳化物和合金氮化物分布在溶解有氮的铁素体上，这一层易受腐蚀而呈暗黑色。再往心部则氮浓度逐渐降低，过渡到原来的索氏体组织。图 6-45 为 38CrMoAl 钢渗氮后的显微组织。白亮层硬而脆易剥落，因此应避免产生或将此层磨掉。

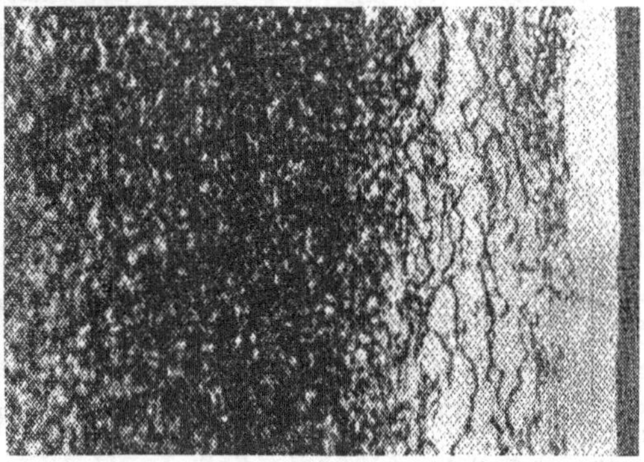

图 6-45　38CrMoAl 钢氮化层的显微组织

渗氮层深度一般为 0.1 ~ 0.6mm，表面硬度极高，可达 1000 ~ 1200HV（相当于 69HRC 以上）。

（3）零件渗氮前的准备　渗氮通常用于要求很高的重要零件，是最终热处理工序，因此要求渗氮前做好如下准备工作：

1）渗氮前一般进行调质处理，使心部具有良好的综合力学性能。38CrMoAl 钢调质后 $\sigma_b > 980MPa$，$\sigma_s = 833MPa$，$\delta > 14\%$，$a_K = 78.8J/cm^2$，25 ~ 35HRC。

2）对于形状复杂的零件，在切削加工后进行一次消除应力的高温回火（略低于调质的回火温度），以减少零件在渗氮时的变形。渗氮层较脆，变形后不能校正。

3）渗氮前必须将调质后零件脱脂净化。

4）渗氮后零件一般不再加工，最多只进行精磨或研磨，因此渗氮前的放磨余量不应过大，否则会磨去渗氮层，使表面硬度大为下降。

5）对不需渗氮部分镀铜或镀锡。为了防止渗氮时熔化的锡流到需要渗氮的表面上，渗氮前可进行磷化处理，这样就使流到需要渗氮表面的锡很快流掉。

当然，也可留出适当磨量，在渗氮后磨去。

（4）渗氮用钢和渗氮　渗氮用钢是含有 Al、Cr、Mo 等合金元素的钢，通常用的是 38CrMoAl，其次是 35CrMo、18CrNiW。近年来又在研究含钒、钛元素的渗氮钢。因为这些元素与氮形成各种颗粒很细、硬度很高的氮化物，均匀分布在钢的基体中，对提高渗氮层的性能起决定性的作用。

根据渗氮目的的不同，渗氮可分为：

1）抗磨渗氮或硬渗氮。目的是为了获得高硬度、高耐磨性和高疲劳极限。渗氮温度一般为 500 ~ 570℃，需采用专门渗氮钢。

抗磨渗氮层深度一般在 0.15 ~ 0.75mm 之间，渗氮时间为 10 ~ 100h。渗氮后由于表层有残余压应力，疲劳极限提高约 15% ~ 35%，而且高硬度和耐磨性可保持到温度 600 ~ 650℃。可用在模具、螺杆、齿轮、套筒、蜗杆等零件。

2）抗蚀渗氮。目的是在零件表面形成一层薄而致密的白色氮化物层。这层对自来水、湿空气、过热蒸汽及碱溶液耐腐蚀，但不耐酸液的腐蚀。为了加速渗氮过程，可提高渗氮温度（590 ~ 720℃），保温 0.5 ~ 3h，获得 0.015 ~ 0.06mm 的渗氮层，可用于碳钢、低合金钢及铸铁件等，用来代替镀镍、镀锌、发蓝等。

（5）渗氮的工艺路线　零件渗氮的一般工艺路线为

锻造→退火→机械粗加工→调质→机械精加工→去应力退火→粗磨→渗氮→精磨或研磨

近代的离子渗氮，使能采用渗氮的材料更加广泛了，缩短了渗氮时间（一半以上）。从1972年在我国生产应用以来，研制出离子渗氮设备千余台，工艺研究比较深入，处理零件品种繁多，且对各种材料组织控制和性能方面的研究达到相当水平。

离子渗氮是利用稀薄气体的辉光放电现象进行的。先将炉子抽空到真空度为66.6Pa以上（图6-46），通入少量氨气，并以渗氮零件为阴极，以炉壁为阳极，通以高压直流电。氨气被电离成氮和氢的正离子，这时阴极（零件）表面形成一层紫色辉光。具有高能量的氮离子从阴极上捕获电子形成氮原子，渗入零件表面并向内层扩散而形成渗氮层。

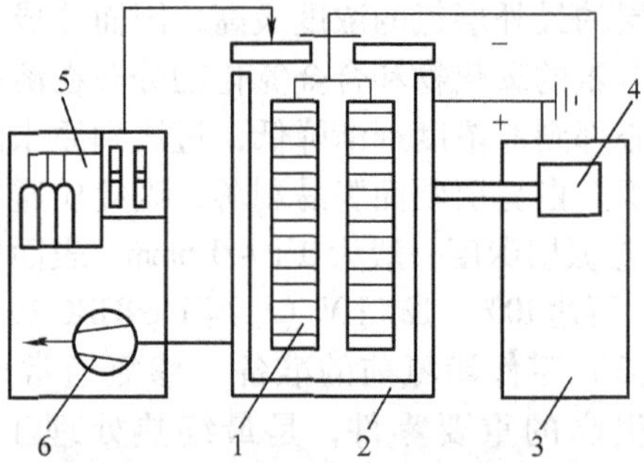

图6-46 离子渗氮装置原理图

1—零件 2—真空容器 3—配电台

4—温度控制仪表 5—气体供给装置 6—真空泵

离子渗氮层的韧性和疲劳极限较一般渗氮的为高，变形也较小，还能用于碳钢、铸铁和有色金属材料。目前，离子渗氮的问题是成本高，质量不稳定，装炉量少，测温困难。

3. 碳氮共渗

碳氮共渗曾称氰化，是向钢的表面同时渗碳和氮的过程，它兼有渗碳和渗氮的双重作用，能提高零件的硬度、耐磨性和疲劳强度。这种工艺的温度较渗碳低，因而变形较小，在一定条件下有代替渗碳的趋势。目前，以中温气体碳氮共渗和低温气体氮碳共渗应用较为广泛。

（1）中温气体碳氮共渗 当前，我国最常用的方法是在井式气体渗碳炉中滴入煤油，同时往炉中通入氨气。在共渗温度下，煤油和氨除了进行前述的渗碳和渗氮作用外，它们之间还相互作用生成［C］和［N］原子

$$CH_4 + NH_3 \rightleftharpoons HCN + 3H_2$$

$$CO + NH_3 \rightleftharpoons HCN + H_2O$$

$$2HCN \rightleftharpoons H_2 + 2[C] + 2[N]$$

活性碳氮原子被零件表面吸收，逐渐向内部扩散，形成碳氮共渗层。此外，工厂还采用煤气+氨气、甲醇+丙烷+氨气、三乙醇胺或三乙醇胺+20%尿素等。

中温碳氮共渗工艺可用于低碳和中碳的碳钢和合金钢，共渗温度一般为820~860℃。碳氮共渗时间取决于渗层深度、共渗温度及所用的共渗介质。

气体碳氮共渗层的碳、氮含量取决于共渗温度。温度越高，共渗层的含碳量越高，而含氮量越低；反之，共渗温度越低，共渗层含碳越低，而含氮量越高。在820~860℃进行碳氮共渗时，表层的含碳量 $w_C \approx 0.7\% \sim 1.0\%$，含氮量 $w_N \approx 0.15\% \sim 0.5\%$。因此，零件经碳氮共渗后，也需淬火和低温回火，才能提高表面硬度和心部强度。由于这种工艺比渗碳温度低，一般采用直接淬火。热处理后表面层的组织为含碳、氮的回火马氏体、残留奥氏体和少量碳氮化合物，心部组织为低碳或中碳马氏体。淬透性差的碳钢，心部也可能出现极细珠光体和铁素体。

在表面层含碳量相同的情况下，共渗层的耐磨性高于渗碳层，而且疲劳强度往往也比渗碳层高，加之有一定耐腐蚀能力，变形较小，生产周期短，所以目前生产中常用来处理汽车

和机床上的各种齿轮、蜗轮、蜗杆和轴类零件及缝纫机与仪表零件。

（2）低温气体氮碳共渗　这是一种较新的化学热处理工艺，常用尿素作为共渗介质，在500～570℃下进行氮碳共渗。因为温度低，是以渗氮为主。由于碳钢的这种渗层的硬度比纯渗氮为低，韧性比纯渗氮高，故又常被称为“软氮化”。

低温氮碳共渗零件的疲劳强度好，高于渗碳和中温碳氮共渗，仅次于渗氮。它比渗氮时间短，零件变形小，渗氮层薄。它的硬度虽然比渗氮的低，但仍有减摩的特点，在润滑不良和高磨损的条件下，有不易被咬合、烧结和擦伤的优点。热加工模具软氮化后，不易被加工零件在高温、高压下焊合。现在普遍用于对模具、量具、刀具及其他耐磨零件的表面处理，效果良好。例如，高速工具钢刀具软氮化后，可提高寿命20%～200%；而3Cr2W8V压铸模软氮化后，寿命提高3～5倍。

这种工艺的缺点是硬化层薄，仅0.01～0.02mm，而且分解的气体有一定毒性。

第三节　其他热处理

在20世纪70和80年代，国外热处理得到迅速发展，新工艺不断出现。现做简单的介绍，以便使读者有一个初步了解。

一、可控气氛热处理

钢件热处理时，由于炉内存在氧化性气体使其氧化与脱碳，严重降低表面质量，这种现象对高强度钢的断裂韧度也有很大影响，所以对重要的飞行器零件要采用无氧化加热，例如通入高纯度中性气体N_2和氩（Ar）等，或采用控制气氛，以防止氧化和脱碳。

一般利用含碳的液体（甲醇、乙醇、丙酮等），分解和裂化成一定碳势的控制气氛，引入热处理炉内。所谓碳势，是指气氛在加热时脱碳作用和渗碳作用逐渐保持平衡下钢的含碳量。例如，一种控制气氛在一定温度下如果具有0.4%碳势，则$w_C=0.4\%$的钢在此气氛中加热就不会脱碳和氧化，但$w_C<0.4\%$的钢将会增碳到$w_C=0.4\%$，而$w_C>0.4\%$的钢将会脱碳到$w_C=0.4\%$。因此，根据钢的含碳量控制碳势，就能起到保护作用，获得光亮表面。

若小批生产，可以采用涂料保护。它是以氧化铝、氧化硅、碳化硅和一些其他金属氧化物粉末混在一起的液态物质经调和而成，涂或喷到零件表面再行加热。在高温下涂料熔化覆盖在零件表面，保护零件不被氧化和脱碳。冷却后涂料自行脱离，零件表面光亮。

二、真空热处理

试验表明，0.0133Pa真空度的真空介质的作用相当于99.999987%的纯氩气保护气氛，而在工业上获得这样的氩气是困难的，但要获得这样的真空度却不难。因此真空热处理目前广泛应用。

真空热处理是在1.33～0.0133Pa真空度的真空介质中加热，实质上也是一种可控气氛热处理。

真空热处理后，零件表面无氧化、不脱碳，表面光洁。这种处理能使钢脱氧和净化，且变形小，可显著提高耐磨性和疲劳极限。此外，真空热处理的作业条件好，有利于机械化和自动化。真空热处理目前发展较快，不但能在气体、水、油中进行淬火，而且广泛用到化学热处理，如真空渗碳、真空渗铬等，以缩短渗入时间，提高渗层质量。

三、形变热处理

形变热处理又称热机械处理，是一种把塑性变形与热处理有机结合起来的新工艺，同时收到形变强化和相变强化的综合效果，因而能有效提高钢的力学性能。

形变热处理的方法有多种，通常是先把奥氏体塑性变形，然后立即进行冷却使其发生相变。典型的形变热处理工艺可分为高温和低温两种。高温形变热处理是在奥氏体稳定区进行塑性变形，然后立即淬火。如图 6-47a 所示，这种热处理对钢的强度增加不大，只达 10% ~30%，但大大提高韧性，减小回火脆性，降低缺口敏感性，大幅度提高抗脆性能力。这种工艺多用于调质钢及加工量不大的锻件或轧材，如连杆、曲轴、弹簧、叶片等。共析碳钢在 860 ~950℃加热并变形后，以 65 ~85℃/s 速度冷却，可以获得最细密的珠光体组织，除了能提高强度和塑性外，还能改善耐磨性和疲劳强度。此外，利用锻、轧余热进行淬火，还可简化工序，节约工时，降低成本。

低温形变热处理是在过冷奥氏体孕育期最长的温度 500 ~600℃之间进行大量塑性变形（70% ~90%），然后淬火（图 6-47b），最后中温或低温回火。这种热处理可在保持塑性、韧性不降低的条件下，大幅度提高钢的强度和耐磨损能力，主要用于要求强度极高的零件，如高速工具钢刀具、弹簧、飞机起落架等。

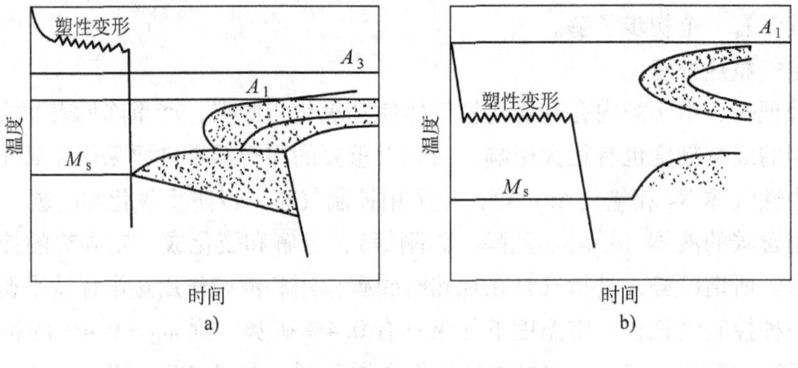

图 6-47 形变热处理工艺示意图

a）高温形变热处理 b）低温形变热处理

近几年出现预形变热处理，并获得普遍应用。它与高温和低温形变热处理的区别，是使具有铁素体+碳化物组织的钢预先冷变形，随后的热处理条件应使加工硬化引起的组织变化保存下来。图 6-48 为预形变热处理的工艺曲线。这种形变热处理的强化效应是，冷加工硬化所产生的缺陷在中间回火和淬火及最终回火后保留下来，因回火稳定性比普通淬火后的钢高，回火后获得高的硬度和强度。

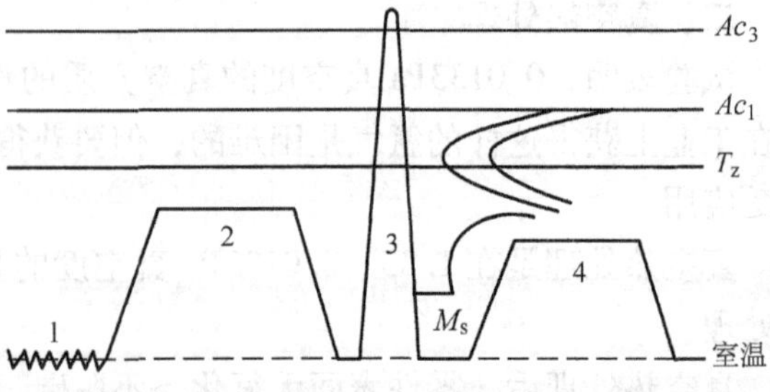

图 6-48 预形变热处理的工艺曲线

1—冷变形 2—中间回火

3—快速淬火 4—最终回火

形变热处理能使钢材在保持一定的塑性、韧性条件下明显地提高强度，所以已成功地应用于工业上。例如，在轧钢生产中应用控制轧制和控制冷却已成为我国轧钢技术改造和发展的方向之一，在许多大型或中型钢铁厂（公司）应用取得了很好的效益。钢材热轧后接着进行淬火（穿水冷却等）并回火（可利用余热），能有效地提高板、管、带、线材的综合性能；有些高淬透性合金钢在高速塑性变形并空冷后接着进行回火，可以提高综合力学性能；还有些锻件在高温奥氏体区锻造后立即淬火并回火，不仅可改善其综合性能，还避免了重新加热及其所带来的缺陷。

四、强韧化处理

凡是可同时改善钢强度和韧性的热处理，总称为强韧化处理，主要有以下三种。

1. 获得板条马氏体的热处理

除了选用含碳量低的钢种外，还可以通过以下方法获得板条马氏体：①提高中碳钢的淬火加热温度，即把淬火加热温度提高到 $Ac_3+(30\sim50)$℃以上，使奥氏体成分均匀，达到钢的平均含碳量而不出现高碳区，从而避免针状马氏体的形成。②对于高碳钢采用快速低温短时加热淬火，目的是减少碳化物在奥氏体中的溶解，尽量使高碳钢中的奥氏体获得亚共析成分，有利于得到板条马氏体；同时因为温度降低，奥氏体晶粒细化，对钢的韧性也有利。

2. 超细化处理

将钢在一定温度下，通过数次快速加热和冷却等方法来获得细密组织。每次加热、冷却都有细化组织的作用。碳化物越细小，裂纹源越少；另外，基体组织越细，裂纹扩展时通过晶界的阻碍越大，所以能够起强韧化作用。

3. 获得复合组织的热处理

指通过调整热处理工艺，使淬火马氏体组织中同时存在一定量的铁素体，或下贝氏体或残留奥氏体。这种复合组织往往不明显降低强度而能大大提高韧性。主要措施是：①在两相区加热淬火（$Ac_1\sim Ac_3$），使淬火组织中有马氏体与铁素体，一方面可获得细马氏体，另一方面因铁素体存在（对杂质有较大的溶解度），减少了回火时杂质元素析出，从而减小脆性倾向。②控制冷却速度淬火，特别是在一些低合金结构钢中，淬火时根据等温转变图控制冷却速度，使奥氏体首先形成一定量的低碳下贝氏体（将奥氏体细化），从而使随后形成的马氏体晶粒细化。低碳下贝氏体和细小马氏体都使钢具有较高的强度和较高的韧性。

五、循环热处理

循环热处理和现在已知的热处理方法的区别是：在恒定的温度下没有保温时间，在循环加热和以适当速度冷却时多次发生相变，如图 6-49 所示。每一种牌号的钢的加热和冷却循环数由试验方法确定。这种热处理可大大提高钢和铸铁的性能。钢和铸铁的循环热处理可以分为三类。

（1）低温循环热处理　金属加热到低于 α-Fe→γ-Fe 相变开始温度，对相变的组织变化没有影响。

（2）中温循环热处理　金属加热到双相区，即加热到 Ac_1 和 Ac_3 之间的温度（对亚共析钢如图 6-49 所示）。

（3）高温循环热处理　金属加热到 Ac_3 以上单相区。

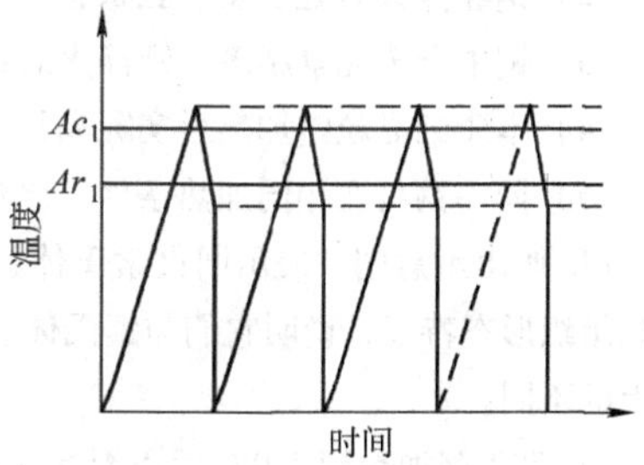

图 6-49　中温循环热处理工艺曲线

循环热处理可使组织组成物发生细化，大大增加结构强度，稳定精密机器和仪表零件的尺寸。

思考题和习题

1. 解释下列名词。

淬透性、淬硬性、过热、过烧、临界冷却速度、退火、正火、淬火、完全退火、球化退火、回火、碳势、冷处理、时效。

2. 什么是热处理？常见的热处理方法有几种？其目的是什么？从相图上看，怎样的合金才能进行热处理？

3. 填写下表所列各项内容。

共析钢的等温转变产物	符号	形成条件	相组成物	显微组织形态	HRC	塑性和韧性
珠光体						
索氏体						
托氏体						
上贝氏体						
下贝氏体						
马氏体						

4. 热处理使钢奥氏体化时，原始组织为粗粒状珠光体好还是为细片状珠光体好？为什么？

5. 亚共析钢热处理时，快速加热可显著提高屈服强度和冲击韧度是何道理？

6. 热轧空冷的45钢在正常加热超过临界点 Ac_3 后再冷下来，组织为什么能细化？

7. 共析钢加热到奥氏体化后，以各种速度连续冷却，能否得到贝氏体组织？采取什么方法才能获得贝氏体组织（用等温曲线说明）？

8. 马氏体组织形态分为哪两种？马氏体的本质是什么？这两种形态的性能、特点如何？为什么高碳马氏体硬而脆？

9. 分析图6-50所示的曲线，说明硬度变化的原因。曲线1为亚共析钢加热到 Ac_3 以上，过共析钢加热到 Ac_{cm} 以上淬火的硬度曲线；曲线2为亚共析钢加热到 Ac_3，过共析钢加热到 Ac_1 淬火后的硬度曲线；曲线3为马氏体的硬度曲线。

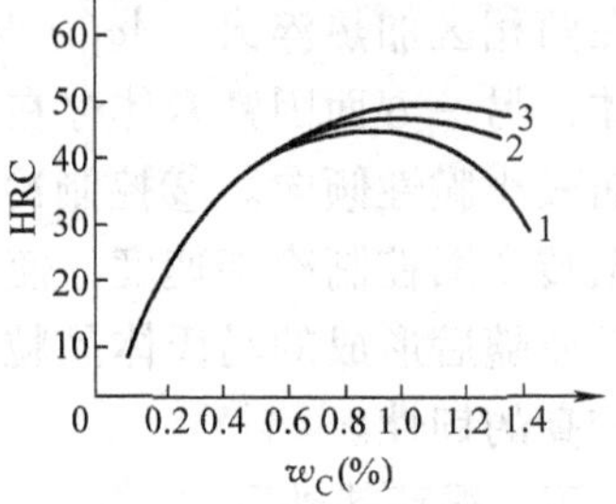

图6-50 习题9图

10. 淬火内应力是怎样产生的？它与哪些因素有关？退火和回火都可以消除内应力，在生产中能否通用？原因何在？

11. 以下的几种说法是否正确？为什么？

（1）过冷奥氏体的冷却速度越快，钢冷却后的硬度越高。

（2）钢经淬火后处于硬、脆状态。

（3）钢中合金元素越多，则淬火后钢的硬度就越高。

（4）本质细晶粒钢加热后实际晶粒一定比本质粗晶粒钢细。

（5）同一钢材在相同加热条件下水淬比油淬的淬透性好。

12. 画出示意图，表示回火索氏体、回火托氏体和回火马氏体显微组织形态特征，说明它们与索氏体、托氏体和马氏体在组织性能上的不同。

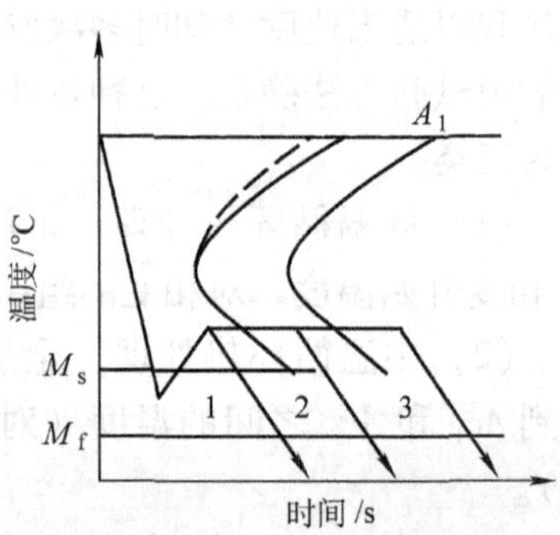

图6-51 习题13图

13. T12钢加热到770℃后用图6-51所示各种方法冷却，分析其所得的组织。

14. 为了改善碳素工具钢的切削加工性能，应采用何种预备热处理？

（1）完全退火；（2）球化退火；（3）再结晶退火。

15. 指出哪些是影响钢淬透性的因素：（1）钢的临界冷却速度；（2）工件尺寸的大小；（3）淬火冷却介质的冷却能力。

16. 现需制造一汽车传动齿轮，要求表面具有高的硬度、耐磨性和高的接触疲劳极限，心部具有良好韧性，应采用如下哪种工艺及材料：（1）T10 钢经淬火 + 低温回火；（2）45 钢经调质处理；（3）用低碳合金结构钢 20CrMnTi 经渗碳 + 淬火 + 低温回火。

17. 将 45 钢和 T12A 钢加热至 700℃、770℃、840℃淬火，说明淬火温度是否正确？为什么 45 钢在 770℃淬火后的硬度较 T12A 钢为低？

18. 45 钢和 T10 钢试样，直径为 10mm，经 850℃水淬，850℃油冷，850℃空冷，850℃炉冷，850℃水冷 + 560℃空冷，760℃水冷 + 200℃空冷，得到的组织是什么？

19. 焊件和冷冲件需采用何种热处理？为什么？

20. 确定下列钢件的退火方法，并指出退火目的及退火后的组织。

（1）经冷轧后的 15 钢板要求降低硬度。

（2）ZG270—500 铸造齿轮。

（3）锻造过热的 60 钢锻坯。

第七章　合金结构钢

第一节　概　述

碳钢的价格低廉，容易生产和便于加工，通过含碳量的增减和不同的热处理可以改变它的性能，以满足工业生产上的要求，因此碳钢在机器制造业中获得广泛应用，但是碳钢存在着淬透性低、绝对强度低、回火抗力差和基本相软等缺点，不能用于大尺寸、受重载荷的零件，也不能用于耐腐蚀、耐高温的零件制造，而且热处理工艺性能不佳。

为了提高或改善钢的力学性能、工艺性能或使钢具有某些特殊的物理、化学性能，常常需要在钢中加入一定量的元素（除铁和碳外），且将含这些元素的钢称为“合金钢”。

例如，对于重型运输机械和矿山机械的轴类、汽轮机叶片、大型电站的大转子、飞机及汽车的一些主要零件，它们所要求的表层和心部的力学性能都较高，若用碳钢制造，就会因淬不透而达不到性能要求，因而必须选用合金钢。

近年来，各种结构及高压容器均向大型化发展，若使用许用应力低的一般钢材，则构件截面、自重均将增大，经济性差，因此宜选用合金钢材。当然，在满足设计要求的条件下要尽量用低合金高强度钢。如果用含合金元素多的合金钢，虽然性能满足要求，但成本增高，不符合经济性。

与碳钢比较，合金钢虽然优点多，但也存在一些缺点，如合金钢的冲压、切削等工艺性能都比较差，由于合金元素的加入往往使其冶炼、铸造、焊接及热处理等工艺比碳钢复杂，成本较高，而且一般它的优点仅是在热处理后才能充分发挥。因此在设计零件时必需全面考虑这些问题，权衡轻重使用材料。

钢中常加入的合金元素有锰、铬、铜、铝、硅、钨、钼、钒、铌、锆、钴、钛、硼、氮等。各国都是根据自己国家的资源情况建立适合自己国情的合金钢系。我国最初主张以锰代铬、镍，并加入钨、钼、钒、铌等建立自己的合金钢系，因为从当时资源来看，我国的镍、铬，特别是钴稀缺。自1958年以来，我国冶金工作者在研制取代铬、镍系钢种方面做了大量工作，作出了不少成绩，且有一定的使用经验。同时，现已查明我国镍资源丰富，并建成金川镍都，为今后我国发展铬镍钢创造了有利条件。为了提高经济效益，我们应大力发展合金钢。

第二节　合金元素在钢中的作用

合金元素加入钢中，不仅与Fe、C这两种基本元素发生作用，而且合金元素之间也相互作用，从而对钢的基本相、$Fe-Fe_3C$相图以及钢加热、冷却过程中组织转变的规律都有影响。

一、合金元素对钢中基本相的影响

1. 镍、硅、铝、钴、铜等与碳的亲和力很弱的元素

在钢中不与碳化合，但能溶入铁素体，形成合金铁素体（也能溶入奥氏体）。

合金元素溶入后，引起固溶体晶格畸变，起固溶强化作用。因此，这些元素溶入铁素体后，铁素体的强度、塑性、冲击韧度等发生变化，如图7-1所示。从图中可以看出，Si、Mn含量 $w_{Si}<0.6\%$、$w_{Mn}<1.5\%$ 时，其韧性不降低。Cr、Ni在适当范围内（含 $w_{Cr}<2\%$，含 $w_{Ni}<5\%$），对铁素体的韧性还能起到提高的作用。因此，Cr和Ni是优良的合金元素。目前研究表明，Ni的溶入使位错的交叉滑移容易进行，因而可使塑性、韧性改善。

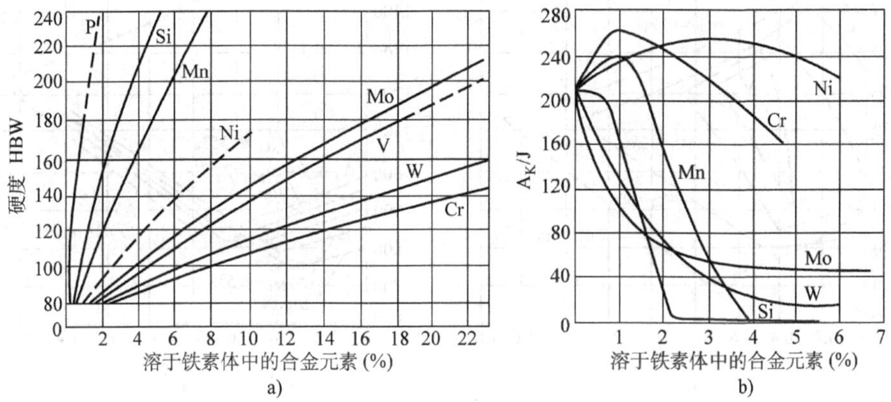

图7-1 合金元素对铁素体性能的影响

a）对硬度的影响 b）对韧性的影响

2. 锰、铬、钼、钨、钒、铌、锆、钛等与碳亲和力较强（依次增强）的元素

通常称锰为弱碳化物形成元素；铬、钼、钨为中强碳化物形成元素；钒、铌、锆、钛为强碳化物形成元素。它们在钢中形成的碳化物可分为以下两类：

（1）合金渗碳体 锰和铬、钼、钨等弱和中强碳化物形成元素，倾向于形成合金渗碳体，如 $(Fe、Cr)_3C$、$(Fe、W)_3C$ 等。合金渗碳体较渗碳体略为稳定，硬度也较高，是一般低合金钢中存在的主要碳化物。

（2）特殊碳化物 钒、铌、锆、钛等强碳化物形成元素与碳的亲和力强，首先形成碳化物，而当其含量太多时，也可以溶于铁素体；中强碳化物形成元素（铬、钼、钨等）只有当含量较高时（5%）才倾向于形成特殊碳化物。

特殊碳化物，特别是间隙碳化物，比合金渗碳体具有更高的熔点、硬度和耐磨性，而且更稳定、不易分解，能显著提高钢的强度、硬度和耐磨性。

二、合金元素对 $Fe-Fe_3C$ 相图的影响

合金元素加入钢中，使 $Fe-Fe_3C$ 相图发生变化。概括来说，一类元素，如镍、锰等，扩大 γ 区，如图7-2b所示；而另一类元素，如铬、钒、钨、钼、钛、硅等，则缩小 γ 区，如图7-2a所示。

γ 区扩大或缩小引起相图各特性点的位置发生变动，同时钢的显微组织相应发生变化。

（1）对点 S、E 位置的影响 加入合金元素后，如果点 S、E 左移，则含碳量相同的碳

素钢和合金钢的显微组织不同。例如含碳量为 $w_C=0.4\%$ 的碳钢应具有亚共析组织，但加入 $w_{Cr}=15\%$ 的铬后，由于点 S 左移到含碳量 $w_C<0.4\%$，此钢已是过共析组织了。

点 E 的左移，说明出现莱氏体的含碳量降低。因此某些合金钢中虽然含碳量远低于 $w_C=2.11\%$，但也可能出现莱氏体，称这类钢为莱氏体钢。例如，高速工具钢中含有大量钨、铬等元素，虽其含碳量 $w_C=0.8\%$，但也属莱氏体钢。

一般合金钢中，合金元素虽然不多，但点 S 和点 E 还是不同程度左移。因此在退火状态下，其组织中珠光体数量较含碳量相同的碳钢为多，所以强度也较碳钢高。

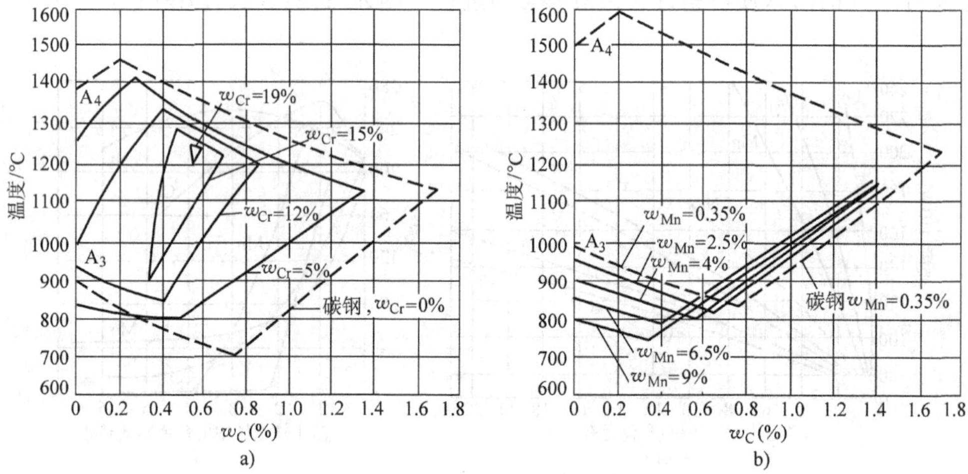

图 7-2 合金元素对 $Fe-Fe_3C$ 相图 γ 相区的影响

a) 铬的影响 b) 锰的影响

(2) 对相区的影响 在钢中加入锰、镍等元素后，相图的 γ 区可以扩大到室温以下，因此它在室温下的平衡组织是单相奥氏体，称这类钢为奥氏体钢。当钢中加入铬、硅、铝等元素后，则 γ 区可能完全消失，此时钢在室温下的平衡组织是单相的铁素体，称这类钢为铁素体钢。这些单相组织的合金钢，一般都是不锈钢或耐热钢。

从图 7-2 可以看出，由于 γ 区的扩大或缩小，临界点 A_1 和 A_3 发生变化。缩小 γ 区的元素，如铬、硅等升高临界点 A_3（图 7-2a）；扩大 γ 区的元素，如锰、镍等则降低临界点 A_3（图 7-2b）。因此合金钢的热处理温度与碳钢有所不同，不能直接用 $Fe-Fe_3C$ 相图来确定。除镍和锰钢外，大多数合金钢的热处理温度均高于同一含碳量的碳钢。

三、合金元素对钢热处理的影响

1. 对奥氏体化和其晶粒长大的影响

除镍和钴外，大多数合金元素均减缓奥氏体的形成过程。此外，钢中含有合金元素后形成合金渗碳体或化合物，它们都比一般的渗碳体难溶入奥氏体，即使溶解了也难以均匀扩散。为了得到比较均匀的、含有足够数量合金元素的奥氏体，充分发挥合金元素的有益作用，在热处理时就需要用比碳钢更高的加热温度和更长的保温时间。

大多数合金元素有阻碍奥氏体晶粒长大的作用，特别是铬、钨、钼、钒、钛等元素（锰和硼却相反）能严重地阻碍奥氏体晶粒长大。合金钢的碳化物和 AlN、Al_2O_3 等化合物稳定性很高，很难分解。它们都以弥散质点的形式分布在奥氏体晶界上，机械地阻碍奥氏体晶粒长大，因此，除锰钢外，合金钢在加热时不易过热。这样有利于在淬火后获得细马氏体；也有利于适当提高加热温度，使奥氏体中溶有更多的合金元素，以增加淬透性和提高钢的力学性能。由于合金钢不易过热，其渗碳体零件可以采用直接淬火。

近年来在钢中加入稀土元素已引起广泛的重视。我国是一个稀土元素非常富有的国家，全国稀土金属工业储量为国外已探明总储量的五倍。稀土元素具有强烈的脱氧能力，去硫能力很强，还能改善非金属夹杂物的形状，使之球化，因此可显著改善钢的塑性和韧性，降低脆性转变温度。配合合金元素同时加入稀土金属来改进钢的力学性能，在这方面我国已经做了不少工作。

2. 对C曲线、淬透性和残留奥氏体的影响

碳钢加入合金元素后，使其C曲线（图7-3a）在形状和位置上都发生变化。

（1）不形成或形成碳化物倾向较弱的元素　如硅、镍、铜、锰等。对C曲线的形状影响不大，只是整个曲线向右不同程度地移动（图7-3b）。

（2）形成碳化物倾向强烈的元素　例如钛、钒、钼、钨等，不仅使曲线右移，而且使曲线形状变化，即出现两个鼻尖（不稳定区），如图7-3c所示。

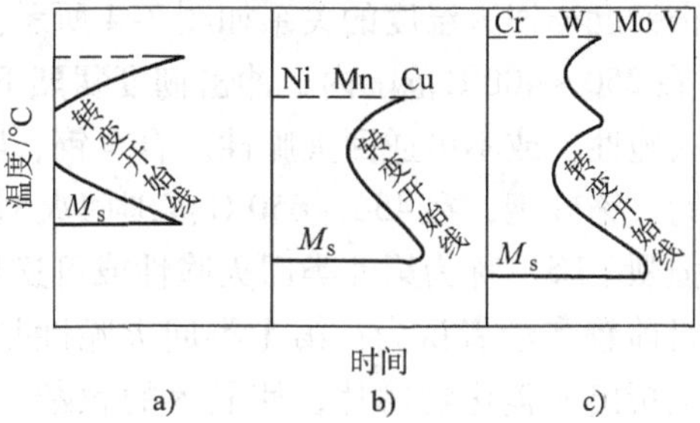

图7-3　合金元素对C曲线的影响示意图
a）碳钢的C曲线　b）加入不形成碳化物元素后的C曲线　c）加入形成碳化物元素后的C曲线
（图中省略了转变终了曲线）

C曲线右移使淬火临界冷却速度减小，一方面增大淬透性，能使大尺寸的零件淬透；另一方面淬火可以采取缓慢冷却的介质，从而减小了零件的变形与开裂的危险性。除钴外，所有合金元素都不同程度增大钢的淬透性。按合金元素对淬透性影响的大小，可以将它们由强到弱排列成下列次序：钼、锰、钨、铬、镍、铜、硅、钒、铝。同时加入多种元素，对钢淬透性的影响远比各元素单独加入时大。

还必须注意，碳化物形成元素仅有在溶入奥氏体后才使C曲线右移，使淬透性增加。若有未溶解碳化物存在，则反而减小淬透性。这是由于未溶解碳化物在冷却过程中可以成为奥氏体分解产物的核心，反而促进过冷奥氏体分解，加速珠光体的相变。

C曲线右移会使钢的退火变得困难，因此必须冷得很慢，也可以采用等温退火获得退火组织，使钢软化。含有大量可提高淬透性的合金元素的钢，过冷奥氏体非常稳定，甚至空冷也能形成马氏体，称这类钢为马氏体钢。

Mn、V、Cr、Ni等元素还强烈降低 M_s 点，使钢在淬火后的残留奥氏体量增多。残留奥氏体量的多少，对钢的硬度、零件淬火变形、尺寸稳定都有较大的影响。

3. 对钢回火转变的影响

合金元素能使淬火钢在回火过程中的组织分解和转变速度减慢。

（1）增大回火抗力（回火稳定性）　淬火钢在回火时抵抗软化的能力称为回火抗力。这是由于合金元素溶于马氏体后，使原子扩散速度减慢，因而在回火过程中马氏体不易分解，碳化物不易析出，析出后也难聚集长大。这就使合金钢较碳钢在相同的回火温度下强度和硬度下降较少，即比碳钢具有较高的回火抗力。也就是说，回火温度升高时，合金钢的硬度、强度下降得比碳钢缓慢。如在保持相同硬度的条件下，则合金钢的回火温度比碳钢高些。回

火温度高，内应力就消除得充分一些，韧性也就更高一些。因此合金钢回火后，较之碳钢具有更好的综合性能。

（2）产生“二次硬化”现象 一般是回火温度升高，硬度下降，但强碳化物形成元素（如钒、钼、钨等）加入后，在500~600℃回火时从马氏体中析出特殊碳化物（Mo_2C、W_2C、VC等），析出的碳化物高度弥散分布在马氏体基体上，并与马氏体保持共格关系，阻碍位错运动，使硬度反而上升，这种现象称为“二次硬化”。此外，某些高合金钢淬火组织中，残留奥氏体较多，且十分稳定，当加热到500~600℃时仍不分解，仅析出一些特殊碳化物，使其中的碳和金属元素含量降低，提高了M_s点的温度。因此在随后冷却时部分残留奥氏体转变为马氏体，产生二次淬火，也可产生二次硬化。二次硬化现象对工具钢具有十分重要的意义。

（3）出现第Ⅱ类回火脆性 加入合金元素，特别是铬、镍、锰、硅等元素后，合金钢的冲击韧度与回火温度的关系如图7-4所示。

在250~400℃范围内，冲击韧度猛烈下降，称为第Ⅰ类回火脆性，或不可逆回火脆性。合金钢，特别是铬镍钢、铬、锰、铬硅钢，在450~650℃范围回火时，又出现冲击韧度强烈下降，称为第Ⅱ类回火脆性或可逆回火脆性。

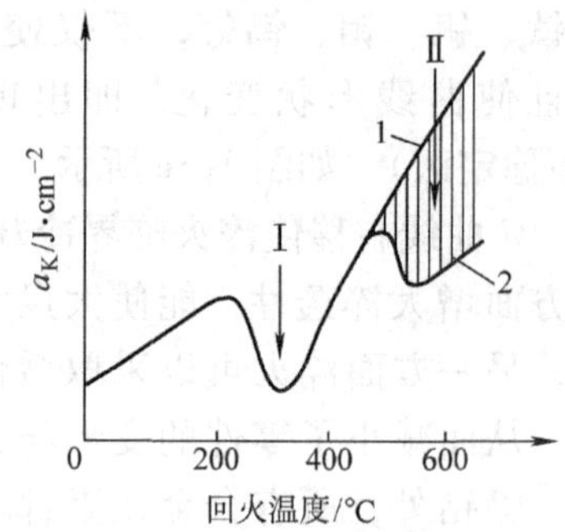

图7-4 回火脆性
1—快冷 2—慢冷

目前较多学者认为，第Ⅰ类回火脆性是由于在马氏体晶界上析出ε碳化物薄片，使晶界的脆断强度降低。现在还没有消除第Ⅰ类回火脆性的方法，因此应避免在这一温度范围回火，或者采用等温淬火获得下贝氏体组织。如果等温淬火也满足不了要求，则应更换材料。

第Ⅱ类回火脆性的原因还有待进一步研究。通过电子探针的分析发现，第Ⅱ类回火脆性与晶界的偏析有关。锑、磷、锡、砷等杂质在晶界的偏析，是造成这种回火脆性的重要原因。这类回火脆性是可逆的。回火后，这类回火脆性的钢在600℃以上重新进行回火并迅速冷却，即可恢复其韧性。提高钢的纯度，减少杂质元素含量，加入钼（$w_{Mo}\approx0.5\%$）、钨（$w_W\approx1\%$），也可避免绝大多数合金钢的第Ⅱ类回火脆性。

不难看出，要使用合金钢，就必需采用正确的热处理规范，没有正确的热处理配合，不但发挥不了合金钢的作用，反而会产生坏的效果。

（4）增大氢脆倾向 镍、铬增大钢的氢脆倾向。当钢液从水蒸气中溶解氢，或钢件从某些工序操作（如酸洗或电镀）中溶解氢时，氢原子在钢中的缺陷处聚集并形成氢分子，其体积增大对钢造成很大压力，促使钢的塑性及韧性下降，这种现象称为氢脆。

钢中的白点是一种氢脆现象，是不允许存在的缺陷。白点实际上是钢因氢的存在引起的内部裂纹，在纵向断口上呈现银白色的圆形或椭圆的斑点。白点对于铬钢、铬镍钢、铬镍钼钢、铬锰钼钢等的大型锻压件最为敏感。减少钢中的氢含量的常用办法是在600~650℃去氢退火，以及进行钢液的真空脱气处理。

延时断裂也是一种氢脆所致表观断裂现象。如果钢材调质到σ_b = 1200MPa、σ_s = 1100MPa以上的高强度后使用时，尽管拉伸应力比钢的屈服强度低得多，但随着时间的延长也会发生断裂。一般认为这一现象是因为钢材表面渗入氢而引起的。在150~200℃下长时间加热除氢，可有效防止延时断裂。

超高强度钢吸氢后，在承受的应力低于该钢屈服强度很多的情况下就产生脆性断裂，因此它的加工过程不允许有导致吸氢的工序。

第三节　低合金结构钢

低合金结构钢是一类可焊接的低碳低合金工程结构用钢，主要用于房屋、桥梁、船舶、车辆、铁道、高压容器及大型军事工程等工程结构件。这些构件的特点是尺寸大，需冷弯及焊接成形，形状复杂，通常在热轧或正火条件下使用，且可能长期处于低温或暴露于一定环境介质中，因而要求钢材必须具有：①较高的强度和屈强比；②较好的塑性和韧性；③良好的焊接性；④较低的缺口敏感性和冷弯后低的时效敏感性；⑤较低的韧脆转变温度。

一、低合金高强度结构钢

低合金高强度结构钢的主要合金元素有锰（Mn）、钒（V）、钛（Ti）、铌（Nb）、铝（Al）、铬（Cr）、镍（Ni）等。锰有固溶强化铁素体、增加并细化珠光体的作用；钒、钛、铌等的主要作用是细化晶粒；铬、镍可提高钢的冲击韧度，改善钢的热处理性能，提高钢的强度；并且铝、铬、镍均可提高钢对大气的耐蚀能力。为改善钢的性能，高性能级别钢可加入钼、稀土等元素。

1. 化学成分特点

低合金结构钢的含碳量较低，一般为 $w_C=0.1\%\sim0.2\%$，并以 Mn 为主加元素（$w_{Mn}=0.8\%\sim1.8\%$），Si 含量较普通碳素钢高（$w_{Si}=0.2\%\sim0.6\%$）。常辅加 Cu、Ti、V、Nb、P 等合金元素，有时也加入微量稀土元素，以进一步改善钢的性能。

2. 性能特点

（1）高的屈服强度与良好的塑性和韧性　低合金结构钢的屈服强度比碳素结构钢要高 25%～50%，特别是屈强比（σ_s/σ_b）明显提高；它的塑性和韧性也较好，伸长率 $\delta_5=15\%\sim23\%$，室温冲击韧度 $a_K>60\sim80\text{J/cm}^2$，且冷脆转变温度较低（约 -30℃）。

（2）良好的焊接性能　低合金结构钢的含碳量低，合金元素含量少，塑性好，不易在焊缝区产生淬火组织及裂纹，且钢中的 Ti、Nb、V 还可抑制焊缝区的晶粒长大，使其焊接性能大大提高。

（3）一定的耐蚀性　在低合金钢中加入合金元素 $w_{Cr}=0.2\%\sim0.5\%$，$w_P=0.05\%\sim0.10\%$ 以及 Al、Mo 等，及某些元素的复合作用，可以使之比碳素钢具有更高的耐大气、海水、土壤腐蚀的能力，是发展低合金结构钢的重要系列之一。

（4）热加工性能与低碳钢相近　低合金钢具有良好的导热性能，在 800～1250℃范围内具有良好的塑性变形能力，变形抗力低，热轧后不会因冷却而产生裂纹。

3. 常用低合金高强度结构钢

目前，我国生产的低合金高强度结构钢品种较多，产品质量的不断提高和生产成本的降低使其在桥梁、船舶、车辆、起重运输和农机等领域得到了广泛的应用。

2008 年，我国对低合金结构钢标准进行了一次修订，并对其牌号、质量等级作了新的规定。新标准牌号、化学成分、力学性能以及新、旧标准对比见表 7-1、表 7-2、表 7-3（GB/T 1591—2008）。

表 7-1 低合金高强度结构钢牌号及化学成分（摘自 GB/T 1591—2008）

牌号	质量等级	化学成分 w_i（%）										
		C ≤	Mn	Si ≤	P ≤	S ≤	V	Nb	Ti	Al ≥	Cr ≤	Ni ≤
Q345	A	0.20			0.035	0.035				—		
	B	0.20			0.035	0.035				—		
	C	0.20	~1.70	0.50	0.030	0.030	0.15	0.07	0.20	0.15	0.30	0.50
	D	0.18			0.030	0.025				0.15		
	E	0.18			0.025	0.020				0.15		
Q390	A				0.035	0.035				—		
	B				0.035	0.035				—		
	C	0.20	~1.70	0.50	0.030	0.030	0.20	0.07	0.20	0.15	0.30	0.50
	D				0.030	0.025				0.15		
	E				0.020	0.020				0.15		
Q420	A				0.035	0.035				—		
	B				0.035	0.035				—		
	C	0.20	~1.70	0.50	0.030	0.030	0.20	0.07	0.20	0.15	0.30	0.80
	D				0.030	0.025				0.15		
	E				0.025	0.020				0.15		
Q460	C				0.030	0.030						
	D	0.20	~1.80	0.60	0.030	0.025	0.20	0.11	0.20	0.015	0.30	0.80
	E				0.025	0.020						
Q500	C				0.030	0.030						
	D	0.18	~1.80	0.60	0.030	0.025	0.12	0.11	0.20	0.015	0.60	0.80
	E				0.025	0.020						
Q550	C				0.030	0.030						
	D	0.18	~2.00	0.60	0.030	0.030	0.12	0.11	0.20	0.015	0.80	0.80
	E				0.025	0.025						

注：1. 型材及棒材 P、S 的质量分数可提高 0.005%，其中 A 级钢上线可为 0.045%。

2. 当细化晶粒元素组合加入时，w(Nb + V + Ti) ≤ 0.22%，w(Mo + Cr) ≤ 0.30%。

表 7-2 低合金高强度结构钢的力学性能（摘自 GB/T 1591—2008）

牌号	质量等级	厚度(直径)/mm				σ_b/MPa	δ_5(%)	冲击吸收功 A_{KV}(纵)/J 公称厚度(直径或边长)12~150mm				180°弯曲试验 d = 弯心直径 a = 试样厚度 钢材厚度(直径)/mm	
		≤16	>16~40	>40~63	>63~80	公称厚度 ~80mm	公称厚度 ~80mm	+20℃	0℃	−20℃	−40℃		
		σ_s/MPa ≥						≥				≤16	>16~100
Q345	A						19						
	B						19						
	C	345	335	325	315	470~630	20	34	34	34	34	$d=2a$	$d=3a$
	D						20						
	E						20						
Q390	A												
	B												
	C	390	370	350	330	490~650	19	34	34	34	34	$d=2a$	$d=3a$
	D												
	E												

（续）

牌号	质量等级	厚度（直径）/mm				σ_b/MPa 公称厚度 ~80mm	δ_5（%） 公称厚度 ~80mm	冲击吸收功 A_{KV}（纵）/J 公称厚度（直径或边长）12~150mm				180°弯曲试验 d=弯心直径 a=试样厚度 钢材厚度（直径）/mm	
		≤16	>16~40	>40~63	>63~80			+20℃	0℃	-20℃	-40℃		
		σ_s/MPa ≥					≥					≤16	>16~100
Q420	A B C D E	420	400	380	360	520~680	18	34	34	34	34	$d=2a$	$d=3a$
Q460	C D E	460	440	420	400	550~720	17		34	34	34	$d=2a$	$d=3a$

表 7-3 新旧合金高强度结构钢标准牌号对照及用途举例（摘自 GB/T 1591—2008）

新标准	旧标准	用途举例
Q345	12MnV 14MnNb 16Mn 18Nb 16MnRE	船舶、铁路车辆、桥梁、管道锅炉、压力容器、石油储罐、起重及矿山机械、电站设备厂房钢架等
Q390	16MnNb 15MnV 15MnTi 10MnPNbRE	中高压锅炉汽包、中高压石油化工容器、大型船舶、桥梁、车辆、起重机及其他较高载荷的焊接结构件等
Q420	15MnVN 14MnVTiRE	大型船舶、桥梁、电站设备、起重机械、机车车辆、中压或高锅炉及容器及其大型焊接结构件等
Q460	—	可淬火加回火后用于大型挖掘机、起重运输机械、钻井平台等

二、低合金耐候钢

耐候钢即耐大气腐蚀钢，是在低碳非合金钢的基础上加入少量铜、铬、镍、钼等合金元素，使钢表面在空气中形成一层保护膜。为进一步改善钢的性能，还可再添加微量的铌、钛、钒、锆等元素。

我国耐候钢分为焊接结构用耐候钢和高耐候性结构钢（GB/T 4171—2008）两大类。前一类（如 12MnCuCr）适用桥梁、建筑及其他要求耐候性的结构件；高耐候性结构钢（如 09CuPCrNi-A）适用于车辆、建筑、塔架和其他要求高耐候性的钢结构，可根据不同需要制成螺栓连接、铆接和焊接的结构件。

三、低合金专业用钢

为了适应某些专业的特殊需要，对低合金高强度结构钢的成分、工艺及性能作了相应的调整和补充规定，从而发展了门类众多的低合金专业用钢。例如锅炉、各种压力容器、船舶、桥梁、汽车、农机、自行车、矿山、建筑钢筋等，许多已纳入国家标准。

汽车用低合金钢是一类用量极大的专业用钢，广泛用于汽车大梁、托架及车壳等结构件。主要包括：冲压性能良好的低强度钢（发动机罩等）、微合金化钢（大梁等）、低合金双相钢（轮毂、大梁等）及高延性高强度钢（车门、挡板）共四类，目前国内外汽车钢板技术发展迅速。

当前石油和天然气管线工程正向大管径、高压输送方向发展，对管线用钢也提出新要求。管线用钢国际上采用API标准（美国石油工业标准），按屈服强度等级分类。随着油气管线工程发展，管线用钢的屈服强度等级也在逐年提高，为适应现场焊接条件，管线用钢采取降碳措施。为弥补降碳损失的强度又不损害焊接性，添加Nb、V、Ti等碳氮化物形成元素；采用适应螺旋焊管的控轧控冷钢或适应压力机成型焊管的淬火－回火钢。海底管线用钢在C－Mn－V系基础上添加Cu或Nb，以提高耐蚀性。低温管线用钢在C－Mn系基础上添加Ni、Nb、N，具有很好的低温韧性。

海洋平台用钢，应具有中等以上强度、良好的抗海水腐蚀和抗低温断裂能力、较高的抗疲劳强度，以及优良的焊接性能等。由于时常受到强海浪和风力的袭击，还要求某些重要部位采用抗层状撕裂钢（Z向钢）。海洋平台主体用钢即表7-2中的高强度低合金钢，要求冶炼时降低S、P含量，控制金属夹杂物形态及分布，以提高钢的抗冲击性能和弯曲性能，并降低焊接接头的层状撕裂倾向和减小断裂韧度的方向性。Z向钢主要用于造船和海洋平台，也用于锅炉和压力容器。

第四节 机械结构用合金钢

机械结构用合金钢主要用于制造各种机械零件，其质量等级都属于特殊质量等级，大多须经热处理后使用，按其用途及热处理特点可分为渗碳钢、调质钢与非调质钢、弹簧钢、滚动轴承钢、超高强度钢、易切削钢等。

我国合金结构钢的编号，采用“数字＋化学元素＋数字”的方法。前面两位数字表示平均含碳量的万分数，合金元素以汉字或化学元素符号表示。化学元素后面的数字一般表示合金含量的百分数，当其平均含量为$0.8\% < w_{Me} < 1.5\%$时，钢号中只标出元素符号，而不标明含量。当其平均含量为$w_{Me} \geqslant 1.5\%$、$w_{Me} \geqslant 2.5\%$、$w_{Me} \geqslant 3.5\%$等时，则在元素后相应标出2，3，4，……。如16Mn钢，表示平均含碳量$w_C = 0.16\%$，平均含锰量$w_{Mn} < 1.5\%$。

钢中的钒、钛、硼、钼及稀土金属等合金元素，虽然含量很低，但起到重要作用，仍应在钢中标出。如40CrNiMoA钢，钼含量仅为$w_{Mo} = 0.2\%$，不到0.8%，但仍在牌号中标出。

按冶金质量的不同，合金结构钢分为三类：优质钢（$w_P < 0.035\%$，$w_S < 0.035\%$）；高级优质钢（$w_P < 0.025\%$，$w_S < 0.025\%$），牌号后加A；特级优质钢（电渣重熔，$w_P < 0.015\%$，$w_S < 0.015\%$），牌号后加E。

需要保证淬透性钢的牌号后加代号H，如45H、40CrAH。

一、合金渗碳钢

用于制造渗碳零件的钢称为渗碳钢，一般为低碳优质碳素钢和低碳合金结构钢，主要用来制造表面承受剧烈磨损，并承受动载荷的零件（如变速齿轮、齿轮轴、活塞销等）。这类零件要求表面具有高硬度，中心具有较高的韧性和足够的强度。

碳钢零件渗碳后，由于其淬透性低，心部的硬度和强度在热处理前后差别不大，即热处理不能使碳钢渗碳零件的心部达到强化效果，因而不能用于制造承受动载荷大的重要渗碳零件。对于合金渗碳钢则不然，因其淬透性高，零件心部的硬度和强度在热处理前后差别颇大，即利用热处理能使合金钢渗碳零件的心部达到显著的强化效果。这是由于合金渗碳钢的化学成分和热处理后的组织与碳钢不同。

1. 合金渗碳钢的成分

一般来说，钢的含碳量低，韧性就高。因此渗碳钢的含碳量 $w_C=0.10\%\sim0.25\%$。为了进一步提高强度，以用于制造要求高的零件，合金渗碳钢中还加入了合金元素铬（$w_{Cr}<2\%$）、镍（$w_{Ni}<4\%$）、锰（$w_{Mn}<2\%$）、硼（$w_B<0.004\%$）来强化铁素体和增大淬透性，使大尺寸零件的心部具有满意的力学性能。对要求更高的零件，还要加入辅助合金元素钨、钼、钒、钛等，目的是细化晶粒，使渗碳后能直接淬火，简化热处理工序。此外，还可提高钢的韧性和强度。由于奥氏体稳定性增大，可在油中淬火，从而减少零件的变形和开裂。

合金钢在渗碳后，表面层的合金元素可以形成合金渗碳体或合金碳化物，较之渗碳碳钢有更佳的耐磨性。

渗碳零件的最终热处理是淬火 + 低温回火。低温回火后，合金渗碳钢表面层和碳钢相似，是高碳回火马氏体和渗碳体或碳化物。如淬透，则心部回火后是低碳回火马氏体；未淬透时，为托氏体加少量低碳回火马氏体及铁素体混合组织。这样，高碳马氏体保证高硬度（58～65HRC）和耐磨性，心部组织则具有足够的强度和韧性。

2. 常用合金渗碳钢及热处理

常按淬透性的大小分为三类：

（1）低淬透性渗碳钢　水淬临界淬透直径为 20～35mm，渗碳淬火后性能一般可达 $\sigma_b\approx700\sim850\text{MPa}$，$a_K\approx60\sim70\text{J/cm}^2$。用于制造受力不太大，对心部强度要求不高的小型、耐磨零件，如柴油机的凸轮轴、拉杆、小齿轮等。属于这类钢的有 20Mn2、20Cr、20MnV 等。这类钢（特别是锰钢）渗碳时晶粒易长大，对性能要求高的零件，渗碳后要采用双重淬火。

（2）中淬透性渗碳钢　油淬临界淬透直径为 25～60mm。渗碳淬火后一般 $\sigma_b\approx950\sim1200\text{MPa}$，$a_K\approx70\sim80\text{J/cm}^2$，用于制造承受中等载荷的耐磨零件，如汽车变速齿轮、万向节、齿轮轴、花键套轴等，属于这类钢的有 20CrMnTi、12CrNi3、20MnVB 等。这类钢的奥氏体晶粒长大倾向小，可在渗碳温度预冷到 870℃左右直接淬火。

（3）高淬透性渗碳钢　油淬临界淬透直径在 100mm 以上，甚至空冷也能淬成马氏体。渗碳淬火后性能一般 $\sigma_b\approx1100\sim1200\text{MPa}$，$a_K\approx80\sim100\text{J/cm}^2$，用以制造承受重载荷及强烈磨损的重要大型零件，如内燃机的主动牵引齿轮、柴油机曲轴等，属于这类钢的有 12Cr2Ni4、20Cr2Ni4、18Cr2Ni4W 等。由于渗碳层将存在大量奥氏体，降低硬度和强度，影响其寿命。因此在淬火后要进行冷处理。不过这种方法由于马氏体转变过程产生很大内应力，降低钢的韧性。另一种比较适宜的方法是渗碳后进行空冷形成马氏体，再在 650℃左右高温回火，使渗碳层中的残留奥氏体分解并析出粒状碳化物。由于析出碳化物用去了较多的合金元素和碳，降低了渗碳层中的碳和合金元素含量，这时再加热到略高于 Ac_1 淬火，碳化物不能全部溶入奥氏体，奥氏体中的碳及合金元素含量降低，从而 M_s 和 M_f 点升高，因此淬火后残留奥氏体量减少。淬火后仍需进行低温回火。

我国常用合金渗碳钢的牌号、热处理、力学性能及用途列于表 7-4。低、中淬透性的渗碳钢，在锻压后可用正火改善切削加工性能。但对于高淬透性的马氏体钢，因退火困难，一般在锻压后空冷淬火，在约 650℃ 高温回火，获得回火索氏体，以利于切削加工。18Cr2Ni4WA 钢的 C 曲线无珠光体转变，更不能用退火来降低硬度。

近年来，生产中采用渗碳钢直接淬火和低温回火，以获得低碳马氏体组织，制造某些要求综合性能较高的零件，如传递动力的轴、重要的螺栓等。在某些场合下，它还可代替中碳钢的调质处理。

表7-4 常用合金渗碳钢的牌号、热处理、力学性能及用途（摘自GB/T 3077—1999）

牌号	热处理工艺			力学性能（不小于）				用途举例
	第一次淬火/℃	第二次淬火/℃	回火/℃	σ_b/MPa	σ_s/MPa	δ_5（%）	A_K/J	
20Cr	880 水、油	780~820 水、油	200 水、空	850	540	10	47	小尺寸截面、形状简单、较高转数、负荷较小、表面耐磨、心部强度较高的各种渗碳件或氰化零件，如小齿轮、凸轮蜗杆、爪形离合器等
20CrMnTi	880 油	870 油	200 水、空	1080	835	10	55	中载或重载、冲击耐磨、高速汽车、拖拉机齿轮及其他重要零件，如十字轴、蜗杆齿轮、轴齿轮、离合器等
20MnVB	860 油	—	200 水、空	1080	885	10	55	较大负荷的中小渗碳件，如重型机床上的轴，大模数齿轮，汽车桥的主、从动齿轮等
12Cr2Ni4	860 油	780 油	200 水、空	1080	835	10	71	高负荷的大型渗碳件，如齿轮、蜗轮、蜗杆、轴等。采用淬火及低温回火后用于制造高强度、高韧性的机械零件
18Cr2Ni4WA	950 空	850 空	200 水、空	1180	835	10	78	截面更大、性能要求更高的零件，如大截面的齿轮、传动轴、精密机床上控制进刀的蜗轮等

二、合金调质钢与非调质钢

1. 合金调质钢

合金调质钢用于制造在重载荷作用下同时又受冲击载荷作用的一些重要零件，要求零件具有高强度、高韧性相结合的良好综合力学性能。采用中碳含量加某些合金元素的成分配置，通过调质处理来达到上述性能要求，因此称为调质钢。

（1）调质钢的化学成分　钢的含碳量一般为$w_C=0.25\%\sim0.5\%$。含碳量过低，不易淬硬，回火后强度不足；含碳量过高，则韧性不足。一般说来，如果零件要求较高的塑性与韧性，则用$w_C<0.4\%$的调质钢；如果要求较高强度、硬度，则用$w_C>0.4\%$的调质钢。合金调质钢因合金元素起了强化作用，相当于代替了一部分碳量，故含碳量可降低。

在合金调质钢中，主加元素是锰、硅、铬、镍、硼，主要目的是增大钢的淬透性。全部淬透零件在高温回火后可获得高而均匀的综合力学性能，特别是高的屈强比。除硼外，这些元素都显著强化铁素体，并在一定含量范围内还能提高钢的韧性。

辅加元素是钨、铝、钛、钒等，起细化晶粒、提高回火抗力的作用。钨和钼还起防止第Ⅱ类回火脆性的作用。

合金元素加入后，一般都使奥氏体稳定性增大，因此合金调质钢可在油中淬火，以减少零件的变形和开裂。

（2）常用合金调质钢及热处理　合金调质钢常按淬透性分为三类。

1）低淬透性调质钢。油淬临界淬透直径为 20 ~ 40mm，调质后强度比碳钢高，一般 $\sigma_b = 800 \sim 1000\text{MPa}$，$\sigma_s = 600 \sim 800\text{MPa}$，$a_K = 60 \sim 90\text{J/cm}^2$。其合金元素总量 $w_{Me} < 2.5\%$，常用作中等截面、要求力学性能比碳钢高的调质件。属于这类钢的有锰系、硅 - 锰系、铬系的调质钢。机床中用得最多的是 40Cr（代用料为 40MnB 或 35SiMn）。

2）中淬透性调质钢。油淬临界淬透直径为 40 ~ 60mm，调质后强度很高，一般可达 $\sigma_b = 900 \sim 1000\text{MPa}$，$\sigma_s = 700 \sim 900\text{MPa}$，$a_K = 50 \sim 80\text{J/cm}^2$，可用作截面大、承受较重载荷的机器零件。属于这类钢的有铬 - 钼系、铬 - 锰系、铬 - 镍系合金调质钢，如 30CrMnSi、35CrMo、38CrMoAlA、40CrMn、40CrNi 钢等。其中 30CrMnSi 用得最广泛，用于制造重要的飞机和机器零件。

3）高淬透性调质钢。油淬临界淬透直径不小于 60 ~ 100mm。这类调质钢调质后强度最高，韧性也很好，一般 $\sigma_b = 1000 \sim 1200\text{MPa}$，$\sigma_s = 800 \sim 1000\text{MPa}$，$a_K = 60 \sim 120\text{J/cm}^2$，可用作大截面、承受更大载荷的重要调质零件。属于这类钢的有铬 - 锰系、铬 - 镍系、铬 - 镍 - 钨系调质钢，如 40CrNiMoA、37CrNi3、25CrNi4WA 钢等。

调质钢热加工（如锻造）后必须进行热处理，以降低硬度，便于切削加工。合金元素含量少、淬透性低的调质钢，可采用退火；淬透性高的调质钢，则要采用正火加高温回火。例如 40CrNiMoA 钢正火后硬度在 400HBW 以上，经高温回火后硬度降至 207 ~ 240HBW，满足了切削的要求。调质钢的最终热处理为淬火后高温回火，回火温度一般为 500 ~ 650℃。

如果除了要求具备良好的综合力学性能以外，还要求表面有良好的耐磨性，则可在调质后进行表面淬火或氮化处理。表 7-5 列出了常用合金调质钢的牌号、热处理、力学性能及用途。

表 7-5　常用合金调质钢的牌号、热处理、力学性能及用途（摘自 GB/T 3077—1999）

牌号	热处理		力学性能（不小于）					用途举例
	淬火/℃	回火/℃	σ_b/MPa	σ_s/MPa	δ_5（%）	ψ（%）	A_K/J	
40Cr	850 油	520 水、油	980	785	9	45	47	表面高硬度、高耐磨的零件，如齿轮、主轴、连杆；中速、中载的零件，如机床齿轮、蜗杆、顶尖套
40MnB	850 油	500 水、油	980	785	10	45	37	拖拉机、汽车及其他通用机械中直径小于 70mm 的调质零件，如汽车半轴、转向轴、花键、轴蜗杆，代替 40Cr 制造中等截面的零件
35CrMo	850 油	550 水、油	980	835	12	45	63	承受冲击、弯扭、高负荷的各种重要零件，如轧机人字齿轮、曲轴、连杆、汽轮发电机主轴、发动机传动零件、大型电机轴
38CrMoAl	940 水、油	640 水、油	980	835	14	50	71	高疲劳强度、高耐磨性、热处理后尺寸精度极少降低的小型氮化零件，如气缸套、底盖、检验规、高精度丝杠、车床主轴
40CrNiMoA	850 油	600 水、油	980	835	12	55	78	韧性好、强度高及大尺寸重要调质件，如重型机械中高载荷轴类、直径大于 250mm 的汽轮机轴、叶片、曲轴

2. 非调质钢

近年来，为了节约能源，简化工艺，发展了不进行调质处理，而是通过锻造时控制终锻温度及锻后的冷却速度来获得具有很高强韧性能的钢材，这种钢材称为非调质机械结构钢（GB/T 15712—2008）。与传统调质钢的生产工艺比较，非调质钢的生产工艺大为简化。

非调质钢是在中碳钢中添加微量合金元素（V、Ti、Nb 和 N 等），钢材加热时，这些元素固溶在奥氏体中，通过控温轧制（锻制）、控温冷却，在铁素体和珠光体中弥散析出碳、氮化物为强化相，使钢在轧制（锻制）后不经调质处理即可获得碳素结构钢或合金结构钢经调质处理后所达到的力学性能的钢种。该类钢按所使用的加工方法不同分为两类：①切削加工用非调质机械结构钢，牌号以 YF 为首；②热锻用非调质机械结构钢，牌号以 F 为首。例如用 YF35MnV 钢制作汽车发动机连杆，性能已达到或超过55 钢连杆，而可加工性远远优于55钢。非调质钢大多属于低合金钢。表 7-6 列举了两种典型非调质机械结构钢的化学成分和力学性能。

表 7-6　两种典型非调质机械结构钢的化学成分和力学性能（摘自 GB/T 15712—2008）

牌号	化学成分 w_i（%）						力学性能					
	C	Mn	Si	P	S	V	σ_b/MPa	σ_s/MPa	δ_5（%）	ψ（%）	A_K/J	HBW
YF35MnV	0.32 ~ 0.39	1.00 ~ 1.50	0.30 ~ 0.60	≤0.035	0.035 ~ 0.075	0.06 ~ 0.13	≥710	≥440	≥15	≥33	≥35	≥257
F40MnV	0.37 ~ 0.44	1.00 ~ 1.55	0.20 ~ 0.40	≤0.035	≤0.035	0.06 ~ 0.13	≥785	≥490	≥15	≥40	≥36	≥275

三、合金弹簧钢

弹簧钢是用于制造弹簧等弹性元件的钢种，因此弹簧钢要有高的弹性极限和屈强比，除此之外，弹簧钢还应具有足够的疲劳强度和韧性，这样才能承受交变载荷和冲击载荷的作用。

1. 弹簧钢的化学成分

弹簧钢的含碳量为 w_C =0.6% ~0.9%，以保证得到高的疲劳极限和屈服强度。加入合金元素后点 S 左移，故合金弹簧钢的含碳量一般 w_C =0.45% ~0.7%。

合金弹簧钢的主加合金元素是锰（w_{Mn} <1.3%）、硅（w_{Si} <3%）、铬（w_{Cr} <1.09%）等，主要目的是增加钢的淬透性，使回火后整个截面获得均匀的回火托氏体，当然也使钢的铁素体强化。硅的加入可使屈强比提高到接近于1，有效地提高了强度利用率和弹簧的疲劳强度。

辅加元素是少量的钼、钨、钒。作用是减小脱碳和过热倾向，同时进一步提高弹性极限、屈强比和耐热性。钒还能提高冲击韧度。这些合金元素都能增加奥氏体的稳定性，使大截面弹簧可在油中淬火，减小其变形与开裂倾向。

弹簧工作时表面层的应力最高，如果表面贫碳、脱碳，会造成早期滑移，形成早期疲劳源，大大降低寿命。

2. 常用弹簧钢及热处理

常用合金弹簧钢的牌号、热处理、力学性能及用途列于表 7-7。

弹簧的尺寸不同，成形与热处理方法也不同。

表 7-7　常用合金弹簧钢的牌号、热处理、力学性能及用途（摘自 GB/T 1222—2007）

牌号	热处理		力学性能			用途举例
	淬火/℃	回火/℃	σ_b/MPa	σ_s/MPa	ψ（%）	
60Si2Mn	870 油	480	1275	1180	25	汽车、拖拉机、机车车辆的板簧、螺旋弹簧，安全阀及止回阀用簧，工作温度低于 250℃的耐热弹簧，高应力的重要弹簧
60Si2CrA	870 油	420	1765	1570	20	高负荷、耐冲击的重要弹簧，工作温度低于 250℃的耐热弹簧
50CrVA	850 油	500	1225	1130	40	大截面（50mm）高应力螺旋弹簧，工作温度低于 300℃的耐热弹簧
30W4Cr2VA	1050～1100 油	600	1470	1325	40	制作 540℃蒸汽电站用弹簧，锅炉安全阀用弹簧等

（1）冷成形弹簧　对直径小于 8～10mm 的弹簧，常用冷拉弹簧钢丝冷绕而成。钢丝可用 60、75、65Mn、T7A～T9A 等钢。碳素弹簧钢丝分为 A、B、C 三组：

A 组　σ_b＝2450～930MPa，用于一般弹簧及其他用途；

B 组　σ_b＝2795～1030MPa，用于承受低应力的弹簧；

C 组　σ_b＝3185～1225MPa，用于承受较高应力的弹簧。

同一组中，钢丝直径越细，强度越高。

冷拉弹簧按制造工艺的不同，可以分为铅浴等温淬火冷拉钢丝、油淬回火钢丝及退火状态供应的合金弹簧钢丝三种类型。

铅浴等温淬火冷拉钢丝的生产工艺特点是，钢丝在冷拉过程中将盘条坯料加热至奥氏体组织后，在 500～550℃的铅浴中等温分解成索氏体组织，然后经多次冷拔至所需直径。这类钢丝最高强度可达 3100MPa，而且还有较高的塑性。用这种钢丝冷卷成的弹簧，只需在 200～300℃下进行一次回火，用以消除应力并使弹簧定形。

油淬回火钢丝的生产工艺特点是，冷拔到规定的尺寸后，进行油淬和回火处理。这种钢丝的抗拉强度不及铅浴等温淬火冷拉钢丝，但它的性能比较均匀一致，强度的波动范围小。这类钢丝冷绕成弹簧后，也须经去应力回火，不需要淬火＋回火处理。

去应力回火的温度要适当。温度过低，不能充分消除应力；温度过高，由于回火软化作用，使抗拉强度和弹性极限降低。表 7-8 为几种钢丝冷卷弹簧后的去应力回火温度。回火时间一般为 30min，时间过长也不会使性能进一步改善。

退火状态供应的合金弹簧钢丝，冷成形后还需进行淬火＋中温回火处理。

表 7-8　冷卷弹簧后的去应力回火温度

钢丝种类	去应力回火温度/℃
冷拉碳素钢丝	230～260
油淬回火钢丝	230～290
气阀弹簧钢丝	230～400
Cr－V 弹簧钢丝	315～370
Cr－Si 弹簧钢丝	425～455

（2）热成形弹簧 弹簧丝直径或弹簧钢板厚度在10～15mm的螺旋弹簧或板弹簧，一般在淬火加热时成形。此时淬火的加热温度比平常淬火的要高出50～80℃，成形后利用余热立即淬火，获得回火托氏体组织。这种组织具有高的弹性极限和疲劳极限，硬度为38～50HRC。

弹簧可进行等温淬火，主要用在热处理时要求变形小以及希望获得良好塑性及韧性的场合。当硬度相同时，这种热处理比淬火＋中温回火具有更高的塑性及韧性，不过弹性极限相应低些。

为了提高弹簧的疲劳强度，在淬火和回火后可对弹簧进行喷丸处理，以消除表面缺陷（裂纹、划痕、氧化、脱碳等）和由表面硬化产生的应力。

弹簧在长期应力作用下可能产生微量塑性变形，从而降低弹性和精度，这对要求高的弹簧是不允许的。为解决这一问题，需要对弹簧进行“强压处理”，即对弹簧施以压力，使其各圈相互接触保持24h。进行这一工序可使塑性变形预先发生，从而避免了在工作中因出现塑性变形而影响弹性和尺寸精度。

四、滚动轴承钢

滚动轴承钢，是指制造各类滚动轴承内、外圈以及滚动体（滚珠、滚柱、滚针）的专用钢（但保持器通常用08和10钢板冲制而成）。

滚动轴承工作时，套圈和滚珠发生转动和滚动，套圈的任何一部分及每个滚珠会周期性地进入载荷带（图7-5）。所受载荷的大小由零升到最大值，再由最大值降为零。因此，滚动轴承的内外套及滚动体都是在交变的接触应力下工作的，最大接触应力可达3000～5000MPa。在转动过程中，滚动体与套圈及保持架之间还有相对滑动，产生滑动摩擦。滚动轴承和套圈的工作面还受到含有水分或杂质的润滑油的化学浸蚀。此外，在某些情况下，轴承零件还受着复杂的扭力或冲击载荷。

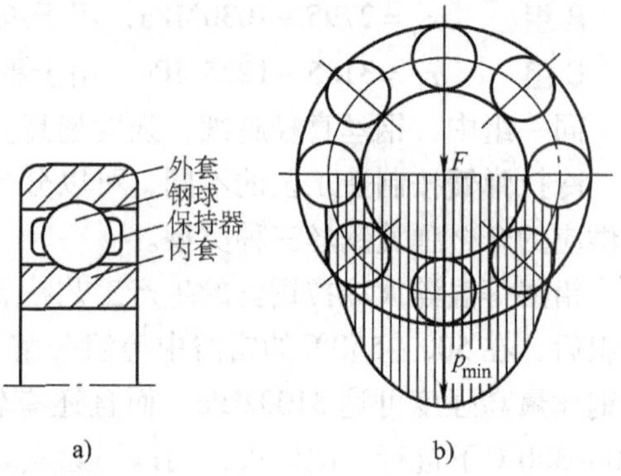

图7-5 滚动轴承受力
a）滚动轴承 b）受力情况示意图

在接触疲劳（周期）应力下，滚珠和套圈表面往往会因疲劳而出现小块金属剥落，形成麻坑，即产生所谓“接触疲劳”破坏。它使工作时的噪声增加，磨损加剧，发热，直至轴承破坏。相对滑动产生的滑动摩擦造成的磨损也降低了精度。因此轴承钢应满足以下性能要求：①高的接触疲劳强度和抗压强度；②高的硬度和耐磨性；③高的弹性极限和一定的冲击韧度；④有一定的耐蚀性。

1. 滚动轴承钢的化学成分

当前最常用的是铬轴承钢（占90%），含碳量为$w_C=0.95\%\sim1.15\%$，属于过共析钢，目的是保证轴承具有高的强度、硬度和有足够量的碳化物，以提高耐磨性。

加入$w_{Cr}<1.65\%$的铬，以提高钢的淬透性并使钢材在热处理后形成细小均匀分布的合金渗碳体$(Fe,Cr)_3C$，提高钢的强度、接触疲劳极限与耐磨性。如果含铬过多，会增加淬火后的残留奥氏体量，并使碳化物分布不均匀。制造大尺寸轴承时，可加硅、锰进一步提高其淬透性。

轴承钢在非金属夹杂方面要求很纯，非金属夹杂物对轴承钢的力学性能有很大的影响，特别是接触疲劳性能，因而对轴承零件的使用寿命有显著的影响，所以对一般用的轴承钢的非金属夹杂物含量均有严格限制。因为硫、磷形成非金属夹杂物，降低接触疲劳极限，因此轴承钢的硫、磷杂质限制极严：$w_S < 0.020\%$，$w_P < 0.007\%$。可见，轴承钢是一种高级优质钢，但后面不加“A”字。

2. 常用的轴承钢及热处理

表7-9列出了几种常用滚动轴承钢的牌号、化学成分、热处理及用途，主要参数摘自（GB/T 18254—2002），目前渗碳轴承钢（GB/T 3203—1982）、不锈轴承钢（GB/T 3086—2008）已制定了国家标准。

表7-9　常用滚动轴承钢的牌号、化学成分、热处理及用途

牌号	化学成分 w_i（%）				热处理		回火后硬度 HRC	用途举例
	C	Cr	Si	Mn	淬火/℃	回火/℃		
GCr4	0.95～1.05	0.35～0.5	0.5～0.30	0.15～0.5	830	160	61～65	转动轴上尺寸较小的钢球和滚子，一般条件下工作的大套圈及滚动体
GCr9SiMn	1.00～1.10	0.90～1.20	0.45～0.75	0.95～1.25	815～835	150～160	≥62	尺寸较大的轴承套圈，可代替GCr15使用
GCr15	0.95～1.05	1.40～1.65	0.15～0.35	0.25～0.45	830～845	150～160	61～65	大型机械轴承的钢球、滚子和套圈，还可以制造耐磨、高接触疲劳强度、较大负荷的机器零件
GCr15SiMn	0.95～1.05	1.40～1.65	0.45～0.75	0.95～1.25	830	180	≥62	大型轴承的套圈、钢球和滚子，还可制造高耐磨、高强度的零件，应用和性能与GCr15相近

铬轴承钢中以GCr15、GCr15SiMn应用最多。前者用于制造中、小型轴承的内、外套圈及滚动体，后者应用于较大型滚动轴承。对于承受很大冲击或特大型轴承，常用合金渗碳钢制造，目前常用的渗碳轴承钢有G20Cr2Ni4A和G20Cr2Mn2MoA。对于要求耐腐蚀的不锈轴承，常用不锈工具钢（如9Cr18）制造。

滚动轴承钢的热处理包括预备处理（球化退火）和最终热处理（淬火＋低温回火）。球化退火的目的是降低锻造后钢的硬度，以便于切削加工，并为淬火作好组织准备。退火后组织为球状珠光体，硬度低于210HBW。淬火＋低温回火后的组织为极细的回火马氏体、细小均匀分布的碳化物及少量残留奥氏体，硬度为61～65HRC。

对于精密轴承零件，为了保证使用过程中的尺寸稳定性，应在淬火后立即进行一次冷处理（-60～-70℃），降低残留奥氏体的含量，并分别在低温回火和磨削加工后再进行在120～130℃下保温5～10h的低温时效处理，以进一步减少残留奥氏体和消除内应力，保证尺寸稳定。

轴承钢也可作其他用途，如形状复杂的刃具、冷冲模、精密量具，以及飞机及其他机构上要求硬度高、耐磨的结构零件。

五、易切削钢

在钢中加入某一种或几种合金元素，使其切削加工性能优良，这种钢称为易切削钢。这类钢适用于普通机床和自动机床高速切削螺栓、螺母等标准件及某些要求尺寸精度高、表面粗糙度低的零件，如手表、照相机零件等。

易切削性的高低代表材料被切削的难易程度。由于材料的切削过程比较复杂，难以用单一参数来评定，一般按刀具寿命、切削抗力大小、加工表面粗糙度和切屑排除难易程度来综合衡量，且以上各项参数的重要程度因切削加工的类别而有所不同。如对粗车而言，刀具寿命是主要的，但对精车来说，表面粗糙度最为关键。如果是自动车床，从工作效率及安全生产来考虑，则切屑形态就十分重要。

（1）易切削钢的化学成分　一般加入易切削钢的合金元素有硫、铅、磷及微量的钙等。

硫：在钢中提高锰含量的同时，硫含量 $w_S=0.08\%\sim0.35\%$。这种钢也称为硫易切削钢。硫主要以MnS夹杂物微粒的形式分布在钢中，并沿轧制方向形成纤维组织，中断钢基体的连续性，使钢被切削时形成易断的切屑，从而降低切削抗力和容易排屑。此外，MnS的硬度及摩擦系数低，能减少刀具磨损，并使切屑不粘在刀刃上，因而可降低零件的加工表面粗糙度。

铅：为了提高钢材的易切削性，在钢中（碳钢、合金结构钢、不锈钢）加入 $w_{Pb}=0.10\%\sim0.35\%$。这类钢也称为铅易切削钢。铅在常温下不溶于固溶体，呈孤立细小的铅颗粒（约3μm）均匀分布在钢中。切削时所产生的热量达到铅的熔点（327℃）以上时，铅质点即呈熔化状态，起到润滑作用，使摩擦系数降低，刀具温度下降，提高刀具寿命。此外，铅颗粒可中断钢基体的连续性，也利于切削加工，但铅易产生比重偏析。

磷：磷溶于铁素体，可提高强度、硬度，降低塑性、韧性，使切屑易断和易于排除，并降低零件表面粗糙度值。但其作用很弱，很少单独使用。

钙：在高速切削时形成钙铝硅酸盐，附在刀具上防止刀具磨损，并生成具有润滑作用的保护膜，能显著延长刀具寿命。

（2）常用易切削钢　常用易切削钢的牌号、化学成分、力学性能及用途见表7-10。易切削钢的牌号前冠以“Y”或“易”字样；含锰量较高者，在钢号后标出“Mn”或“锰”。

Y12～Y40Mn钢是加入硫、磷的低、中碳易切削碳钢，钢中数字表示平均含碳量的万分之几，用于强度要求不高的零件（如标准紧固件、缝纫机与自行车上的零件）。若切削加工性能要求更高，可选用含硫量较高的Y15。Y40Mn可用于制造车床丝杠。Y100Pb是铅易切削钢，平均含碳 $w_C=1\%$，广泛用来做精密仪表行业中要求较高的耐磨与极光洁表面的零件，如手表、照相机上的零件。

通常，易切削钢可进行最终热处理，但不采用预备热处理，以免损害其易切削性。易切削钢的成本高于碳钢，只有大批量生产时才能获得较好的经济效益。

表 7-10　常用易切削钢的牌号、化学成分、力学性能及用途（GB/T 8731—2008）

牌号	化学成分 w_i（%）					力学性能（热轧）				用途举例
	C	Si	Mn	S	P	σ_b/MPa	δ_5(%)≥	ψ(%)≥	HBW≥	
Y12	0.08～0.16	0.15～0.35	0.70～1.00	0.10～0.20	0.08～0.15	390～540	22	36	170	用于制造螺钉、螺栓螺柱、螺母等标准件
Y15	0.10～0.18	≤0.15	0.80～1.20	0.23～0.33	0.05～0.10	390～540	22	36	170	切削加工性高于 Y12，加工效率比 Y12 明显提高，用途同 Y12
Y20	0.17～0.25	0.15～0.35	0.70～1.00	0.08～0.15	≤0.06	450～600	20	30	175	用于制造形状较复杂、不易加工的零件，如纺织机零件、计算机零件、仪器和仪表零件
Y30	0.27～0.35	0.15～0.35	0.70～1.00	0.08～0.15	≤0.06	510～655	15	25	187	
Y40Mn	0.37～0.45	0.15～0.35	1.20～1.55	0.20～0.30	≤0.05	590～735	14	20	229	机床零件、机床丝杠光杠、齿条、花键轴销子等

六、超高强度钢

超高强度钢一般指其 $\sigma_b > 1500\text{MPa}$ 或 $\sigma_s > 1380\text{MPa}$ 的合金结构钢。这类钢主要用于航空、航天工业，其主要特点是具有很高的强度和足够的韧度，且比强度和疲劳极限值高，在静载荷和动载荷的条件下，能承受很高的工作应力，从而可减轻结构质量。虽然超高强度钢存在缺口敏感性，但其平面应变断裂韧度较高，在复杂的环境下不致发生低应力脆性断裂。

超高强度钢通常按化学成分和强韧化机制分为低合金超高强度钢、二次硬化型超高强度钢、马氏体时效钢和超高强度不锈钢四类。

低合金超高强度钢是在合金调质钢的基础上加入一定量的某些合金元素而成。其含碳量 $w_C < 0.45\%$，以保证足够的塑性和韧性。合金元素总量 $w_{Me} < 5\%$，其主要作用是提高淬透性、固溶强化、细化晶粒，以及提高回火马氏体和铁素体的稳定性。热处理工艺是淬火＋低温回火。例如：30CrMnSiNi2A 钢，热处理后 $\sigma_b = 1700 \sim 1800\text{MPa}$，是航空工业中应用最广的一种低合金超高强度钢。

二次硬化型钢大多含有强碳化物形成元素，其总量 $w_{Me} = 5\% \sim 10\%$。典型钢种是 Cr-Mo-V 型中合金超高强度钢，这类钢经过高温淬火和三次高温回火（580～600℃）获得高强度、抗氧化性和耐热疲劳性，其牌号有 4Cr5MoSiV 等。二次硬化型超高强度钢还包括高合金 Ni-Co 型钢。

马氏体时效钢含碳量极低（$w_C < 0.03\%$），含镍量高（$w_{Ni} = 18\% \sim 25\%$），并含有钼、钛、铌、铝等时效强化元素。这类钢淬火后经 450～500℃时效处理，其金相组织为在低碳马氏体基体上弥散分布极细微的金属化合物 Ni_2Mo、Fe_2Mo 等粒子。因此，马氏体时效钢有极高的强度、良好的塑性、韧性及较高的断裂韧度，可以冷、热压力加工，冷加工硬化率低，焊接性良好，是制造超音速飞机及火箭壳体的重要材料，在模具和机械零件制造方面也有应用。典型的马氏体时效钢有 Ni25Ti2AlNb（Ni25）和 Ni18Co9Mo5TiAl（Ni18）等，时效处理后 $\sigma_b \approx 2000\text{MPa}$。

超高强度不锈钢是在不锈钢基础上发展起来的，具有较高的强度和较好的耐蚀性。由于其Cr、Ni合金元素含量较高，故其价格也很昂贵，通常用于对强度和耐蚀性都有很高要求的零件。

思考题和习题

1. 解释下列名词。

回火脆性、氢脆、超高强度钢、合金铁素体、合金奥氏体、合金渗碳体。

2. 合金元素对 $Fe-Fe_3C$ 相图有什么影响？这种影响在工业上有何意义？
3. 合金结构钢与碳素结构钢相比，为什么其力学性能较好？热处理变形小？
4. 何谓调质钢和非调质钢？为什么调质钢含碳量为中碳？
5. 合金调质钢中常用哪些合金元素？这些合金元素在调质钢中各起什么作用？
6. 为什么弹簧钢多用Si作为主要合金元素？为何要采用中温回火？
7. 轴承钢为什么要选用铬钢？这种钢对非金属夹杂物的要求如何？
8. 超高强度钢的特点是什么？
9. 为什么 $w_C \geqslant 0.40\%$，$w_{Cr}=12\%$ 的钢属于过共析钢，而 $w_C=1.5\%$、$w_{Cr}=12\%$ 的钢却属于莱氏体钢？
10. 对低合金结构钢有哪些性能要求？工业上为何满足这些要求？

第八章　特殊性能钢

特殊性能钢是具有特殊物理、化学、力学性能，并能在特殊工作环境下使用的钢。常用于制造除要求具有一定的力学性能外，还要求具有特殊性能的零件。其种类很多，机械制造中常用的有不锈钢、耐热钢、耐磨钢。

第一节　不　锈　钢

能够抵抗空气、蒸汽和水等弱腐蚀性介质腐蚀的钢为不锈钢；在酸、碱、盐等强腐蚀性介质中能够抵抗腐蚀的钢为耐酸钢。实际应用中，常将耐弱腐蚀介质腐蚀的钢称为不锈钢，而将耐化学介质腐蚀的钢称为耐酸钢。由于两者在化学成分上的差异，前者不一定耐化学介质腐蚀，而后者则一般均具有不锈性。耐酸钢在不同介质种类、浓度、温度和压力条件下，其耐蚀性是有较大差异的。

对不锈钢性能的要求是耐蚀性能，但还要有合适的力学性能，良好的冷、热加工和焊接工艺性能。

一、金属材料的腐蚀与防护

1. 腐蚀的概念

金属表面受到外部介质作用而逐渐破坏的现象称为腐蚀或锈蚀。腐蚀可分为化学腐蚀与电化学腐蚀两类。

（1）化学腐蚀　化学腐蚀是指金属与周围介质发生化学作用而产生的腐蚀。化学腐蚀也有两种形式：一种是气体腐蚀，如钢在高温气体中的氧化、脱碳；另一种是金属在非电解质中的腐蚀，例如机器零件受煤油、汽油、润滑油的腐蚀。化学腐蚀的特点是金属与介质起化学作用，腐蚀过程没有电流产生，在金属表面产生腐蚀。

（2）电化学腐蚀　电化学腐蚀是指金属与酸、碱、盐等电解质溶液接触时发生电化学作用而引起的腐蚀。这种腐蚀很普遍，危害性也最大。电化学腐蚀与化学腐蚀不同，在腐蚀过程中有微电流产生。如图8-1所示，铁和铜在电解质溶液（例如 NaCl 水溶液）中，由于铁的电极电位比铜的电极电位低，铁比铜活泼，容易失去电子，因此铁起阳极（负极）作用，电极电位高的铜得到电子，因此起阴极（正极）作用。在阳极上铁容易失去电子而被溶解

$$Fe-2e \rightarrow Fe^{++}$$

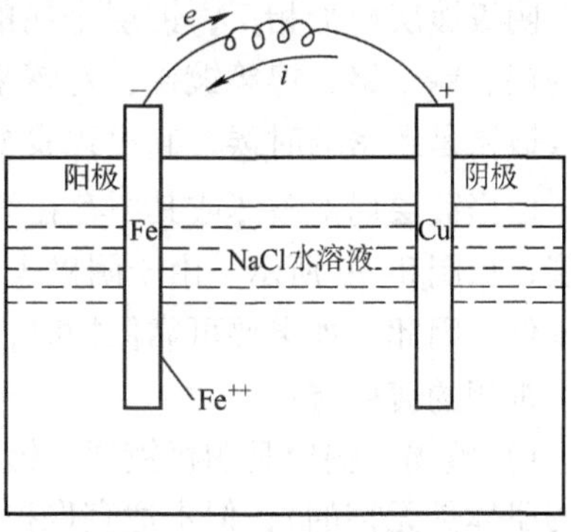

图 8-1　铁被腐蚀的电化学过程

电子流到阴极与氧和水作用

$$\frac{1}{2}O_2+H_2O+2e \rightarrow 2OH^-$$

二价铁离子与氢氧离子在溶液中进行反应

$$Fe^{++}+2OH^{-}\rightarrow Fe\ (OH)_2\downarrow$$

$Fe(OH)_2$继续与氧作用，最后生成含结晶水的Fe_2O_3。这样电极电位低的铁就会不断溶解而被腐蚀。

大气中，特别是在工业地区的大气中，经常含有CO_2、SO_2、NH_3等气体，暴露在大气中的机器零件，表面凝结一层水液，而水液吸收了这些气体，就会形成电解质溶液。金属的组织一般是不均匀的，例如碳钢的组织有铁素体和渗碳体两相，在电解液中二者的电位不同，形成“微电池”。铁素体的电位较负，构成微电池的阳极，而渗碳体的电位较正，构成它的阴极，结果铁素体基体不断被腐蚀。

合金为多相组织时，如果不同相存在着电极电位差，则组织的弥散度越大，形成的微电池就越多，电化学腐蚀就越严重。

由于晶界的结构和成分不均匀，也常常出现电化学腐蚀。在所有多晶体中都不同程度地存在这种倾向，在某些不锈钢中表现得尤为严重。这种腐蚀沿着晶界进行，通常是由表面向内部发展，如图8-2所示。

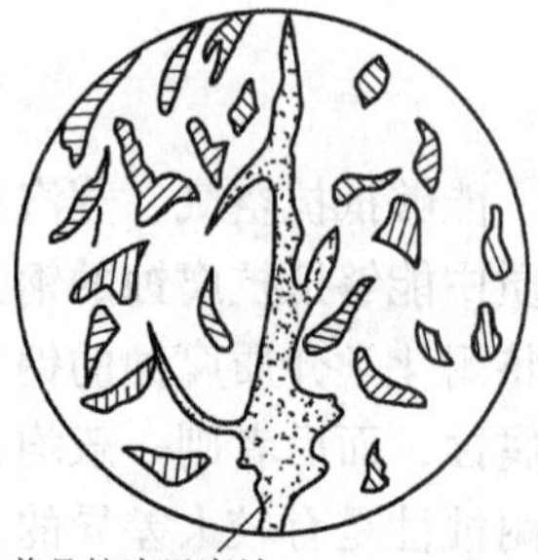

图8-2 晶间腐蚀示意图

2. 金属的防腐蚀方法

为了使金属制成的零（构）件在使用过程中避免或减少腐蚀，常采用以下保护措施：

（1）金属镀层 工业上广泛采用金属镀层保护，分阳极镀层和阴极镀层。在阳极镀层情况下，与基体金属比较，保护金属（如锌）的电极电位较负，如图8-3a所示，电解液由破坏处进入，形成钢-锌电池而发生化学腐蚀的过程，破坏的是锌镀层。由于所露出阴极表面与阳极表面相比较小，因而腐蚀速度不大。常用的白铁皮就是这种镀层，所以它具有较好的耐蚀性。

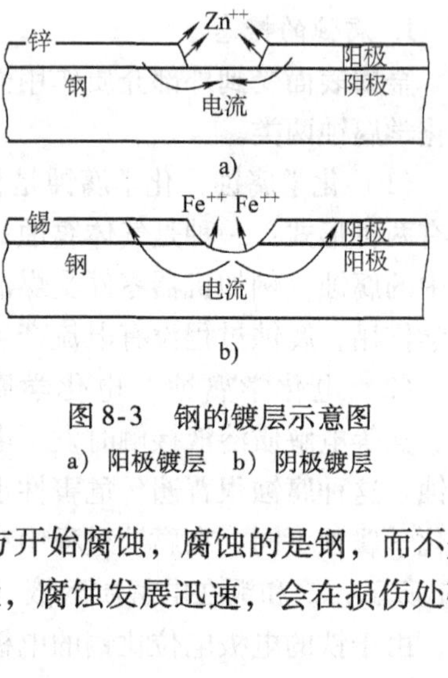

图8-3 钢的镀层示意图

a）阳极镀层 b）阴极镀层

阴极镀层恰恰相反，镀层金属的电极电位较高，如钢的锡、铜、铬、镍等镀层，对钢来说是阴极镀层。当阴极镀层是致密的时候，它可以良好地保护金属不受腐蚀，但当镀层局部破坏或其中存在气孔时，便会在这些地方开始腐蚀，腐蚀的是钢，而不是镀层，如图8-3b所示。由于阴极表面比露出的阳极区域大，腐蚀发展迅速，会在损伤处破坏零件。因此，如果要可靠保护时，一般不推荐阴极镀层。

常用的镀层有：

1）镀锡。锡层是阴极镀层，镀锡铁皮又称马口铁。主要用于罐头食品工业（锡盐对于人的肌体是无害的），但不适宜保护金属不受大气腐蚀。锡层可以用热浸法获得。

2）镀锌。锌镀层一般为浅灰色的阳极镀层，可以用电镀、热镀、喷镀等方法获得（目前国外在315~454℃下渗锌获得较广泛应用）。电镀时可分为光泽镀锌和镀暗锌。光泽镀锌是在电解液中加入增光剂（例如硫酸钠和甘油），使零件表面生成光亮美丽的镀锌层，保证具有更稳定的耐腐蚀性。镀锌成本较低，对钢铁是一种有效的保护方法，但不宜在摩擦条件下工作，而且易产生氢脆。对某些高强度零件，为了防止氢脆，应在230～250℃下加热2h去氢。

3）镀镉。镀层呈带微蓝的银白色，也是阳极镀层。它与镀锌的区别是，镀层具有更大的致密度和没有气孔，比锌层有更大的塑性，氢脆倾向较小。用来保护紧密装配的重要螺纹零件、配合零件及强度超过1400～1500MPa的重要零件，但是较贵。

4）镀铬。镀铬是阴极镀层，一般分为镀硬铬和装饰性镀铬。镀硬铬主要是为了提高硬度，增加零件的耐磨性，但保护性能差。装饰性镀铬是在镀铬前先镀上一层铜底层（镀铜层实际上无孔），再镀一层镍，然后镀铬。这种镀层非常美观，常用在工业品的装饰上。

（2）阴极保护　这一方法常常用来保护埋入地下的管道、青铜制的船用推进器及水上飞机及船体等。方法就是用螺栓把锌或镁金属固定在船体或每隔一段埋藏在管道地下，与被保护金属组成电池偶，此时船体或管道等起阴极作用，锌或镁起阳极作用。锌或镁逐渐被腐蚀，但阴极得到保护。

在结构中，电位差大的金属零件接合时，应该在接触处附近安装保护屏或在这些零件中安装起保护作用的金属片。例如铝合金与铜或钢铁接触时，可安装镉垫片。

（3）磷化　磷化是借磷化溶液在零件表面上人为地造成一层厚度约为10μm的保护膜。这层膜是难溶的磷酸锰的混合物。磷化溶液用磷酸、氧化锌、硝酸钠或亚硝酸钠等配成。磷化后应涂油，以增加耐腐蚀性。磷化层是良好的涂漆底层。

磷化和涂漆零件能良好抵抗大气腐蚀，以及海水及淡水的腐蚀作用。

（4）发蓝、发黑　借碱性氧化性溶液的氧化作用，在钢铁零件表面形成一层蓝黑色或深蓝色的氧化铁膜，称为发蓝。借强碱性氧化性溶液，在钢零件表面上形成一层黑色磁性氧化铁膜的方法，称为发黑。发黑可增加耐蚀性与光泽，还可增加耐磨性。氧化性溶液是由氢氧化钠、亚硝酸钠等组成。

氮化铁膜是阴极层，当其损伤时，零件表面迅速破坏。在大气条件下，零件会生铁锈“斑点”，在海水和淡水中更易破坏。因此必须将零件表面除水和涂油。

（5）阳极化　用来增加铝、镁及其合金零件的耐腐蚀性。通常使用3%的铬酸电解液。将这些零件作为阳极，利用电解法在表面上形成氧化薄膜，其厚度一般为20～30μm，有耐磨和耐腐蚀性能，也可作为涂漆底层。

（6）涂漆层　磷化、阳极化后，以及无特殊预先处理的某些情况下，为了增加耐腐蚀性，常常涂漆以隔离水分，从而防止腐蚀过程的发展。一般直接涂在金属表面的第一层是底漆，然后是磁漆层。

（7）涂防蚀油膏　涂在钢件的表面上，用于在仓库、车间或运输中保存或短期保存。防蚀油膏的基体大部分是矿物油。为了达到所需的粘度，在其中加入稠化剂（石蜡或精制地蜡）；加入特种肥皂（例如硬脂酸铝），使其具有胶粘性。有的油膏还加入减小有害物质作用的阻蚀剂，例如加入油酸、三乙醇胺，起中和有害物质的作用。

零件进行腐蚀保护前，应根据具体情况进行喷砂、除油、酸洗，除去氧化皮、脏物，并随后清洗和烘干。

近来，蒸汽处理的价值被重新发现，认为在很多方面优于发蓝。蒸汽处理是在350～560℃过热水蒸气中氧化，表面也呈深蓝色。除了用于高速工具钢外，国外目前也用于其他很多产品的保护层，例如德国用来处理锯片，这种锯片的滑动性很好，吸附力也很高，便于吸附冷却润滑剂。

二、常用不锈钢的类型

按化学成分可分为铬不锈钢、镍铬不锈钢、铬锰不锈钢等。按金相组织特点则可分为马氏体不锈钢、铁素体不锈钢、奥氏体不锈钢及奥氏体－铁素体不锈钢四种类型。

不锈钢牌号前的数字表示平均含碳量的千分之几，合金元素的表示方法与其他合金钢相同。当 $w_C \leqslant 0.03\%$ 或 $\leqslant 0.08\%$ 时，在牌号前分别冠以“00”或“0”。如不锈钢3Cr13的平均 $w_C = 0.3\%$，$w_{Cr} \approx 13\%$；0Cr19Ni9 钢的平均 $w_C \leqslant 0.08\%$、$w_{Cr} \approx 19\%$、$w_{Ni} \approx 9\%$；00Cr19Ni11 钢的平均 $w_C \leqslant 0.03\%$、$w_{Cr} \approx 19\%$、$w_{Ni} \approx 11\%$。另外，当 $w_{Si} \leqslant 1.5\%$、$w_{Mn} \leqslant 2\%$ 时，牌号中不予标出。

常用不锈钢的牌号、成分、热处理、力学性能及用途见表8-1。

1. 铁素体不锈钢

常用的铁素体不锈钢中，$w_C < 0.15\%$，$w_{Cr} = 12\% \sim 30\%$，属于铬不锈钢。这类钢是单相铁素体组织，从室温加热到高温（960～1100℃），其组织也无显著变化。其抗大气与酸能力强，具有良好的高温抗氧化性（700℃以下）。其力学性能不如马氏体不锈钢，多用于受力不大的耐酸结构和作抗氧化钢使用。

铁素体不锈钢按铬的含量分为三种类型：①Cr13型，如0Cr13Al、00Cr12，常作耐热钢用（如汽车排气阀等）；②Cr17型，如1Cr17、1Cr17Mo等，可耐大气、稀硝酸等介质的腐蚀；③Cr27－30型，如00Cr30Mo、00Cr27Mo，是耐强腐蚀介质的耐酸钢。

2. 马氏体不锈钢

这类钢中含碳量较铁素体不锈钢高，淬火后能得到马氏体，故称为马氏体不锈钢。随着钢中含碳量的增加，钢的强度、硬度、耐磨性提高，但耐蚀性则下降。马氏体不锈钢的塑性、焊接性虽不如奥氏体、铁素体不锈钢，但由于它有较好的力学性能与耐蚀性，故应用广泛。含碳量较低的1Cr13、2Cr13等钢类似调质钢，可用来制造力学性能要求较高、又要有一定耐蚀性的零件，如汽轮机叶片及医疗器械等。3Cr13、3Cr13Mo、7Cr13等钢类似工具钢，用于制造医用手术工具、量具、不锈钢轴承及弹簧等。

这类钢在锻造后需退火，以降低硬度改善切削加工性能。在冲压后也需进行退火，以消除硬化，提高塑性，便于进一步加工。

3. 奥氏体不锈钢

这是应用最广的不锈钢，属镍铬钢。典型的是18-8型不锈钢。这种钢含碳量很低，$w_{Cr} = 17\% \sim 19\%$，$w_{Ni} = 8\% \sim 11\%$。因镍的加入，扩大了奥氏体区而获得单相奥氏体组织，故有很好的耐蚀性及耐热性。现已在18-8型基础上发展了许多新钢种。我国奥氏体不锈钢共有29种。

奥氏体不锈钢在450～850℃温度时，在晶界处析出碳化物 $(Cr, Fe)_{23}C_6$，从而使晶界附近的 $w_{Cr} < 11.7\%$，这样晶界附近就容易引起腐蚀，称为晶间腐蚀。有晶间腐蚀的钢，稍受力即沿晶界开裂或粉碎。防止晶间腐蚀的主要方法有：降低含碳量（$w_C < 0.06\%$），使钢中不形成铬的碳化物；加入能形成稳定碳化物的元素钛、铌等，使钢中优先形成TiC、NbC，而不形成铬的碳化物，以保证奥氏体中的含铬量。

奥氏体不锈钢在退火状态下并非是单相奥氏体，还有少量的碳化物。为了获得单相奥氏体，提高耐蚀性，可在1100℃左右加热，使所有碳化物都溶入奥氏体，然后水淬快冷至室温，即获得单相奥氏体组织。这种处理又称为固溶处理。它与一般钢的淬火有所不同。对18-8型钢来讲，固溶处理的目的是提高耐蚀性，并使钢软化。

表 8-1 常用不锈钢的牌号、成分、热处理、力学性能及用途（摘自 GB/T 1220—2007）

类别	牌号	化学成分 w_i（%）			热处理		力学性能			硬度 HBW	用途举例
		C	Cr	其他	淬火温度/℃	回火温度/℃	$\sigma_{0.2}$/MPa	σ_b/Pa	δ_5（%）		
马氏体型	1Cr13	≤0.15	11.50～13.50	—	950～1000 油	700～750 快冷	≥345	≥540	≥25	≥159	具有良好的耐蚀性、机械加工性，用作一般用途、刃具等
马氏体型	2Cr13	0.16～0.25	12.00～14.00	—	920～980 油	600～750 快冷	≥440	≥635	≥20	≥192	承受较高应力的零件，如汽轮机叶片、阀件、热裂设备、螺钉等；医疗器械及家具用品等
马氏体型	3Cr13	0.26～0.40	12.00～14.00	—	920～980 油	600～750 快冷	≥40	≥735	≥12	≥217	较高强度、硬度及高耐磨性的热油泵轴、阀门、阀片、轴承、刃具、医疗器械及弹簧等
马氏体型	7Cr17	0.60～0.75	16.00～18.00	—	1010～1070 油	100～180 快冷	—	—	—	≥54HRC	用作刃具、量具、轴承
铁素体型	0Cr13Al	≤0.08	11.50～14.50	Al0.10～0.30	退火 780～830 空冷或缓冷	—	≥177	≥410	≥20	≤183	汽轮机材料、淬火用部件复合钢材
铁素体型	1Cr17	≤0.12	16.00～18.00	—	退火 780～850 空冷或缓冷	—	≥205	≥450	≥22	≤183	耐蚀良好的通用钢种，用作建筑内装饰，重油燃烧器部件、家庭用具、家用电器部件
铁素体型	00Cr30Mo2	≤0.010	28.50～32.00	Mo1.50～2.50	退火 900～1050 快冷	—	≥295	≥450	≥20	≤228	耐蚀性很好，做与乙酸等有机酸有关的设备，制造苛性碱设备，耐卤离子应力腐蚀破裂，耐点腐蚀

（续）

类别	牌号	化学成分 w_i（%）			热处理		力学性能			硬度 HBW	用途举例
		C	Cr	其他	淬火温度/℃	回火温度/℃	$\sigma_{0.2}$/MPa	σ_b/Pa	δ_5（%）		
奥氏体型	Y1Cr18Ni9	≤0.15	17.00～9.00	P≤0.20 S≤0.15 Ni8.00～10.00	固溶处理 1010～1150 快冷	—	≥205	≥520	≥40	≤187	提高加工性、耐烧蚀性，最适用于自动车床、螺栓、螺母
奥氏体型	0Cr19Ni9N	≤0.08	18.00～20.00	Ni7.00～10.50 N0.10～0.25	固溶处理 1010～1150 快冷	—	≥275	≥550	≥35	≤217	作为结构性强度部件
奥氏体型	0Cr18Ni10Ti	≤0.08	17.00～19.00	Ni9.00～12.00 Ti≥5×w_C	固溶处理 1010～1150 快冷	—	≥205	≥520	≥40	≤187	作焊芯、抗磁仪表、医疗器械、耐酸容器、输送管道
铁素体、奥氏体型	0Cr26Ni5Mo2	≤0.08	23.00～28.00	Ni3.00～6.00 Mo1.00～3.00	固溶处理 950～1100 快冷	—	≥390	≥590	≥18	≤277	抗氧化性、耐点蚀性好，具有高的强度，作耐海水腐蚀用等
铁素体、奥氏体型	00Cr18Ni5-Mo3Si2	≤0.030	18.00～19.50	Ni4.50～5.50 Mo2.50～3.00 Si1.30～2.00	固溶处理 920～1150 快冷	—	≥390	≥590	≥20	≤30HRC	适于含氯离子的环境，用于炼油，化肥，造纸，石油、化工等工业热交换器和冷凝器等

镍铬奥氏体不锈钢在淬火状态下塑性很好（$\delta=40\%$），适于进行各种冷塑性变形。它对加工硬化很敏感，因此，这类钢唯一的强化方法是加工硬化，硬化后强度可由600MPa提高到1200～1400MPa，伸长率为$\delta=10\%$。这类钢的加工性很差，因塑性、韧性很好，切削时易粘刃，又易加工硬化，加上导热性差，故易造成刃具磨损。

4. 铁素体－奥氏体不锈钢（双相不锈钢）

双相不锈钢是近年发展起来的新型不锈钢，它的成分是在$w_{Cr}=18\%\sim26\%$、$w_{Ni}=4\%\sim7\%$的基础上，再根据不同用途加入锰、钼、硅等元素组合而成。如0Cr26Ni5Mo2、00Cr18Ni5Mo3Si2等。双相不锈钢通常采用1000～1100℃淬火后，可获得铁素体（60%左右）及奥氏体组织。由于奥氏体的存在，降低了高铬铁素体钢的脆性，提高了可焊性、韧性，降低了晶粒长大的倾向；而铁素体的存在则提高了奥氏体钢的屈服强度、抗晶间腐蚀能力等。如00Cr18Ni5Mo3Si2双相不锈钢，室温屈服强度比镍铬奥氏体钢高一倍左右，而其塑性、冲击韧度仍较高，冷热加工性能及可焊性也较好。但需注意的是，双相不锈钢的优越性只有在正确的加工条件和合适的环境中才能保证。

第二节　耐热钢与高温合金

在航空、航天、火力电站设备、发动机、化工等部门中，许多零件是在高温下工作的，要求具有耐热性。耐热性是金属材料在高温下抗氧化性和热强性能的统称。高温抗氧化性是指金属材料在高温下对氧化作用的抗力；而热强性是指其在高温下对机械载荷作用的抗力，即高温强度。

一、耐热钢

耐热钢包括抗氧化钢和热强钢。

1. 抗氧化钢

抗氧化钢中加入合金元素铬、硅、铝等，它们与氧亲和力大，故优先被氧化，形成一层致密的、高熔点的并牢固覆盖于钢表面的氧化膜（Cr_2O_3、SiO_2、Al_2O_3），可将金属与外界的高温氧化性气体隔绝，从而避免进一步氧化。如钢中$w_{Cr}=20\%\sim25\%$时，抗氧化温度可达1100℃。

实际应用的抗氧化钢，大多数是在铬钢、镍铬钢、铬锰氮钢基础上添加硅、铝制成的。和不锈钢一样，含碳量增多，会降低钢的抗氧化性，故一般抗氧化钢为低碳钢。

抗氧化钢分为铁素体和奥氏体两类。常用的抗氧化钢的牌号、成分、热处理及用途见表8-2。

表8-2　常用抗氧化钢的牌号、成分、热处理及用途（摘自GB/T 1221—2007）

类别	牌号	化学成分 w_i(%)						热处理	用途举例
		C	Mn	Si	Ni	Cr	其他		
铁素体钢	2Cr25N	≤0.20	≤1.50	≤1.00	—	23.00～27.00	N≤0.25	退火 780～880℃ 快冷	耐高温腐蚀性强，1082℃以下不产生易剥落的氧化皮，用于燃烧室
	0Cr13Al	≤0.08	≤1.00	≤1.00	—	11.50～14.50	Al 0.10～0.30	退火 780～880℃ 空冷或缓冷	燃气透平压缩机叶片、退火箱、淬火台架

（续）

类别	牌号	化学成分 w_i(%)						热处理	用途举例
		C	Mn	Si	Ni	Cr	其他		
奥氏体钢	0Cr25Ni20	≤0.08	≤2.00	≤1.50	19.00～22.00	24.00～26.00		固溶处理 1030～1180℃ 快冷	可承受1035℃加热，用于炉用材料、汽车净化装置用材料
	1Cr16Ni35	≤0.15	≤2.00	≤1.50	33.00～37.00	14.00～17.00		固溶处理 1030～1180℃ 快冷	抗渗碳、氮化性大的钢种，1035℃以下反复加热，炉用钢料、石油裂解装置
	3Cr18Mn-12Si2N	0.22～0.30	10.50～12.50	1.40～2.20	—	17.00～19.00	N 0.22～0.33	固溶处理 1100～1150℃ 快冷	用于吊挂支架、渗碳炉构件、加热炉传送带、料盘炉爪
	2Cr20Mn9-Ni2Si2N	0.17～0.26	8.50～11.00	1.80～2.70	2.00～3.00	18.00～21.00	N 0.20～0.30	固溶处理 1100～1150℃ 快冷	最高使用温度为1050℃，用途同3Cr18Mn12Si2N，还可制造盐浴坩埚，加热炉管道

2. 热强钢

金属在高温下长期承受载荷有两个特点：一是温度升高，金属原子间结合力减弱，强度下降；二是产生蠕变现象。

提高材料高温强度的途径有：①提高再结晶温度。在钢中加入铬、钼、锰、铌等元素，这些元素溶入固体中能产生固溶强化作用，使原子扩散困难，并能延缓再结晶过程的进行。如具有面心立方晶格的奥氏体钢，由于再结晶温度较体心立方晶格的铁素体钢高，故其高温强度也较铁素体为高。②利用析出弥散相而产生强化。在钢中加入钛、铌、钒、钨、钼、铬以及氮等元素，可形成稳定而又弥散分布的碳化物和氮化物等，它们在较高温度下也不易聚集长大，因而能起到阻碍位错移动、提高高温强度的作用。③采用较粗晶粒的钢。高温长时间使用下的耐热钢，一般都是沿晶界断裂。因此，适当“粗化”的粗晶粒钢其高温强度比细晶粒钢好。

热强钢采用的合金元素如铬、镍、钼、钨、硅等，除具有提高高温强度的作用外，还可提高高温抗氧化性。常用的热强钢按正火状态下组织的不同，大致可分为珠光体热强钢、马氏体热强钢、奥氏体热强钢三类，见表8-3，其牌号表示法与不锈钢相同。

（1）珠光体热强钢　这类钢适宜工作在450～600℃范围内，按含碳量及应用特点可分为低碳珠光体热强钢和中碳珠光体热强钢。前者主要用于制作锅炉钢管等，常用牌号有12CrMo、15CrMo、12Cr1MoV等；后者则用来制造耐热紧固件、汽轮机转子、叶轮等，常用牌号有25Cr2MoVA、35CrMoV等。

（2）马氏体热强钢　工作温度在450～620℃范围内，要求有更高的蠕变强度、耐蚀性和耐腐蚀磨损性的汽轮机叶片等零件，用珠光体热强钢制作是很难胜任的。Cr13型不锈钢在大气蒸汽中，虽具有耐蚀性和较高的强度，但其碳化物弥散效果差，稳定性也低，因此向Cr13型不锈钢中加入钼、钨、钒等合金元素，发展了Cr13型马氏体热强钢。常用的牌号有1Cr13及在其基础上发展的1Cr13Mo、1Cr11MoV、2Cr12MoVNbN及2Cr12NiMoWV等。此外，4Cr9Si2及4Cr10Si2Mo等铬硅钢是另一类马氏体热强钢，它们含碳量为中碳，主要为提高耐磨性，常用作制造内燃机的气阀，故又称为气阀钢。

表8-3　常用热强钢的牌号、成分、热处理及使用温度（摘自GB/T 1221—2007）

类别	牌号	化学成分 w_i(%)						热处理		最高使用温度/℃	
		C	Si	Cr	Mo	W	其他	淬火温度/℃	回火温度/℃	抗氧化	热强性
珠光体钢[①]	15CrMo	0.12~0.18	0.17~0.37	0.80~1.10	0.40~0.55	—	—	900 空冷	650 空冷	<560	—
	35CrMoV	0.30~0.38	0.17~0.37	1.00~1.30	0.20~0.30	—	V 0.10~0.20	900 油	630 水、油	<580	—
马氏体钢	1Cr13	≤0.15	≤1.00	11.50~13.50	—	—	—	950~1000 油	700~750 快冷	800	480
	1Cr13Mo	0.08~0.18	≤0.60	11.50~14.00	—	—	—	970~1020 油	650~750 快冷	800	50
	1Cr11MoV	0.11~0.18	≤0.50	10.00~11.50	0.50~0.70	—	V 0.25~0.40	1050~1100 空冷	720~740 空冷	750	540
	1Cr12WMoV	0.12~0.18	≤0.50	11.00~13.00	0.50~0.70	0.70~1.10	V 0.18~0.30	1000~1020 油	680~700 空冷	750	580
	4Cr9Si2	0.35~0.50	2.00~3.00	8.00~10.00	—	—	—	1020~1040 油	700~780 油	800	650
	4Cr10Si2Mo	0.35~0.45	1.90~2.60	9.00~10.50	0.70~0.90	—	—	1010~1040 油	720~760 空冷	850	650
奥氏体钢	0Cr18Ni11Ti[②]	≤0.08	≤1.00	17.00~19.00	—	—	Ni 9.00~12.00	固溶处理 920~1150 快冷	—	850	650
	4Cr14Ni14-W2Mo	0.40~0.50	≤0.80	13.00~15.00	0.25~0.40	2.00~2.75	Ni 13.00~15.00	退火 820~850 快冷	—	850	750

①　15CrMo、35CrMoV为GB/T 3077—1999牌号（按合金结构钢牌号表示）。

②　0Cr18Ni11Ti中，$w_{Ti} \geqslant 5 \times w_C$，$w_{Mn} \leqslant 2\%$。

（3）奥氏体热强钢　奥氏体类钢切削加工性差，但由于热强性与高温、室温下的塑性、韧性好，并且有较好的可焊性、冷作成形性等，故仍得到广泛的应用。常用的牌号主要有0Cr18Ni11Ti，它是奥氏体不锈钢，同时又有高的抗氧化性（400~900℃），并在600℃还有足够的强度，常用作在低于900℃腐蚀条件下的部件，高温用焊接结构件等。4Cr14Ni14W2Mo钢（14-14-2型钢）是另一种目前应用最多的奥氏体热强钢，它的热强性、组织稳定性及抗氧化性均高于马氏体气阀钢，故常用于制造工作温度不小于650℃的内燃机重负荷排气阀。

如工作温度超过700℃，则应考虑选用镍基（Ni-Cr合金）、铁基（Fe-Ni-Cr合金）等耐热合金；工作温度超过900℃，则应选用钼基、陶瓷合金等耐热合金；对于350℃以下工作的零件，则用一般的合金结构钢即可。

二、高温合金

工作温度超过700℃，一般情况就不能选用普通的耐热钢了，而要使用高温合金。广泛使用的高温合金有铁基、铁-镍基、钴基合金。这些合金很多不是以铁为基的，也不能称为钢，故统称为高温合金。

根据生产工艺高温合金分为变形高温合金和铸造高温合金两种。变形高温合金的牌号以“GH”后接四位阿拉伯数字表示。G、H相应为“高”、“合”汉语拼音字首，第一位数字1表示固溶强化型铁基合金，2表示时效强化型铁基合金，3表示固溶强化型镍基合金，4表示时效强化型镍基合金，6表示钴基合金。铸造高温合金用“K”表示，后接三位数字。第一位数字1表示时效硬化型铁基合金，4表示时效硬化型镍基合金，6表示钴基合金。第一位数字后的数字均为顺序号。

1. 铁基高温合金

主要是奥氏体耐热钢和合金。用奥氏体作为基体，是因为面心立方晶格原子间结合力较强，再结晶温度较高，比以铁素体为基的钢具有更高的热强性。

这类合金的主加元素是铬和镍，有时还有相当数量的锰。铬提高抗氧化性，镍和锰使基体变成奥氏体组织。加入的钨、钼、钒、钛、铝进一步提高再结晶温度和强化金属。强化相是VC，NbAl等。这些强化相在固溶处理（淬火）时溶入奥氏体，时效时以弥散状态析出使合金强化。常用的合金有：

GH1035的主要成分是Cr22Ni38W3Ti，常用于800℃以下工作的高温薄壁零件，在固溶状态使用。

GH2036的主要成分是4Cr12Ni8MoV，从1140℃淬火、水冷，然后在650~670℃时效强化，常用来制造涡轮盘，在时效状态使用。

2. 变形镍基合金

镍的熔点高，又是面心晶格，而且表面能形成致密的氧化膜，能防止800℃以下剧烈氧化，因此是优良的耐热基体金属。在镍中还加入铬、钨、钼等元素提高抗氧化性与热强性。常用的合金有：

GH3030合金的主要成分是Cr20Ni80Ti，有优良的热稳定性和热疲劳性能，冷压和焊接性良好，常作燃烧室联焰管、引燃管等。

GH3039合金的主要成分是Cr20Ni75Mo2AlTiNb；GH3044合金的主要成分是Cr25Ni60W15Ti。前者常作在900℃以下工作的火焰筒及加力燃烧室等冷压焊接零件，后者用于950~1100℃工作的燃烧室、鱼鳞片内腹板等冷压焊接件。

GH3128是我国研制的合金，是目前用于制造950℃以下长期工作的火焰筒、加力燃烧室、导向叶片等较好的材料。

3. 铸造高温合金

高温合金很难切削加工，虽然尽量采用新型刀具材料，仍然不能解决问题，生产效率很低，所以近年来铸造高温合金得到很大发展。

同变形高温合金相比，铸造高温合金的优点是：可大幅度加入合金元素，不存在因合金元素多而使工艺性能变坏的问题；使用温度相对可增高20～30℃，甚至80℃；可铸成精度高和形状复杂的零件；可以采用新工艺，如定向结晶消除横向晶界，控制冷却速度获得所需晶粒度或使叶片边缘晶粒细化，以提高叶片的力学性能。

4. 其他高温材料

除上述高温合金外，还有钴基、钼基、粉末高温合金、高温复合材料，可用于更高温度。

粉末高温合金，即首先生产表面不受氧化的细合金粉末（0.5μm以下），然后将粉末装入密封罐，以热挤压实成坯材，再进行锻造或轧制，最后加工成零件。

高温复合材料是在镍基合金的基础上，嵌入大量的钨、钼、铌等金属丝，以增强其强度。例如，美国在W25Cr15Ti2Al2镍基合金中，加入占体积7%的ϕ0.4mm的钨丝，试验的持久强度极限（在1200℃下经过100h使金属不发生断裂的最大应力）为100MPa。

第三节　耐　磨　钢

耐磨钢是指在强烈冲击载荷作用下才能产生硬化的高锰钢。

一、耐磨钢的成分特点

耐磨钢的典型牌号是ZGMn13型，它的主要成分为铁、碳和锰，$w_C=1.0\%\sim1.5\%$，$w_{Mn}=11\%\sim14\%$。碳含量较高可以提高耐磨性；锰含量很高，可以保证热处理后得到单相奥氏体组织。通常锰碳比（Mn/C）控制在9～11。对于耐磨性要求较高、冲击韧度要求稍低、形状不复杂的零件，锰碳比取低限（$w_C=1.2\%\sim1.3\%$、$w_{Mn}=11\%\sim14\%$）；反之，则取高限（$w_C=0.9\%\sim1.1\%$，$w_{Mn}=10\%\sim13\%$）。

由于高锰钢极易加工硬化，使切削加工困难，故大多数高锰钢零件是采用铸造成形的。铸造高锰钢的牌号、成分及适用范围见表8-4。

表8-4　铸造高锰钢的牌号、成分及适用范围（摘自GB/T 5680—2010）

牌号①	化学成分 w_i（%）					适用范围
	C	Mn	Si	S	P	
ZGMn13-1	1.00～1.45	11.00～14.00	0.30～1.00	≤0.050	≤0.090	低冲击件
ZGMn13-2	0.90～1.35	11.00～14.00	0.30～1.00	≤0.050	≤0.070	普通件
ZGMn13-3	0.95～1.35	11.00～14.00	0.30～0.80	≤0.050	≤0.070	复杂件
ZGMn13-4	0.90～1.30	11.00～14.00	0.30～0.80	≤0.050	≤0.070	高冲击件

① "-"后阿拉伯数字表示品种代号。

二、耐磨钢的热处理

这种钢由于铸态组织中存在着沿奥氏体晶界析出的碳化物及托氏体，使钢的力学性能变坏，特别是使冲击韧度和耐磨性降低。所以必须经过水韧处理，即经1050～1100℃加热，使碳化物全部溶入奥氏体，然后在水中激冷，防止碳化物析出，保证得到均匀单相奥氏体组织，从而使其具有强、韧结合和耐冲击的优良性能。经水韧处理后性能为：$\sigma_b=637\sim735$MPa，$\delta_5=20\%\sim35\%$，≤229HBW，$a_K\geqslant150$J/cm^2。然而在工作时，如受到强烈的冲击、压力与摩擦，则表面因塑性变形会产生强烈的加工硬化，而使表面硬度提高到

500~550HBW，因而获得高的耐磨性，而心部仍保持原来奥氏体所具有的高的塑性与韧性。当旧表面磨损后，新露出的表面又可在冲击与摩擦作用下获得新的耐磨层。故这种钢具有很高的抗冲击能力与耐磨性，但在一般机器工作条件下，它并不耐磨。

高锰钢主要用于制造坦克、拖拉机的履带，碎石机颚板，铁路道岔，挖掘机铲斗的斗齿，以及防弹钢板、保险箱钢板等。

另外，还因高锰钢是非磁性的，也可用于制造既耐磨又抗磁化的零件，如吸料器的电磁铁罩等。

思考题和习题

1. 解释下列名词。

蠕变，热强性，蠕变极限，持久强度极限。

2. 腐蚀的根本原因是什么？镀锌层为什么比镀铬层的耐蚀性好？

3. 提高合金耐蚀性的实质是什么？提高合金耐蚀性的主要合金元素是哪两种？其作用是什么？

4. 1Cr13 和 Cr12 钢中的含铬量都是 $w_{Cr}>11.7\%$，其中 Cr13 属于不锈钢，但为什么 Cr12 钢却不属于不锈钢？

5. 奥氏体不锈钢和耐磨钢淬火的目的与一般的淬火目的有何不同？

6. 耐磨钢与淬火工具钢的耐磨原理有何不同？它们的应用场合有何不同？

7. 铝硅合金件用钢螺钉连接时，为什么要加上（或镀上）镉垫圈？

8. 比较锰在低合金结构钢、调质钢和耐磨钢中的作用。

9. 比较铬在调质钢、滚动轴承钢和不锈钢中的作用。

第九章 工 具 钢

工具钢按用途分为刃具钢、模具钢及量具钢三类。但各类钢的实际应用界限并不明显，例如，某些低合金刃具钢除了用作刃具外，也可以用来制造冷作模具或量具；高速工具钢是典型的高速切削用刃具钢，但现在也大量用于制造冷作模具。

一般热作模具钢的通用性较小，而低合金刃具钢、冷作模具钢及量具钢的共用性较强。我们应了解各类钢的成分及性能特点，以便根据具体工作条件进行选择。

第一节 工具钢的分类及编号

一、工具钢的分类

1. 按成分分类

1）碳素工具钢：简称碳工钢，属于高碳成分的铁碳合金。

2）合金工具钢：又分为低合金工具钢、中合金工具钢和高合金工具钢。

2. 按用途分类

1）刃具钢：主要用于制造各种切削刃具，如钻头、车刀、铣刀等。

2）模具钢：主要用于制造各种模具，一般可分为冷作模具钢和热作模具钢两种，用于制造冷冲模、冷挤模、热锻模、压铸模等。

3）量具钢：主要用于制造各种测量工具，如千分尺、量规、样板等。

二、工具钢的编号

碳素工具钢的编号方法在前面已作了介绍。

合金工具钢的编号原则与合金结构钢相似，具体编号方法如下：

平均含碳量 $w_C \geq 1\%$ 时不标出；含碳量 $w_C < 1\%$ 时，在钢牌号前部用数字表示出平均含碳量的千分之几。不过高速工具钢的标注不同，平均含碳量 $w_C < 1\%$ 时，一般也不标出。

合金元素含量表示方法与合金结构钢相同。例如 CrMn，表示平均含碳量 $w_C \geq 1\%$，Cr、Mn 平均含量 $w_{Mn,Si} < 1.5\%$；9SiCr 表示平均含碳量为 $w_C = 0.9\%$，Si、Cr 平均含量 $w_{Si,Cr} < 1.5\%$ 的合金工具钢。由于合金工具钢都属于高级优质钢，故不标出“A”。

第二节 刃 具 钢

刃具钢按成分及性能特点可分为碳素刃具钢、低合金刃具钢和高速工具钢。

一、刃具钢的性能要求

刃具钢的工作条件较差，在切削工件时刃具的实际工作部分只是刃部的一个局部区域。这一区域在切削时承受很大的压力，并且摩擦磨损严重。同时，由于切削发热，使刃具温度升高，有时切削部分的温度可达 800℃以上，因此刃具钢应具有以下基本性能：

1. 高硬度

高硬度是对刃具钢的基本要求。硬度不够易导致刃具卷刃或变形，切削将无法进行。刃具的硬度一般应在60HRC以上。钢在淬火后的硬度主要取决于含碳量，故刃具钢均以高碳马氏体为基体。

2. 高耐磨性

耐磨性是保证刃具锋利不钝的主要因素，更重要的是，刃具在高温下应保持高的耐磨性。耐磨性除与硬度有关外，也与钢的组织密切相关。高碳马氏体+均匀细小碳化物的组织，其耐磨性要比单一的马氏体组织高得多。

3. 高热硬性（也称为红硬性或耐热性）

大多数刃具的工作部分都远高于200℃。刃具在高温下保持高硬度的能力称为热硬性。热硬性通常用保持60HRC硬度时的加热温度来表示，热硬性与钢的回火稳定性有关。

4. 足够的强度、塑性和韧性

切削时刃具要承受弯曲、扭转和冲击振动等载荷的作用，应保证刃具在这些情况下不会断裂或崩刃。

二、碳素刃具钢

为了保证刃具具有足够的硬度和耐磨性，碳素刃具钢的含碳量 $w_C = 0.65\% \sim 1.35\%$，它不仅可用于刃具，也可用于模具和量具。表9-1列出的为常用碳素工具钢的牌号、热处理及用途。

各种碳素刃具钢的性能和应用范围随其含碳量不同而不同。一般说来，含碳量较低的T7、T8钢，塑性较好，但耐磨性较差，只适宜制造承受冲击和要求韧性较高的工具，如木工用刃具、锤子、剪刀等，淬火后工作部分硬度为48~54HRC。含碳量居中的T9、T10、T11钢塑性稍低，但由于淬火后会有一定数量的未溶渗碳体，其耐磨性较好，故适宜制造承受冲击振动较小而受较大切削力的工具，如丝锥、板牙、手锯条等，淬回火后硬度为60~62HRC。含碳量较高的T12、T13钢硬度及耐磨性高，但韧性、塑性差，用于制造不承受冲击的刃具，如锉刀、精车刀、钻头、刮刀等。

大多数碳素刃具钢都需经锻造，使碳化物细化并分布均匀，然后球化退火，降低硬度，以改善可加工性，同时为淬火作好组织准备。球化退火工艺是在760~780℃，加热保温2~4h，接着在680~700℃等温3~5h，缓冷至500℃空冷。退火后的组织为球状珠光体，硬度不高于197HBW。

碳素刃具钢的加热温度据其含碳量而定。由于这类钢对过热敏感，应选择较低的淬火温度，淬后应立即低温回火。回火后的组织应为细针状马氏体和分布均匀的细小粒状渗碳体，并有少量残留奥氏体。

表9-1 常用碳素工具钢的牌号、热处理及用途（摘自GB/T 1299—2014）

牌号	淬火温度/℃	淬火介质	淬火后硬度HRC	回火温度/℃	回火后硬度HRC≥	用途举例
T7 T7A	800~820	水	61~63	180~200	62	用作能承受冲击载荷、韧性较好、硬度适当的工具，如扁铲、手钳、大锤、螺钉旋具、木工用工具

（续）

牌号	淬火温度/℃	淬火介质	淬火后硬度 HRC	回火温度/℃	回火后硬度 HRC≥	用途举例
T8 T8A	780～800	水	61～63	180～200	62	承受冲击载荷不大，并具有较高硬度的工具，如金属剪切刀、扩孔钻、钢印、木料锯片、铆钉及钉用工具
T8Mn T8MnA	780～800	水	62～63	180～200	62	横纹锉刀、手锯条、煤矿用凿、石油凿
T9 T9A	760～780	水	62～64	180～200	62	有一定韧性和硬度较高的工具，如冲模、冲头、木工工具、凿岩石工具等
T10 T10A	760～780	水 油	62～64	180～200	62	不承受冲击载荷、刃口锋利与少许韧性的工具，如车刀、刨刀、拉丝模、丝锥、扩孔刃具、冷冲模、锉刀、凿硬岩石工具等
T11 T11A	760～780	水 油	62～64	180～200	62	用于工作时切削刃口不变热的工具，如丝锥、锉刀、扩孔钻、板牙、刮刀、量规、切烟叶刀、冲孔模等
T12 T12A	760～780	水 油	62～64	180～200	62	不承受冲击、切削速度不高、硬度高的工具，如车刀、铣刀、铰刀、丝锥、锉刀、切削黄铜用工具
T13 T13A	760～780	水 油	62～64	180～200	62	制造不受振动及需要极高硬度和耐磨性的各种工具，如丝锥、锋利的外科刀具、锉刀、刮刀等

碳素刃具钢的淬透性较差，除形状复杂或厚度小于5mm的小刃具需在油中冷却外，一般都在水、盐水或碱水中淬火，故开裂倾向大。

T7A～T13A等高级优质钢的淬火开裂倾向较相应的碳素刃具钢要小，适宜制造形状较复杂的刃具。

三、低合金刃具钢

低合金刃具钢的工作温度一般不超过300℃，常用于制造截面较大、形状复杂、切削条件较差的刃具，如搓丝板、丝锥、板牙等。

1. 低合金刃具钢的成分特点

1）低合金刃具钢的含碳量高，一般 $w_C=0.75\%\sim1.5\%$，以保证淬火后获得高硬度（≥62HRC），并形成适当数量的碳化物以提高耐磨性。

2）加入Cr、Si、Mn、W、V等元素，提高淬透性及回火稳定性，并能强化基体，细化晶粒。因此低合金刃具钢的耐磨性和热硬性比碳素刃具钢好。它的淬透性较碳素钢好，淬火冷却可在油中进行，从而减小变形、开裂倾向。但合金元素的加入导致临界点升高，通常淬火温度较高，使得脱碳倾向增大。

2. 常用低合金刃具钢及热处理

常用低合金工具钢（刃具钢）的牌号、成分、热处理及用途见表9-2。

表9-2 常用低合金工具钢（刃具钢）的牌号、成分、热处理及用途（摘自GB/T 1299—2014）

牌号	化学成分 w_i（%）					热处理及硬度				用途举例
	C	Si	Mn	Cr	其他	淬火温度/℃	淬火后HRC	回火温度/℃	回火后HRC	
Cr06	1.30～1.45	≤0.40	≤0.40	0.50～0.70	—	780～810水	≥64	160～180	62～64	剃刀、外科手术刀具，金属加工工具，如刮刀、刻刀、锉刀
Cr2	0.95～1.10	≤0.40	≤0.40	1.30～1.65	—	830～860油	≥62	150～170	61～63	低切削速度、切削力较小的工具，如车刀、铣刀、铰刀等；也可作量具、量规、样板、钻套
9SiCr	0.85～0.95	1.20～1.60	0.30～0.60	0.95～1.25	—	820～860油	≥62	180～200	60～62	耐磨、切削速度不高、形状较复杂的各种刀具，如丝锥、板牙、齿轮刀具、拉刀等
CrWMn	0.90～1.05	≤0.40	0.80～1.10	0.90～1.20	W1.20～1.60	800～830油	≥62	140～160	62～65	变形小、形状复杂的刀具，如拉刀、长丝锥、专用铣刀、高精度冷冲模
9Mn2V	0.85～0.95	≤0.40	1.70～2.00	—	V0.10～0.25	780～810油	≥62	150～200	60～62	变形小、耐磨性高的工具，如量具、丝锥、板牙、样板等；也可制作重要零件，如精密丝杠、磨床主轴等

Cr2钢加入质量分数为1.3%～1.65%的Cr，因此它比碳素钢有更大的淬透性和回火稳定性，可减小变形和开裂倾向；铬还与碳形成均匀分布的碳化物，能提高其硬度和耐磨性。因此，这种钢多用于制造要求低速、进给量小、加工材料不很硬的切削刀具，如车刀、插刀、铣刀、铰刀等，还可用作量具、样板、量规、偏心轮、钻套和拉丝模等，还可作大尺寸的冷冲模。

9SiCr钢是在低铬刃具钢的基础上，加入 $w_{Si}=1.2\%\sim1.6\%$。9SiCr比碳素刃具钢和Cr2钢具有更高的回火稳定性，其热硬性较高，可达250～300℃。硅属于非碳化物形成元素，加热时溶于奥氏体中，能显著提高奥氏体在珠光体，特别是贝氏体区的稳定性，故适宜采用分级淬火，以减少刃具的变形，因此它适用于制造耐磨性高、切削不剧烈且变形小的刃具，如板牙、丝锥、钻头、铰刀、齿轮铣刀等薄刃刀具。

CrWMn 钢含碳量 w_C =0.90% ~1.05%，同时加入 Cr、W、Mn 等元素，使得这种钢具有高的淬透性、硬度（64~66HRC）和耐磨性，但热硬性较 9SiCr 稍低。由于这种钢加入了 Mn，使 M_s 点降低，淬火后有较多的残留奥氏体，故淬火变形小，适宜制造较细长、要求淬火变形小且耐磨性好的低速切削刃具。如长丝锥、长铰刀、拉刀等。

低合金刃具钢的热处理方法与碳素刃具钢相似。刃具毛坯锻压后的预备热处理采用球化退火。最终热处理采用淬火+低温回火。

由于合金元素的加入，合金刃具钢的导热性较差。因此对形状复杂或截面较大的刃具，淬火加热时应进行预热（600~650℃）。选择淬火加热温度时，应使碳化物不完全溶解，以阻止奥氏体晶粒长大，使钢有较高的耐磨性。但淬火温度不宜过低，淬火温度过低会使溶入奥氏体的碳化物少，使钢的淬透性降低。因此淬火温度应根据刃具的形状和尺寸等确定，并需严格控制淬火温度。一般可采用油淬、分级淬火或等温淬火。球化退火+淬火+低温回火后，组织应为细回火马氏体+粒状合金碳化物及少量的残留奥氏体。

四、高速工具钢

高速工具钢是一种用于制造高速切削刃具的高合金工具钢。通常高速切削时刃具的工作温度可达500~600℃。高速工具钢的热硬性和耐磨性均优于碳素刃具钢和低合金刃具钢，因此高速工具钢得到了广泛的应用。常用高速工具钢的牌号、成分、热处理和用途见表 9-3。

1. 高速工具钢的成分特点

（1）含碳量高　一般含碳量 w_C =0.7% ~1.4%。高的含碳量一方面是保证钢在淬得马氏体后有高的硬度；另一方面与强碳化物形成元素生成极硬的合金碳化物，大大地增大钢的耐磨性和热硬性。含碳量也不宜过高，含碳量过高，易产生严重的碳化物偏析，会降低钢的塑性和韧性。因此，高速工具钢的含碳量应与合金元素的含量相适应。

（2）加入铬提高钢的淬透性　高速工具钢的含铬量一般 w_{Cr} ≈4%。铬的碳化物在淬火加热时容易溶解，铬几乎全部溶入奥氏体中，增加奥氏体的稳定性，使钢的淬透性大大提高。

（3）加入钨或钼造成二次硬化，以保证高的热硬性　钨或钼的碳化物在淬火加热时极难溶解，大约只有一半的量溶入奥氏体中，而其余部分作为残余碳化物留下来，起到阻止奥氏体晶粒长大的作用，并能提高耐磨性。溶入的部分则在560℃左右回火时以 W_2C 或 Mo_2C 形式析出，造成二次硬化。这种碳化物在500~600℃温度下非常稳定，不易聚集长大，因而使钢在此温度下仍能保持高的硬度，表现出高的热硬性。

（4）加入钒提高钢的耐磨性和热硬性　钒在高速工具钢中形成硬度极高的碳化物，这种碳化物非常稳定，很难溶于奥氏体中，大部分以残余碳化物形式保留下来，钒的碳化物不但硬度极高，而且颗粒细小，分布均匀，对提高钢的耐磨性起很大作用。溶入奥氏体的钒在回火时以 VC 的形式析出，也可造成二次硬化，提高钢的热硬性。但因其总的含量不高，提高热硬性的作用不如钨、钼大，所以在高速工具钢中钒的主要作用是提高耐磨性。

（5）钢中加入钴能显著提高钢的热硬性（645~650℃）和二次硬度（67~70HRC）加入钴后还可提高钢的耐磨性、导热性，并能改善其磨削加工性。

2. 常用高速工具钢的类型和应用

常用高速工具钢可分为通用型高速工具钢和高性能高速工具钢两大类。

表9-3 常用高速工具钢的牌号、成分、热处理和用途（参考GB/T 9943—2008）

种类	牌号	w_i（%）						热处理温度/℃			硬度		用途
		C	W	Mo	Cr	V	其他	退火	淬火	回火	退火后HBW	回火后HRC	
通用型高速工具钢	W18Cr4V	0.70～0.80	17.5～19.0	≤0.30	3.80～4.40	1.00～1.40	—	860～880	1270～1285	550～570	255	≥63	加工中等硬度或软的材料的各种刀具，也可制造冷作模具，还可制造高温下工作的轴承、弹簧等耐磨、耐高温的零件
	9W18Cr4V	0.90～1.00	17.5～19.0	≤0.30	3.80～4.40	1.00～1.40	—	860～880	1260～1280	570～590	262	≥63	加工不锈钢、钛合金、中高强度钢的各种切削刀具
	W14Cr4-VMnRE	0.80～0.90	13.5～15.0	≤0.30	3.50～4.00	1.40～1.70	Mn 0.35～0.55		1245～1260	550～560	255	≥63	轧制、扭制或搓制钻头、齿轮刀具，还可用于制造承受冲击较大的各种刀具
	W12Cr4V4Mo	1.20～1.40	11.5～13.0	0.90～1.20	3.80～4.40	3.80～4.40		840～860	1250～1270	550～570	262	≥62	各种简单刀具，加工高强度、中等强度钢均可得到良好效果；还适于高温合金、钛合金等难加工材料的加工
	W6Mo5Cr4V2	0.80～0.90	5.50～6.75	4.50～5.50	3.80～4.40	1.75～2.20	—	840～860	1210～1230	540～560	255	≥63	适于制造钻头、丝锥、板牙、铣刀、齿轮刀具、冷作模具等
高性能高速工具钢	W6Mo5Cr4V3	1.00～1.10	5.00～6.70	4.75～6.75	3.75～4.50	2.25～2.75		840～885	1190～1210	540～560	225	≥64	普通刀具，如车刀、钻头、丝锥、成形刀具、拉刀等，加工高温合金、中高强度钢效果良好
	W6Mo5Cr-4V2Co8	0.80～0.90	5.50～6.50	4.50～5.50	3.75～4.50	1.75～2.25	Co 7.00～9.00	870～900	1190～1210	540～560	269	≥64	制造加工硬材料和各种刀具，如齿轮刀具、铣刀、冲头等
	W6Mo5Cr4-V2Al	1.05～1.20	5.50～6.75	4.50～5.50	3.80～4.40	1.75～2.20	Al 1.00～1.30	850～870	1230～1240	540～560	269	≥65	各种难加工材料，如高温合金、超高强度钢、不锈钢等，可制造车刀、铣刀、钻头、拉刀等
	W10Mo4Cr-4V3Al	1.30～1.45	9.00～10.50	3.50～4.50	3.80～4.50	2.70～3.20	Al 0.70～1.20	845～855	1220～1240	540～560	269	≥66	可加工钛合金、高温合金、高强度钢等难加工材料，但不宜于制作高精度复杂刀具

（1）通用型高速工具钢　通用型高速工具钢的含碳量 $w_C=0.7\%\sim0.9\%$，这类高速工具钢具有较高的硬度和耐磨性，高的强度，良好的塑性和磨削性，因此广泛用于制造各种形状复杂的刃具。按组成高速工具钢的主要成分，通用型高速工具钢又可分为钨系高速工具钢和钼系高速工具钢两种。

1）钨系高速工具钢：典型的牌号是 W18Cr4V，它具有良好的综合性能，在我国应用较为广泛。这种钢通用性强，可用于制造各种复杂刃具，如拉刀、螺纹铣刀、齿轮刀具、各种铣刀等。由于这种钢含钒量少，故磨削性好，常用于制造各种精加工刃具，如螺纹车刀、宽刃精刨刀、精车刀、成形车刀等。这种钢由于含碳化物较多，淬火时过热倾向小，塑性变形抗力也较大；但其碳化物分布不均匀、颗粒大，这将影响薄刃刀具和小截面刃具的寿命。此外钨的价格较贵，使得钨高速工具钢的使用量已逐渐减少。

2）钼系高速工具钢：钼系高速工具钢是用钼代替一部分钨，典型牌号是 W6Mo5Cr4V2。加入钼后使结晶温度间隔变窄，铸态共晶莱氏体细小，因而它的碳化物比钨系高速工具钢均匀细小，使钢在 950～1100℃有良好的塑性，便于压力加工，并且在热处理后也有较好的韧性。由于这种钢的含钒量较多，故耐磨性要优于 W18Cr4V。但热处理时脱碳倾向较大，热硬性略低于 W18Cr4V。因此，这种钢适用于制造要求耐磨性和韧性较好的刃具，如铣刀、插齿刀、锥齿轮刨刀等。这种钢还特别适于在轧制或扭制钻头等热成形工艺中使用。

（2）高性能高速工具钢　高性能高速工具钢是在通用型高速工具钢成分中再增加一些含碳量、含钒量，有时添加钴、铝等合金元素，以提高耐磨性和热硬性的新钢种。这类钢适合于加工奥氏体不锈钢、高温合金、钛合金、超高强度钢等难加工材料。

高性能高速工具钢包括高碳高速工具钢、钴高速工具钢、铝高速工具钢等。高碳高速工具钢典型牌号是 9W18Cr4V，含碳量 $w_C=0.9\%\sim1.0\%$，硬度 66～68HRC，硬度和热硬性均高于 W18Cr4V。钴高速工具钢典型牌号是 W6Mo5Cr4V2Co8，硬度可达 64～66HRC，在600℃时硬度为 54HRC。此外，还有铝高速工具钢 W6Mo5Cr4V2Al，氮高速工具钢 W12Mo3Cr4V3N 等。

3. 高速工具钢的加工和热处理特点

高速工具钢的加工、热处理工艺较复杂，其要点如下。

（1）高速工具钢的锻造　高速工具钢的含碳量一般 $w_C\leqslant1.0\%$，但因其含有大量的合金元素，属莱氏体钢，在钢的铸态组织中含有共晶碳化物，这种碳化物呈鱼骨状分布，使钢的脆性增大。它的分布不能依靠热处理改变，只能由锻造的变形来打碎。因此高速工具钢的锻造不仅是为了成形，而主要是为了将粗大的莱氏体中的碳化物破碎为比较细小和均匀分布的粒状碳化物。碳化物越粗大，分布越不均匀，则刃具的使用性能越差。大部分刃具的过早失效都与碳化物的粗大和分布不均匀有关，因此对高速工具钢锻后毛坯碳化物的不均匀性提出级别要求（见表 9-4）。为了达到上述要求，必须对高速工具钢反复锻造，或反复镦粗、拔长，直到碳化物合格为止。高速工具钢的淬透性很高，锻后必须缓慢冷却，以免开裂。

表 9-4　各种刀具对锻坯碳化物不均匀性的级别要求

刀具内容	规格	锻坯碳化物不均匀性要求
齿轮滚刀	$m=1\sim5$	≤4 级
	$m=5.5\sim8$	≤5 级

（续）

刀具内容	规格	锻坯碳化物不均匀性要求
齿轮铣刀	$m=1\sim10$	≤4级
错齿三面刃铣刀	全部规格	≤4级
错齿套式端面铣刀	63×40，80×45 100×50	≤4级 ≤5级
粗（细）齿圆柱形铣刀	63×50，80×80 80×100，100×160	≤4级 ≤5级
车刀	全部规格	≤5级

注：W18Cr4V钢锻坯碳化物不均匀性共分1~6级，级别越低者碳化物分布越均匀。

（2）高速工具钢的热处理　高速工具钢的热处理包括锻造后的退火，加工后的淬火及回火。高速工具钢在锻造后应进行退火，其目的是改善可加工性、消除锻后残余应力，并为淬火作好组织准备。退火后的组织为索氏体及粒状碳化物，硬度为207~267HBW。高速工具钢的淬火工艺比较特殊。第一，高速工具钢含有大量难溶合金碳化物，淬火时必须使其充分溶入奥氏体中，以便淬火后得到高硬度的马氏体，而回火后得到高的热硬性。因此高速工具钢的加热温度都非常高，一般在1200~1300℃。第二，高速工具钢合金元素含量高，导热性较差，同时淬火加热温度高，若淬火加热速度太快，容易引起开裂，所以淬火时应进行一次或二次预热。高速工具钢淬火后的组织由淬火马氏体、粒状碳化物和大量残留奥氏体组成。

为了保证得到高的硬度及热硬性，高速工具钢一般都在二次硬化峰值温度或稍高一些的温度（通常550~570℃）下回火。并且进行多次（一般是三次）回火。回火的主要目的是消除大量的残留奥氏体。在回火过程中，从残留奥氏体中析出合金碳化物，使奥氏体中的合金元素含量减少，而使其马氏体转变点 M_s 上升，并在回火后的冷却过程中，一部分残留奥氏体转变为马氏体。每回火一次，残留奥氏体含量降低一次。高速工具钢回火后的组织为回火马氏体+碳化物+少量残留奥氏体。

高速工具钢W18Cr4V热处理工艺采用二次预热，1280℃淬火加热，560℃三次回火。

第三节　模具钢

主要用来制造各种模具的钢称为模具钢。用于冷态金属成形的模具钢称为冷作模具钢，如制造各种冷冲模、冷挤压模、冷拉模的钢种等。这类模具工作时的实际温度一般不超过300℃。用于热态金属成形的模具钢称为热作模具钢，如制造各种热锻模、热挤压模、压铸模的钢种等。这类模具工作时型腔表面的工作温度可达600℃以上。

一、冷作模具钢

1. 冷作模具钢的性能要求

冷作模具在工作时要承受很大的载荷，如剪力、压力、弯矩等，而且这些载荷大都带有冲击性质，同时模具与坯料间还发生强烈摩擦。因此冷作模具钢应满足以下要求：

（1）高的硬度和高的耐磨性　金属冷态变形时硬度增大，没有高的硬度与高的耐磨性，模具本身会变形或迅速磨损。冷作模具对硬度的要求见表9-5。

表 9-5　冷作模具的硬度要求

名称		单式或复式硅钢片冲裁模	级进式硅钢片冲裁模	薄钢板冲裁模	厚钢板冲裁模	拉深模	拉丝模	剪刀	≤ϕ5mm的小冲头	冷挤压模	
										挤铜、铝	挤钢
硬度HRC	凸模	60～62	58～60	58～60	56～58	58～62	—	54～58	56～58	60～64	60～64
	凹模	60～62	60～62	58～60	56～58	62～64	>64	—	—	60～64	58～60

（2）足够的强度、韧性和疲劳强度　要保证模具在工作时，能承受各种载荷，而不发生断裂或疲劳断裂。

2. 冷作模具钢的成分特点

（1）含碳量高　冷作模具钢的硬度一般在60HRC左右，同时要求有高的耐磨性，因此含碳量较高，多在 $w_C \geqslant 0.8\%$，有时甚至高达 $w_C = 2\%$。

（2）加入能提高耐磨性的元素　如Cr、Mo、W、V等较强碳化物形成元素，形成难溶碳化物以提高耐磨性。常用冷作模具钢Cr12、Cr12MoV，含铬量高达 $w_{Cr} = 11\% \sim 13\%$。铬还可显著提高钢的淬透性。

对于要求不高的小型冷作模具，则大多采用碳素工具钢或低合金刃具钢。各种冷作模具钢的选用举例见表9-6。

表 9-6　冷作模具钢的选用举例

冲模种类	牌　号			备　注
	简单（轻载）	复杂（轻载）	重载	
硅钢片冲模	Cr12，Cr12MoV，Cr6WV	Cr12，Cr12MoV，Cr6WV		因加工批量大，要求寿命较长，故均采用高合金钢
冲孔落料模	T10A，9Mn2V	9Mn2V，Cr6WV，Cr12MoV	Cr12MoV	
压弯模	T10A，9Mn2V		Cr12，Cr6WV，Cr12MoV	
拔丝模	T10A，9Mn2V		Cr12，Cr12MoV	
冷挤压模	T10A，9Mn2V	9Mn2V，Cr6WV，Cr12MoV	Cr6WV，Cr12MoV	要求热硬性时还可选用W18Cr4V，W6Mo5Cr4V2
小冲头	T10A，9Mn2V	Cr12MoV	W18Cr4V，W6Mo5Cr4V2	
冷镦模	T10A，9Mn2V		Cr12MoV，8Cr8Mo2SiV，W18Cr4V，Cr4W2MoV，8Cr8Mo2V2Si，基体钢	

3. 冷作模具钢的热处理

冷作模具钢的性能要求与刃具钢相似，但要求热处理后的变形要小，而对热硬性的要求不高。因此，冷作模具钢的化学成分和热处理特点与刃具钢也相似。下面以Cr12钢为例介绍冷作模具钢的热处理特点。

Cr12钢属于莱氏体钢，因此，需要经过反复锻造来破碎网状共晶碳化物，并消除其分布的不均匀性。锻造后应进行等温球化退火。

Cr12 钢在不同温度淬火后，在不同温度下回火时，其硬度的变化如图 9-1 所示。提高这种类型钢的硬度有两种热处理方法。

（1）一次硬化法　采用较低的淬火温度和较低的回火温度。如 Cr12 钢加热到 980℃ 保温后油中淬火，然后在 170℃ 低温回火，硬度达 61～63HRC。这种方法处理后模具的淬火变形小，耐磨性高，应用较广泛。

（2）二次硬化法　采用较高的淬火温度与多次回火。如 Cr12 钢 1100℃ 保温后油淬，淬火后残留奥氏体较多，硬度较低，但经多次 510～520℃ 回火，产生二次硬化，硬度可达 60～62HRC。这种方法处理后可获得较高的热硬性，常用来处理在 400～450℃ 条件下工作的模具。其缺点是韧性低于一次硬化法，且淬火变形较大。

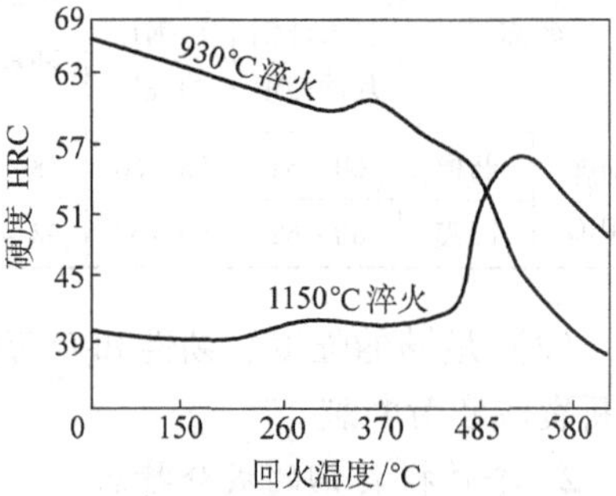

图 9-1　Cr12 钢淬火温度、回火温度与硬度的关系

Cr12 型钢最终热处理组织为回火马氏体 + 残留奥氏体，具有高的强度和硬度，良好的耐磨性，广泛应用于制造冷冲模和滚丝模等冷作模具。Cr12MoV 钢的含碳量略低，由于加入钼、钒元素，细化晶粒，改善了碳化物的分布，使其强度和韧性均高于 Cr12 钢，但耐磨性稍差。

近年来还发展了高强韧性冷作模具钢。此类钢的成分与高速工具钢在正常淬火后基体的成分相近，故亦称之为基体钢。这种钢的强度和韧性较高，淬火变形小，并具有一定的耐磨性和热硬性，常用于制造冷挤压模。常用牌号有 6Cr4W3Mo2VNb、6Cr4Mo3Ni2WV 等。

二、热作模具钢

热作模具钢是用来制造高温下使金属成形的模具，如热锻模、热挤压模、压铸模等。常用热作模具钢的应用见表 9-7。

表 9-7　常用热作模具钢的应用

名称	类　型	应用的热作模具钢	硬度 HRC
锻模	高度 < 250mm 的小型热锻模；高度为 250～400mm 的中型热锻模	5CrMnMo，5Cr2MnMo①	35～47
	高度 > 400mm 的大型热锻模	5CrNiMo，5Cr2MnMo	35～39
	寿命要求高的热锻模	3Cr2W8V，4Cr5MoSiV，4Cr5W2SiV	40～54
	热镦模	4Cr3W4Mo2VTiNb，4Cr5MoSiV，4Cr5W2SiV 3Cr3Mo3V，基体钢	39～54
	精密锻造或高速锻模	3Cr2W8V，4Cr5MoSiV，4Cr5W2SiV 4Cr3W4Mo2VTiNb	45～54
压铸模	压铸锌、铝、镁合金	4Cr5MoSiV，4Cr5W2SiV，3Cr2W8V	43～50
	压铸铜和黄铜	4Cr5MoSiV，4Cr5W2SiV，3Cr2W8V，钨基粉末冶金材料，钼、钛、锆难熔金属	
	压铸钢、铁	钨基粉末冶金材料，钼、钛、锆难熔金属	

（续）

名称	类型	应用的热作模具钢	硬度 HRC
挤压模	温挤压和温镦锻（300～800℃）	8Cr8Mo2SiV，基体钢	
	热挤压②	＞1000℃，挤压钢或镍合金用4Cr5MoSiV，3Cr2W8V	43～47
		＜1000℃，挤压铜或铜合金用3Cr2W8V	36～45
		＜500℃，挤压铝、镁合金用4Cr5MoSiV，4Cr5W2SiV	46～50
		＜100℃，挤压铅用45钢	16～20
塑料模		3Cr2Mo，45钢，铸铁	

① 为堆焊锻模的堆焊金属牌号。

② 所列热挤压温度均为被挤压材料的加热温度。

1. 热作模具钢的性能要求

热作模具在工作时的主要特点是与热态（温度高，都可达1100～1200℃）金属相接触。因此带来两方面的问题，其一是使模腔表层金属受热，温度可升至300～400℃（锤锻模）、500～600℃（热挤压模），甚至近千度（钢铁材料压铸模）；其二是使模腔表层金属产生热疲劳（系指模具型腔表面在工作中反复受到炽热金属的加热和冷却剂的冷却交替作用而引起的龟裂现象）。此外，还有使工件变形的机械应力和与工件间的强烈摩擦作用。故模具常见失效形式是变形、磨损、开裂和热疲劳等。因此，用于热作模具的材料应满足以下性能要求：

1）高的热硬性和高温耐磨性。

2）足够的强度和韧性，尤其是受冲击载荷较大的热锻模。

3）高的热稳定性，在工作过程中不易氧化。

4）高的抗热疲劳能力。

2. 热作模具钢的成分特点

1）这种钢一般是中碳钢（含碳量 $w_C = 0.3\% \sim 0.6\%$），以保证在回火后获得较高的强度和韧性。

2）加入较多的提高淬透性元素，如Cr、Ni、Mn等。镍在强化钢基体（铁素体）的同时还能提高其韧性。

3）加入能产生二次硬化的合金元素，如Mo、W、V等。对于要求有较高热强度的热压模具，这是保证性能的重要途径。

3. 热作模具钢的热处理

热锻模的预备热处理是退火，目的在于消除锻造应力，改善可加工性能。退火后的组织为细片状珠光体与铁素体。5CrMnMo的退火温度为780～800℃（A_3以上），保温4～5h后炉冷，硬度197～241HBW。最终热处理是淬火加回火，以获得所需力学性能。回火温度应根据模具大小确定，模具截面尺寸较大的，硬度应低些。因为大尺寸模具回火后还需切削加工，此外还应具有较高的韧性。对模具的模面与模尾也有不同的硬度要求。为了避免模尾因韧性不足而发生脆断，回火温度应高些；而模面是工作部分，要求硬度较高，相应回火温度应低些。热锻模采用5CrMnMo钢，淬火加热前应在500℃预热一次，淬火加热温度约820～830℃。为了防止淬火开裂，一般预冷至750～780℃后油冷，冷却至M_s点时取出回火，以避免开裂。回火后的组织为回火托氏体或回火索氏体。

压铸模在工作时与炽热的金属接触时间较长，所以要求模具钢具有更高的热硬性、抗热疲劳能力和良好的导热性，还应有抗金属液的冲刷和耐蚀能力。常用的牌号是3Cr2W8V、4Cr5MoSiV和4Cr5W2SiV等。3Cr2W8V虽然含碳量$w_C \approx 0.3\%$，但由于合金元素使点S左移，因此已属过共析钢。由于钨含量$w_W = 8\%$，回火稳定性提高，有二次硬化现象，从而保证了热硬性。合金元素铬、钨、钒等使A_1提高到820～830℃，因而提高了抗热疲劳性。这种钢在600～650℃下σ_b可达1000～1200MPa，而且淬透性好，在截面直径100mm以下可在油中淬透。常用来制造浇铸温度较高的铜合金和铝合金的压铸模。

对于塑料模具，由于受力不大，冲击较小，工作温度不高，只要求有较低的表面粗糙度，一般可选用45钢或铸铁。

第四节 量具钢

一、量具钢的性能要求

量具钢主要用于制造测量零件尺寸的各种量具，如卡尺、千分尺、塞规、样板等。由于量具在使用过程中经常与被测零件接触，易受到磨损和碰撞，所以对量具钢有以下要求：

1）量具的工作部分应具有高的硬度（≥62HRC）和耐磨性，以保证量具在长期使用过程中不因磨损而失去原有的精度。

2）量具在使用过程中和保存期间，应具有尺寸稳定性，以保证其高精度。

3）量具在使用时，偶尔受到碰撞和冲击，不致发生崩落和破坏。

二、常用量具用钢

高精度的精密量具（如塞规、量块等）或形状复杂的量具，应采用热处理变形小的CrMn、CrWMn、GCr15等钢制造。要求耐腐蚀的量具可用不锈钢制造。

精度要求不高、形状简单的量具，如量规、模套等可采用T10A、T12A、9SiCr等钢制造。使用频繁、精度要求不高的卡板、样板、钢直尺等，也可选用50、55、60、60Mn、65Mn等钢经表面热处理来制造。

三、量具钢的热处理特点

量具钢的热处理方法与刃具钢相似，进行球化退火，淬火+低温退火。为了获得较高的硬度和耐磨性，回火温度可低些。

量具在热处理时重要的是要保证尺寸的稳定性。出现尺寸不稳定的原因，主要是由于残留奥氏体转变为回火马氏体时所引起的尺寸膨胀，马氏体在室温下析出碳化物引起尺寸收缩，淬火及磨削所产生的残余应力也可导致尺寸的变化。虽然这些尺寸变化微小（2～3μm），但对于高精度量具来说是不允许的。

为了提高量具尺寸的稳定性，对精密量具在淬火后应立即进行冷处理，然后在150～160℃下低温回火；低温回火后还应进行一次人工时效（110～150℃，24～36h），尽量使淬火组织转变为较稳定的回火马氏体并消除淬火应力。量具精磨后要在120℃下人工时效2～3h，以消除磨削应力。

思考题和习题

1. 什么是热硬性？

2. 碳素刃具钢、低合金刃具钢和高速工具钢的成分、热处理、应用范围各有何不同？其特点各是什么？

3. 高速工具钢经铸造后为什么要反复锻造？锻造后切削前为什么要进行退火？淬火温度选用高温（1200～1300℃）的目的是什么？淬火后为什么需进行三次回火？

4. 高速工具钢中的合金元素，如 Cr、W、Mo、V、Co 在钢中各起什么作用？

5. 热作模具钢的主要性能要求是什么？

第十章　粉末冶金与硬质合金

第一节　粉末冶金

粉末冶金是将金属粉末（或掺入部分非金属粉末）经过成形和烧结，制成金属材料或机械零件的一种加工工艺方法。它既可以直接制成零件，也可以生产一般冶炼方法难以生产的金属材料或制品。粉末冶金广泛地应用于机械、冶金、化工、交通、运输以及航空航天工业。

一、粉末冶金的生产工艺

粉末冶金的生产工艺过程可分为以下五个阶段。

1. 制粉

制粉是将原料制成粉末的过程。常用的制粉方法有机械法和氧化物还原法。

1）机械法是利用球磨或利用动力（如气流或液流）使金属物料碎块间产生碰撞、摩擦获得金属粉末的方法。

2）氧化物还原法是用固体或液体还原剂还原金属氧化物制成粉末的方法。

2. 混料

混料是将各种所需的粉末按一定比例混合，并使其均匀化制成粉坯的过程。混料方法分为干式、半干式和湿式三种。

1）干式用于各组元密度相近且混合均匀程度要求不高的情况。

2）半干式用于各组元密度相差较大和要求均匀程度较高的情况。混料时要加入少量的液体（如机油）。

3）湿式混料时加入大量的易挥发液体（如酒精），并同时伴以球磨，提高混料均匀程度，增加组元间的接触面积，改善烧结性能。为改善混料的成形性，在混料中要添加增塑剂。

3. 成形

成形是将混合均匀的混料，装入压模中压制成具有一定形状、尺寸和密度的型坯的过程。成形常用的方法有以下两种：

（1）常温加压成形　在机械压力下使粉末颗粒间产生机械啮合力和原子间吸附力，从而形成冷焊结合，制成型坯，如图10-1所示。这种成形方法的优点是对设备、模具材料无特殊要求，操作简便；缺点是粉末颗粒间结合力较弱，型坯容易损坏，型坯由于是在常温下成形，因此需施加较大的压力克服由于粉末颗粒产生塑性变形而造成的加工硬化现象。另外，常温加压成形的型坯密度较低，因此其孔隙度较大。

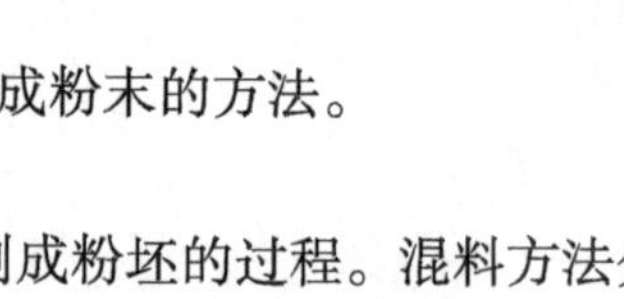

图10-1　常温加压成形

（2）加热加压成形　高温下粉末颗粒变软，变形抗力减小，用较小的压力就可以获得致密的型坯。

4. 烧结

烧结是通过熔烧，使型坯颗粒间发生扩散、熔焊、再结晶等过程，使粉末颗粒牢固地焊合在一起，使孔隙减小、密度增大，最终得到“晶体结合体”，从而获得所需要的一定物理及力学性能的过程，如图 10-2 所示。

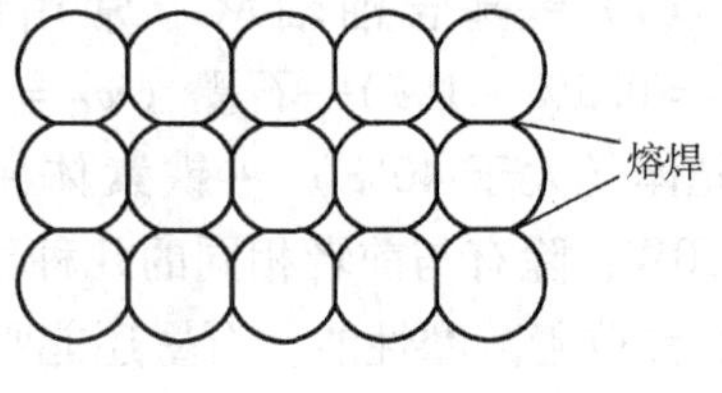

图 10-2　烧结熔焊成形

5. 后处理

粉末冶金制品经烧结后可以直接使用；但当制品的性能要求较高时，还常常需要进行后处理。常用的后处理方法有以下几种：

（1）整形　将烧结后的零件装入与压模结构相似的整形模内，在压力机上再进行一次压形，以提高零件的尺寸精度和减少零件的表面粗糙度，用于消除在烧结过程中造成的微量变形。

图 10-3 为粉末冶金制品的成形（包括填料、加压、出坯）、烧结和整形过程示意图。

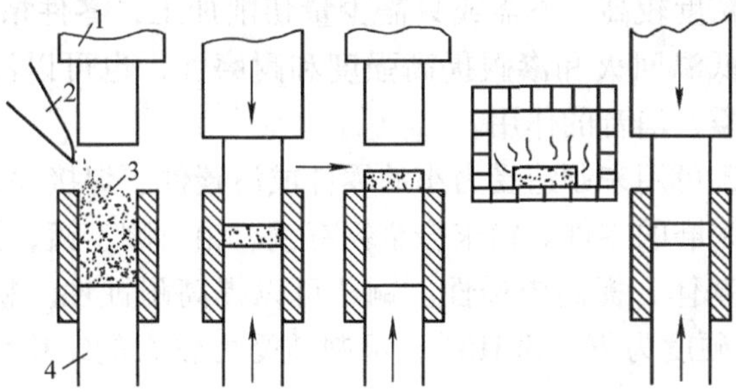

图 10-3　粉末冶金制品的成形、烧结和整形过程

a）填料　b）加压　c）出坯　d）烧结　e）整形

1—上模　2—填料槽　3—金属粉　4—下模

（2）浸油　将零件放入 100 ~ 200℃热油中或在真空下使油渗入粉末零件孔隙中的过程。经浸油后的零件可提高耐磨性，并能防止零件生锈。

（3）蒸汽处理　铁基零件在 500 ~ 600℃水蒸气中处理，使零件内外表面形成一层硬而致密的氧化膜，从而提高零件的耐磨性和防止零件生锈。

（4）硫化处理　将零件放置在 120℃的熔融硫槽内，经十几分钟后取出，并在氢气保护下再加热到 720℃，使零件表面孔隙形成硫化物。硫化处理能大大提高零件的减摩性和改善加工性能。

另外，粉末冶金制品还可以进行切削加工、压力加工、焊接，以及各种热处理和表面镀覆。

二、常用粉末冶金材料

1. 烧结减摩材料

一般用于制造滑动轴承。粉末材料制成轴承后再浸润滑油。由于多孔，在毛细现象作用下可吸附大量润滑油，经浸油处理的轴承称为含油轴承。工作时，由于轴承发热使金属粉末膨胀，孔隙容积减小，再加上轴旋转时带动轴承间隙中的空气层，降低摩擦表面的静压强，在粉末孔隙内外形成压力差，迫使润滑油被抽到工作表面。停止工作时，润滑油又渗入孔隙中。因此，含油轴承有自动润滑的作用，一般用于中速、轻载荷的轴承，特别适用于不能经常加油的轴承，如纺织机械、食品机械、家用电器等。常用的含油轴承材料有铁基和铜基两种。

（1）铁基含油轴承　常用的是铁—石墨（w_G = 0.5% ~ 3%）粉末合金和铁—硫（w_S = 0.5% ~ 1%）—石墨（w_G = 1% ~ 2%）粉末合金。前者硬度为30 ~ 110HBW，组织是珠光体（大于40%）+铁素体+渗碳体（小于5%）+石墨+孔隙；后者硬度为35 ~ 70HBW，除有与前者相同的几种组织外，还有硫化物。组织中石墨或硫化物起固体润滑作用，能改善减摩性能。石墨还能吸附很多润滑油，形成胶体状高效能的润滑剂，进一步改善摩擦条件。

（2）铜基含油轴承　常用的是QSn6-6-3青铜与石墨的粉末合金，硬度为20 ~ 40HBW。它的成分与QSn6-6-3青铜相近，但其中有0.5% ~ 2%（质量分数）的石墨，组织是α固溶体+石墨+铅+孔隙，有较好的导热性、耐蚀性、抗咬合性，但承压能力较铁基含油轴承小。

2. 烧结铁基结构材料

一般是以碳钢粉末或合金钢粉末为主要原料，采用粉末冶金法制成的粉末合金钢。这类结构零件的优点是制品精度较高，不需或只需少量切削加工，零件精度高，表面粗糙度小，并且还可以通过淬火+低温回火和渗碳提高强度和耐磨性；也可以浸渍润滑油改善摩擦条件，减少磨损，并有减震、消音的作用。

粉末中含碳量低的，可用来制造受力小的零件或渗碳件、焊接件；含碳量较高的，可制造淬火后有一定强度或耐磨的零件。粉末合金钢有铜、钼、硼、锰、镍、铬、硅、磷等合金元素，这些元素可强化基体，提高淬透性。铜还可以提高耐蚀性。粉末合金钢制品淬火后σ_b可达500 ~ 800MPa，硬度为40 ~ 50HRC，可制造受力较大的结构件，如油泵齿轮、电钻齿轮等。

对于长轴类、薄壳类及形状过于复杂的结构零件，则不宜采用粉末冶金材料。

3. 烧结摩擦材料

摩擦材料广泛用于机轮刹车材料、离合器摩擦材料。作为制动用的机轮刹车盘是机轮刹车装置的核心。刹车材料的摩擦性能决定着刹车装置的特性，同时它也是大量消耗的关键材料。制动器在制动时要吸收大量的动能，使摩擦表面温度急剧上升，可达1000℃，故材料极易磨损。因此，对摩擦材料性能的要求是：①较大的摩擦系数；②较高的耐磨性；③足够的强度；④良好的磨合性和抗咬合性。

烧结摩擦材料通常是以强度高、导热性好、熔点高的金属（如铁、铜）为基体，加入能提高摩擦系数的摩擦组元（如Al_2O_3、SiO_2及石棉等）及能抗咬合的润滑组元（如铅、锡、石墨等）经烧结制成的，因此，它能较好地满足摩擦材料性能的要求。其中，铜基粉末冶金摩擦材料常用于汽车、拖拉机、锻压机床的离合器与制动器；铁基粉末冶金摩擦材料多用于各种高速重载机器的制动器。

与粉末冶金摩擦材料相互摩擦的对偶件，一般用淬火钢或铸铁。

第二节　硬质合金

硬质合金属于粉末冶金材料，即由难熔金属硬质化合物（硬质相）和金属粘结剂（粘结相）经粉末冶金方法制成的。通常使用的硬质合金主要以碳化物作为硬质相，以钴作为粘结相，通过高温烧结而成。

一、硬质合金的特性

一般来说，作为硬质相的碳化物（如 WC、TiC、NbC 等）都具有较高的熔点，较高的硬度，较好的化学稳定性及热稳定性。因此使硬质合金材料具有以下主要特性：

1. 硬度高、热硬性高、耐磨性好

在常温下硬质合金硬度可达 86 ~ 96HRA（相当于 69 ~ 81HRC），高于高速工具钢（63 ~ 70HRC）；热硬性可达 1000℃以上，远远高于高速工具钢（500 ~ 650℃）；耐磨性比高速工具钢要高 15 ~ 20 倍。由于这些特点，使得硬质合金作为切削刃具时所允许的最大切削速度比高速工具钢高 4 ~ 10 倍。

2. 抗压强度高、弹性模量高

硬质合金的抗压强度可达 6000MPa，高于高速工具钢，但抗弯强度较低，只有高速工具钢的1/3 ~ 1/2左右；弹性模量约为高速工具钢的 2 ~ 3 倍；冲击韧度较低，仅为 2.5 ~ 6J/cm^2，约为淬火钢的 30% ~ 50%。

3. 硬质合金还具有良好的耐蚀性（抗大气、酸、碱等）与抗氧化性

由于硬质合金的性能特点，使其在很多领域得到使用：模具材料（如拉伸、冲压、成形模等）；地质钻探工具（如凿岩用钎头）；量具及不受冲击振动的高耐磨零件（如磨床顶尖等）。尤其重要的是硬质合金被最为广泛地应用在刀具材料上，如车刀、铣刀、铰刀等。与工具钢相比较，使用硬质合金的优点是：①提高切削工具寿命 5 ~ 80 倍，量具寿命 20 ~ 150倍，模具寿命 50 ~ 100 倍；②提高零件的表面加工质量；③使某些难加工材料的切削加工得以实现；④能制成某些耐高温或耐蚀性好的耐磨零件，从而提高其在特殊及恶劣条件下的工作寿命。

另外，硬质合金只能磨削，不能被切削，更不能锻造，也不必进行热处理。硬质合金的热导率较低，韧性较差，高速切削时不能使用冷却液，以免崩裂。

二、常用硬质合金

常用的硬质合金按成分和性能特点可分为以下三类：

1. 钨钴类硬质合金

这类硬质合金的主要成分为碳化钨和钴。其牌号用“YG + 数字”表示，其中“YG”为“硬”、“钴”两字汉语拼音首字母大写，表示为钨钴类硬质合金，数字表示钴的含量。如 YG8 表示钨钴类硬质合金，含钴量 $w_{Co} \approx 8\%$，其余为碳化钨。

2. 钨钴钛类硬质合金

这类硬质合金的主要成分为碳化钨、碳化钛和钴。其牌号用“YT + 数字”表示，其中“YT”为“硬”、“钛”两字汉语拼音首字母大写，表示为钨钴钛类硬质合金，数字表示碳化钛的含量。如 YT15 表示钨钴钛类硬质合金，含碳化钛量 $w_{TiC} = 15\%$，其余为碳化钨和钴。

碳化物含量越高，钴含量越低，硬质合金的硬度、热硬性及耐磨性就越高，但强度及韧性越低。当钴含量相同时，YT 类合金由于碳化钛的加入，具有较高的硬度与耐磨性。同时，由于这类合金表面会形成一层氧化钛薄膜，切削时不易粘刀，故具有较高的热硬性。但其强

度和韧性比YG类合金低。因此，YG类合金适用于加工脆性材料（如铸铁），而YT类合金适合于加工塑性材料。同一类硬质合金中，含钴量较高的适宜制造粗加工刃具；含钴量低的适宜制造精加工刃具。

3. 通用硬质合金（万能硬质合金）

这类硬质合金以碳化钽（TaC）或碳化铌（NbC）取代硬钛类硬质合金中的部分碳化钛。取代的数量越多，在硬度不变的条件下合金的抗弯强度越高。它适用于切削各种钢材，特别对于切削不锈钢、耐热钢、高锰钢等难加工的钢材，效果较好。它也可以代替YG类硬质合金加工铸铁等脆性材料。通用硬质合金牌号用"YW+数字"表示，其中"YW"为"硬"、"万"两字汉语拼音首字母大写，表示为通用硬质合金（即万能硬质合金），数字表示顺序号。

常用硬质合金的牌号、成分和性能见表10-1。常用硬质合金刀具（刀片）牌号的选用见表10-2。

另外，按照GB/T 2075—2007规定，切削加工用硬质合金按其切屑排出形式和加工对象的范围不同可分为P、M、K三类，即：

P—适用于加工长切屑的钢铁材料，以蓝色作标志，相当于YT类。

M—适用于加工长切屑或短切屑的钢铁材料和非铁金属，以黄色作标志，相当于YW类。

K—适用于加工短切屑的钢铁材料、非铁金属及非金属材料，以红色作标志，相当于YG类。

表10-1 常用硬质合金的牌号、成分和性能

类别	牌号①	w_i（%）				物理、力学性能		
		WC	TiC	NbC	Co	相对密度	硬度HRA（不低于）	抗弯强度/MPa（不低于）
钨钴类合金	YG3X	96.5	—	<0.5	3	15.0~15.3	91.5	1100
	YG6	94	—	—	6	14.6~15.0	89.5	1450
	YG6X	93.5	—	<0.5	6	14.6~15.0	91	1400
	YG8	92	—	—	8	14.5~14.9	89	1500
	YG8C	92	—	—	8	14.0~14.4	88	1750
	YG11C	89	—	—	11	13.9~14.2	86.5	2100
	YG15	85	—	—	15	13.4~13.8	87	2100
	YG20C	80	—	—	20	14.6~15.0	82~84	2200
	YG6A	91	—	—	6	15.0~15.3	91.5	1400
	YG8A	91	—	<1.0	8	14.5~14.9	89.5	1500
钨钴钛类合金	YT5	85	5	—	10	12.5~13.2	89	1400
	YT15	79	15	—	6	11.0~11.7	91	1150
	YT30	66	30	—	4	9.3~9.7	92.5	900
通用合金	YW1	84	6	4	6	12.8~13.3	91.5	1200
	YW2	82	6	4	8	12.6~13.0	90.5	1300

① 牌号中"X"表示该合金是细颗粒；"C"表示该合金是粗晶粒；"A"表示该合金中含有TaC或NbC。

表 10-2　常用硬质合金刀具（刀片）牌号的选用

加工方式	碳钢及合金钢	特殊难加工钢	奥氏体不锈钢	淬火钢	钛及钛合金	铸铁	非铁金属及其合金	非金属材料	加工条件及特征
	被加工材料								
	推荐使用的硬质合金牌号								
车削	YT5 YT14 YT15	YG8 YG6A YW1	YG8 YW2	—	YG8 YW1	YG5 YG8 YG6X	YG6 YG8	—	锻件、冲压件及铸铁件表面有断续带冲击的粗车或连续表面粗车
车削	YT14 YT15	YG8 YW2	YW1	YT5 YG8	YG6 YG8 YW2	YG6 YG8	YG3X	YG3X	不连续面的半精车及精车
车削	YT30	YT14 YT15	YG6X	YT14 YT15	YG8 YW2	YG3X YG6X	YG3X	YG3X	连续面的半精车及精车
车削	YT5 YT14 YT15	YG8 YW1	YG6X YW1	—	YG8	YG6 YG8	YG3X	YG3X	切断及切槽
车削	YT14 YT15	YG15 YW2	YG6X	YG6X	YG6	YG3X YG6X	YG3X	YG3X	精、粗车螺纹
铣削	YT14 YT15	YT15 YW1	YW2	—	YG8	YG3X YG6X	YG3X	YG3X	半精铣及精铣
钻削	YT15	—	—	—	YG6 YG8	YG6 YG8	—	—	铸孔、锻孔、冲压孔的一般扩孔
拉削与刨削	YG15 YT15	—	—	—	—	YG6 YG8	YG6 YG8	YG6 YG8	粗加工、半精加工及精加工
铰削	YT15 YT30	YT15 YT30	YG6 YW2	YT30	YG3X YG6X	YG3X YG6X	YG3X	YG3X	预铰及精铰

三、钢结硬质合金

用粉末冶金方法除了可以生产上述种类的硬质合金外，还可以生产一种新型硬质合金，即钢结硬质合金。钢结硬质合金主要成分是碳化钨和碳化钛，并以合金钢粉末（如铬钼钢或高速工具钢，含量 50% ~65%）作为粘结剂。这种硬质合金与钢一样，可以进行锻造、热处理、焊接等加工。淬火 + 低温回火后硬度可达 70HRC，具有高耐磨性、抗氧化性及耐蚀性。用于作刃具时，钢结硬质合金的使用寿命与 YG 类硬质合金差不多，大大超过合金工具钢。由于它的可加工性好，使钢结硬质合金更适于制造各种复杂形状的刃具、模具及耐磨零件。

钢结硬质合金的代号、成分及性能列于表10-3。

表10-3 钢结硬质合金的代号、成分及性能

代号	w_i（%）						性能				
	TiC	WC	Cr	Mo	C	Fe	$\rho/(g \cdot cm^{-3})$	硬度HRC 退火	硬度HRC 淬火	σ_b/MPa	$a_K/(J \cdot cm^{-2})$
YE65	35	—	2	2	0.6	余量	6.4~6.6	39~46	69~73	1300~2300	—
YE50	Ni0.3	50	1.1	0.3	0.1	余量	10.3~10.6	35~42	68~72	2700~2900	12

思考题和习题

1. 何谓粉末冶金？
2. 简述粉末冶金的工艺过程。
3. 常用粉末冶金材料有哪些？
4. 与工具钢相比，硬质合金的优点有哪些？
5. YG、YT、YW三类硬质合金分别适用于加工哪些材料？

第十一章 铸 铁

第一节 概 述

铸铁是工业上广泛应用的铸造金属材料。在铁-碳相图中，含碳量 $w_C>2.11\%$ 的铁碳合金称为铸铁。工业上实际应用的铸铁是一种以铁、碳、硅为基础的多元合金，从成分上看，铸铁与钢的主要区别在于铸铁比钢含有较高的碳和硅，并且硫、磷杂质含量较高。

铸铁中的碳能以石墨或渗碳体两种独立相的形式存在，因而使得铁碳合金系统存在着 Fe-G（石墨）和 $Fe\text{-}Fe_3C$（渗碳体）双重相图，见图 11-1。图上虚线表示 Fe-G（石墨）稳定态相图，实线表示 $Fe\text{-}Fe_3C$（渗碳体）亚稳定态相图，虚线与实线重合的线用实线画出。铸铁从高温至低温的整个冷却过程中，碳可以分别按两个相图形成产物，即按 $Fe\text{-}Fe_3C$ 相图形成渗碳体或按Fe-G相图形成石墨。

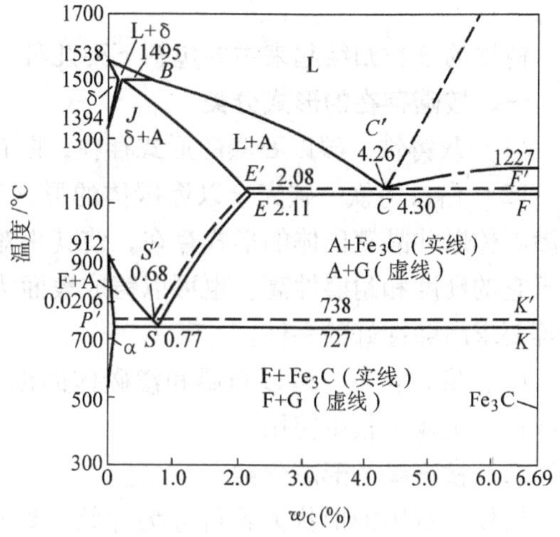

图 11-1 Fe-G（石墨）和 $Fe\text{-}Fe_3C$（渗碳体）双重相图

一、铸铁的石墨化

渗碳体相与石墨相比较而言，渗碳体为不稳定相，而石墨是相对稳定的相，因此，在熔融状态下的铁液中的碳有形成石墨的趋势。铸铁中的碳以石墨形式析出的过程称为石墨化。由图 11-1 可以看出，铁液从高温冷却到低温的过程中，铸铁的石墨化过程可分为三个阶段。第一阶段：从液相中结晶析出一次石墨（对于过共晶成分合金而言）和在 1154℃（$E'C'F'$ 线）通过共晶反应形成共晶石墨；第二阶段：在 1154 ~738℃温度范围内，从奥氏体中沿 $E'S'$线析出二次石墨；第三阶段：在 738℃（$P'S'K'$线）发生共析转变析出石墨。

铸铁的石墨化主要与铁液的冷却速度及其含硅量有关，当具有相同成分（铁、碳、硅三种元素）的铁液冷却时，冷却速度越慢，析出石墨的可能性越大，而硅的存在有利于铁液的石墨化进程。所以，对于铸铁来说，要求含硅量较高。

二、铸铁的组织及其性能

铸铁的性能取决于铸铁的组织，而铸铁的组织可以认为是由钢的基体与不同形状、数量、大小及分布的石墨组成的。石墨具有简单的六方晶格，其晶格形式如图 11-2 所示。石墨晶格基面中

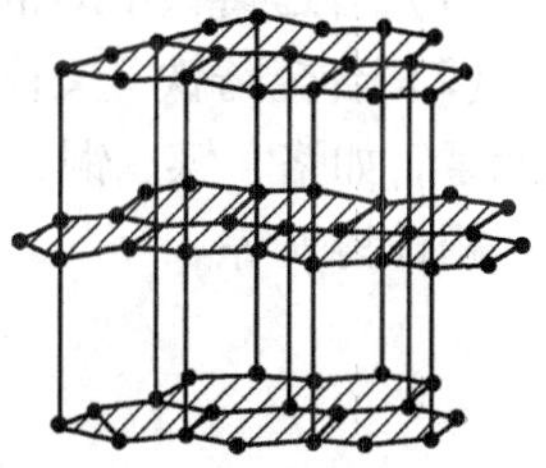

图 11-2 石墨的晶格结构

的原子间距为0.142nm，结合力较弱，两基面间间距为0.340nm，是依靠较弱的金属键结合的，因此，石墨的力学性能较低，硬度仅为3~5HBW，σ_b 约为20MPa，延伸率 δ 近于零。

石墨基面层间较弱的结合力，使两基面间容易产生滑移，因而使铸铁的力学性能不如钢。但是，同时也正是由于石墨的存在，赋予铸铁许多钢所不及的性能，如优良的铸造性、较好的切削加工性和耐磨及减振性。另外，铸铁生产设备及工艺简单，使其具有较低的生产成本，因此，铸铁在机器制造、冶金、矿山、石油化工、交通运输和国防工业等部门得到较为广泛的应用。

第二节 铸铁的分类

铸铁的分类归结起来主要包括下列几种方法。

一、按碳存在的形式分类

（1）灰铸铁 碳以石墨的形式存在，断口呈黑灰色，是应用最为广泛的铸铁。

（2）白口铸铁 碳完全以渗碳体的形式存在，断口呈亮白色。这种铸铁的组织中一部分渗碳体以共晶莱氏体的形式存在，使其很难切削加工，因此主要作炼钢原料使用。但是，由于它的硬度和耐磨性高，也可以铸成表面为白口组织的铸件，如轧辊、球磨机的磨球、犁铧等要求耐磨性好的零件。

（3）麻口铸铁 碳以石墨和渗碳体的混合形态存在，断口呈灰白色。这种铸铁有较大的脆性，工业上很少使用。

二、按石墨的形态分类

铸铁中石墨的形状大致可分为片状、蠕虫状、棉絮状及球状四大类。因此，可将铸铁分为：

（1）普通灰铸铁 石墨呈片状，见图11-3a。

（2）蠕墨铸铁 石墨呈蠕虫状，见图11-3b。

（3）可锻铸铁 石墨呈棉絮状，见图11-3c。

（4）球墨铸铁 石墨呈球状，见图11-3d。

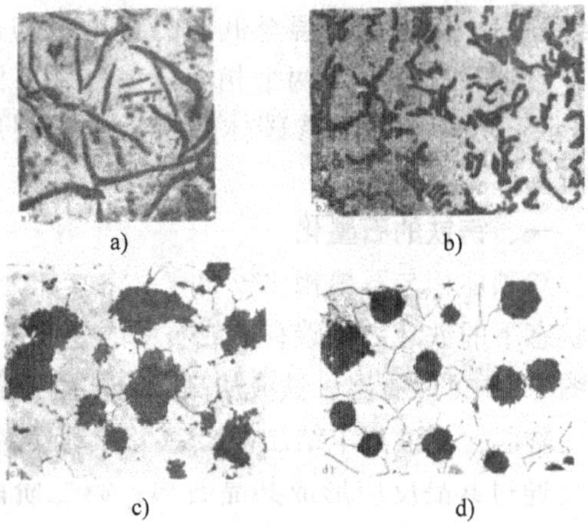

图11-3 铸铁中的石墨形态

三、按化学成分分类

（1）普通铸铁 即常规元素铸铁。如普通灰铸铁、蠕墨铸铁、可锻铸铁、球墨铸铁。

（2）合金铸铁 又称为特殊性能铸铁。是向普通灰铸铁或球墨铸铁中加入一定量的合金元素，如铬、镍、铜、钒、铅等，使其具有一些特定性能的铸铁，如耐磨铸铁、耐热铸铁、耐蚀铸铁等。

第三节 普通灰铸铁

普通灰铸铁一般俗称为灰铸铁。灰铸铁生产工艺简单，铸造性能优良，是生产中应用最多的一种铸铁，约占铸铁应用总量的80%。

一、灰铸铁的化学成分、组织、性能及用途

1. 灰铸铁的化学成分与组织

灰铸铁的化学成分一般为$w_C = 2.7\% \sim 3.6\%$、$w_{Si} = 1.0\% \sim 2.2\%$、$w_{Mn} = 0.5\% \sim 1.3\%$、$w_P < 0.3\%$、$w_S < 0.15\%$。其组织根据石墨化程度可以分为下列三种基体的灰铸铁：

（1）铁素体灰铸铁　石墨化过程充分进行，则最终将获得在铁素体基体上分布片状石墨的灰铸铁，如图11-4a所示。

（2）珠光体+铁素体灰铸铁　第一和第二阶段石墨化过程能充分进行，但第三阶段石墨化过程仅部分进行，最终将获得在珠光体+铁素体基体上分布片状石墨的灰铸铁，如图11-4b所示。

（3）珠光体灰铸铁　第一、第二阶段石墨化过程能充分进行，但第三阶段石墨化过程完全没有进行，最终将获得珠光体基体上分布片状石墨的灰铸铁，如图11-4c所示。

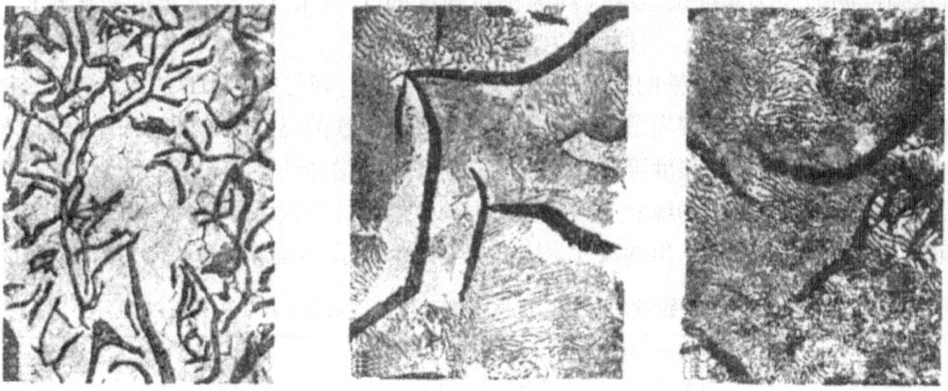
a)　　b)　　c)

图11-4　三种基体的灰铸铁

a）铁素体基体　b）铁素体+珠光体基体　c）珠光体基体

各阶段石墨化能否进行以及进行的程度主要取决于铸铁的化学成分和冷却速度。

铸铁是一种以铁、碳、硅为主的多元合金，在众多合金元素中碳和硅是强烈石墨化促进元素。这是因为随着碳含量的增加，铁液中的石墨晶核数量增多，促进石墨的生成；而硅与铁原子的结合力较强，溶于铁素体不仅会削弱铁、碳原子间的结合力，而且还会使共晶点的含碳量降低，共晶转变温度提高，这些都有利于石墨的析出。所以当铁液中碳、硅含量增加时，将使基体组织中的铁素体增加。

锰、硫都是阻止石墨化的元素。而硫的阻碍作用更为强烈。但锰能与硫形成MnS，这样可以削弱硫对石墨化的阻碍作用。磷是微弱促进石墨化的元素，同时有提高铁液流动性的作用。但当铁液中磷含量$w_P > 0.3\%$时，将沿晶界析出二元或三元磷共晶而使铸铁脆性增大。

在同一化学成分的铸铁中，结晶时的冷却速度对其组织的影响，主要通过铸造方法和铸件壁厚表现出来。金属型铸造由于铸型散热能力大，铸件冷却速度快易出现白口组织；砂型铸造铸型蓄热能力低，铸件冷却速度低，易出现灰口组织。同一铸件厚壁处为灰口组织，薄壁处为白口组织，这主要是由于当冷却速度缓慢时更有利于向形成稳定的石墨相晶核发展所致。

图 11-5 表明了化学成分和冷却速度对铸件组织的影响。在生产中可根据铸件壁厚调整铸铁液中的碳硅含量，以保证所要求的灰铸铁组织。

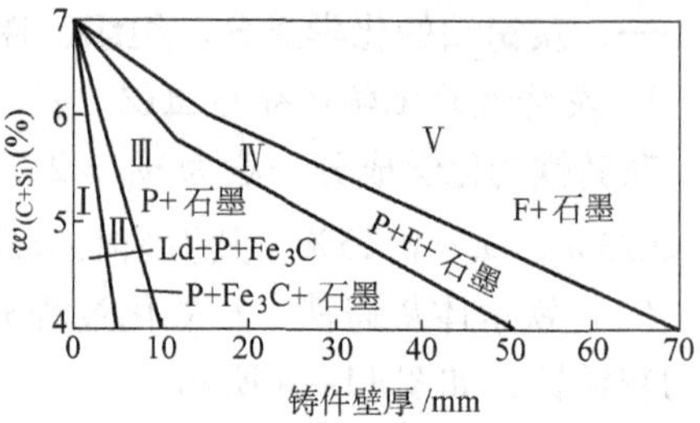

图 11-5　化学成分和铸件壁厚（冷却速度）对铸件组织的影响

2. *灰铸铁的性能特点和应用*

由于石墨的强度极低，在铸铁中相当于裂缝或空洞，这样就破坏了基体金属的连续性，使基体的有效承载面积减小，并且片状石墨的边缘部分在受拉应力时很容易造成应力集中，因此，灰铸铁的抗拉强度、塑性及韧性都明显低于碳钢。石墨片的数量越多、尺寸越大、分布越不均匀，对基体的割裂作用越严重，所以在铸铁件生产时，要尽可能获得细石墨片。

灰铸铁的硬度和抗压强度主要取决于基体组织，而与石墨的存在基本无关，因此，灰铸铁的抗压强度明显高于其抗拉强度（约为抗拉强度的 3 ~ 4 倍），所以灰铸铁比较适合作耐压零件，如机床底座、床身、支柱等。

表 11-1 为我国常用灰铸铁的牌号、抗拉强度及用途。牌号中的 HT 是“灰铁”二字汉语拼音首字母大写，后面的数字表示其最低抗拉强度。灰铸铁的强度与铸件的壁厚有关，从表中可以看出，铸件壁厚增加则强度降低，这主要是由于壁厚增加使冷却速度降低，造成基体组织中铁素体增多而珠光体减少的缘故。因此，在根据性能选择铸铁牌号时，必须注意到铸件的壁厚。如铸件的壁厚超出表中给出的尺寸，应根据实际情况适当提高或降低铸铁的牌号。

表 11-1　常用灰铸铁的牌号、抗拉强度及用途（参照 GB/T 9439—2010）

牌号	铸件壁厚/mm		抗拉强度 σ_b/MPa (min)		铸件本体预期抗拉强度 σ_b/MPa (min)	用　途
	大于	至	单铸试棒	附铸试棒或试块		
HT100	5	40	100	—	—	适用于载荷小，对摩擦、磨损无特殊要求的零件，如盖、外罩、油盘、手轮、支架、底座等
HT150	5	10	150	—	155	适用于承受中等载荷的零件，如卧式机床上的支柱、底座、齿轮箱、刀架、床身、轴承座、工作台、带轮等
	10	20		—	130	
	20	40		120	110	
	40	80		110	95	
	80	150		100	80	
	150	300		*90*	—	
HT200	5	10	200	—	205	适用于承受大载荷的重要零件，如汽车、拖拉机的气缸体、气缸盖、刹车轮等
	10	20		—	180	
	20	40		170	155	
	40	80		150	130	
	80	150		140	115	
	150	300		*130*	—	
HT250	5	10	250	—	250	适用于承受大载荷的重要零件，如联轴器、液压缸、阀体、泵体、圆周转速 12 ~ 20m/s 的带轮、化工容器、泵壳、活塞等
	10	20		—	225	
	20	40		210	195	
	40	80		190	170	
	80	150		170	155	
	150	300		*160*	—	

（续）

牌号	铸件壁厚/mm		抗拉强度 σ_b/MPa (min)		铸件本体预期抗拉强度 σ_b/MPa (min)	用 途
	大于	至	单铸试棒	附铸试棒或试块		
HT300	10	20	300	—	270	适用于承受高载荷、要求耐磨自高气密性的重要零件，如剪床、压力机等重型机床的床身、机座及受力较大的齿轮、凸轮、衬套、大型发动机的气缸、缸套、气缸盖、液压缸、泵体、阀体等
	20	40		250	240	
	40	80		220	210	
	80	150		210	195	
	150	300		*190*	—	
HT350	10	20	350	—	315	
	20	40		290	280	
	40	80		260	250	
	80	150		230	225	
	150	300		*210*	—	

注：1. 当铸件壁厚超过300mm时，其力学性能由供需双方商定。

2. 当某牌号的铁液浇注壁厚均匀、形状简单的铸件时，壁厚变化引起抗拉强度的变化，可从本表查出参考数据，当铸件壁厚不均匀，或有型芯时，此表只能给出不同壁厚处大致的抗拉强度值，铸件的设计应根据关键部位的实测值进行。

3. 表中斜体字数值表示指导值，其余抗拉强度值均为强制性值，铸件本体抗拉强度值不作为强制性值。

二、灰铸铁的孕育处理

为提高灰铸铁的力学性能，生产上常对其进行孕育处理，即在浇铸前向铁液中加入少量的孕育剂，从而在铁液中形成大量的、高度弥散的难熔质点，成为石墨的人工晶核，以形成细小、均匀分布的石墨，减小石墨片对基体组织的割裂作用而使灰铸铁的强度、塑性得到提高。这种经过孕育处理的灰铸铁称为孕育铸铁。表11-1中HT150、HT300、HT350即属于孕育铸铁。

孕育剂的种类很多，但以 $w_{Si}=75\%$ 的硅铁最为常用，其原因是除价格便宜外，主要是它在孕育后的短时间内（约5～6min）有良好的孕育效果。进行孕育处理时，一般加入量为铁液质量的0.4%左右。

三、灰铸铁的热处理

对灰铸铁来说，热处理仅能改变其基体组织，改变不了石墨形态，因此，热处理不能明显改善灰铸铁的力学性能。灰铸铁常用的热处理方法主要有以下三种。

1. 时效退火

铸件在冷却过程中，由于各部位冷却速度不同造成收缩不一致，形成内应力，这种内应力能通过铸件的变形得到缓解，但是这一过程一般是较缓慢的。因此，铸件在形成后都需要进行时效处理，尤其对一些大型、复杂或加工精度较高的铸件（如床身、机架等）。时效处理一般有两种方法，即自然时效和人工时效。自然时效是将成形铸件长期放置在室温下以消除其内应力，这种方法时间较长（半年甚至一年以上）。为缩短时效时间，现在大多数情况下采用人工时效（即时效退火）的方法来消除铸件内应力，其原理是将铸件重新加热到530～620℃，经长时间保温（2～6h），利用塑性变形降低应力，然后在炉内缓慢冷却至200℃以下出炉空冷。经时效退火后可消除90%以上的内应力。典型时效退火工艺曲线如图11-6所示。

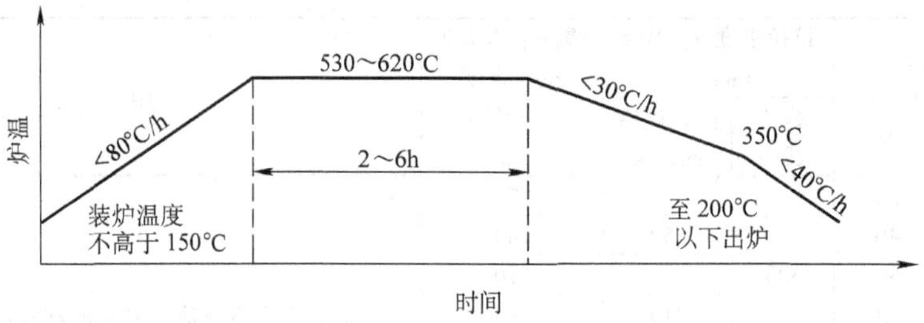

图11-6 典型时效退火工艺曲线

时效退火温度越高，铸件残余应力消除越显著，铸件尺寸稳定性越好；但随着时效温度的提高，时效后铸件的力学性能会有所下降，因此，要合理制定铸件时效退火的最高加热温度。一般可按下式选择

$$t = 480 + 0.4\sigma_b$$

式中 t——时效退火的最高加热温度（℃）；

σ_b——铸件的抗拉强度（MPa）。

保温时间一般按每小时热透铸件25mm计算。加热速度一般控制在80℃/h以下，复杂零件控制在20℃/h以下。冷却速度应控制在30℃/h以下，200℃后空冷。

铸件表面被切削加工后破坏了原有应力场，会导致铸件应力的重新分布，所以时效退火最好在粗加工后进行。对于要求特别高的精密零件，可在铸件成形和粗加工后进行两次时效退火。

2. 石墨化退火

铸件在冷却时，表面及薄壁部位有时会产生白口，在后续成分控制不当、孕育处理不足时会使整个铸件形成白口、麻口，使切削加工难以进行。石墨化退火是一种有效的补救措施，在高温下使白口部分的渗碳体分解，达到石墨化。

石墨化退火是将铸件以70～100℃/h的速度加热至850～900℃，保温2～5h（取决于铸件壁厚），然后炉冷至400～500℃后空冷。

若需要得到铁素体基体，则可在720～760℃保温一段时间，炉冷至250℃以下空冷。

另外，也可以在950℃进行正火，得到珠光体基体，使铸铁保持一定的强度和硬度，提高铸铁的耐磨性。

应当指出的是，在实际生产中，应从化学成分、孕育技术上进行严格控制，尽量减少白口的产生，而不应该依靠石墨化热处理去消除，以简化生产工艺、降低零件成本。

3. 表面热处理

要求耐磨的铸件，如缸套、机床导轨等可以用火焰或中、高频感应加热淬火方法进行表面强化处理，但淬火前铸件需进行正火处理，保证其获得大于65%以上的珠光体。淬火后表面能获得马氏体+石墨组织，硬度可达55HRC。

近年来，机床导轨表面还经常采用电接触表面加热自冷淬火法。其基本原理是采用低压（2～5V）、大电流（400～700A）进行表面接触加热，使零件表面迅速被加热至900～950℃，利用零件自身的散热达到快速冷却的效果。其特点是加热时间短、变形小（导轨下凹仅0.01mm），用油石稍加打磨即可使用，并且容易进行再修复。

第四节 球墨铸铁

球墨铸铁是指铁液经过球化剂处理而不是经过热处理，使石墨全部或大部分呈球状的铸铁。当铁液中加入一定量的镁并以硅铁孕育时可得到球状石墨。在我国，球墨铸铁广泛应用于农业机械、汽车、机床、冶金及化工等部门。

一、球墨铸铁的化学成分、组织和性能

1. 球墨铸铁的化学成分

球墨铸铁是在铁液中加入球化剂（稀土镁合金）使铸铁中的石墨呈球状，然后在出铁液时加入孕育剂（SiFe75）促进石墨化而获得的。

由于球化剂有阻止石墨化的作用，因此，要求球墨铸铁比普通灰铸铁的含碳、硅量高，硫、磷杂质含量严格控制。一般含 $w_C = 3.6\% \sim 4.0\%$，含 $w_{Si} = 2.0\% \sim 3.2\%$，这样既能保证碳的石墨化进程，同时又可避免由于碳当量过高而造成石墨飘浮于铸件表面，使铸件力学性能下降；锰有去硫脱氧作用，并可稳定和细化珠光体；有害杂质应控制 $w_S < 0.05\%$，$w_P < 0.06\%$。

2. 球墨铸铁的组织和性能

球墨铸铁在铸态下，其基体往往是由不同数量的铁素体、珠光体、甚至自由渗碳体组成的混合组织。通过热处理可以获得以下几种不同基体组织的球墨铸铁：

1）铁素体球墨铸铁。

2）珠光体球墨铸铁。

3）铁素体 + 珠光体球墨铸铁。

4）贝氏体球墨铸铁。

铸态中的石墨呈球状，不仅造成的应力集中较小，而且在相同的石墨体积下球状石墨的表面积最小，因而对基体的割裂作用也较小，能充分发挥基体组织的作用。球墨铸铁的金属基体强度的利用率可以高达 70% ~90%，而普通灰铸铁仅为 30% ~50%。因此，球墨铸铁的强度、塑性、韧性均高于其他铸铁，可以与相应组织的铸钢相媲美。疲劳强度可接近一般中碳钢。特别应该指出的是，球墨铸铁的屈强比几乎是一般结构钢的两倍（球墨铸铁为 0.7 ~0.8，普通钢为 0.35 ~0.5），因此，对于承受静载荷的零件，用球墨铸铁代替铸钢可以减轻机器质量。

近年来由于断裂力学的发展，发现含有 10% ~15%（体积分数）铁素体的球墨铸铁的 K_{IC} 值并不像它的 a_K 值那样低。如强度相近的球墨铸铁与 45 钢比较，前者的冲击韧度不到后者的 1/6，但前者的断裂韧度却可达到后者的 1/3 以上，而 K_{IC} 比 a_K 更能准确地反映材料的韧性指标。因此许多重要的零件可以安全地使用球墨铸铁，如大型柴油机、内燃机曲轴等。球墨铸铁的减振作用比钢好，但不如普通灰铸铁，球化率越高，其减振性越不好。

球墨铸铁的缺点是铸造性能低于普通灰铸铁，凝固时收缩较大。另外，对铁液的成分要求较严。

3. 球墨铸铁的牌号和用途

常用球墨铸铁的牌号、性能及用途列于表 11-2。其中牌号中“QT”是“球铁”汉语拼

音首字母大写；后面两组数字分别表示最低抗拉强度和最小延伸率。由于球墨铸铁可以通过热处理获得不同的基体组织，所以其性能可以在较大范围内变化，因而扩大了球墨铸铁的应用范围，使球墨铸铁在一定程度上代替了不少碳钢、合金钢等，可用来制造一些受力复杂，强度、韧性和耐磨性要求较高的零件，如曲轴、连杆、机床主轴等。

表 11-2 常用球墨铸铁的牌号、性能及用途（参照 GB/T 1348—2009）

牌号	σ_b/MPa	$\sigma_{0.2}$/MPa	δ（%）	基体组织	用途
	不小于				
QT400-18	400	250	18	铁素体	汽车、拖拉机的牵引框、轮毂、离合器及减速器的壳体；农机具的犁铧、犁柱；大气压阀门阀体、阀盖支架、高低压气缸输气管；铁路垫板等
QT400-15	400	250	15	铁素体	
QT450-10	450	310	10	铁素体	
QT500-7	500	320	7	铁素体＋珠光体	液压泵齿轮、阀门体、轴瓦、机器底座、支架、传动轴、链轮、飞轮、电动机机架等
QT600-3	600	370	3	铁素体＋珠光体	连杆、曲轴、凸轮轴、气缸体、进排气门座、脱粒机齿条、轻载荷齿轮、部分机床主轴、球磨机齿轮轴、矿车轮、小型水轮机主轴、缸套等
QT700-2	700	420	2	珠光体	
QT800-2	800	480	2	珠光体或索氏体	
QT900-2	900	600	2	回火马氏体或屈氏体＋索氏体	汽车螺旋锥齿轮、减速器齿轮、凸轮轴、传动轴、转向节；犁铧、耙片等

二、球墨铸铁的热处理

1. 球墨铸铁的热处理特点

由于球墨铸铁中含硅量较高，因此其共析转变发生在一个较宽的温度范围，并且共析转变温度升高，图 11-7为稀土镁球墨铸铁中硅含量对共析转变温度的影响。

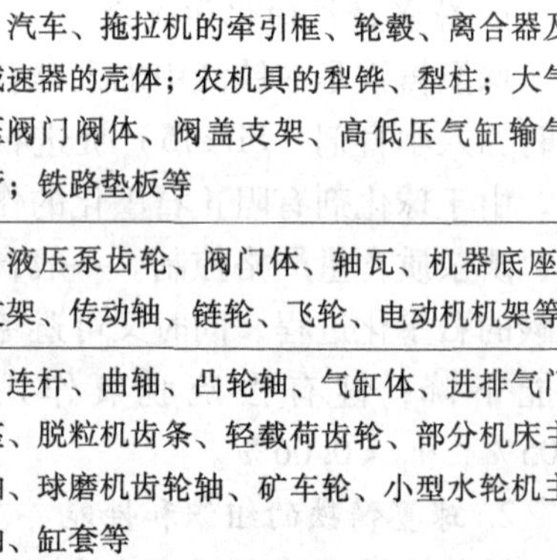

图 11-7 稀土镁球墨铸铁中硅含量对共析转变温度的影响
Ac_1^s—共析转变开始 Ac_1^z—共析转变终了

球墨铸铁的C曲线显著右移。使临界冷却速度明显降低，淬透性增大，很容易实现油淬和等温淬火。

2. 常用的热处理方法

根据热处理目的的不同，球墨铸铁常用的热处理方法有以下几种：

（1）高温退火和低温退火　退火的目的是为了获得铁素体基体球墨铸铁。浇铸后铸件组织中常会出现不同数量的珠光体和渗碳体，使切削加工变得较难进行。为了改善其加工性，同时消除铸造应力，需进行退火处理。

当铸态组织为 F + P + Fe_3C + G（石墨）时，则进行高温退火，即将铸件加热至共析温度以上（约 900 ~ 950℃），保温 2 ~ 5h，然后随炉冷至 600℃出炉空冷。

当铸态组织为 F + P + G（石墨）时，则进行低温退火，即将铸件加热至共析温度附近（约 700 ~ 760℃），保温 3 ~ 6h，然后随炉冷至 600℃出炉空冷。

（2）正火　正火可分为高温和低温正火两种。高温正火是将铸件加热至共析温度以上，一般为 880 ~ 920℃，保温 1 ~ 3h，然后空冷，使其在共析温度范围内快速冷却，以获得珠光体球墨铸铁。对厚壁铸件，应采用风冷，甚至喷雾冷却，以保证获得珠光体基体。若铸态组织中有自由渗碳体存在，正火温度应提高至950～980℃，使自由渗碳体在高温下全部溶入奥氏体。

低温正火是将铸件加热至840～860℃，保温1～4h，出炉空冷。低温正火获得珠光体+铁素体基体的球墨铸铁。

球墨铸铁的导热性较差，正火后铸件内应力较大，因此正火后应进行一次消除应力退火，即加热到550～600℃，保温3～4h出炉空冷。

(3) 等温淬火　等温淬火适用于形状复杂易变形、同时要求综合力学性能高的球墨铸铁件。方法是将铸件加热至860～920℃，适当保温并迅速放入250～350℃的盐浴炉中进行0.5～1h的等温处理，然后取出空冷。等温淬火后得到下贝氏体+少量残留奥氏体+球状石墨。由于等温淬火内应力不大，可不进行回火。等温淬火后其抗拉强度 σ_b 可达1100～1600MPa，硬度38～50HRC，冲击韧度 a_K 为30～100J/cm^2。可见，等温淬火是提高球墨铸铁综合力学性能的有效途径，但仅适用于结构尺寸不大的零件，如尺寸不大的齿轮、滚动轴承套圈、凸轮轴等。

(4) 调质处理　对于受力复杂、截面尺寸较大的铸件，一般采用调质处理来满足高综合力学性能的要求。调质处理时将铸件加热至860～920℃，保温后油冷，而后在550～620℃高温回火2～6h，获得回火索氏体和球状石墨组织，硬度为250～300HBW，具有良好的综合力学性能，常用来处理柴油机曲轴、连杆等零件。

球墨铸铁除了能采用上述热处理工艺外，还可以采用表面强化处理，如渗氮、离子渗氮、渗硼等。

第五节　可锻铸铁及蠕墨铸铁

一、可锻铸铁

可锻铸铁是由一定化学成分的铁液浇铸成白口坯料，再经过石墨化退火而成的。可锻铸铁中石墨为团絮状，对基体的割裂和引起应力集中作用比灰铸铁小。因此，与灰铸铁相比，可锻铸铁有较好的强度和塑性，特别是低温冲击性能较好；耐磨性和减振性优于普通碳素钢；铸造性能较灰铸铁差；切削加工性能则优于钢和球墨铸铁而与灰铸铁接近。可锻铸铁广泛应用于管类零件和农机具、汽车、拖拉机及建筑扣件等大批量生产的薄壁中小型零件。

1. 可锻铸铁的化学成分和组织

为了保证浇铸后获得白口铸铁，可锻铸铁的含碳和硅量较低。目前，生产中可锻铸铁的化学成分范围为：$w_C=2.2\%\sim2.8\%$、$w_{Si}=1.2\%\sim2.0\%$、$w_{Mn}=0.4\%\sim1.2\%$，一般要求 $w_{S,P}<0.2\%$。

为了缩短退火周期，常在浇铸前加入少量孕育剂，如Al-Bi孕育剂。加入量一般为铁液质量0.01%～0.015%的Al，0.006%～0.02%的Bi。孕育剂中Al有细化晶粒的作用，同时可形成 Al_2O_3，起到脱氧去气作用，并且 Al_2O_3 可成为石墨核心，从而增加了石墨晶核数量，缩短退火时间；Bi可抑制铸铁石墨的生成，Al与Bi同时加入，有增强白口倾向的作用，这样能够保证在铸铁下获得白口组织。但在石墨化退火过程中又有促进固态石墨化的效果。

由于白口铸件的退火工艺不同，可出现铁素体基体可锻铸铁和珠光体基体可锻铸铁，铁素体可锻铸铁有时又称为黑心可锻铸铁。

2. 可锻铸铁的生产（白口铸铁石墨化退火）

白口铸件经过石墨化退火才能获得可锻铸铁。其工艺是将白口铸件装箱密封，入炉加热至920～960℃，在高温下经过15h保温，如图11-8所示按两种不同的冷却方式进行冷却，将分别获得铁素体基体可锻铸铁和珠光体基体可锻铸铁。

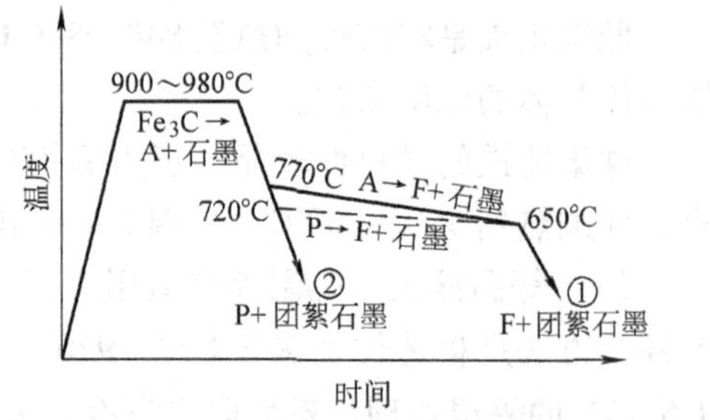

图11-8 可锻铸铁的石墨化退火工艺

3. 可锻铸铁牌号、性能及应用

可锻铸铁的牌号是由“KTH”或“KTZ”及后面的两组数据组成的，其中，“KT”是“可铁”汉语拼音首字母大写，“H”表示“黑心”（即铁素体基体），“Z”表示珠光体基体，后面两组数字分别表示最低抗拉强度和最小伸长率。表11-3列出了我国可锻铸铁的牌号、主要性能及应用。

表11-3 可锻铸铁的牌号、主要性能及应用（试样尺寸ϕ6mm）（参照GB/T 9440—2010）

牌号	σ_b/MPa	$\sigma_{0.2}$/MPa	δ（%）	基体组织	用途
	不小于				
KTH300-06	300	—	6	铁素体	有一定强度和韧性，用于承受低动载荷、要求气密性好的零件，如管道配件、中低压阀门等
KTH330-08	330	—	8		用于承受中等动载荷和静载荷的零件，如犁刀、犁柱、机床用扳手及钢丝绳扎头等
KTH350-10	350	200	10		有较高的强度和韧性，用于承受较大冲击、振动及扭转载荷的零件，如汽车、拖拉机后轮壳、转向节壳、制动器壳等，铁道零件、冲暖器接头、船用电机壳、犁刀、犁柱等
KTH370-12	370	—	12		
KTZ450-06	450	270	6	珠光体	强度、硬度及耐磨性好，用于承受较高应力与磨损的零件，如曲轴、连杆、凸轮轴、活塞环、摇臂、齿轮、轴套、犁刀、耙片、万向接头、棘轮扳手、传动链条、矿车轮等
KTZ550-04	500	340	4		
KTZ650-02	600	430	2		
KTZ700-02	700	530	2		

目前，我国主要以生产铁素体可锻铸铁为主，同时也少量生产珠光体可锻铸铁。铁素体可锻铸铁具有一定的强度、较高的塑性和韧性，主要用于承受冲击载荷和振动的铸件。珠光体可锻铸铁具有较高的强度、硬度和耐磨性，但塑性和韧性较差，主要用于要求强度、硬度和耐磨性高的铸造零件。

近些年来，随着稀土球墨铸铁的发展，不少可锻铸铁的零件已经逐步被球墨铸铁所代替。但可锻铸铁的一个重要特点是先制成白口，后退火成灰口组织，非常适合生产形状复杂的薄壁细小铸件和壁厚仅1.7mm的管件。

二、蠕墨铸铁

蠕墨铸铁是近些年迅速发展起来的一种新型铸铁材料。由于其石墨大部分呈蠕虫状，间有少量球状，其组织和性能介于球墨铸铁和灰铸铁之间，具有良好的综合性能。另外，蠕墨铸铁的铸造性能比球墨铸铁好，接近灰铸铁，并且具有较好的耐热性，因此形状复杂的铸件或高温下工作的零件可以用蠕墨铸铁制造。

蠕墨铸铁是在铁液中加入一定的蠕化剂并经孕育处理生产出来的。蠕化剂的种类很多，我国广泛使用的是稀土硅铁合金，如 SiFeRE21、SiFeRE27 等。孕育处理可采用包底冲入法，操作简便，处理效果稳定，如图 11-9 所示。

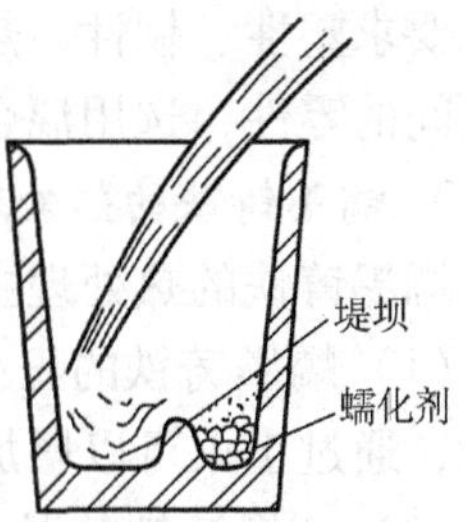

图 11-9　包底冲入法

1. 蠕墨铸铁的化学成分

蠕墨铸铁生产中采用共晶附近的成分以有利于改善铸造性能，一般含 w_C = 3.0% ~4.0%，薄件取上限值，以免出现白口，厚件取下限值以免产生石墨飘浮。含 w_{Si} = 1.4% ~2.4%，主要用来防止白口，控制基体。随含硅量增加，基体中珠光体量相对减少，铁素体量增加，同时硅有强化铁素体的作用。锰在蠕墨铸铁中起稳定珠光体的作用，生产混合基体的蠕墨铸铁可对锰进行调整，如要求获得韧性好的铁素体基体蠕墨铸铁，则锰 w_{Mn} < 0.4%；如希望获得强度、硬度较高的珠光体蠕墨铸铁，则需将锰提高至 w_{Mn} = 2.5% 左右。磷一般控制在 w_P = 0.08%，对于耐磨零件可将磷提高到 w_p = 0.2% ~0.35%。硫和蠕化元素的亲和力较强，会削弱蠕化剂的作用，因此要求硫含量 w_S < 0.03%。

2. 蠕墨铸铁的组织、性能、牌号及应用

根据成分、蠕化率及热处理的不同，可获得铁素体、珠光体、铁素体 + 珠光体（混合基体）三种基体组织的蠕墨铸铁。

蠕墨铸铁中的石墨呈蠕虫状，是片状与球状之间的一种中间形态石墨。蠕虫状石墨片的长厚比小，端部圆钝，对基体的割裂作用较小，抗拉强度可达 300 ~450MPa。蠕墨铸铁不仅强度较好，而且具有一定的韧性和耐磨性，同时具有良好的铸造性和导热性，因此，较适合制造要求强度较高或承受冲击负荷及热疲劳的零件。

蠕墨铸铁抗拉强度和塑性随基体的不同而不同，如在相同的蠕化率时，随基体中珠光体量增加，铁素体量减少，则强度增加而塑性降低。

蠕墨铸铁的牌号列于表 11-4。牌号中“RuT”表示“蠕铁”，后面的一组数字表示最低抗拉强度。

表 11-4　蠕墨铸铁的牌号、性能及应用举例（蠕化率 VG 不小于 50%）

牌号	σ_b/MPa	δ (%)	硬度 HBW	基体组织	用　途
	不小于				
RuT420	420	0.75	200 ~280	珠光体	活塞环、气缸套、刹车鼓、钢球研磨盘、制动盘、玻璃模具、泵体等
RuT380	380	0.75	193 ~274	珠光体	
RuT340	340	1.0	170 ~249	珠光体 + 铁素体	龙门铣横梁、飞轮、起重机卷筒、液压阀体等
RuT300	300	1.5	140 ~217	珠光体 + 铁素体	排气管、变速箱体、气缸盖、小型烧结机篦条、纺织机零件
RuT260	260	3	121 ~197	铁素体	增压器废气进气壳体，汽车、拖拉机的某些底盘零件

蠕墨铸铁的选择，一般要求强度、硬度和耐磨性较高的零件，选用珠光体基体蠕墨铸铁；要求塑性、韧性、热导率和热疲劳性能较高的零件，选用铁素体基体蠕墨铸铁；介于二者之间的零件，选用混合基体蠕墨铸铁。

3. 蠕墨铸铁的热处理

蠕墨铸铁的热处理主要是为了调整其基体组织，以获得不同的力学性能。

（1）蠕墨铸铁的正火　蠕墨铸铁在铸态时可以增加珠光体量，其基体中含有大量的铁素体，通过正火可以增加珠光体量，以提高强度和耐磨性。

（2）蠕墨铸铁的退火　退火的目的是为了获得85%以上的铁素体基体，或消除薄壁处的游离渗碳体。

第六节　合金铸铁

随着铸铁在各部门中越来越广泛的应用，对铸铁便提出了各种各样的特殊性能要求，如耐热、耐磨、耐蚀及其他特殊性能。这些铸铁大都属于合金铸铁，与相似条件下使用合金钢相比，熔炼简便、成本低廉、有良好的使用性能；但其力学性能低于合金钢，且脆性较大。

一、耐热铸铁

耐热铸铁具有良好的耐热性，可以代替耐热钢制造加热炉底板、坩埚、废气道、热交换器及压铸模等。

铸铁的耐热性主要指它在高温下抗氧化和抗热生长的能力。普通铸铁在加热到450℃以上的高温下，除了会发生表面氧化外，还会出现“热生长”现象，即铸铁的体积产生不可逆的胀大，严重时可胀大10%左右。热生长现象主要是由于氧化性气体沿石墨的边界和裂纹渗入铸铁内部所造成的内部氧化，形成密度小而体积大的氧化物。此外，也由于渗碳体在高温下发生分解，析出密度小而体积大的石墨。热生长的结果会使铸件失去精度和产生显微裂纹。

提高铸铁的耐热性是向铸铁中加入硅、铝、铬等合金元素，使铸铁在高温下形成一层致密的氧化膜，保护内层不继续被氧化。此外，这些元素还会提高铸铁的临界点，使其在工作温度范围不发生固态转变，减少因相变体积变化产生的显微裂纹。石墨最好呈球状，独立分布，互不相连，不致构成氧化性气体渗入铸铁的通道。耐热铸铁的牌号用HTR、QTR表示，如HTRSi5、QTRSi5等。如牌号中有“H”，则表示灰铸铁，如牌号中有“Q”，则表示球墨铸铁。表11-5列出了几种常用耐热铸铁的牌号、成分、使用温度和应用。

表11-5　几种常用耐热铸铁的牌号、成分、使用温度及应用（GB/T 9437—2009）

牌号	w_i（%）						使用温度/℃	应用
	C	Si	Mn	P	S	其他		
QTRSi5	2.4～3.2	4.5～5.5	<0.7	<0.07	<0.005	—	900～950	加热炉底板、化铝电阻炉坩埚等
QTRAl22	1.6～2.2	1.0～2.0	<0.7	<0.07	<0.005	Al20.0～24.0	1000～1100	加热炉底板、渗碳罐、炉子传送链构件等
QTRAl5Si5	2.3～2.8	4.5～5.2	<0.5	<0.07	<0.015	Al5.0～5.8	950～1050	
HTRCr16	1.6～2.4	1.5～2.2	<1.0	<0.1	<0.05	Cr15.0～18.0	900	退火罐、炉棚、化工机械零件等

二、耐磨铸铁

耐磨铸铁按其工作条件大致可分为两类；一种是在润滑条件下工作的，如机床导轨、气缸套、活塞环和轴承等；另一种是在无润滑条件下工作的，如犁铧、轧辊及球磨机零件等。

在干摩擦条件下工作的铸件，应有均匀高硬度组织，可用前述白口铸铁。但白口铸铁脆性较大，不能承受冲击载荷，因此生产中常用激冷的方法来获得冷硬铸铁。即用金属型制出铸件的耐磨表面，其他部位采用砂型。

在润滑条件下工作的铸件，要求在软的基体组织上牢固地嵌有硬的组织组成物。软基体磨损后形成沟槽，可以保持油膜，珠光体基体的灰铸铁可满足这种要求。组成珠光体的铁素体为软基体，渗碳体为硬组成物。同时石墨本身也是良好的润滑剂，且由于石墨的组织“松散”，能起一定的储油作用。为了进一步改善珠光体灰铸铁的耐磨性，常将铸铁的含磷量提高到 $w_P=0.4\%\sim0.6\%$，形成磷共晶体以断续网状形式分布，形成坚硬的骨架，有利于铸铁耐磨性的提高。在此基础上还可以加入 Cr、Mo、W、Cu 等合金元素，以改善组织，使基体的强度进一步提高，从而使铸铁的耐磨性得到大大改善。

三、耐蚀铸铁

普通铸铁的耐蚀性较差，这是因为其组织中有石墨、渗碳体、铁素体等不同相，它们在电解质中的电极电位不同，易形成微电池，使作为阳极的铁素体不断溶解而被腐蚀。加入合金元素后，铸件表面形成致密的保护膜（如高硅耐蚀铸铁中形成的 SiO_2 保护膜），并提高铸铁基体的电极电位，从而增大铸铁的耐蚀能力。常用的主加元素有 Si、Cr、Al、Mo、Cu、Ni 等。

耐蚀铸铁广泛应用于化工部门，制作管道、阀门、反应锅及容器等。包括高硅、高硅铝、高铝、高铬等耐蚀铸铁，其中最常用的是普通高硅耐蚀铸铁。这种铸铁 $w_C<0.8\%$，$w_{Si}=14\%\sim18\%$，组织为含硅合金铁素体+石墨+硅铁碳化物。它在含氧酸（如硝酸、硫酸等）中的耐蚀性不亚于 1Cr18Ni9 钢；但在碱性介质和盐酸、氢氟酸中，由于表面层的 SiO_2 保护膜受到破坏，使耐蚀性下降。

在高硅耐蚀铸铁中加入 $w_{Cu}=6.5\%\sim8.5\%$，可以改善它在碱性介质中的耐蚀性。

常用的高硅耐蚀铸铁的牌号有 HTSSi11Cu2CrR、HTSSi15R、HTSSi15Cr4MoR 等。牌号中的“HTS”表示耐蚀铸铁，R 是稀土代号，数字表示合金元素含量。

思考题和习题

1. 解释下列名词。

石墨化、孕育处理、白口铸铁、可锻铸铁、普通灰铸铁、球墨铸铁。

2. 普通灰铸铁薄壁处常有一高硬度层，机械加工困难，说明其原因及消除办法。

3. 要求球墨铸铁分别获得珠光体、铁素体、贝氏体的基体组织，工艺上应如何控制？

4. 灰铸铁为什么一般不进行淬火和回火，而球墨铸铁可以进行这类热处理？

5. 为什么可锻铸铁适宜制造薄壁铸件，而球墨铸铁不适宜制造这种铸件？

6. 说明下列铸铁牌号中各符号和数字表示的意义。

HT200、KTZ600-03、QT700-2、KTH350-10、QT400-15。

7. 灰铸铁磨床床身铸造后进行切削加工，可采取什么方法防止和改善加工后的变形？

第十二章　非 铁 金 属

实际应用中，金属通常可分为铁基金属和非铁金属（也可叫做黑色金属和有色金属）两大类。钢、铸铁、铬、锰属于铁基金属（黑色金属），除此之外的一切金属，如 Al、Mg、Cu、Zn、Sn、Pb 等金属及其合金统称为非铁金属（有色金属）。非铁金属种类繁多，根据相对密度及金属元素在地壳中的含量，可大致归纳为以下四大类：

（1）非铁（有色）轻金属　相对密度小于 3.5 的非铁金属称为非铁轻金属或轻金属，如 Al、Mg、K、Na、Ca、Ba 等。

（2）非铁（有色）重金属　相对密度大于 3.5 的非铁金属称为非铁重金属，如 Cu、Pb、Zn、Ni、Co、Sn、Hg 等。

（3）贵金属　相对密度大于 10 的、在地壳中含量极小，且有极强抗氧化性、耐蚀性的非铁金属，如 Au、Ag、Pt（铂）族金属，统称贵金属。

（4）稀有金属　一般是指那些在地壳中含量少、分布稀散、冶炼方法较复杂或研制使用较晚的一大类非铁金属。根据其物理化学性质、原矿的共生关系、生产流程等又分为五类：即稀有轻金属（Li、Be、Rb、Cs 等）；稀有难熔金属（Ti、V、Nb、W、Mo 等）；稀土金属（La、Ce、Pr 等 17 个元素）；稀散金属（本身不形成独立矿物，以微量或少量存在于其他元素的矿物中，如硒 Se、碲 Te、锗 Ge、镓 Ga 铟 In 等）和稀有放射性金属（包括天然放射性元素，如钋 Po、镭 Ra、钍 Th、铀 U 等）。

许多非铁金属都具有钢铁等铁基金属不可替代的特殊性能，它不仅是生产各种非铁金属合金、耐热、耐蚀、耐磨等特殊钢以及合金结构钢所必须的合金元素，而且是现代工业，尤其是航空、航天、航海、汽车、石化、电力、核能以及计算机等工业部门赖以发展的重要战略物资和工程材料。

第一节　铝及其合金

铝及其合金是机械工业（尤其是航空、航天等工业）中用量最大的非铁金属。目前，工业上实际应用的主要是工业纯铝及铝合金。

一、工业纯铝

1. 工业纯铝的性能特点及用途

工业纯铝（简称纯铝）的纯度 $w_{Al}=98\%\sim99.7\%$，常存杂质元素主要是 Fe 与 Si，相对密度约 2.72，约为铁的 1/3；熔点为 660℃，固态下具有面心立方晶格，无同素异构转变现象，所以，铝的热处理机理与钢不同。

纯铝的导电、导热性较高，仅次于银、铜；室温下导电能力为铜的 60%～64%，但单位质量的导电能力约为铜的两倍。铝和氧的亲合力很大，能与空气中的氧接触后生成一层极薄而致密的氧化铝膜，隔绝了空气，阻止内层金属铝不再受到氧化，所以在非工业污染的大气中具有良好的耐蚀性，但不耐碱、酸、盐等介质的腐蚀。

纯铝的强度较低（$\sigma_b=80\sim100$MPa），但塑性较高（$\delta=30\%\sim50\%$），既可以通过冷变形来提高强度（$\sigma_b=150\sim200$MPa），也可通过合金化来提高强度（$\sigma_b=500\sim600$MPa）。借助冷变形来提高强度毕竟有限，而且还会降低塑性，故很少采用，通常是通过合金化来提高强度。

工业纯铝一般是通过冷、热压力加工制成各种规格的线、管、板、棒以及型材、箔材等工程用铝材，主要用于代替贵重的工业纯铜制造电力电缆、电气元件及换热器件，制作要求质轻、导热导电性好、耐大气腐蚀而强度不高的机电器材。

2. 工业纯铝产品的分类、代号、成分及用途

工业纯铝分为冶炼产品（铝锭）和压力加工产品（铝材）两种。铝锭一般用于冶炼铝合金，配制合金钢成分或作为炼钢的脱氧剂，或作为加工铝材的坯料。按杂质含量，工业纯铝的牌号（按 GB/T 3190—2008 规定）为 1070A、1060、1050A 等。

二、铝合金

为了提高纯铝的强度，同时尽可能使铝合金具有良好的抗蚀性和工艺性能，最有效的方法是在纯铝中加入适量的合金元素，如 Si、Cu、Mg、Mn 等制成合金，这些铝合金仍具有相对密度小（2.5～2.88）、良好的耐蚀性、导热性好等特性。

1. 铝合金的分类

根据铝合金的成分和工艺特点，可将铝合金分为变形铝合金和铸造铝合金两大类。图 12-1 为铝合金分类示意图。

（1）变形铝合金　由图 12-1 可见，成分在点 D 以左的合金，当加热到固溶线 DF 以上时，可得到单相固溶体 α，其塑性好，宜于进行压力加工，故称为变形铝合金。变形铝合金又分两类：成分在点 F 以左的合金，α 固溶体成分不随温度而变，故不能用热处理使之强化，是热处理不可强化的铝合金；成分在点 D'～点 F 之间的铝合金，其 α 固溶体成分随温度而变化，因此可用热处理强化，是热处理可强化的铝合金。

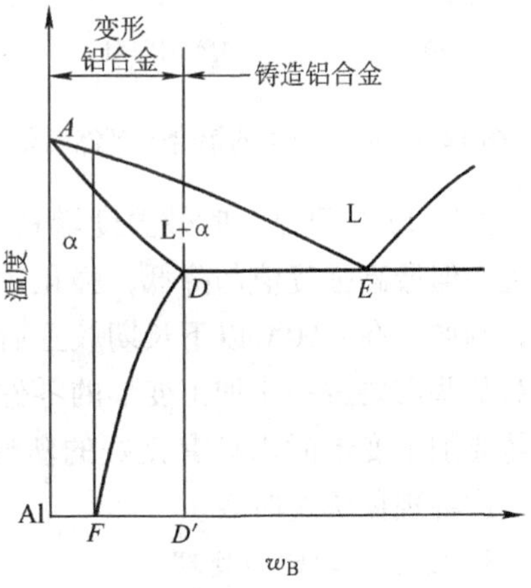

图 12-1　铝合金分类示意图

（2）铸造铝合金　成分位于点 D' 右边的合金，有共晶组织存在，适于铸造，故称为铸造铝合金。应该指出，上述分类并不是绝对的。例如，有些铝合金，其成分虽超过点 D'，但仍可压力加工，因此仍属于变形铝合金。

2. 铝合金的时效强化

铝合金的热处理与钢不同，不是通过控制同素异构转变，而是控制第二相的析出过程来改变性能。铝合金在淬火状态是强度低、塑性好的过饱和固溶体，通过时效后强度提高。

同碳钢比较，铝合金的热处理温度控制要求严格，加热温度一般要控制在 ±5℃ 范围（一般钢件为 ±10℃）。通常变形铝合金在硝盐槽内加热，铸造件在空气循环炉中加热。

将铝合金加热到 α 单相区内一温度，使第二相 θ 溶入 α 中形成均匀的单相固溶体组织，然后在水中快速冷却，使第二相来不及重新析出而形成过饱和的 α 固溶体单相组织，这种处理方法称为固溶处理或固溶（俗称淬火）。固溶后铝合金的强度不高，塑性好，可以进行

冷压成形。

固溶处理后获得的过饱和固溶体是不稳定的组织，它有逐渐向稳定组织转变的趋势。在一定条件下（温度或时间等），第二相从过饱和固溶体中缓慢析出，使合金的强度和硬度明显提高，这种现象称为时效。例如，$w_{Cu}=4\%$，并含有少量镁、锰元素的铝合金，退火状态下 $\sigma_b=180\sim200MPa$，$\delta=18\%$。经固溶处理后，$\sigma_b=240\sim250MPa$，$\delta=20\%\sim22\%$；经过4~5d（天）放置后，其强度显著提高，这时 $\sigma_b=420MPa$，伸长率下降为 $\delta=18\%$。

室温下进行的时效称为自然时效；加热条件下进行的时效称为人工时效或热时效。图12-2所示为铝合金固溶处理后的自然时效曲线。

由图12-2可知，自然时效在最初一段时间内对铝合金强度影响不大，这段时间称为孕育期。在此期间对固溶后的铝合金可进行冷加工，随着时间的延长，铝合金才逐渐显著强化。

铝合金时效强化效果还与加热温度有关。图12-3所示为不同温度下的人工时效对强度的影响。

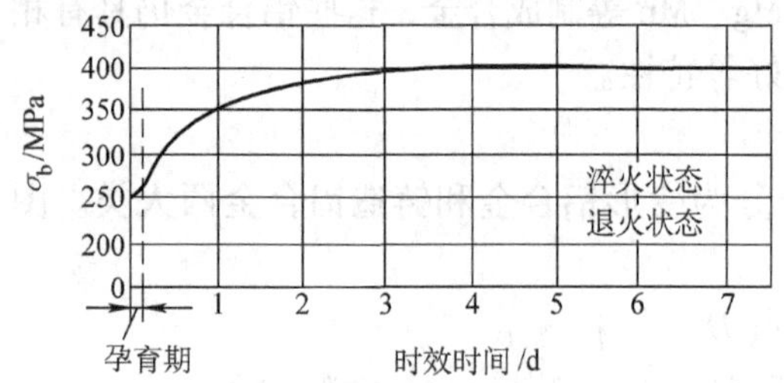

图 12-2 $w_{Cu}=4\%$ 的铝合金自然时效曲线

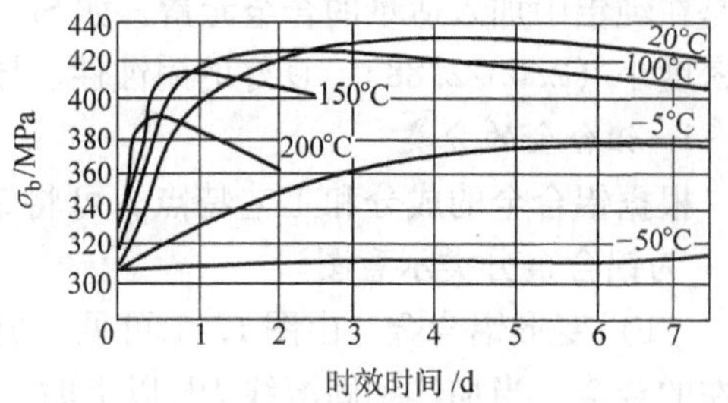

图 12-3 $w_{Cu}=4\%$ 的铝合金在不同温度下的人工时效曲线

由图12-3可见，时效温度增高，时效强化过程加快，即合金达到最高强度所需的时间缩短，但最高强度值却降低，强化效果不好。如果时效温度在室温以下，则时效过程进行缓慢。例如，在-50℃以下长期放置后，铝合金的力学性能几乎没有变化。利用这一点，生产中对某些需要进一步加工变形的零件（如铆钉等），可在固溶后置于低温状态下保存，使其在需要加工变形时仍具有良好的塑性。若人工时效的时间过长或温度过高，反而使合金软化，这种现象称过时效。

3. 铝合金的回归处理

回归处理是将已强化的铝合金重新加热（温度为200~270℃），经保温后在水中急冷，使合金恢复到固溶后的状态。经回归后的铝合金与新固溶处理的合金一样，仍可进行正常的自然时效，但其强度有所下降。

4. 铝合金的退火

（1）铸造铝合金退火　主要目的是用来消除铸造时产生的应力及成分偏析，同时达到稳定组织和提高塑性的目的。退火温度要根据铝合金的成分决定，一般加热时间较长。

（2）变形铝合金退火　主要用于那些易产生加工硬化、一次难以成形的复杂钣金零件（如飞机蒙皮、深冲器具、管材等），需要进行再结晶退火，改善其加工工艺性。一般加热温度为350~450℃，保温一定时间，空气冷却。

对于不能热处理强化的铝合金冷变形零件，为了保持较高强度，可以用“去应力”退火，即在低于再结晶温度下（180～300℃）加热，保温后空冷，以消除内应力和适当提高塑性。

三、变形铝合金

我国将变形铝合金按性能特点和用途分为防锈铝、硬铝、超硬铝和锻铝四种。

变形铝合金的牌号采用四位字符体系的表示方法，即：数字1 数字或字母 数字2 数字3。例如：1035、2A04、2B50、5A02 等。

数字1 表示铝及铝合金的组别；1－纯铝，2－主加铜元素铝合金，3－主加锰元素铝合金，4－主加硅元素铝合金，5－主加镁元素铝合金，6－主加镁和硅元素铝合金，7－主加锌元素铝合金，8－主加其他元素铝合金等。

数字或字母 对于纯铝（1×××），0－对杂质极限含量无特殊限制，1～9－对杂质极限含量有特殊限制；对于铝合金（2×××～8×××），A（或0）－表示原始合金、B～Y（或1～9）－表示改型合金。

数字2 数字3 对于纯铝（1×××），表示铝含量的百分数；对于铝合金（2×××～8×××）没有特殊的含义，只是用来区分同一组中的不同铝合金。

常用变形铝合金的代号、成分及力学性能见表12-1，并附有 GB/T 3190—2008《变形铝及铝合金化学成分》规定的对应新牌号。

（1）防锈铝合金　防锈铝合金是铝－锰系或铝－镁系合金，时效强化效果极弱，一般只能用冷变形来提高强度，但会使塑性显著下降；比纯铝具有更高耐蚀性和强度。

防锈铝的工艺特点是塑性及焊接性能良好，常用拉延法制造各种高耐蚀性的薄板容器（如油箱等）、防锈蒙皮及受力小、质轻、耐蚀的制品与结构件（如管道、制冷装置、车辆、窗框、铆钉、灯具等）。

（2）硬铝合金　硬铝是铝－铜－镁系合金，是应用广泛并可热处理强化的铝合金。加入铜与镁能形成强化相 $CuAl_2$（θ 相）及 $CuMgAl_2$（S 相）。S 相是硬铝中主要的强化相，在较高温度下不易聚集，能提高硬铝的热硬性。硬铝中若铜、镁含量多，则强度、硬度高，热硬性好（可在 150℃以下工作），但塑性、韧性低。

表 12-1　常用变形铝合金的代号、成分及力学性能（摘自 GB/T 3190—2008）

类别	牌号	w_i（%）					半成品状态①	力学性能			旧牌号
		Cu	Mg	Mn	Zn	其他		σ_b/MPa	δ（%）	HBW	
防锈铝合金	5A05	0.1	4.8～5.5	0.3～0.6	0.20	Fe0.50，Si0.50 Zn0.20	O	270	23	70	LF5
	5A06	0.1	5.8～6.8	0.5～0.8	0.20	Fe0.40，Si0.40， Zn0.20	O	270	23	70	LF6
	3A21	0.2	0.05	1.0～1.6	0.1	Ti0.15	O Y	130 160	20 10	30 40	LF21
硬铝合金	2A01	2.2～3.0	0.20～0.5	0.20	0.10	Ti0.15	O T4	160 300	24	38 70	LY1
	2A11	3.8～4.8	0.4～0.8	0.4～0.8	0.30	Fe0.70，Ni0.10 Si0.70，Ti0.15	O T4	180 380	18	45 100	LY11

（续）

类别	牌号	w_i（%）					半成品状态①	力学性能			旧牌号
		Cu	Mg	Mn	Zn	其他		σ_b/MPa	δ（%）	HBW	
硬铝合金	2A12	3.8～4.9	1.2～1.8	0.3～0.9	0.30	Fe 0.50，Ni 0.10 Si 0.50，Ti 0.15	O T4	180 430	18	42 105	LY12
超硬铝合金	7A03	1.8～2.4	1.2～1.6	0.10	6.0～6.7	Fe0.50，Cr0.05 Si0.20， Ti0.02～0.08	T4	（抗剪） 290	—	—	LC3
	7A04	1.4～2.0	1.8～2.8	0.2～0.6	5.0～7.0	Fe0.50，Si0.50， Cr0.10～0.25	O T6	220 600	18 12	— 150	LC4
锻造铝合金	6A02	0.2～0.6	0.45～0.9	或 Cr0.15 ～0.35	0.20	Si0.5～1.2 Fe0.50，Ti0.15	O T6	130 330	24 12	30 95	LD2
	2B50	1.8～2.6	0.4～0.8	0.4～0.8	0.30	Cr0.10～0.20， Ti0.02～0.1 Si0.7～1.2， Fe0.70，Ni0.10	T6	390 （模锻）	10 （模锻）	100 （模锻）	LD6
	2A14	3.9～4.8	0.4～0.8	0.4～1.0	0.30	Fe0.70，Si0.6～1.2， Ni0.10，Ti0.15	T6	40 （模锻）	10 （模锻）	120 （模锻）	LD10

① 半成品状态：O—退火状态；Y—硬化；T4—固溶＋自然失效；T6—固溶＋人工失效。

硬铝的耐蚀性远比纯铝差，更不耐海水腐蚀，所以硬铝板材的表面常包有一层纯铝，以增加其耐蚀性。包铝板材在热处理后强度稍低。这类合金通过固溶＋时效处理后可显著提高强度，其比强度（强度与密度之比）与高强度钢相近，故名硬铝。常用的硬铝有2A01、2A02、2A11、2A12等。

2A11（标准硬铝）既有较高的硬度又有足够的塑性，退火状态可进行冷弯、卷边、冲压。提高其强度可采用时效，常用来制造形状复杂、载荷较低的结构零件和仪器、仪表零件。

2A12（高强度硬铝），经固溶处理后具有中等塑性，可采用自然时效，切削加工性较好，焊接性差，只适宜点焊。2A12经固溶处理＋自然时效后可获得高强度，用于制造飞机翼肋、翼梁等受力构件。

（3）超硬铝合金　超硬铝是铝－铜－镁－锌系合金，时效强化相除θ及S相外，还有强化效果很大的$MgZn_2$（η相）及$Al_2Mg_3Zn_3$（T相）。这类合金固溶时效后强度比硬铝还高。比强度已相当于超高强度钢，故名超硬铝。但超硬铝耐蚀性较差，一般采用$w_{Zn}=1\%$的铝合金或纯铝作为包覆层，以提高耐蚀性。常用的超硬铝有7A04、7A09等，用于制作飞机的机翼大梁、桁架以及起落架等。

（4）锻造铝合金　锻铝多为铝－铜－镁－硅系合金，主要强化相为Mg_2Si，力学性能与硬铝相近，具有良好的热塑性及耐蚀性，更适于锻造生产，故名锻铝。常用的锻铝有6A02、2A50、2B50、2A14等，主要用作航空及仪表工业中形状复杂、比强度要求较高的锻件。

四、铸造铝合金

铸造铝合金除要求具备一定的使用性能外，还应具有优良的铸造工艺性能。成分处于共晶点的合金具有最佳的铸造性能，但由于此时合金组织中出现大量硬而脆的化合物，使合金变得很脆。因此，实际使用的铸造铝合金并非都是共晶合金，它与变形铝合金相比较只是合金元素含量高一些。

铸造铝合金的代号，按 GB/T 1173—1995 规定用“铸铝”二字的汉语拼音首字母“ZL”后加三位数字表示。第一位数字表示合金系别：1 为铝硅系合金；2 为铝铜系合金；3 为铝镁系合金；4 为铝锌系合金。第二、三位数表示合金的顺序号。例如，ZL102 表示 2 号铝硅系合金。铸铝牌号用 ZAl ＋合金元素及其含量表示。

与变形铝合金比较，铸造铝合金的组织粗大，有严重的枝晶偏析和粗大针状物。此外，铸件的形状一般都比较复杂。因此，铸造铝合金的热处理除了具有一般变形铝合金的热处理特性外，还有不同之处。首先，为了使强化相充分溶解、消除枝晶偏析和使针状化合物“团化”，淬火加热温度比较高，保温时间比较长（一般为 15 ~ 20h）。其次，由于铸件形状复杂，壁厚也不均匀，为了防止淬火变形和开裂，一般在 60 ~ 100℃ 的水中冷却。此外，为了保证铸件的耐蚀性以及组织性能和尺寸稳定，铸件一般都采用人工时效。

根据铝合金铸件的工作条件和性能要求，选择不同的热处理方法。各种热处理的代号、工艺特点、目的和应用见表 12-2。其中 T1 热处理表示不经淬火就进行时效，这是由于铸件凝固冷却时，冷却速度较快（特别是湿砂型和金属型），固溶体有一定的过饱和程度。铸造铝合金中除 ZL102 及 ZL302 外，所有其他合金均能热处理强化。

表 12-3 列出了部分铸造铝合金的牌号（代号）、成分、铸造方法、热处理、力学性能和用途。

表 12-2 铸造铝合金热处理的代号、工艺特点、目的和应用

热处理类别	表示符号	工 艺 特 点	目的和应用
不淬火人工时效	T1	铸件快冷（金属型铸造、压铸或精密铸造）后进行时效，时效前并不淬火	改善切削加工性能，降低表面粗糙度
退火	T2	退火温度一般为 290℃ ± 10℃，保温2 ~ 4h	消除铸造内应力或加工硬化，提高合金的塑性
淬火 + 自然时效	T4		提高零件的强度和耐蚀性
淬火 + 不完全时效	T5	淬火后进行短时间时效（时效温度较低或时间较短）	得到一定的强度，保持较好的塑性
淬火 + 人工时效	T6	时效温度较高（约为 180℃），时间较长	得到高强度
淬火 + 稳定回火	T7	时效温度比 T5、T6 高，接近零件的工作温度	保持较高的组织稳定性和尺寸稳定性
淬火 + 软化回火	T8	回火温度高于 T7	降低硬度，提高塑性

1. 铝、硅系合金

实验证明，在铝硅系合金中随着共晶体数量的增加，不但合金的铸造性能越来越好，而且力学性能也越来越高，所以以 Al-Si 为基础而发展起来的一类铸造合金是最重要的铸造铝合金。

表 12-3 铸造铝合金的牌号（代号）、成分、铸造方法、热处理、力学性能和用途

类别	代号（牌号）	w_{Me}（%）						铸造方法与合金状态	力学性能（不低于）			用途
		Si	Cu	Mg	Mn	Zn	Ti		σ_b/MPa	δ（%）	HBW	
铝硅合金	ZL101（ZAlSi7Mg）	6.5～7.5	—	0.25～0.45	—	—	—	J，T5 S，T5	210 200	2 2	60 60	形状复杂的砂型、金属型和压力铸造零件，如飞机、仪表的零件，抽水机壳体，工作温度不超过185℃的化油器等
铝硅合金	ZL102（ZAlSi12）	10.0～13.0	—	—	—	—	—	J SB，JB SB，JB，T2	160 150 140	2 4 4	50 50 50	形状复杂的砂型、金属型和压力铸造零件，如仪表的零件、抽水机壳体，工作温度不超过200℃，要求气密性、承受低载荷的零件
铝硅合金	ZL105（ZAlSi5-Cu1Mg）	4.5～5.5	1.0～1.5	0.40～0.6	—	—	—	J，T5 S，T5 S，T6	240 200 230	0.5 1.0 0.5	70 70 70	砂型、金属型和压力铸造的形状复杂，在225℃以下工作的零件，如风冷发动机的气缸头、机匣、液压泵壳体等
铝硅合金	ZL108（ZAlSi2Cu2-Mg1）	11.0～13.0	1.0～2.0	0.4～1.0	0.3～0.9	—	—	J，T1 J，T6	200 260	— —	85 90	砂型、金属型铸造的形状复杂，要求高温强度及低膨胀系数的高速内燃机活塞及其他耐热零件
铝铜合金	ZL201（ZAlCu5Mn）	—	4.5～5.3	—	0.6～1.0	—	0.15～0.35	S，T4 S，T5	300 340	8 4	70 90	砂型铸造在175～300℃以下工作的零件，如支臂、挂架梁、内燃机缸盖、活塞等
铝铜合金	ZL202（ZAlCu10）	—	9.0～11.0	—	—	—	—	S，J S，J，T6	110 170	— —	50 100	形状简单、对表面粗糙度要求较高的中等承载零件
铝镁合金	ZL301（ZAlMg10）	—	—	9.5～11.0	—	—	—	S，T4	280	9	60	砂型铸造在大气或海水中工作的零件，承受大振动载荷，工作温度不超过150℃的零件
铝锌合金	ZL401（ZAlZn11Si7）	6.0～8.0	—	0.1～0.3	—	9.0～13.0	—	J，T1 S，T1	250 200	1.5 2	90 80	压力铸造零件，工作温度不超过200℃，结构形状复杂的汽车、飞机零件

注：铸造方法与合金状态的符号：J—金属型铸造；S—砂型铸造；B—变质处理。

ZL101、ZL102、ZL104、ZL105 属于铝硅系，其共同特点是流动性好，且流动性随含硅量的增加而增大。ZL102 含 $w_{Si}=11\%\sim13\%$，正好为共晶成分，所以在铸造铝合金中它的流动性最好。此外，这些合金没有热裂倾向，而且具有尚佳的耐磨性，但 ZL105 差些。

ZL102 是简单的二元铝硅合金，铸造后的组织为粗大的针状硅与铝基固溶体组成的共晶体和少量板块状初生硅。这种组织力学性能差，$\sigma_b\leqslant140$MPa，伸长率 $\delta<3\%$。为了改善组织，使硅呈球状分布以及细化组织以提高力学性能，须进行变质处理。

变质处理是浇铸前向合金液中加入一定量的钠盐，如 NaF67% + NaCl33% 或 NaF25% + NaCl62% + KCl13% 及成分更复杂的变质剂。变质处理后的 σ_b 可达 180MPa，δ 可达 8%。

在铝硅系合金中加入适量的铜与镁时，可以形成 Mg_2Si、$CuAl_2$ 等强化相，因而可利用固溶 + 时效的方法来提高力学性能。ZL105 和 ZL104 在固溶和时效后可以获得较高的强度，一般用于承受较高载荷的发动机零件及飞机零件。ZL105 铸件致密，气密性好，而且在 200℃下强度下降较少（但耐蚀性较差），通常用于高温下的铸件（如气缸盖）或要求气密性的零件。

ZL102 不能进行时效强化，强度低，适宜于铸造形状复杂受力较小的零件。如仪表壳及其他薄壁零件。

ZL109 是我国常用的铝活塞材料，成分中还含少量镍，因而热强性更好。用它制成的活塞特点是轻、耐蚀性好、线膨胀系数较小、强度和硬度较高，耐磨、耐热性都较好，目前广泛用于汽车、拖拉机的发动机及各种内燃机。

2. 铝、镁系合金

属于这一类的有 ZL301 和 ZL302。应用最多的是 ZL301，含有 $w_{Mg}=10.5\%$。固溶后镁部分溶入铝中，因而固溶强化的效果大。因为淬火组织是单相固溶体，故其强度和塑性均高，而且耐蚀性优良。但这种合金铸造性能差，浇铸时容易氧化，易形成显微疏松。ZL301 广泛用于承受高载荷和要求耐蚀、但外形不太复杂的零件，如飞机、舰船和动力机械零件。

3. 铝、铜系合金

ZL201、ZL202、ZL203 属于此系。ZL201 的铜和锰含量接近硬铝成分。固溶和不完全时效后（所谓不完全时效是指时效温度较低或时效时间较短，不获得最高强度，使合金保持较好塑性），在铸铝中它的强度最大，且在 300℃以下能保持较高的强度，是铸造耐热铝合金。它的缺点是铸造性和耐蚀性均差。可用于 300℃以下工作的形状简单的铸件，如内燃机气缸盖、活塞等。

4. 铝、锌系合金

锌在铝中的溶解度可达 32%，铝中 $w_{Zn}>10\%$ 时能显著提高合金的强度。铝锌铸造合金具有较高的强度，是最便宜的一种铸造合金。

常用的铝锌铸造合金是 ZL401，含 $w_{Zn}=9\%\sim13\%$ 和 $w_{Si}=5\%\sim17\%$。铸造性能很好，流动性好，易充满铸型。由于锌在铝中的溶解度在低温阶段有很大变化，而低温下原子扩散能力很弱，在铸造条件下锌原子很难从过饱和固溶体中析出，因而这种合金在铸造时冷却能自行淬火，冷却后可直接进行人工时效。缺点是耐蚀性差，热裂倾向大，需变质处理，适宜压力铸造。主要用于温度不超过 200℃，结构形状复杂的汽车、飞机零件、医疗机械和仪器零件。

除上述四类铸造铝合金外，还有很多其他铸造铝合金。在铸造铝合金中加入少量稀土元素，如镧、铈、镨、钕时，可大大提高耐热性和流动性，并能细化晶粒。例如，铝—铜—硅—锰—稀土合金的室温强度不高，但耐热性比ZL201好，而且组织细密，气密性极好，可用作在400℃以下工作的承受气压和液压的零件。但此合金的耐腐蚀性差。

第二节 铜及其合金

铜元素在地壳中的储量较小，但是铜及其合金却是人类史上应用最早的金属。历史学家曾以铜器具为标志来划分人类社会的发展阶段——铜器时代。现代工业上使用的铜及铜合金，主要有工业纯铜、黄铜和青铜，白铜应用较少。

一、工业纯铜

1. 工业纯铜的性能特点及用途

工业纯铜（简称纯铜）呈玫瑰红色，表面氧化膜呈紫色，故又称紫铜，其纯度 w_{Cu} = 99.5%～99.9%，相对密度为8.96，熔点为1083℃，固态下具有面心立方晶格。纯铜具有仅次于银的优良导电性和导热性，是理想的导电和导热材料；纯铜又是抗磁性材料，对于制作不受外磁场干扰的磁性仪器、定位仪和其他防磁器械具有重要意义。

纯铜的化学稳定性较高，在非工业污染的大气、淡水等介质中均有良好的耐蚀性，在非氧化性酸溶液中也能耐蚀，而在氧化性酸（HNO_3、浓 H_2SO_4 等）溶液以及各种盐类溶液（包括海水）中则易被腐蚀。

纯铜的塑性极好（$\delta=50\%$），焊接性良好，能经受各种冷热加工成形（铸、焊、切削、压力加工），但强度、硬度都不高（退火状态下 $\sigma_b=200\sim250$MPa，硬度为40～50HBW），在冷塑性变形后，有明显加工硬化现象；随着变形度的增加，强度可以提高到400～500MPa。但塑性指标 δ 也急剧下降到5%。所以，如需继续冷变形时，须中间退火（再结晶退火）恢复塑性。

纯铜的主要杂质有Pb、Bi、O、S、As、P等，都可使导电性和工艺性降低，特别是Bi和Pb，须严格控制含量。因为Bi、Pb几乎不溶解于铜，分别形成熔点为270℃的共晶体（Cu + Bi）和熔点为326℃的共晶体（Cu + Pb），在热压力加工和焊接时，这些晶界上的共晶体就熔化，沿晶界开裂，产生“热脆”；另外，Bi本身很脆，在冷压力加工时也沿晶界开裂，出现“冷脆”。氧能与铜形成CuO，降低铜的塑性而引起冷脆；含氧铜在还原性气氛中加热还会产生“氢脆”。

2. 工业纯铜的分类、牌号及用途

工业纯铜按产品种类可分为未加工产品（铜锭、电解铜）和压力加工产品（铜材）两种。

未加工产品（铜锭）按其纯度可分为代号：Cu-1、Cu-2、Cu-3、Cu-4四种；压力加工产品（铜材）按其纯度可分为代号：T1、T2、T3、T4四种。代号中的数字表示序号，序号越大，则铜的纯度越低。

纯铜一般不作结构材料使用，主要用于制造电线、电缆、电子元件及导热器件。

二、铜合金

铜合金分为黄铜、青铜和白铜。一般机械工业中应用较多的是黄铜、青铜，而白铜

(Cu-Ni 合金) 主要是制造精密机械与仪表的耐蚀件及电阻器、热电偶等。

1. 黄铜

黄铜是以锌为主加元素的铜合金。铜锌二元合金称为普通黄铜；若再加入其他某些元素，则称为特殊黄铜。

(1) 普通黄铜

1) 普通黄铜的组织。从图 12-4 可以看出，当 $w_{Zn}<45\%$ 时，在室温下平衡状态有 α 及 β′两个基本相。α 相是锌溶于铜的固溶体，塑性好，适宜冷、热压力加工。β′相是以化合物 CuZn 为基的固溶体，在室温下较硬脆，但加热到456℃以上时，却有良好的塑性，故含有 β′相的黄铜适宜热压力加工。工业中应用的普通黄铜，按其平衡状态的组织有两种。

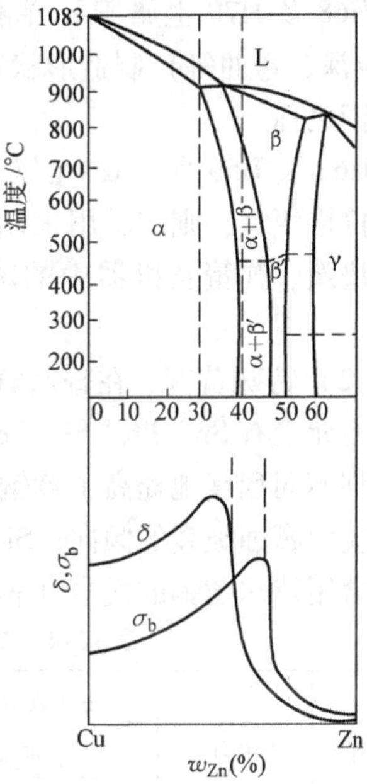

图 12-4 Cu-Zn 部分相图和含锌量对黄铜力学性能的影响

当 $w_{Zn}<39\%$ 时，室温下组织为单相 α 固溶体（单相黄铜）。

当 $w_{Zn}=39\%\sim45\%$ 时，室温下的组织为 α + β′（双相黄铜）。在实际生产中，当 $w_{Zn}>32\%$ 时，即出现 α + β′组织。黄铜组织如图 12-5 及图 12-6 所示。

2) 普通黄铜的性能。从图 12-6 可以看出，黄铜的强度和塑性与含锌量有很大关系。当含锌量增加时，由于固溶强化，使黄铜的强度、硬度提高，塑性改善。当 $w_{Zn}>32\%$ 后，由于在实际生产条件下已出现 β′相，故塑性开始下降；当 $w_{Zn}>45\%$ 后，组织中已全部为脆性的 β′相，致使黄铜的强度、塑性都急剧下降，在生产中已无实用价值。普通黄铜的耐蚀性良好，超过铁、碳钢和许多合金钢，并与纯铜相近。但当 $w_{Zn}>7\%$ 时，经冷加工后的黄铜易产生应力腐蚀（“季裂”）。另外，黄铜有脱锌现象。

图 12-5 α 单相黄铜的显微组织（100×）

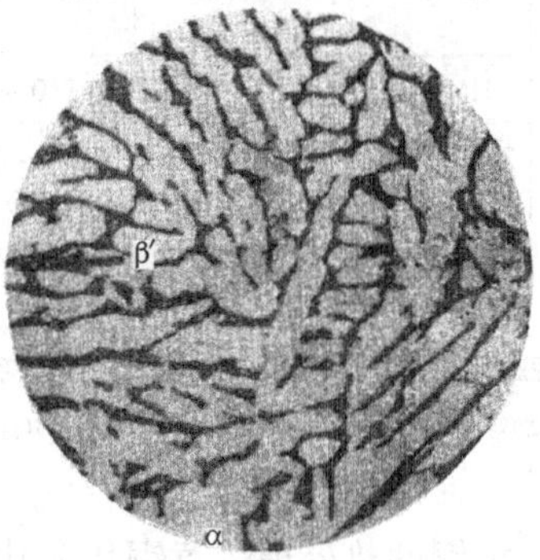

图 12-6 α + β′双相黄铜的显微组织（100×）

铸造黄铜的铸造性能好，它的熔点比纯铜低，且结晶温度间隔较小，使黄铜有较好的流动性、较小的偏析倾向，且铸件组织致密。

3) 常用普通黄铜。普通黄铜的代号用“黄”字的汉语拼音字首“H”加数字表示。数字表示平均含铜量的百分数。例如，H68 表示 $w_{Cu}=68\%$ 的黄铜。常用普通黄铜的代号（牌号）、成分、力学性能及用途见表 12-4，主要供压力加工用。常用普通黄铜按加工特点分为冷加工用 α 单相黄铜与热加工用 α + β′双相黄铜。

H90 及 H80 等 $w_{Zn}<20\%$ 的普通黄铜，属于 α 单相黄铜，有优良的耐蚀性、导热性和冷变形能力，并呈金黄色，故有金色黄铜之称，常用于镀层、艺术装饰品、奖章、散热器等。

H68 及 H70 也属于 α 单相黄铜。它具有优良的冷、热塑性变形能力，适宜用冷冲压（深拉深、弯曲等）制造形状复杂而又耐蚀的管、套类零件，如弹壳、波纹管等，故又有弹壳黄铜之称。

H62 及 H59 属于 α + β′双相黄铜。它的强度较高，并有一定的耐蚀性，而且因含铜量少，价格便宜，则广泛用来制作电器上要求导电、耐蚀及适当强度的结构件，如螺栓、螺母、垫圈、弹簧及机器中的轴套。此材料一般都是热轧成棒料或板料后，再切削加工成零件。

（2）特殊黄铜　在普通黄铜中加入其他合金元素所组成的铜合金，称为特殊黄铜。常加入的元素有 Sn、Pb、Si、Fe 等，并相应称之为锡黄铜、铅黄铜、硅黄铜等。合金元素的加入都不同程度地提高了黄铜的强度或某些性能。Sn、Al、Si、Mn 可以提高耐蚀性，减少黄铜应力腐蚀破裂的倾向；Si 还可改善铸造性能；Pb 可改善切削加工性能。

常用特殊黄铜的代号（牌号）、成分、力学性能及用途见表 12-4。

表 12-4　常用黄铜的代号（牌号）、成分、力学性能及用途

类别	牌号	主要成份 w_i（%）（余量 Zn）		力学性能		主要用途
		Cu	其他	σ_b/MPa	δ_5（%）	
普通黄铜	H80	79～81	—	265～392	50	镀层及装饰
	H68	67～70	—	294～392	40	管道、散热器、铆钉、螺母、垫片等
	H62	60.5～63.5	—	294～412	35	散热器、垫圈、垫片等
特殊黄铜	HPb59-1	57～60	Pb0.8～1.9	343～441	25	切削加工性好、强度高，用于热冲压和切削加工件
	HMn58-2	57～60	Mn1.0～2.0	328～588	35	耐腐蚀和弱电用零件
铸铝黄铜	ZCuZn31Al2	66～68	Al2.0～3.0	295～390	12～15	要求耐腐蚀性较高的零件
铸硅黄铜	ZCuZn16Si4	79～81	Si2.5～4.5	345～390	15～20	接触海水工作的管配件及水泵叶轮、旋塞等

注：特殊黄铜代号为：H + 主加元素的化学符号（Zn 除外）+ 铜含量（%）+ 主加合金元素含量（%），如HPb59-1 表示铅黄铜，其成分为 $w_{Cu}=59\%$，$w_{Pb}=1\%$，其余为锌。铸造黄铜代号前加字母“Z”。

（3）黄铜的热处理　黄铜代号中带“H”字头的经常被用来制成板、带、管、棒、线等制品，因此，这类黄铜有时又称为压力加工黄铜。

对于这类黄铜经常采用退火热处理：

1）去应力退火。将黄铜制件加热至 200～300℃ 保温，然后缓冷，主要用来防止黄铜零部件应力腐蚀破裂及切削加工后的变形（这种处理方法也用于铸造黄铜）。

2）再结晶退火。一般加热温度为 500～700℃，保温后缓冷，主要是消除压力加工黄铜制品的加工硬化现象，恢复其塑性。

2. 青铜

除黄铜、白铜外，其余铜合金统称青铜。青铜分为普通青铜和特殊青铜两类。青铜的代号是“青”的汉语拼音字首“Q” + 第一个主加元素的化学符号及含量（%） + 其他元素含量（%）。

（1）普通青铜 是以 Sn 为主加元素的铜基合金，也称锡青铜。它可分为压力加工锡青铜和铸造锡青铜两种。

1）锡青铜的组织与性能特点。在一般铸造条件下，$w_{Sn}<7\%$ 的锡青铜为单相 α 固溶体。从图 12-7 可知，随着 Sn 含量增大到一定范围内，其强度提高，塑性较好，可进行冷压力加工（冷轧、深冲、冷拉丝等）。这类锡青铜不仅强度高、塑性较好，还具有良好的弹性和耐磨性，通常加工成板、带、线材供应。α 固溶体是 $w_{Sn}<6\%$ 的锡青铜室温单相组织，塑性较好；δ 固溶体是以电子化合物 $Cu_{31}Sn_8$ 为基的硬脆相，通常呈枝状晶，产生晶内偏析（后结晶的部分含锡量多）。由于 α 相与 δ 相的电极电位相近，且锡氧化后能生成致密的 SnO_2 薄膜，所以锡青铜在大气（海洋大气）、淡水、海水及高压过热蒸汽中的耐蚀性比纯铜和黄铜更好，但耐酸类腐蚀能力较差。此外，锡青铜还有良好的减摩性、抗磁性及低温韧性。

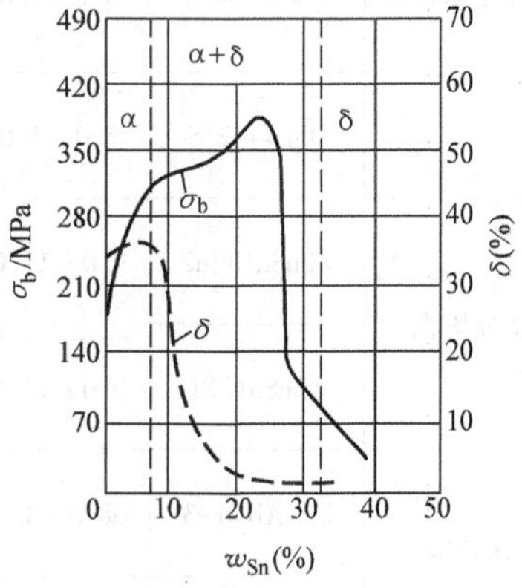

图 12-7 锡含量对青铜力学性能的影响

锡青铜的另一显著特点是铸造冷凝后体积收缩很小（ $<1\%$ ），有利于获得接近铸型的铸件；但也由于结晶温度范围大，流动性差、偏析倾向大，易形成分散缩孔，使铸件致密性差。

2）常用的锡青铜

①压力加工锡青铜 一般 $w_{Sn}<8\%$，具有优良的弹性、耐磨性，较好的塑性和耐蚀性，可以冷、热压力加工，通常加工成板、带、棒、管等型材供应。主要用于制造弹性高、耐磨、耐蚀、抗磁的零件，如弹簧片、电极、齿轮、轴承（套）等，见表 12-5。

②铸造锡青铜 一般含锡和含磷量均比压力加工锡青铜高，因而具有更高强度和耐磨性，铸造性能良好，适于铸造形状复杂而致密度要求不高的耐磨、减摩、耐蚀的铸件，如齿轮、蜗轮、涨圈、泵壳、蒸汽管、水管附件等，见表 12-5。

（2）特殊青铜 是指不含锡的青铜，大多数比锡青铜具有更高的力学性能、耐磨性与耐蚀性。常用特殊青铜见表 12-5。

1）铝青铜。以 Al 为主加元素的铜合金，$w_{Al}=5\%\sim11\%$。铝青铜结晶的温度范围很窄，收缩率较大，但能得到致密和偏析小的铸件，故其力学性能比锡青铜高。不但强度、硬度、耐磨性、耐蚀性都比黄铜和锡青铜高，而且有较高的耐热性。如加入 Fe、Mn、Ni 等元素，可进一步提高性能。常用于制造强度及耐磨性要求较高的摩擦零件、传动件，如齿轮、蜗轮、轴套等。

表 12-5 常用青铜的代号（牌号）、成分、力学性能及用途

类型	牌号	主要成分 w_i（%）（余量 Cu）		力学性能		主要用途
		Sn	其他	σ_b/MPa	δ_5（%）	
压力加工锡青铜	QSn4-3	3.5～4.5	Zn2.7～3.3	350	40	弹性元件、管配件和化工机械等
	QSn6.5-0.1	6.0～7.0	P0.1～0.25	300 500 600	38 5 1	耐磨件、弹性零件
	QSn4-4-2.5	3.0～5.0	Zn3.0～5.0，Pb1.5～3.5	300～350	35～45	轴承、轴套、衬套等
铸造锡青铜	ZCuSn10Zn2	9.0～11.0	Zn1.0～3.0 P0.5～1.0	245 240		中等或较高负荷下工作的重要管配件，泵、阀、齿轮等
	ZCuSn10P1	9.0～11.5	P0.5～1.0	310 220		重要的轴瓦、齿轮、连杆和轴套等
特殊青铜（无锡青铜）	ZCuAl10Fe3	Al8.5～11.0	Fe2.0～4.0	540 490		重要用途的耐磨、耐蚀重型铸件，如轴套、螺母、蜗轮
	QBe2	Be1.9～2.2	Ni0.2～0.5	500	3	重要仪表的弹簧、齿轮等
	ZCuPb30	Pb27～33	—	—	—	高速双金属轴瓦、减摩零件等

2）铍青铜。以 Be 为主加元素的铜合金，$w_{Be}=1.6\%\sim2.5\%$，时效强化效果极大，经淬火（780℃水冷，$\sigma_b=500\sim550$MPa，120HBW，$\delta=25\%\sim35\%$），冷压成形，时效（300～350℃，2h）后具有很高强度、硬度和弹性极限（$\sigma_b=1250\sim1400$MPa，330～400HBW，$\delta=2\%\sim4\%$），其突出优点是导热、导电、耐磨性能极好，同时还具有抗磁、受冲击时不产生火花等特殊性能。主要用作精密仪表、仪器中具有重要用途的弹性元件，耐磨、耐蚀件（如钟表齿轮，高温、高压、高速工作的轴承）和其他重要零件（如航空罗盘、电焊机电板及防爆工具等）。一般是以压力加工后淬火状态供应，加工成零件后再时效。铍青铜价格高，工艺复杂，应限制使用。同样，铜合金均属于贵重金属，只用于特殊性能要求的零件（如耐蚀、导电、耐磨、抗磁性等），一般机器制造的结构零件应尽量以铝代铜。

第三节 钛及其合金

钛不但资源丰富，而且具有比重小、比强度高、耐热性高及优异的耐蚀性能，因而钛及其合金已成为航空、造船及化工工业不可缺少的材料。但由于钛在高温时异常活泼，因此钛及其合金的熔炼、浇铸、焊接和热处理等都要在真空或惰性气体中进行，加工条件严格，成本较高，使它的应用受到限制。

一、纯钛

钛是银白色金属，熔点为1725°C，密度为4.54g/cm^3，比铝大而比钢小43%。钛有很好的强度，约为铝的6倍，所以钛的比强度（强度/相对密度）在结构材料中是很高的。

钛有两种同素异晶结构，在 882.5°C 以下的稳定结构为密排六方晶格，用 α-Ti 表示；在 882.5°C 以上直到熔点的稳定结构为体心立方晶格，用 β-Ti 表示。工业纯钛的力学性能与其纯度有很大关系，若存在氧、氮、氢、碳等元素，则其强度显著增加，塑性下降。

工业纯钛按纯度分为三个等级：TA1、TA2、TA3。其中 T 为钛的汉语拼音字首，序号表示纯度，序号越大纯度越低。工业纯钛常用于制造 350℃以下的低载荷零件，如飞机骨架、发动机部件、海水管道及柴油机活塞、连杆等。

二、钛合金

为了进一步提高钛的性能，常常加入合金元素进行强化。主要元素有 Al、Sn、V、Cr、Mo、Mn 等。根据钛合金热处理的组织，可把钛分为三大类：全部 α 相、全部 β 相和 α + β 相。其符号分别以 TA、TB、TC 表示。

（1）α 钛合金 TA　α 钛合金的主要合金元素是铝。这种合金具有很好的强度和韧性、热稳定性、焊接性和铸造性，抗氧化能力较好，塑性较低、热强性很好，可以在 500℃左右长期工作。α 钛合金的热处理一般是退火，可用来制造飞机涡轮机壳等。

（2）β 钛合金 TB　这种合金一般加入 Mo、V、Cr、Al 等合金元素，强度较高、韧性好，经淬火和时效处理后，析出弥散的 α 相，强度进一步提高，主要用于制造高强度板材和复杂形状零件。

（3）α + β 钛合金 TC　主要加入 Al，也加入 Mn、Cr、V 等，兼有上述两类合金的优点，即塑性好、热强性好（可在 400℃长期工作）、耐海水腐蚀能力很强，生产工艺简单，可通过淬火和时效处理进行强化，主要应用于飞机压气机盘和叶片、舰艇耐压壳体、大尺寸锻件、模锻件等。

钛合金还具有良好的低温工作性能。例如，TC4（Ti-6Al-4V）在 −196°C 以下仍然具有良好的韧性，用于制造低温高压容器，如火箭及导弹的液氢燃料箱等。钛合金应用于高、低温工作条件下的结构材料，其发展前景非常广阔。

三、钛合金的热处理

钛合金的热处理与钢的热处理相似，主要有以下两种方式。

1. 退火

退火有去应力退火和高温退火两种。

（1）去应力退火　去应力退火一般在再结晶温度以下进行，以消除机械加工以及焊接所引起的内应力。大多数钛合金的去应力退火温度为 450 ~ 650°C，保温 2 ~ 12h 后空冷。

（2）高温退火　高温退火在再结晶温度以上进行，以消除加工硬化和稳定组织。钛合金的高温退火温度为 650 ~ 850°C，冷却速度取决于钛合金的种类。

2. 淬火和时效

钛合金在高温 β 相区淬火，可获得马氏体，经时效处理后可显著提高合金的强度，降低塑性。钛合金的时效温度为 450 ~ 600°C，主要适用于 β 钛合金。

钛合金也可以进行氮化、渗碳等处理，以提高合金零件的耐磨性和疲劳强度。

第四节　滑动轴承合金

滑动轴承一般由轴承体和轴瓦构成，轴瓦直接支承着转动轴。与滚动轴承比较，它具有更大的承压面积、工作平稳、无噪声以及装拆方便等优点，广泛应用于磨床、汽车发动机、各类连杆及大型电机等动力设备上。

为了确保轴的磨损最小和提高轴瓦的强度、耐磨、减摩等综合性能，需要在轴承内侧浇铸或轧制一层耐磨合金，形成均匀的内衬。轴承合金就是滑动轴承中制造轴瓦及其内衬的耐磨合金。

一、滑动轴承对合金性能的要求

(1) 具有良好的减摩性　应体现以下性能要求：即摩擦系数低，磨合性好（在不长时间工作后，轴承与轴能自动吻合，使载荷均布在工作面上，以免局部磨损）；轴瓦材料硬度低，塑性好（使杂质陷入软基体）；抗咬合性好（即在摩擦条件不好时，轴瓦材料不致与轴粘着、焊合）；蓄油性好（即能形成连续油膜），保证轴承在较好的润滑条件下工作。

(2) 具有足够的力学性能　要有足够的抗压强度、疲劳强度和一定的耐磨性及冲击韧性。

(3) 良好的耐蚀性和导热性　既耐润滑油腐蚀，又不能在高温下软化或熔化；制造简易，价格低廉。

二、常用滑动轴承合金

轴承合金的牌号表示为：“铸”的汉语拼音字首 Z + 基体元素 + 主要元素，其后数字为该元素百分含量。例如 ZSnSb8Cu4 为铸造锡基轴承合金，主要元素锑的含量 $w_{Sb}=8\%$，$w_{Cu}=4\%$，余量为锡。常用轴承合金有锡基、铅基、铜基、铝基等。锡基、铅基轴承合金的牌号、成分与用途见表 12-6。

表 12-6　锡基、铅基轴承合金的牌号、成分与用途

类别	牌　号	w_i（%）					硬度 HBW（不小于）	用途举例
		Sb	Cu	Pb	Sn	杂质		
锡基轴承合金	ZSnSb12Pb10Cu4	11.0~13.0	2.5~5.0	9.0~11.0	余量	0.55	29	一般发动机的主轴承，但不适于高温工作
	ZSnSb11Cu4	10.0~12.0	5.5~6.5	—	余量	0.55	27	1500kW 以上蒸汽机、370kW 涡轮压缩机，蜗轮泵及高速内燃机轴承
	ZSnSb8-4	7.0~8.0	3.0~4.0	—	余量	0.55	24	一般大机器轴承及高载荷汽车发动机的双金属轴承
	ZSnSb4-4	4.0~5.0	4.0~5.0	—	余量	0.50	20	涡轮内燃机的高速轴承及轴承衬
铅基轴承合金	ZPbSb16-16-2	15.0~17.0	1.5~2.0	余量	15.0~17.0	0.6	30	110~880kW 蒸汽涡轮机，150~750kW 电动机和小于1500kW 起重机及重载荷推力轴承
	ZPbSb15Sn5Cu3	14.0~16.0	2.5~3.0	Cd1.75~2.25 As0.6~1.0 Pb 余量	5.0~6.0	0.4	32	船舶机械、小于250kW 电动机、抽水机轴承

（续）

类别	牌 号	w_i（%）					硬度 HBW（不小于）	用途举例
		Sb	Cu	Pb	Sn	杂质		
铅基轴承合金	ZPbSb15Sn10	14.0～16.0	—	余量	9.0～11.0	0.5	24	中等压力的机械，也适用于高温轴承
	ZPbSb15Sn5	14.0～15.5	0.5～1.0	余量	4.0～5.5	0.75	20	低速、轻压力机械轴承
	ZPbSb10Sn6	9.0～11.0	—	余量	5.0～7.0	0.75	18	重载荷、耐蚀、耐磨轴承

1. 锡基与铅基轴承合金

锡基和铅基轴承合金又称巴氏合金，为低熔点轴承合金。

（1）锡基轴承合金　又称为锡基巴氏合金，是以锡为基础，加入锑、铜等元素组成的合金，显微组织如图 12-8 所示，图中暗色为锑溶入锡的 α 固溶体。硬度为 30HBW，是软基体；硬质点是以化合物 SnSb 为基的 β 固溶体（硬度 110HBW，为图中白色方块）和化合物 Cu_6Sn_5（呈针状或星状）。这种合金具有良好的耐磨性、耐蚀性与韧性，但疲劳极限低。由于锡较稀缺，属于贵重金属，常用于重要的轴承，如汽轮机、飞机发动机、汽车等的高速轴上，工作温度不超过 150℃。为了进一步提高锡基轴承的强度和使用寿命，通常采用双金属，例如用离心浇铸法将它浇铸在钢质轴瓦上，这种操作称为“挂衬”。各种轴承合金与轴配合的硬度要求列于表 12-7。

图 12-8　ZSnSb11Cu6 显微组织（100×）

表 12-7　各种轴承合金与轴配合的硬度要求

配合硬度 \ 材料	锡基轴承合金	铅基轴承合金	铝基轴承合金	铅青铜	铅黄铜	锡青铜	磷青铜
轴承合金的硬度 HBW	20～30	15～30	45～50	20～30	40～80	60～80	75～100
轴的最低硬度 HBW	150	150	300	300	300	300～400	400

（2）铅基轴承合金　又称为铅基巴氏合金，是以 Pb-Sb 为基础，加入锡、铜等元素组成的合金。Pb-Sb 合金相图如图 12-9 所示。合金组织由 α 相和 β 相组成共晶体，硬度 7～8HBW。α 相是锑溶于铅的固溶体，β 相是铅溶入 SnSb 化合物的固溶体；硬质点是初生相（硬度 30HBW）及化合物 Cu_2Sb。这种合金比锡基轴承合金的强度、硬度和耐磨性及冲击韧性都低，摩擦系数较大；但价格便宜，常用来制造承受中、低载荷的中速轴承，如汽车、拖拉机的曲轴、连杆及电动机上的轴

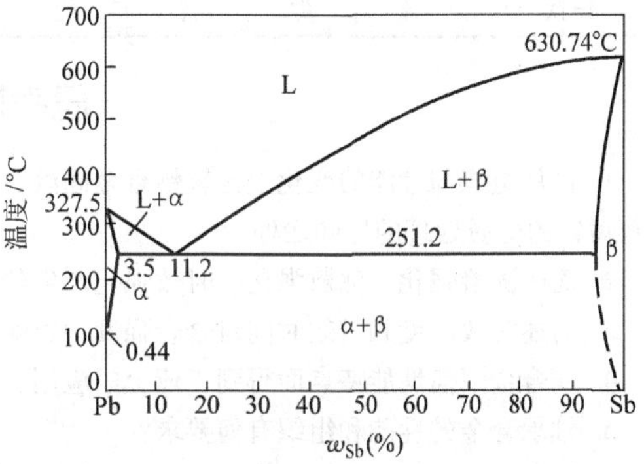

图 12-9　Pb-Sb 合金相图

承等，通常制成双层或三层金属结构。

2. 铜基轴承合金

以铅为主要元素的铜合金称为铜基轴承合金、如锡青铜、铅青铜、铝青铜、铍青铜、铝铁青铜等。可作为轴承材料。

（1）锡青铜　常用的是锡磷青铜（ZCuSn10Pb1）及锡锌铅青铜（ZCuSn6Zn6Pb3）。

ZCuSn10Pb1 的组织是由软基体及硬质点所构成的，其组织中存在较多的分散缩孔，有利于储存润滑油。这种合金能承受较大的载荷，广泛用于中等速度及受较大的固定载荷的轴承，如电动机、泵、金属切削机床轴承。锡青铜还可以直接制成轴瓦，但与其配合的轴颈应具有较高的硬度（300~400HBW），见表12-8。

（2）铅青铜　铅青铜常用的是ZCuPb30。与巴氏合金相比，该合金具有高的疲劳强度和承载能力，高的导热性和低的摩擦系数，可在较高温度下工作（如250℃）。铅青铜适宜制造高速、高压下工作的轴承，如航空发动机、高速柴油机及其他高速机器的主轴承等。

3. 铝基轴承合金

铝基轴承合金的基体元素为铝，主要元素为锑或锡两类。与其他轴承合金相比，铝基轴承合金具有原料充足、密度小、导热性好、疲劳强度高、耐蚀性好以及化学稳定性高等一系列优点，适用于制造高速、重载的发动机轴承，广泛应用在汽车、拖拉机、内燃机车上。

除上述轴承合金外，珠光体灰铸铁也常作为滑动轴承材料。它的显微组织是由硬基体（珠光体）与软质点（石墨）构成，石墨还有润滑作用。铸铁轴承可承受较大的压力，价格低廉；但摩擦系数较大，导热性低，只适宜做低速（$v<2\mathrm{m/s}$）的不重要轴承。各种轴承合金的性能比较见表12-8。

表12-8　各种轴承合金的性能比较

种　类	抗咬合性	磨合性	耐蚀性	耐疲劳性	合金硬度 HBW	轴颈处硬度 HBW	最大允许压力 /MPa	最高允许温度 /℃
锡基巴氏合金	优	优	优	劣	20~30	150	600~1000	150
铅基巴氏合金	优	优	中	劣	15~30	150	600~800	150
锡青铜	中	劣	优	优	50~100	300~400	700~2000	200
铅青铜	中	差	差	良	40~80	300	200~3200	220~250
铝基合金	劣	中	优	良	45~50	300	200~2800	100~150
铸铁	差	劣	优	优	160~180	200~250	300~600	150

思考题和习题

1. 试从组织与性能的变化上比较铝合金固溶、时效处理与钢铁的淬火、回火处理；铝合金的变质处理与灰铸铁的变质处理的异同之处。
2. 简述固溶强化、弥散强化、时效强化产生的原因及它们之间的区别，并举例说明。
3. 简述时效温度和时效时间对合金强度的影响。
4. 铜合金因何性能特点而得到工业上的应用？
5. 轴承合金的性能和组织有何要求？
6. 锡青铜属于什么合金？为什么工业用锡青铜的含锡量一般 $w_{Sn}\leqslant 14\%$？

第十三章　非金属材料

非金属材料是指除金属及合金以外的所有材料的总称。非金属材料通常都具有某些特殊性能，更适合制造具有特定性能要求的产品或零件。近年来，在工农业生产和日常生活中非金属材料应用的数量和品种都在飞速增长，特别是有机高分子合成材料的应用更加广泛，目前高分子合成材料的产量按体积计算已超过钢铁产量。随着有机高分子合成材料、近代工业陶瓷和复合材料制造技术的迅速发展，非金属材料在工程技术上的应用领域日益扩大，不仅已应用于航空、航天等许多工业部门以及高科技领域，甚至已经深入到人们的日常生活中，正在改变着人类长期以来以钢铁等金属材料为中心的时代。

在机械工程中使用的非金属材料主要有三大类：

（1）高分子材料　一般是指由低分子材料通过聚合而成，并且其相对分子量达到一定值的有机化合物，如合成纤维、工程塑料（聚氯乙烯、聚苯乙烯等）、合成橡胶、胶粘剂、涂料等。

（2）工业陶瓷　主要是指通过陶瓷生产工艺制成的无机多晶产品。

（3）复合材料　由两种以上材料相互复合而得到的一种多相固体材料，主要包括金属基和非金属基两类复合材料。

第一节　高分子材料

一、概述

高分子材料是以高分子化合物为主要组分的一类非金属材料，如塑料、橡胶、胶粘剂均属此类。

1. 高分子化合物

化合物分为高分子化合物和低分子化合物。低分子化合物的每一分子的原子数较少，仅有几个到几十个，即使是较复杂的低分子化合物，每一分子所含的原子数也不过几百个，而且其相对分子量很少超过1000。例如，较复杂的脂肪分子，其原子数也只有73，相对分子量为790。

高分子化合物中每一分子所含的原子数可达到几千、几万甚至几十万，其相对分子量可达几百万。高分子化合物通常是由许多低分子化合物通过聚合反应，以一定方式重复连接起来的相对分子量特别大的一类化合物，故又称为聚合物或高分子材料。

高分子化合物通常可分为天然的和人工合成的两大类。松香、蛋白质、天然橡胶、皮革、蚕丝、木材等都是天然高分子化合物；但目前发展最快、机械工业上应用最多的还是人工合成的高分子化合物，如工程塑料、合成橡胶、胶粘剂等。

高分子化合物的原子数很多，相对分子量大，但其化学组成并不复杂，因为每一高分子都是由一种或几种简单的低分子化合物聚合而成。例如，应用很广的聚乙烯就是由乙烯经聚合反应获得的。

聚乙烯分子链是乙烯分子中双链重复连接构成的单链，因此，通常把构成高分子化合物的简单低分子化合物称为单体，乙烯就是聚乙烯的单体。

聚合物中重复连接的结构单元称为链节。由链节重复连接而成的链称为高分子链；链节重复的次数（链节数）称为聚合度，用 n 表示。聚合度决定了高分子的相对分子量及高分子链的长短。聚合度 n、高分子的相对分子量 M 以及链节相对分子量 m 之间的关系为

$$M = n \times m$$

整个高分子材料相当于由 n 个链节按一定方式重复排列连接起来的一条细长的高分子链。

高分子合成材料大多数是以碳与碳结合为主链，即大分子主干是由许多碳原子相互排列成很长的碳链，两旁配以 H、Cl、F 或其他原子团，或者配以另一较短支链，使高分子链成为交叉状态。分子链之间存在着相互作用力（分子链）而使之连接起来，这种内部结构决定了高分子化合物的性能。

2. 高分子化合物的聚合类型

高分子化合物的聚合类型有加成聚合反应（简称加聚）和缩合聚合反应（简称缩聚）之分。

（1）加聚反应 加聚反应是指一种或几种单体在一定条件下，如光照、加热或化学处理等引发作用，借助于双键的打开自身加成，并在分子间形成新的共价键，最后得到大分子的过程。

根据单体种类不同，加聚反应又分为均聚和共聚两种。同种单体分子间的加聚反应称为均聚，其产物称为均聚物，如乙烯在引发剂作用下生成聚乙烯的反应。两种或两种以上单体的聚合叫共聚，其产物称为共聚物，如 ABS 塑料就是丙烯腈（A）、丁二烯（B）和苯乙烯（S）三种单体的共聚物。

可见，均聚物实际上是单体本身的自聚物；共聚物则不是各种单体自聚物的混合物，而是在主链中包含两种或两种以上单体链节的新型聚合物。共聚可以有效改善均聚物某些性能的不足，创造出新品种。单体链节在共聚物中的排列方式不同，性能也不相同。共聚物具有各组成单体的特性，因此称共聚物为"高分子合金"，例如，ABS 塑料具有丙烯腈的耐蚀性、丁二烯的韧性和苯乙烯的良好工艺性。

（2）缩聚反应 缩聚反应是由一种或几种单体相互作用形成的高分子化合物，同时产生低分子副产物（如 H_2O，NH_3，HX）的聚合反应。缩聚反应比加聚反应复杂。

经缩聚反应形成的聚合物的化学结构组成与单体不同，参与缩聚反应的单体一般都是具有两个或两个以上活泼的官能团（如羟基 $-OH$，氨基 $-NH_2$）的低分子化合物，通过官能团的相互作用，在分子间生成新的化学键，从而把低分子化合物逐步地合成聚合物。例如，乙二醇和对苯二甲酸缩聚成聚脂（的确良）的反应就是缩聚反应。

3. 高分子材料分子链的几何形状和结构特点

高分子材料分子链的几何形状一般有线型、支链型和网体型三种结构。

（1）线型结构 由高分子的基本结构单元（链节）相互连成一条细长的链状结构，如图 13-1a 所示。

（2）支链型（或称带支链的线型）结构 由一条很长的主链和许多较短的支链相互连接成若干个分支链，如图 13-1b 所示。这种结构也可看作是线型结构，其性质和线型结构基

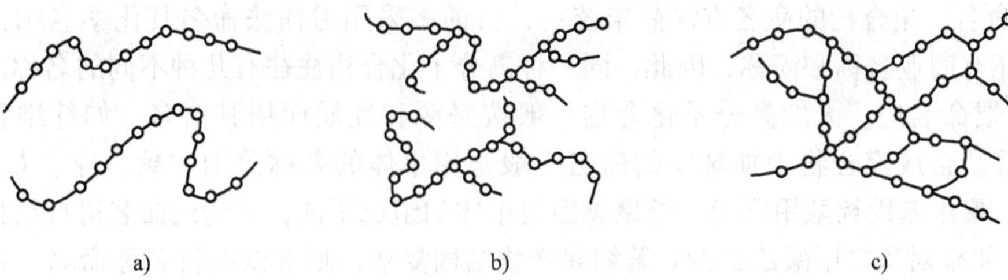

图 13-1　高分子材料分子链的几何形状示意图

a）线型　b）支链型　c）网体型

本相同。

线型和支链型结构的大分子，其长链在非拉伸状态下通常蜷曲成不规则的线团状，在外力作用下可以伸长，在外力取消后又恢复到原来蜷曲的线团状。线型结构高分子化合物的特点是可以溶解在一定的溶剂中，加热时可以熔化，易于加工成形并能反复使用。具有这种结构特点的高分子材料又称热塑性高分子材料，如聚乙烯、聚氯乙烯、未硫化的橡胶等。

（3）网体型结构　线型主链之间的支链彼此交联便形成三维体（网）型结构。如图13-1c所示。网体型结构的高分子材料的特点是加热时不熔化，只能软化，不溶于任何溶剂，最多只能溶胀，不能重复加工和使用。这种现象称为热固性。具有这种结构特点的高分子材料又称热固性高分子材料，如酚醛树脂、氨基树脂、硫化橡胶、尿醛树脂等。热固性聚合物只能在形成交联结构之前一次热模压成型，且成型之后不可逆变。

4. 高分子化合物的分类和命名

（1）分类　高分子化合物的种类很多，分类方法也较多，有天然高分子化合物和人工合成高分子化合物之分；有机化合物和无机化合物之分，常见的分类方法见表 13-1。

表 13-1　高分子化合物常见的分类方法

分类方法	类　别	特性与举例
按聚合物来源分类	天然聚合物 人造聚合物 合成聚合物	天然橡胶、纤维素、蛋白质等 人工改性的天然聚合物，如硝酸纤维、醋酸纤维 由低分子物质合成，如聚氯乙烯、聚酰胺
按聚合类型分类	加聚物 缩聚物	加成聚合反应产物，如聚烯烃 缩合聚合反应产物，如酚醛树脂
按聚合物的工艺特性分类	塑料 橡胶 纤维 涂料 胶粘剂	有一定的形状、热稳定性和强度 有高的弹性，可用作弹性或密封材料 单丝强度高，多用作纺织原料 用来涂布于材料表面，形成防护膜 用来将两个材料粘合在一起
按高分子的几何结构分类	线型聚合物 网体型聚合物	线型或支链型结构高分子材料 网状或体型结构高分子材料
按聚合物的热特性分类	热塑性聚合物 热固性聚合物	线型结构加热后保持不变 线型结构加热后变为体型
按聚合物的分子结构分类	碳均链聚合物 杂链聚合物 元素有机聚合物	一般为加聚物，－C－C－C－ 一般为缩聚物，－C－C－O－C－，－C－C－N－ 一般为缩聚物，－O－Si－O－Si－O－

（2）命名 聚合物的命名方法尚未统一，目前多采用习惯法命名其化学名称，同时有些聚合物还有商业名称和简称，因此，同一种高分子化合物往往有几种不同的名称。

1）习惯命名法。天然高分子化合物一般按来源和性质而用其俗名，如纤维素、蛋白质、虫胶等。合成聚合物中加聚物的命名一般常用单体的名称前加“聚”字，如聚乙烯、聚氯乙烯、聚甲基丙烯酸甲酯等。缩聚物因与单体的组成不同，它们的命名可按结构单元加“聚”字，如聚对苯二甲酸乙二酯。若缩聚产物结构复杂，则常以原料名称命名，并在名称之后加“树脂”二字，如酚醛树脂、环氧树脂等。有时对未加工的聚合物也都称为树脂，如聚氯乙烯树脂等。

2）商业名称和简称。习惯命名中还有一种简单而被普遍采用的商业名称，其命名更是五花八门。即使同种聚合物，不同国家就有不同的商业名称；甚至同一国家生产的，也往往因生产厂家不同而有不同名称。我国习惯以纶作为合成纤维的词尾，如涤纶（聚对苯二甲酸乙二醇酯纤维）、锦纶（即聚酰胺纤维，锦纶66就是聚酰胺-66，锦纶6就是聚酰胺-6）、氯纶（聚氯乙烯纤维）、氨纶（聚氨酯纤维）、氟纶（聚四氟乙烯纤维）等。以橡胶作为合成橡胶的词尾，如丁苯橡胶、顺丁橡胶、丁腈橡胶等。

有些聚合物的名称不是指一种具体物质，而是代表一类聚合物，如聚酰胺，聚脂等。许多聚合物都有其商业名称和简称，例如：

化学名称	商品名称	简称
聚己二酸己二胺	尼龙66	聚酰胺
聚癸二酸癸二胺	尼龙1010	聚酰胺
聚对苯二甲酸乙二酯	涤纶（的确良）	聚酯
聚丙烯腈	腈纶	

3）英文名缩写符号。聚合物还可以用英文或英文缩写表示，例如：

聚合物	英文名称	英文缩写
聚乙烯	Polyethylene	PE
聚氯乙烯	Polyvinyl Chloride	PVC
聚苯乙烯	Polystyrene	PS
聚丙烯	Polypropylene	PP
丙烯腈-丁二烯-苯乙烯三元共聚物	Acrylonitrile butadiene styrene terpolymer	ABS
聚酰胺（尼龙）	Polyamide (Nylon)	PA
聚甲醛	Polyformaldehyde	POM

5. 高分子材料的性能

高分子材料的性能包括力学性能、物理性能（电、磁、热）和化学性能等，简述如下：

（1）高分子材料的力学状态 线型非晶态高聚物在不同的温度下表现出不同的力学状态，即玻璃态、高弹态和黏流态，其变形-温度曲线如图13-2所示，图中 T_x 为脆化温度，T_g 为玻璃化温度，T_f 为黏流温度，T_d 为分解温度。

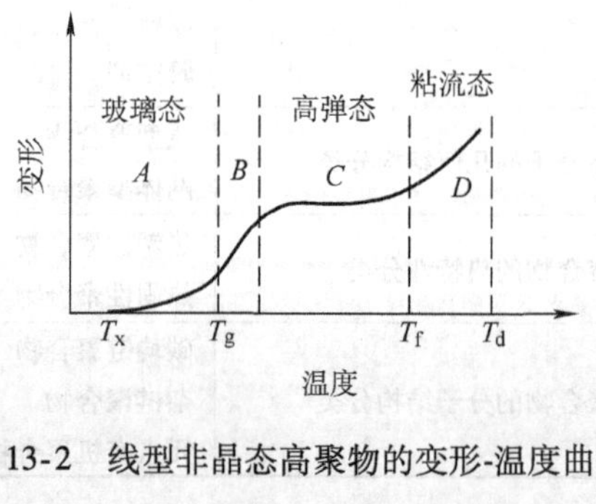

图13-2 线型非晶态高聚物的变形-温度曲线

1）玻璃态。聚合物在较低温度（$T<T_g$）受力时，变形与受力服从胡克定律，属弹性变形，变形量很小，应变量约为0.01%～0.1%，呈硬而脆状态。从结构上看，所有大分子链及链段均不能运动，原子只能在其平衡位置作热运动，大分子就像处于“冻结”状态。呈此状态存在的聚合物，性质与玻璃相似，故称这种状态为玻璃态。

塑料的玻璃化温度T_g高于室温，故塑料在低于T_g温度使用时处于玻璃态，此时若受到外力，只有键长与键角作瞬时而短暂的振动而改变，并且这种改变是可逆的，因而具有较高的力学性能，可用作结构材料。

2）高弹态。在温度$T_g<T<T_f$区间，当$T>T_g$时，高分子材料开始软化，即由刚硬状态转变为柔软的高弹状态，由玻璃态转变为高弹态。这种状态的高分子材料受力后可以产生较大的变形，这是因为温度升高到T_g以后，聚合物分子的动能较大，大分子链可以通过链段运动由蜷曲状态变为伸展状态，造成宏观上大的变形，其宏观弹性变形量可达100%～1000%，而且这个变形是可恢复的变形，即弹性变形，因此，高分子材料的这种状态称为高弹态。通常把高弹态的高分子材料称为橡胶，室温下处于高弹态的高分子材料可作为弹性材料使用（其玻璃化温度T_g低于室温）。显然，若降低玻璃化温度T_g，可以提高橡胶的耐低温性能。

3）黏流态。当$T>T_f$时，不但链段可以运动，而且大分子链也可以运动。在外力作用下，大分子链之间将产生相对滑动，产生不可逆变形，即高分子材料已由高弹态转变为黏性流动状态，即黏流态。T_f是高分子材料呈现黏流态的最低温度，称为黏流温度，也是橡胶使用的最高温度。

黏流态通常是高分子材料的成形加工的状态，所以，黏流温度T_f的高低决定了高分子材料成形加工的难易性。成形温度通常选择在T_f以上。室温下处于黏流态的高分子材料称为流动树脂。当温度高于热分解温度T_d时，高分子材料即开始分解，这是高分子材料成形加工时应该避免的温度。

对于线型结晶型聚合物，结晶区存在的最高温度称为熔点T_m，在T_g～T_m之间为类似玻璃态的硬结晶态，温度高于T_m为黏流态，是对结晶型聚合物加工成形时的状态。分子量很大的结晶型聚合物在硬结晶态和黏流态之间还存在一个介乎两者之间的皮革态，这是非晶区处于高弹态、晶区处于硬结晶态的复合状态。

体型非晶态聚合物大分子链之间以化学键交联成立体网状，其交联密度对聚合物的力学状态有较大的影响。若交联密度较小，两个交联点之间链段较长，柔性好，链段可以运动，在外力作用下链段伸展可产生高弹性变形，这类聚合物仍具有高弹态，如轻度硫化的橡胶。若交联密度较大，交联间的链段短，链段运动困难，则失去高弹性，如过度硫化的橡胶；若交联密度很大，链段完全不能运动，只有主链键长和键角可作很小变化，此时聚合物只呈玻璃态，如酚醛塑料。

（2）高分子材料的力学性能

1）弹性高、弹性模量低。这是聚合物材料特有的性能。橡胶为典型的高弹性材料，弹性变形的伸长率可达100%～1000%，而金属的弹性变形伸长率小于1%；橡胶的弹性模量为10～100MPa，约为金属弹性模量的千分之一。塑料因其使用状态为玻璃态，故无高弹性，但其弹性模量也远比金属低，约为金属弹性模量的十分之一。

2）强度和硬度低。聚合物的强度取决于主价力、次价力、相对分子量和结晶度等因素，所有能束缚和阻碍大分子链和链段运动的因素均可以提高其强度和硬度。聚合物的抗拉强度平均为100MPa左右，是理论强度的1/200，这是由于聚合物中分子链排列不规则，内部含有大量杂质、空穴和微裂纹所致。在外力作用下，空穴聚合成微裂纹，而微裂纹不断扩展形成宏观裂纹，导致最后断裂，所以高分子材料的抗拉强度比金属材料低得多。通常热塑性材料的 $\sigma_b=50\sim100$MPa；热固性材料的 $\sigma_b=30\sim60$MPa；橡胶的强度更低，一般为 $\sigma_b=20\sim30$MPa。由于聚合物密度小，故其比强度（强度/密度）较高，这也是其重要特性之一。

3）具有黏弹性。聚合物在外力作用下同时发生弹性变形和黏性梳动，并且其变形与时间有关，这一性质称为黏弹性。聚合物的黏弹性表现为蠕变、应力松弛和内耗三种现象。

蠕变是在应力（或载荷）保持恒定的情况下，应变随时间的延长而增加的现象。其本质是在恒定应力作用下蜷曲分子链发生位移，导致了不可逆塑性变形。例如，架空的聚氯乙烯电缆套管时间长了就会发生弯曲，就是蠕变引起的。蠕变实际上反映了材料在一定外力作用下的尺寸稳定性，对于尺寸精度要求高的聚合物零件，就需要选择蠕变抗力高的材料。

应力松弛指的是聚合物受力后其变形量保持不变，而应力随时间延长逐渐衰减的现象。例如：化工管道法兰盘橡胶密封垫圈使用一段时间后，常因密封不严而发生泄漏，其原因就是应力松弛。应力松弛是受力伸直的大分子链借助于链段的运动趋于稳定蜷曲态的缘故，因此凡降低链段或大分子链运动能力的因素，如增加主链刚性、增加交联密度，提高次价力等均可提高聚合物的应力松弛抗力。

外界作的功被高分子材料所吸收，消耗于分子链的内摩擦，转化为热能，这种现象称为内耗。内耗使高分子材料具有良好的吸波、减振和消声性能，但内耗影响聚合物的稳定性和使用安全性，如内耗引起汽车橡胶轮胎发热，易导致爆胎而引发交通事故。

4）冲击韧性。提高强度可以提高高分子材料的冲击韧性。比如聚苯乙烯塑料的脆性大，冲击吸收功约为10.8～17.4J，将聚苯乙烯与丁苯橡胶共混后可得到抗冲击聚苯乙烯，冲击吸收功提高到47.8J。

5）摩擦性能。高分子材料的硬度虽低于金属，但其摩擦性能优于金属，摩擦系数低，有些高分子材料还具有良好的自润滑性能，如尼龙、聚四氟乙烯和高密度聚乙烯等，因而可以用来制作耐磨、减摩零件，如轴承衬、凸轮、密封圈、活塞环和刹车片等。

（3）高分子材料的热性能　通常用最高使用温度衡量高分子材料的耐热性，用导热系数衡量其导热性，用线膨胀系数衡量其尺寸稳定性。

1）低耐热性。耐热性是指材料在高温下长期使用时保持性能不变的能力。由于大分子链受热时易发生链段运动或分子链移动，易导致材料软化或熔化，故聚合物的耐热性差。

2）低导热性。材料的导热性与其内部的自由电子、原子和分子的热运动有关。高分子材料内部无自由电子，且分子链相互缠绕在一起，受热时不易运动，故导热性差，约为金属材料导热性的1/10～1/1000，如塑料的热导率一般只有0.84～2.5kJ/(m·h·℃)，金属材料为10～330kJ/(m·h·℃)。对于要求散热较高的制品，如摩擦部件，导热性低是一个缺点，但在有些场合导热性低也是优点，如用于机床上的塑料手柄、汽车驾驶盘，气温低时用手握住不会有太凉的感觉。

3）高的线膨胀系数。线膨胀系数是指材料样品温度每升高1℃时的伸长率。高分子材料的线膨胀系数为金属材料的3～10倍，这与受热时分子间结合力减小、分子链柔顺性增大有关，故加热时高分子材料产生明显的体积和尺寸的变化。因此，在设计制作与金属紧密结合的塑料制品时，应考虑其线膨胀系数，以免造成开裂和脱落。

（4）高分子材料的电性能

1）高绝缘性。由于高分子材料内部没有自由电子，也无足够的离子，因此大多数高分子材料具有较高的表面电阻和体积电阻系数、较高的介电常数，因而是电的不良导体——绝缘体，如聚乙烯、聚苯乙烯和聚四氟乙烯等，但极性高分子材料的绝缘性差一些，不宜制作高绝缘材料，如聚氯乙烯等。

2）静电现象。由于聚合物是电的不良导体，当其中电荷能量分布不均匀时，就会产生静电现象，经相互摩擦会引起火花放电。聚合物经改性或在其表面喷涂抗静电涂料可以消除或减轻静电现象。

（5）化学性能　一般塑料、橡胶都具有良好的化学稳定性，耐酸、碱和大气腐蚀。比如常用的硬聚氯乙烯耐浓硫酸、浓盐酸和碱的侵蚀；聚四氟乙烯具有极好的化学稳定性，可以耐沸腾王水（HCl：$HNO_3=3:1$）的腐蚀。但聚酯类、聚酰胺类塑料在酸、碱作用下会水解，聚碳酸酯溶于四氯化碳有机溶剂。因此选用塑料、橡胶作耐蚀零件或制品时，除考虑其化学稳定性（如耐蚀性）外，还应注意其抗溶剂性。

6. 高分子材料的老化与防止老化的措施

高分子材料在储存和使用过程中，由于空气、水、光、热、辐射等环境因素的作用，使聚合物失去原有性能的现象称为老化。聚合物的老化是很普遍的现象，如塑料、橡胶材料变硬、变脆，出现龟裂，或者变软发黏，褪色、变色、透明度下降等。

引起高分子材料老化的根本原因在于材料内部结构的变化，一是大分子链断裂（降解），平均分子量减小，导致聚合物变软、发黏、褪色等，二是大分子链发生交联，即线型大分子转变为体型大分子，或低交联密度的大分子转变为高度交联的大分子，使高弹聚合物变硬、变脆，如橡胶和某些塑料的脆化。

防止老化的主要措施有：

（1）改变聚合物的结构　改变聚合物的结构以提高其耐热稳定性，如聚氯乙烯在含氯气气氛中经紫外线照射成为氯化聚氯乙烯，可使抗老化能力提高。

（2）加入防老化剂（稳定剂）　例如橡胶中加碳黑吸收可见光；添加水扬酸酯和二苯甲酮类有机化合物等紫外线吸收剂可提高聚合物抗紫外线辐射引起的老化；加入锌白粉（ZnO）和钛白粉（TiO_2）可反射可见光；在聚合物表面形成石蜡薄膜可防止臭氧（O_3）与聚合物接触，防止降解。

（3）表面处理　在聚合物表面镀或喷涂金属以及其他耐老化涂料作为防护层，可使聚合物材料与空气、水、光和腐蚀介质等隔绝，防止老化。

二、常用高分子合成材料

1. 工程塑料

塑料是指以合成树脂高分子化合物（有时用单体直接在加工过程中聚合）为主要成分，加入某些添加剂之后且在一定温度、压力下塑制成型的材料或制品的总称。由于塑料（工程塑料）的原料丰富易得，制取方便、成型简单（可实现少或无屑）、成本低廉以及性能的多样性，因此应用越来越广泛。目前全世界塑料年产量（按体积）已超过非铁金属年产量的总和，可以逐渐取代部分的非铁金属、钢铁、木材、水泥、天然纤维、橡胶、皮革、陶瓷、玻璃和搪瓷等，成为现代工业领域，尤其是能源、交通、航空工业中不可缺少的工程材料。

（1）塑料的组成　塑料的组成有简单组分和复杂组分之分。简单组分的塑料基本上由树脂组成，如聚四氟乙烯、聚苯乙烯、有机玻璃等，复杂组分的塑料则由多种组分组成，除树脂外，还加入各种添加剂，如酚醛塑料、环氧塑料等。一般说来，塑料是由树脂和若干种添加剂（如填充剂、增塑剂、润滑剂、着色剂、稳定剂、固化剂和阻燃剂）组成。

1）合成树脂。树脂是组成塑料的基本成分，一般占塑料全部组成的40%～100%（质量分数），它是塑料中能起粘结作用的部分，也叫粘料，并使塑料具有成型性能。树脂有天然和合成之分，前者如松香、虫胶等，具有无固定熔点、受热后逐渐软化、不溶于水但能溶于某些有机溶剂（如醇和醚）等特性。天然树脂产量少，现很少用于塑料。合成树脂就是人工合成的具有与天然树脂某些性能相似的有机高分子化合物，如聚乙烯、聚碳酸酯、酚醛树脂等。合成树脂是现代塑料的基本原料，其种类、性质和所占比例大小决定着塑料的性能。

2）填充剂。又叫填料或填充母料，是塑料的重要组成部分，一般占总量的40%～70%（质量分数）。它可以起增强作用或赋予塑料新的性能（如导电性等），还可以减少树脂用量、降低塑料成本。例如：加入石棉可以提高塑料的热硬性；加入云母可以提高塑料的电绝缘性；加入磁铁粉可以制成磁性塑料；加入玻璃纤维可以提高塑料的强度、硬度；加入金属氧化物（如氧化铁等）可以提高塑料的硬度和耐磨性等。

3）增塑剂。增塑剂用来提高树脂的塑性，用量一般不高于20%（质量分数）。增塑剂主要是通过降低大分子间作用力，增大链段的运动能力来改善树脂大分子链的柔顺性，从而降低树脂的软化温度和硬度，提高塑性。常用的增塑剂主要是液态或固态低熔点有机化合物，与树脂相溶性好，挥发性小，无色无味，对光、热稳定的一类物质，常用的增塑剂有邻苯二甲酸酯类、癸二酸酯类、磷酸酯类、氧化石蜡等。

4）润滑剂。润滑剂是为防止塑料在成型过程中粘模而加入的添加剂，用量较少，一般为0.5%～1.5%（质量分数）。常用的润滑剂为硬脂酸及硬脂酸盐类。

5）着色剂。着色剂是使塑料制品具有美丽色彩的有机或无机颜料。常用着色剂有铁红、铬黄、氧化铬绿、士林蓝、锌白、钛白、炭黑等。

6）固化剂。固化剂为热固性塑料所必需的添加剂，目的在于促使线型结构转变为体型结构，使大分子链之间产生交联，成型后获得坚硬的塑料制品。固化剂种类很多，固化剂的选用要视塑料品种及加工条件而定。如酚醛树脂常用六次甲基四胺，或顺丁烯二醇作固化剂。

7）稳定剂。稳定剂是为了防老化的添加剂，其主要作用是提高某些塑料的受热或光照稳定性。加入少量稳定剂（千分之几）可防止过早老化，延长塑料制品的使用寿命。常用稳定剂有硬脂酸盐、铅化物、酚类和胺类物质等。

8）其他添加剂。塑料添加剂除上述几项外，还有阻燃剂（如氧化锑、含溴化合物）、抗静电剂、发泡剂、溶剂、稀释剂等。添加剂的种类很多，要根据塑料品种和产品功能要求而决定添加与否及添加量的多少。

（2）塑料的分类

1）按树脂受热时的行为分为热塑性与热固性塑料两大类，见表13-2。

热塑性塑料：指随温度升高而变软，随温度降低而硬化的一类塑料，其大分子链结构通常为线型或支链线型结构，如聚乙烯、聚丙烯、ABS 等。

热固性塑料：指成型状态具有线型结构，成型以后在室温或加热到一定温度保温一段时间以后，内部结构不可逆转化为体型网状结构的一类塑料，如酚醛塑料、环氧塑料等。

2）按使用范围可分为通用塑料和工程塑料两大类。

通用塑料：指产量大、成本低、用途广的聚烯烃类塑料（如聚乙烯、聚氯乙烯、聚丙烯等），占塑料产量的 75% 以上。

工程塑料：指应用于工业产品或在工程技术中作为结构、零件、外观和装饰用的塑料，具有机械强度高或耐热、耐蚀等特点，如 ABS，聚四氟乙烯、聚甲醛等。

表 13-2　工程塑料的分类、品种及特点

类　别	主要品种	特　点
热塑性塑料	聚乙烯、聚丙烯、聚氯乙烯、聚苯乙烯、ABS、聚甲基丙烯酸甲酯、聚酰胺、聚甲醛、聚碳酸酯、聚氯醚、聚砜、氟塑料等	加工成型简便，力学性能好，能反复使用；热硬性和刚性较差
热固性塑料	酚醛塑料、氨基塑料、有机硅塑料、聚氨酯塑料等	热硬性高，刚性较好；但力学性能较差，不能反复使用

（3）工程塑料的主要特性　工程塑料通常是指具有类似金属的性能（如耐高温、低温性能，良好的力学、化学、电气等综合性能）、可以代替某些非铁金属及各种合金钢用来制造机械零件或工程构件的一类塑料，其中主要有 ABS、尼龙、聚甲醛、聚砜、聚碳酸酯、聚苯醚等，其主要性能如下：

1）相对密度小。一般塑料的相对密度为 0.9～2.3。平均密度约为钢的 1/6，铝的 1/2，这一特性对要求减轻自重的车辆、船舶和飞机等具有特别重要的意义。

2）比强度高。因为工程塑料密度均比金属小。故比强度高于金属。例如：玻璃纤维增强的环氧塑料，比强度较一般钢材高两倍左右。

3）良好的耐腐蚀性能。一般塑料对酸、碱等具有良好的耐蚀能力。例如，聚四氟乙烯能耐各种酸碱的侵蚀，甚至在连黄金也能溶解的“王水”中煮沸，它也不受影响。

4）优异的电气绝缘性能。几乎所有的塑料都具有优异的电气绝缘、极小的介电损耗，以及优良的耐电弧特性，可以与陶瓷、橡胶等相媲美，这在电机、电器、无线电和电子工业上具有独特的意义。

5）减摩、耐磨和自润滑性能。大部分塑料的摩擦系数都比较低，并且耐磨性好，可以作为轴承、齿轮、活塞环和密封圈等在腐蚀性介质中（例如在各种水溶液中），或者在少油、无油润滑条件下有效地工作。

6）消声吸振性。采用塑料制成的传动、摩擦零件，可以减少噪声，降低振动，改善劳动条件。

7）独特的成型工艺性。大多数塑料都可直接注射和挤压成型，也可模压成型、吹塑成型等，易制作形状复杂的零件，生产效率高。

（4）常用热塑性塑料的特点和用途（见表 13-3）

表13-3 常用热塑性塑料的特点和用途

名称（代号）	主要特性	用途举例
聚乙烯（PE）	耐腐蚀、电绝缘，可用玻璃纤维增强 低压聚乙烯：强度、硬度、熔点高 高压聚乙烯：柔软性、伸长率、透明性好 超高分子量聚乙烯：耐冲击、耐疲劳、耐磨损	低压聚乙烯：耐腐蚀件、绝缘件、涂层 高压聚乙烯：薄膜 超高分子聚乙烯：减摩、耐磨及传动件
聚丙烯（PP）	密度小，强度、硬度、耐热性优于低压聚乙烯，可在100℃下使用，耐腐蚀性和高频绝缘性好。低温时脆、不耐磨损、易老化。可用玻璃纤维增强	机械零件、耐腐蚀件、绝缘件、涂层等
聚氯乙烯（PVC）	良好的耐腐蚀性和电绝缘性 硬聚氯乙烯：强度高，可在-50~60℃下使用 软聚氯乙烯：强度低，耐腐蚀、绝缘性好，易老化 泡沫聚氯乙烯：质轻，隔热、隔声、防振	硬PVC：化工耐腐蚀件，管路、容器等 软PVC：薄膜，电线、电缆的绝缘层等 泡沫PVC：衬垫，包装件等
聚苯乙烯（PS）	电绝缘性好，尤其是高频绝缘性，透明性好，易着色，但质脆，不耐热，不耐有机溶剂腐蚀 泡沫PS：质轻，隔热，防振，可用玻璃纤维增强	绝缘件、透明件、装饰件等 泡沫PS：包装件、保温件等
丙烯腈-丁二烯-苯乙烯共聚体（ABS）	综合性能好，耐冲击，尺寸稳定，电绝缘性好，质硬，成型加工性好	减摩、耐磨零件或一般机械零件等
聚甲基丙烯酸甲酯（PMMA）	又称为有机玻璃，透明性好，着色性好，耐冲击，但耐热性差，不耐高温，易擦伤	仪器、仪表、装饰或机器中的透明件
聚酰胺（尼龙）（PA）	强度高，韧性好，耐磨，耐疲劳，耐油、水，但吸水性大，尺寸稳定性差	普通机械零件，耐磨、减摩传动件，制成尼龙纤维，用途广泛
聚四氟乙烯（PTFE）	俗称塑料王，优越的耐腐蚀性，耐老化和电绝缘性，吸水性小，减摩性好，可在-180~250℃下使用	耐腐蚀件，耐磨件，密封件等
聚甲醛（POM）	强度高，耐疲劳，有耐磨、减摩性，耐热、绝缘、耐腐蚀性好，尺寸稳定	各种承载不大的机械零件
聚砜（PSF）	力学性能好，耐热，耐腐蚀，化学稳定性和电绝缘性好，但加工性较差	各种精密零件，高强度、耐热结构件，电器绝缘件
聚酰亚胺（PI）	耐热性好，高、低温下的力学性能优异，优良的电绝缘性、耐辐射性、阻燃性和耐磨性，耐油和有机溶剂，但不耐碱	各种机械零件，电绝缘件

（5）塑料的成型和加工　塑料的成型工艺较简单，成型方法多种多样，可以在液态或熔融状态下喷丝制成纤维，或浇铸成零件和其他制品，也可以在较低温度下（塑性或软化状态）采用注射、模压、挤压、吹塑、真空成型和夹层结构等方法制成各种零件和制品；也可采用喷涂、浸渍、粘结、电镀和等离子喷涂等方法，将塑料覆盖在金属或非金属基体上，或在塑料表面镀金属，从而获得兼有塑料和金属两者特性（优点）的零件或制品；还可以像金属材料一样，将塑料制品（半成品）进行二次机械加工，如车削、铣削、刨削、磨削、钻削等。下面介绍几种常用成型方法。

1）压制成型。该工艺有模压和层压两种，主要用于热固性塑料（如酚醛塑料、氨基塑料等）；但有时也用于压制热塑性塑料，如用聚氯乙烯压制的壳体、轮盘、玩具及日用品等。图 13-3 是塑料压制成型示意图。

模压法是将粉、粒状塑料放在金属模具中加热软化，在压力机作用下充满模具型腔，经过一定时间固化后，开模取出制件。此法多用于制造形状复杂或带有复杂嵌件的制品。

层压法是将层状填料（纸张、棉布、玻璃布等碎片）以树脂溶液浸渍，烘干后层叠在一起加热加压，经过一定时间后，树脂固化，互相粘结成塑料层压板。此法是制造增强塑料的方法之一。层压的制品也可进行二次加工，切削成轴承、齿轮等复杂形状的零件或制品。

2）挤压成型。与金属型材的挤压原理相同。主要过程是把原料装入料筒内，受热熔化呈可塑状态，借助螺旋杆或活塞压力，使塑料通过机头、口模连续挤出成型，如图 13-4 所示。

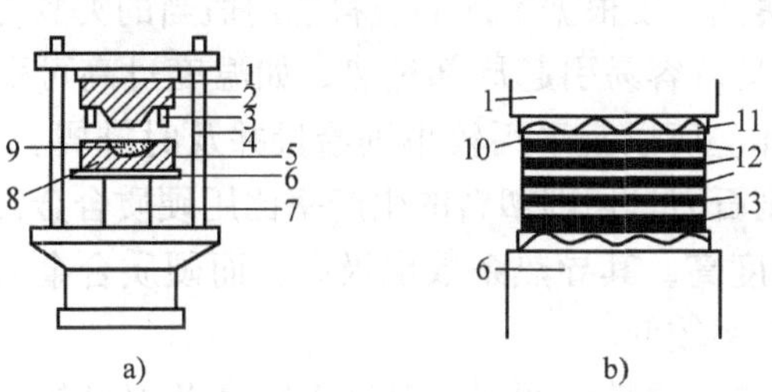

图 13-3　塑料压制成型示意图

a）模压机示意图　b）层压制品示意图

1—上模板　2—上模　3—导柱　4—支柱

5—下模　6—下模板　7—柱塞　8—模腔　9—物料

10—不锈钢衬板　11—帆布石棉衬板　12—高聚物层　13—压制品

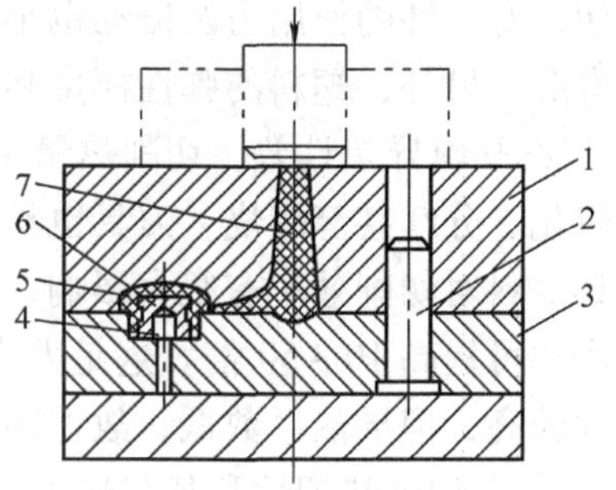

图 13-4　塑料挤压成型示意图

1、3—上、下模　2—导柱

4—定位销　5—制品　6—型芯　7—挤入道

挤压成型法适合于热塑性塑料的管、棒、板、线材的加工成型，因其尺寸、形状比模压法精确，可制造形状较复杂、壁厚不均的带金属嵌镶件的制品。此外，还可用于粉末造粒、塑料染色和树脂混合、玻璃纤维增强等。

3）注射成型。注射成型是在塑料注射机上完成的。图 13-5 是塑料注射成型原理图。其成型过程是将粉末状或粒状塑料放在注射机的料筒内，加热熔化达到流动状态，然后通过料筒末端的喷嘴加压后高速注入闭合的模膛内，经过冷却凝固后开模，取出制品。

注射成型适合于热塑性塑料或者流动性较大的热固性塑料。在制品的注射工艺确定后，成型全过程可以自动化，生产效率高，可成批生产。

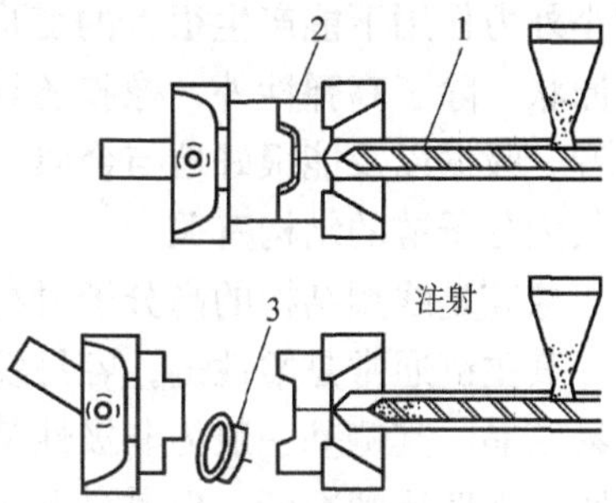

图 13-5　注射成型示意图

1—注射机　2—模具　3—制品

4）浇铸成型。该方法与金属铸造相似。主要过程是在常压或低压下将液态树脂或其混合物浇入模具型腔中，经加热、固化成型。浇铸塑料一般要在树脂中加入固化剂（或催化剂）使之发生化学反应而固化。如热塑性塑料中的聚甲基丙烯酸甲酯、单体浇铸尼龙，热固性树脂中的环氧、聚酯类工程塑料均可用此法成型。浇铸成型的设备及工艺简单，制品尺寸不受限制，但制造精度不如以上成型法高，适宜于小批量的大型制件。

5）塑料的加工。塑料成形后的再加工也称为二次加工，主要包括塑料制品的机械加工（切削加工）、胶接和表面处理等。下面仅介绍塑料的机械加工，有关塑料的胶接、塑料镀金属以及金属涂塑等可参阅有关专著。

塑料的二次加工主要适用于要求一定精度配合的零件，如齿轮、凸轮、支座、接头等，需要对成型毛坯件的进一步加工。塑料的机械加工和金属的机械加工大致相同，都可以用车、刨、铣、钻、铰、镗、锉、攻螺纹等。但是，因塑料具有许多不同于金属的特性，为了保证加工质量，在切削加工塑料时选用的切削参数（刀具的几何形状、切削用量等）和操作方法应与切削金属有所不同，必须注意以下问题：

① 塑料强度较低，切削力应比金属材料小，有时仅为切削钢的1/10～1/20。因此，切削塑料时应取较大切削用量，加大刀具的前角和后角，保持切削刃锋利。前角越大，出屑越方便，对工件的作用力及振动也小，有利于提高表面质量。增大后角能减少切削热，提高刀具寿命。另外，塑料的弹性模量和硬度较金属低，要根据不同的塑料选用适当的夹紧力。

② 塑料导热性差，切削热量主要传给刀具，容易引起局部过热，如温度过高可引起塑料熔化、分解甚至燃烧，刀具也易变钝或损坏。所以宜采用较小进给量并及时排屑。当然，刀具材料对切削效率有很大影响，例如用金刚石刀具切削塑料的生产率比用硬质合金刀具的生产率可提高10～50倍。这是因为金刚石硬度高，其导热系数也极高，而硬质合金刀具虽硬度较高，但导热系数低，故切削塑料的生产率较低。

③ 在切削热塑性和某些热固性塑料时，常形成带状切屑，对加工精度及刀具的正常切削不利，此时可以向切削区输送高压空气流，以便及时排屑并冷却刀具，提高刀具的使用寿命。

④ 塑料的线膨胀系数大，在高速切削时须考虑加工后零件的收缩量。

⑤ 塑料切削一般是采用压缩空气冷却，这是因为使用切削液容易打滑，使切削难以进行；同时塑料与切削液可能会产生化学反应，影响零件性能或腐蚀机床部件。

2. 橡胶

橡胶是具有高弹性的高分子材料，所处的高弹态温度范围很宽（－50～＋150℃），在较小外力作用下能产生很大的变形（一般在100%～1000%之间）。取消外力后又能很快恢复原状。除了高弹性外，橡胶还具有很高的可挠性、良好的耐磨性、电绝缘性、耐腐蚀性、隔音、吸振以及能很好地与金属、线织物、石棉等材料粘接等特性。橡胶的这些特性主要是与其大分子链的结构有关。

橡胶是线型结构的高分子材料，是由许多细长而柔软的分子链组成，分子间的作用力很大，其主链通常是柔性链，容易发生链的内旋转，使分子蜷曲呈无规则线团状，相互缠绕，不易结晶。其侧基一般为非极性基团，有利于分子链的柔顺性。由于这些结构上的特点，使橡胶的强度比塑料低，但其伸长率却比塑料大得多。在较小外力的作用下，分子链容易伸直、舒展；当外力去除后，分子链又回复到原来的蜷曲状态。橡胶的这些特性以及良好的工艺性是其获得广泛应用的重要原因。如利用其高弹性和耐磨性可制成各种轮胎、运输带、减振器；利用其绝缘性可制成电线、电缆的包皮；利用其密封性和耐蚀性可制成输送水、气、油、酸、碱等的胶管、密封垫和各种防护用具等。目前，世界上生产的橡胶制品已达5万种以上。

（1）橡胶的分类　橡胶的品种很多，按照其来源可分为天然的和合成的两大类。

1）天然橡胶。通过割取橡胶树上的胶乳，经凝固、干燥、加压等工序制成的片状生胶，占天然橡胶数量的90%以上，再经硫化工艺后制成材料，即为天然橡胶。其主要成分是不饱和状态的天然高分子化合物异戊二烯，其分子结构式为

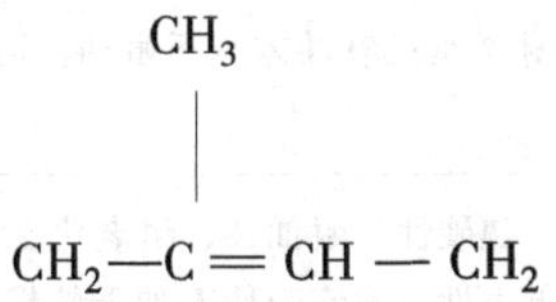

实际的天然橡胶是多种不同相对分子量的聚异戊二烯的混合体。

2）合成橡胶。由于天然橡胶在数量和性能上均不能满足工业上的需要，于是发展以石油产品为主要原料的合成橡胶，多以烯烃，特别是以丁二烯为主要单体聚合而成。按照用途可分为通用与特种两类合成橡胶。通用合成橡胶主要有：丁苯橡胶、氯丁橡胶、乙丙橡胶等，主要用于制造轮胎、运输带、胶管、胶板等；特种合成橡胶是用于高温、低温、酸、碱、油和辐射介质条件下的橡胶制品，主要有：丁腈橡胶、硅橡胶、氟橡胶等。

（2）橡胶的组成　用于制造橡胶制品的原料称为胶料，通常胶料是多组分的，主要包括生胶和配合剂。

1）生胶。未加入配合剂的天然或合成橡胶统称为生胶，是橡胶制品的主要组分。生胶决定橡胶制品的性能，不同生胶可制成不同性能的橡胶制品，而且还能把各种配合剂和增强材料粘成一体。

2）配合剂。加入配合剂是为了提高橡胶制品的使用性和工艺性。配合剂的种类很多，一般包括：

① 硫化剂。所谓硫化，就是在生胶中加入硫化调料（常用硫磺）和其他配料。硫化剂的作用就是使橡胶的线型分子相互交联成三维网状结构，使胶料变为具有弹性的硫化胶。

② 硫化促进剂。常用的硫化促进剂有 MgO、ZnO 和 CaO 等，主要作用是促进硫化、缩短硫化时间并降低硫化温度。

③ 增塑剂。常用的增塑剂有硬脂酸、精制蜡、凡士林等，主要作用是增加橡胶的塑性，使之易于加工并与各种配合料混合，能降低橡胶的硬度，提高耐寒性。

④ 填充剂。主要作用是提高橡胶的强度和降低成本，常用的有炭黑，MgO、ZnO、Ca-CO_3、滑石粉等。

⑤ 防老化剂。为了防止或延缓橡胶老化，延长橡胶制品的使用寿命，在生产中可以加入石蜡、密蜡或其他比橡胶更易氧化的物质，在橡胶表面形成较稳定的氧化膜，抵抗氧的侵蚀。

此外，为了使橡胶具有某些特殊性能，还可以加入着色剂、发泡剂、电磁性调节剂等。

3）增强材料。添加增强材料的主要目的是为了提高橡胶制品的承载能力和抗变形能力。常用的增强材料是各种纤维织物、金属丝及其编织物，如传送带、胶管中的帆布、线绳，轮胎中的帘布、钢丝，胶管中的钢丝线等，其用量及添加的材料和工艺视不同制品而定。

（3）橡胶材料的特点、用途及维护保养　对于橡胶材料，根据不同的使用要求提出或规定其性能指标，如高弹性、回弹性、耐磨性、伸长率、永久变形、抗拉强度、抗撕裂强度、耐高温或低温性、电性能及透气性等，但这些性能中最主要的是高弹性和力学性能。常

用橡胶的品种、特点和用途见表13-4。

表13-4 常用橡胶的品种、特点和用途

类别	橡胶品种	主要性能	用途举例
通用橡胶	天然橡胶	弹性高、耐低温、耐磨损、耐疲劳、绝缘性好、加工方便；但耐氧及臭氧性差、不耐油，适于100℃下使用	轮胎，胶带，管路等
	丁苯橡胶	耐磨性好，热硬性、耐油性、耐老化性能优于天然橡胶，但耐低温性、耐疲劳性不如天然橡胶，尤其是自粘性差，生胶强度低	轮胎，胶板、胶布等各种硬质橡胶制品
	顺丁橡胶	弹性、耐磨性突出，耐低温，易与金属粘合，但加工性、自粘性和抗撕裂性差	轮胎，耐寒胶带，弹性元件，耐热管路，绝缘制品等
	丁基橡胶	耐老化性、气密性、热硬性优异，抗振性好，但弹性和加工性较差	车轮内胎，软管，垫片，化工容器内衬，防振制品
	乙丙橡胶	耐老化性突出，耐腐蚀，电绝缘，吸水性小，耐低温性好，但不耐油，加工性差	车轮内、外胎，耐热、耐腐蚀传输管、带，电缆护套等
	氯丁橡胶	耐油性突出，耐腐蚀性好，阻燃、耐热性好，但电绝缘性和加工性较差	耐油、耐腐蚀胶管，运输带，各种垫圈（片）等
特种橡胶	丁腈橡胶	耐油性突出，耐老化性、热硬性、耐磨性、气密性和耐水性好，但耐低温性、耐臭氧性和加工性差	各种油管，耐油密封垫圈，耐热、减振零件等
	聚氨酯橡胶	耐磨性突出，抗拉强度高，耐油性好，但耐酸碱、耐水性及热硬性较差	胶辊，实心轮胎，齿形带，各种耐磨零件
	硅橡胶	耐高温、低温性突出，可在-70～280℃下工作，耐老化、电绝缘性优良，耐水，无毒，无味，但常温下力学性能较差，耐油、耐腐蚀性较差	各种管路的接头，高温下使用的各种垫圈、密封件，耐高温的电线、电缆护套等
	氟橡胶	耐磨性突出，耐酸碱及抗氧化能力强，热硬性好，耐低温和加工性较差	发动机的耐热、耐油制品

3. 胶粘剂

在工业生产和日常生活中常遇到胶接和粘合的问题。凡是将两种及以上的物件用表面粘合方法连接起来的方法统称为胶接。能够将两种物件胶接起来并在结合处具有一定强度的物质统称为胶粘剂或胶。胶粘剂是用具有粘性的高分子物质为基料，加入某些添加剂组成的。按照其来源可分为天然和合成两类胶粘剂，在工业上应用的主要是合成胶粘剂。

胶接是工程上一项新型的、较为经济的连接方法，目前已部分代替铆接、焊接、螺接等其他机械装配的联结，可以连接难以焊接或无法焊接的金属，也可以用于金属与塑料、橡胶、陶瓷等非金属材料的连接。胶接的主要优点在于：胶接处应力分布均匀、构件（机件）的整体强度高、质量轻、胶缝绝缘、密封性能好、耐腐蚀性好等。随着胶接技术的发展和应用，胶粘剂日益得到广泛的应用，已成为制造产品的重要材料，并已在航空、航天、机械电子等工业部门获得较广泛的应用。

（1）胶粘剂的分类 胶粘剂按组成的化学成分可分为有机和无机胶粘剂两类。其中有机胶粘剂又分为天然和合成两种。常见的天然胶粘剂有骨胶、虫胶、桃胶和树汁等。现在大量使用的是人工合成胶粘剂，它主要是由粘剂（如酚醛树脂、聚苯乙烯等）、固化剂、填料及各种附加剂（如增韧剂、抗氧化剂等）按不同配方配制而的。合成胶粘剂的分类举例见表13-5。

表13-5　合成胶粘剂的分类举例

橡胶胶粘剂		氯磺化聚乙烯橡胶，聚丁二烯橡胶，丁基橡胶，聚异戊二烯橡胶，丁腈橡胶，氯丁橡胶，聚氨酯橡胶，硅橡胶，丁苯橡胶
单组分胶	热塑性胶	各种纤维素（醋酸纤维素、硝化纤维素等），乙烯类聚合物，饱和聚酯，聚醚（如聚次苯基硫醚），聚酰胺，聚酚醚
	热固性胶	环氧，酚醛，聚氨酯，有机硅树脂，脲醛树脂，不饱和聚酯，聚氰基丙烯酸酯，热固性可溶尼龙，热固性丙烯酸，聚酰亚胺
多组分胶		酚醛-缩醛，酚醛-环氧，酚醛-聚酰胺，酚醛-丁腈，酚醛-氯丁，酚醛-缩醛-有机硅，酚醛-聚氨酯，环氧-丁腈，环氧-尼龙，环氧-缩醛，环氧-有机硅，环氧-聚酯，环氧-聚氨酯

胶粘剂分类方法很多，若按使用目的可分为结构胶粘剂和非结构胶粘剂等。结构胶粘剂在常温下的抗剪强度大于8MPa，能承受较大负荷，在高温、低温或化学介质的作用下而不降低其性能，如环氧-酚醛、环氧-有机硅胶粘剂等；非结构胶粘剂能承受的负荷较低，如聚氨酯、酚醛-氯丁橡胶等。还有其他胶粘剂，如导电、绝缘、光学、超高温及超低温胶粘剂等。

若按照被胶接材料可分为金属胶粘剂，如酚醛-丁腈、酚醛-缩醛-有机硅胶粘剂等；非金属胶粘剂又可分为塑料胶粘剂（如过氯乙烯胶等）和橡胶胶粘剂（如聚氨酯胶粘剂等）。

1）热固性胶粘剂。固化后呈网体型结构，有时加入固化剂。其优点是耐热、耐水、耐介质侵蚀、胶接强度高；缺点是抗冲击强度、抗剥离强度和起始粘结性较差，如环氧-酚醛胶粘剂等。

2）热塑性胶粘剂。优点是抗冲击强度、抗剥离强度均高，起始粘结性佳；缺点是热硬性不高，如聚醋酸乙烯酯、过氯乙烯等胶粘剂。

3）合成橡胶胶粘剂。优点是起始粘性高，柔韧性好，能粘结多种材料；缺点是热硬性和耐低温性差，如丁腈、多硫、氯丁等橡胶。此外，还有上述两种互相混合的混合型胶粘剂等。

（2）胶接的条件和工艺过程　利用胶粘剂把彼此分离的物件胶接在一起，形成牢固接头的必要条件是：胶粘剂必须能很好地浸润被胶接物的表面，在固化后胶层应有足够的内聚力，而且胶粘剂与受胶接物件之间有足够的粘附力。

胶接工艺的一般过程大致包括以下工序：

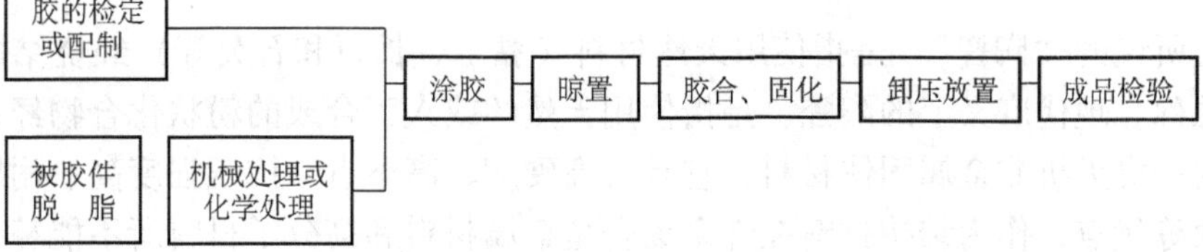

脱脂处理一般是针对金属被胶接件而言，主要是去除胶接件表面的油脂、机械加工杂质等附着物。一般可以用有机溶剂或其热蒸汽清洗。机械处理是指用砂纸打磨或喷砂（对钢件）等，以去除表面污物，增加胶接的表面积。处理好的表面还要用溶剂清洗。此处理的缺点是表面较粗糙，易被溶剂、水和腐蚀性介质所侵蚀。化学处理的优点是经济、有效且适应面广，特别是对结构复杂、尺寸精度要求高的金属部件更适合。但是，对不同金属需要配制不同的化学处理溶液，并按不同的工艺规程进行处理。

为了消除胶接件的内应力，在固化完毕、卸压后，常要自然放置一段时间（尤其是形状复杂和容易变形的胶接件），以消除其内应力。

（3）胶粘剂（胶接技术）在机械工程中的应用

1）设备维修。例如修补各种铸件表面的气孔、缩孔、砂眼及其他小洞；修复机床导轨的磨损、拉毛等。待修复表面清洗后，涂上瞬干胶，撒上铁粉，反复进行，直到填满为止；然后在室温固化，再用刮刀刮平。在汽车、拖拉机修理中，用环氧胶在修复蓄电池壳、粘接拖拉机上制动阀弹簧套筒与连杆、修复模具等方面都得到广泛应用。

2）改进机械安装工艺。有些零件（如模具上的导柱和导套的粘接），原来的轴和孔采用过盈配合，加工精度要求较高；采用胶粘剂胶接，可以降低加工精度要求，节省工时。图13-6为齿轮与轴由过盈配合改为胶接接头设计的剖面图，可采用环氧胶粘剂。图13-7为蜗轮镶配青铜轮缘，用胶接代替螺钉连接的胶接接头。

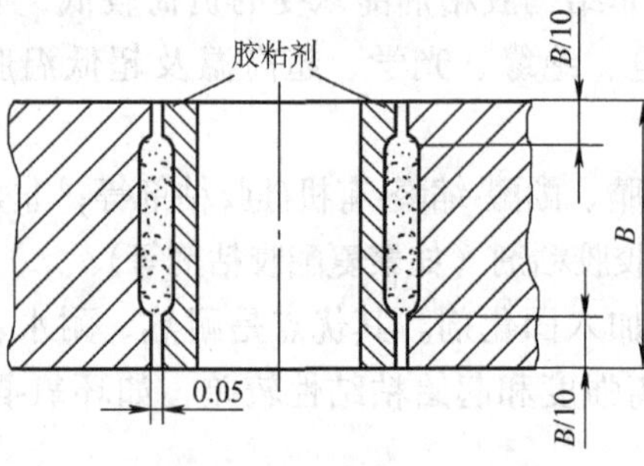

图13-6 齿轮与轴的胶接

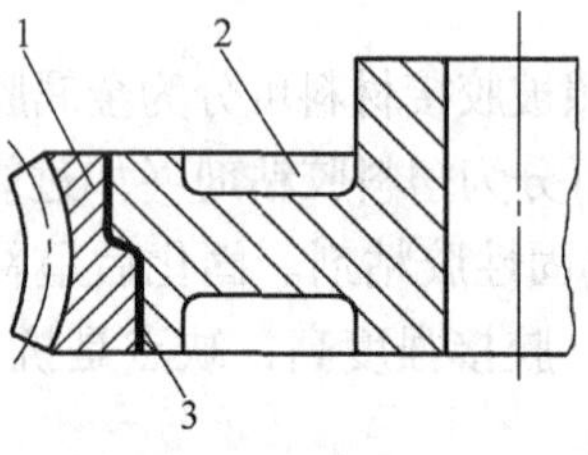

图13-7 蜗轮轮缘的胶接

1—轮缘 2—蜗轮 3—胶层

目前大量使用的合成胶粘剂，一般是由粘剂（如聚苯乙烯、酚醛树脂等）、固化剂、填料及各种附加剂（如增韧剂、抗氧化剂）组成的，并可以按照各种不同使用要求采用不同的配方。但是必须注意的是，使用不同胶粘剂时，形成胶接接头的条件也不同。接头可以在一定温度和时间的条件下经固化形成，也可以加热接合处经冷凝后形成接头，还可以先溶入易挥发的溶液中，胶接后溶剂挥发形成接头。

第二节 陶瓷材料

传统上所说的“陶瓷”，是指使用天然材料（黏土、长石和石英等）经烧结成形的陶器与瓷器的总称。现代广义上的陶瓷，是指使用天然的或人工合成的粉状化合物经成形和高温烧结制成的一类无机非金属固体材料，它具有高硬度、高熔点、抗压强度高、耐磨损、抗氧化、耐腐蚀等优点，作为结构材料在许多场合是金属材料和高分子材料所不能替代的，而陶瓷的某些特殊性能又可用作功能材料。

一、陶瓷材料的类型和特点

1. 陶瓷的分类

（1）普通陶瓷（传统陶瓷）　一般采用黏土、长石和石英等天然原料烧结而成。这类陶瓷按其性能、特点和用途又可分为日用陶瓷、建筑陶瓷、电绝缘陶瓷和化工陶瓷等。

（2）特种陶瓷（现代陶瓷）　这是指采用高纯度人工合成原料制成并具有特殊物理、化学性能的新型陶瓷（包括功能陶瓷）。除了具有普通陶瓷的性能外，还具有适应工程上需要的特殊性能，如氧化物陶瓷、氮化物陶瓷、碳化物陶瓷、金属陶瓷等。

此类陶瓷，按用途又可分为高温陶瓷、压电陶瓷、光学陶瓷和磁性陶瓷等。

2. 陶瓷的组织结构

陶瓷的性能与其组织结构有关。金属晶体是以金属键相结合构成的；高分子材料晶体是以共价键结合构成的；而陶瓷则是由天然或人工合成的原料经高温烧结成的致密固体材料，其组织结构比金属复杂得多，其内部存在晶相、玻璃相和气相。这三种相的相对数量、形状和分布对陶瓷性能的影响很大。

（1）晶相（晶体相）　大多数陶瓷是由离子键构成的离子晶体（如 MgO、Al_2O_3 等），但也有由共价键构成的（如 Si_3N_4、SiC 等），这是陶瓷的主要组成相，一般是两种晶体都存在。离子键的结合能较高，正负离子以静电作用结合得比较牢固，因此陶瓷具有硬度高、熔点高、质脆等特性。与金属晶体类似，陶瓷一般也是多晶体，也存在晶粒和晶界。细化晶粒及亚晶粒同样能提高强度并影响其性能。但是，由于陶瓷的化学成分和相结构是由多种金属元素和非金属元素的化合物组成的，其组织结构和性能间的关系不如单纯金属或非金属材料那样简单，而要考虑更多的因素。

（2）玻璃相　陶瓷烧结时，由各组成物和杂质通过一系列物理、化学作用形成的非晶态物质称为玻璃相。玻璃相熔点较低，主要作用是把分散的晶相粘结在一起，还可以降低烧结温度，抑制晶体长大并填充气孔空隙；但是降低了抗热性和绝缘性，所以玻璃相一般限制在 20% ~40%（体积分数）之内。

（3）气相　陶瓷中存在的气孔称为气相，常以孤立的状态分布在玻璃相、晶界或晶体内。气相会引起应力集中，降低陶瓷的强度和抗电击穿能力，所以应尽量减少气孔的数量和尺寸，并使其均匀分布，一般气相控制在占陶瓷体积 5% ~10%。

二、常用陶瓷材料

陶瓷是先成形后烧结而成的产品，其生产工艺过程主要为：配料及原料处理、制坯及压制成形、烧结三个阶段。

压制成形方法有干压、注浆、等静压、挤压、热压注等方法。

烧结的过程是使陶瓷内部发生一系列物理、化学变化，对陶瓷质量影响很大。烧结后的产品很难再加工。通常，陶瓷烧成后就可以使用，只有在要求尺寸精确或表面质量很高时才进行研磨加工。烧结可以在煤窑、煤气炉或电炉等高温炉窑中进行。

此外，还有将粉料同时加热、加压制成陶瓷的热压法和高温等静压法等方法。

三、常用陶瓷材料的性能、特点及用途

1. 普通陶瓷（传统陶瓷）

普通陶瓷产量最大，具有质地坚硬、不会氧化生锈、耐腐蚀、不导电、耐一定高温、加

工成形性好、成本低廉等优点，所以广泛用作建筑、日用、卫生、化工、纺织、高低压电器等行业的结构件和用品。例如化学工业用的耐酸耐碱容器、管道、反应塔等，供电系统用的绝缘子、瓷套等。但是这类陶瓷抗拉强度较低，抗热冲击性差、热膨胀系数和导热系数均低于金属。

2. 特种陶瓷

凡是具有某些特殊的物理和化学性能的陶瓷统称特种陶瓷，包括高温陶瓷、金属陶瓷、压电陶瓷等功能陶瓷，但是，在机械工程上应用最多的是高温陶瓷。

（1）高温陶瓷　高温陶瓷分为以下两种类型：

1）氧化物陶瓷。以纯氧化物（Al_2O_3、ZrO_2、MgO、BeO 等）为基（晶相）的陶瓷称为氧化物陶瓷，通常熔点超过2000℃，具有高的室温强度和高温强度，良好的化学稳定性和介电性能，但热稳定性一般较差。目前以氧化铝陶瓷应用最多。

氧化铝陶瓷主要成分是刚玉（Al_2O_3），质量分数占45%以上。按照瓷坯中主晶相不同，可分为刚玉瓷和莫来石瓷等。

氧化铝陶瓷具有优良的性能，如：耐高温、耐腐蚀、高强度、高硬度、高温绝缘性好等。微晶刚玉硬度达92~93HRA，热硬性达1200℃，因此这类陶瓷在机械工程上用途尤为广泛。例如，可作为高温实验的容器和熔融金属的坩埚，内燃机用火花塞，熔模精铸用的耐火材料。各种模具、量具，精密切削高硬度材料（淬火钢和冷硬铸铁）的切削刀具。大型零件高速切削刀具等。此外，某些新型氧化铝陶瓷（如氧化铝金属陶瓷）由于强度、耐磨性、抗热震性更高，还可用作机械上的耐磨零件。如金属拉丝模，化工、石油用泵的密封环等。

2）非氧化物陶瓷。主要特点是耐高温、硬度高，但脆性大。目前应用最广的是碳化硅陶瓷。

① 碳化硅陶瓷（SiC）。这是一种高强度、高硬度且热硬性良好的高温结构陶瓷。在1400℃高温下仍可保持较高的抗弯强度；还具有良好的导热性、抗氧化性、导电性、高的冲击韧性和抗蠕变性，但不抗强碱腐蚀。此陶瓷可用于制作火箭尾喷管的喷嘴、浇注金属用喉嘴，以及热电偶套管、炉管等高温零部件，还可作高温下热交换器材料以及制造砂轮、磨料等。

② 氮化硅陶瓷（Si_3N_4）。这是一种耐高温、强度和硬度高、耐磨、耐腐蚀（除氢氟酸外），并能自润滑的高温结构陶瓷。在陶瓷中，Si_3N_4 的线膨胀系数最小，最高工作温度可达1400℃；除了能够耐各种无机酸和30%的烧碱溶液及其他碱溶液的腐蚀，还能抵抗熔融的 Al、Pb、Sn、Zn、Au、Ag、Ni 以及黄铜等的侵蚀，并具有优良的电绝缘性和耐辐射性。

（2）金属陶瓷　金属陶瓷是由金属或合金与陶瓷组成的非均质复合材料，综合了金属和陶瓷的优良性能，具有高强度、高温强度、高韧性和高的耐蚀性。

金属陶瓷中常用陶瓷材料有各种氧化物、碳化物和氮化物，如 Al_2O_3、MgO、TiC、WC、TiB 等；常用的金属则是铁、铬、镍、钴及其合金等。采用不同组分和不同比例的金属与陶瓷制成的金属陶瓷，可以得到不同性能和用途的材料。作为工具用的金属陶瓷均以陶瓷为主；作为结构材料的金属陶瓷，则是以金属为主，含量较高。现在实际使用的大多是以陶瓷（氧化物和碳化物）为主的金属陶瓷，且在切削工具方面得到广泛应用。

1）氧化物基金属陶瓷。这类金属陶瓷是应用最早最广泛的（如 Al_2O_3+Cr），其中 w_{Cr}

<10%。铬的高温性能好，氧化时生成 Cr_2O_3 膜，而 Cr_2O_3 膜又与 Al_2O_3 形成固溶体把氧化铝粉牢固地粘在一起，所以这种陶瓷比纯氧化铝陶瓷的韧性好，热稳定性和抗氧化性均有改善。如果再加入 Ni 和 Fe，则在高温下形成 $FeO \cdot Al_2O_3$、$NiO \cdot Al_2O_3$ 复杂氧化物，可进一步改善陶瓷的高温性能。

这种金属陶瓷主要作为切削工具。切削时粘着倾向小，有利于提高被加工件的加工精度和提高表面质量，故适用于高速切削，尤其适于切削硬度达 65HRC 左右的淬火钢和冷硬铸铁。

2）碳化物基金属陶瓷。工具材料中的硬质合金就是一种碳化物基金属陶瓷，其粘结剂主要是铁族元素，如 TiC—Ni、WC—Co 等。作为工具材料时，是利用碳化物的高硬度和金属的韧性；作为高温结构材料时，是利用碳化物的高温强度和金属的塑性。

高温材料的金属陶瓷，其抗氧化能力大，熔点和硬度都很高，强度较大且密度小；常用的粘结剂有 Ni 和 Co，有时还加入少量难熔元素 Cr、Mn、W 等，以提高韧性和热稳定性。

碳化物基耐热材料金属陶瓷的牌号有 K152B（TiC + Ni30%）、K184B（TiC + Ni40% + Cr3% + Mo4% + Al3%）等，已应用于航空、航天工业中的部分耐热构件，并可望用于制造涡轮喷气发动机中的燃烧室、涡轮叶片、涡轮盘、汽车发动机等结构件。

第三节　复合材料

复合材料就是由两种或两种以上不同物理和化学性质的材料结合成的多相固体材料。不同的非金属材料之间、非金属材料与金属材料以及金属材料之间均可相互复合。实际上，复合材料在工程上早已应用，如纸张就是纤维物质与胶质物质组成的复合材料；钢筋混凝土是由碳素结钢钢筋、砂石与水泥组成的复合材料。

不同材料复合后，通常是以其中一种为基体材料，起粘结作用；另一种作为增强材料，起承载作用。两种或多种材料保留各自特点，从而使复合材料具有更优良的综合性能。

一、复合材料的类型和特点

1. 复合材料的分类

按增强材料的性质和形态不同分类：

（1）细粒增强复合材料　如金属陶瓷等。

（2）层合增强复合材料　如钢-铜-塑料复合滑动轴承材料。

（3）纤维增强复合材料　如橡胶轮胎、玻璃钢等。

按基体材料不同分类：

（1）非金属基复合材料　包括树脂基复合材料和陶瓷基复合材料。

（2）金属基复合材料　主要以非铁金属及其合金为基的复合材料。

2. 复合材料的性能特点

复合材料是一种异性非均质的新型工程材料，与金属和其他固体材料相比，具有以下性能特点：

（1）高比强度、高比模量　这是因为复合材料的增强剂和基体的密度一般都较小，而且增强材料多为强度高的纤维，所以多数复合材料都具有高的比强度和比模量，如铝和硼纤维的比强度为 380MPa，玻璃钢的比强度为 530MPa。

（2）较高的疲劳强度 一般金属材料，尤其是高强度结构材料，在动载作用下对裂纹非常敏感，容易发生疲劳破坏。但是，复合材料中的纤维增强材料，内部缺陷少，而基体材料的塑性好，有利于消除或减小应力集中现象；再则，复合材料中的增强纤维以及纤维与基体界面对于裂纹的扩展能起阻止作用，因而能有效地提高复合材料的疲劳强度。从图13-8可知，碳纤维复合材料和玻璃钢的抗疲劳性比铝合金高得多。

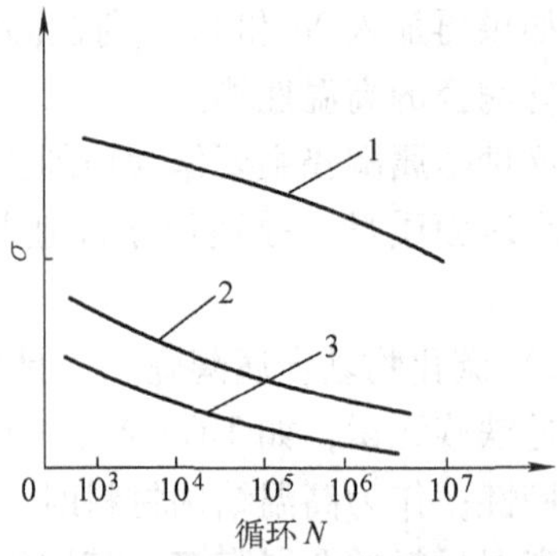

图13-8 碳纤维复合材料、玻璃钢和铝合金的疲劳曲线

1—碳纤维复合材料 2—玻璃钢 3—铝合金

（3）减振性好 构件的自振频率不但与构件的结构有关，而且与材料的比模量的平方根成正比。复合材料的比模量大，其自振频率高，在一般载荷变化频率下不容易发生共振而失效。其次，基体和纤维之间的界面对振动有反射和吸收作用，而且基体材料的阻尼也较大，使复合材料的减振性比钢和铝合金等金属材料更好。

（4）破损安全性好 复合材料每平方厘米面积上被基体隔离的独立纤维数多。当构件过载并有少量纤维断裂时，会迅速进行应力的重新分配，而由未破坏的纤维来承载，使构件在短时间内不会失去承载能力，安全性较好。

（5）高温性能优良 一般铝合金在400℃时弹性模量急剧下降并接近于零，强度也显著下降。而用玻璃纤维增强的树脂却可以在200～300℃下工作；用碳或硼纤维增强的树脂在400℃时，其强度和弹性模量基本不变；用钨纤维增强的钴、镍或其他合金，使用温度可达1000℃以上，从而改善了金属的高温性能。由于复合材料的高温强度和疲劳强度较高，以及增强纤维与基体的相容性好，所以复合材料的热稳定性也较好。

（6）高的化学稳定性 生产上可以选用耐蚀性优良的树脂作基体材料，并用高强度纤维来增强，使复合材料具有耐酸、碱、油脂等化学介质的侵蚀。

此外，复合材料制造工艺较简单，易于加工，并可按设计者的需要增强其某些特殊性能，如减摩性、电绝缘性等。这些优异的性能使复合材料得到了广泛的应用，例如，喷气飞机的机翼、尾翼，直升飞机的螺旋桨，发动机的油嘴以及汽车、轮船、压力容器、管道、传动零件（齿轮、轴承）等，成为近代工业和某些高科技领域中重要的工程材料之一。复合材料的缺点是各向异性，横向的强度和层间剪切强度比纵向低得多，伸长率和冲击韧度较低。

二、复合材料的制造方法

目前工程上使用最多的是纤维增强复合材料。制造这类材料，首先要制取纤维增强材料（包括玻璃纤维、碳纤维等），其主要方法如下：

（1）熔体抽丝法 将原料熔化后从液态增强料中以极快速度抽成细丝，如玻璃纤维、氧化铝纤维的抽丝等。

（2）热分解法 将人造或天然纤维经200～300℃空气中预氧化，在1000～2000℃氨气中碳化或在2500～3000℃氩气中石墨化后，获得碳或石墨纤维。

（3）气相沉积法 主要用于获得硼、碳化硼、碳化硅等纤维。

（4）拔丝法 主要用于获取金属丝。将金属坯料在高温和保护气体中反复用拉丝模逐级拉拔成细丝。

各种纤维与树脂制成复合材料的成形方法很多，一般有手糊成形、压制成形、缠绕成形和喷射成形等。

三、常用复合材料

1. 纤维增强复合材料

（1）玻璃纤维增强复合材料 是指以树脂为基体，玻璃纤维为增强剂的复合材料。玻璃纤维是由玻璃熔化为液态后以极快速度抽制而成，直径多为 5 ~ 9μm，柔软如丝，比块状玻璃的强度和韧性高得多，其单丝拉抗强度高达 1000 ~ 3000MPa，超过高强度钢近两倍，相对密度为 2.52 ~ 2.55，是钢的 1/3。玻璃纤维制取方便并可织成玻璃布，还可制成玻璃纤维等制品，是目前使用最多的纤维材料。玻璃纤维复合材料可分为热塑性和热固性两种。

1）以热塑性树脂为基体的玻璃纤维增强材料。一般称为增强塑料或热塑玻璃纤维增强塑料，其常用树脂有聚酰胺、聚苯乙烯、聚碳酸酯、聚乙烯、聚丙烯等，其中增强效果最显著并已广泛使用的树脂是聚酰胺。

热塑性树脂增强后的力学性能（拉伸及弯曲强度、硬度、弹性模量等）有所提高，热变形温度也显著上升，线膨胀系数和吸水率降低；但是冲击韧度有所下降。

增强塑料成形工艺简单，可注射成形，生产效率高，已大量应用于要求质量轻、强度高的机械零件，如各种受力零件、传动零件以及电机、电器绝缘零件等。

2）以热固性树脂为基体的玻璃纤维增强材料。一般称为玻璃钢，常用的热固性树脂有环氧树脂、酚醛树脂、有机硅树脂、不饱和聚酯等，其中环氧树脂综合性能较好，应用最多。用连续纤维定向排列制成的玻璃钢为各向异性玻璃钢；用短玻璃纤维或玻璃棉为填料制成的玻璃钢为各向同性玻璃钢。

玻璃钢的力学性能（尤其是强度）优良，如各向异性玻璃钢的抗拉和抗压强度都达到或超过一般钢铁和硬铝的强度，比强度则更为突出，而且玻璃钢质量轻、化学稳定性较高、电绝缘性能好。在现代工业中已应用于制造各种机器护罩、复杂壳体、构件、车身、机电绝缘件、防磁仪表件、石油化工中的耐蚀耐压容器及管道等。但是玻璃钢的弹性模量低，作为承载的结构件必须考虑。

玻璃钢常用的成形方法有：

① 手糊法。即在模具上首先刷一层树脂，然后贴一层纤维织物，刷平后再刷一层树脂，又贴一层纤维织物，直至所需厚度为止，最后固化成形。此法适宜制造整体制件（品）和大型制件，如汽车外壳、飞机的雷达罩等。

② 模压法。借助压力机以很高的压力将涂覆好树脂的纤维制品压制成所需要的形状，然后固化成形。此法适用于小型、批量大的制品。

③ 缠绕法。是把纤维浸渍以树脂，并按照一定的规律连续缠绕于芯模上，固化成制品或零件。此法常用于制造球形、圆筒形等回转体之类零件或制品。

（2）碳纤维增强复合材料 碳纤维是将各种纤维（包括人造的和天然的纤维）在隔绝空气下经高温碳化制成的。一般在 2000℃ 以上烧成的是碳纤维；若再经 2500℃ 以上石墨化处理，可得到石墨纤维或称高模量碳纤维。与玻璃纤维比较，碳纤维具有更高的强度和弹性模量，其抗拉强度比玻璃纤维略高，而弹性模量则是玻璃纤维的 4 ~ 6 倍。玻璃纤维在 300℃ 以上时强度会逐渐下降；而碳纤维却有较好的高温力学性能。目前，主要常用的是聚丙烯腈系碳纤维。

碳纤维可以与树脂、碳、金属以及陶瓷等材料复合。通常与环氧树脂、酚醛树脂、聚四氟乙烯等组成复合材料，既保持了玻璃钢的优点，而且许多性能又优于玻璃钢。如碳纤维-环氧树脂复合材料，其弹性模量和强度都超过铝合金而接近高强度钢，完全弥补了玻璃钢弹性模量小的缺点；其密度比玻璃钢小，因此其比强度和比模量在现有复合材料中名列前茅。碳纤维-环氧树脂复合材料还具有优良的耐磨、减摩、耐热及自润滑性等性能。不足之处是碳纤维与树脂的粘结力不够大，各向异性明显。碳纤维-树脂复合材料多用于宇宙飞行器的外壳，人造卫星和火箭的机架、壳体、天线构架，机械设备的齿轮、活塞、轴承密封件等，也可用作化工设备的器件或容器材料及运动器材等。

(3) 其他纤维增强复合材料

1) 硼纤维复合材料。是在直径约 10μm 的钨丝或碳纤维上或其他芯线上沉积硼元素制成的直径约 100μm 的硼纤维增强材料，其强度和弹性模量均比玻璃纤维高；但工艺操作较难，使用不方便（特别是用钨丝作芯线），成本高，已逐渐被性能更好、价格较低的碳纤维所代替。

2) 有机纤维复合材料。其中以芳纶纤维性能最佳。芳纶即芳香族聚酰胺系纤维，主要品种有凯芙拉（Kevlar）、诺梅克斯（Nomex）等。这类纤维是由各种不同的对苯二甲酸或者间二甲酸的氯化物与间苯二胺经界面缩聚而成。由于难以熔融，通常是在溶剂中进行纺丝，其密度是所有增强纤维中最低的，而强度和弹性模量都很高。与环氧树脂等组成的复合材料已在航空、航天工业方面得到应用；又由于该纤维具有优良的热硬性和尺寸稳定性，可作为工业用纤维用于轮胎帘子线、皮带、电绝缘件，以及树脂的增强材料等。

3) 碳化硅纤维复合材料。此材料可分为两种：一种与硼纤维相似，也是在钨丝或碳纤维芯线上通过三氯甲基硅烷热分解等析出碳化硅制得的复合丝；另一种是以二甲基二氯硅烷为原料，经纺丝、不融化处理、烧结而制成单丝。碳化硅纤维在高温下比硼纤维更稳定，与铝等金属结合良好，很少与金属发生反应，因而优于碳纤维。所以，碳化硅纤维用于增强金属比用于增强塑料更有前途。

其他增强纤维还有氧化铝纤维、氧化铬硅纤维、二氧化硅纤维以及各种晶须（如石墨晶须，碳化硅、氮化硅等陶瓷晶须，高分子晶须等）。对上述增强纤维，虽然有些已有销售产品，有些也极具开发应用前景，但是价格非常高。

2. 层合增强复合材料

(1) 层合板增强复合材料　工业上用的层合板是将几种性质不同的板材经热压或胶合而成，并获得某种使用目的。如为了提高耐蚀性，在碳素钢板的两面热轧不锈钢薄板；在铝合金板表面上热轧纯铝面板等均为典型的层合复合材料。采用叠层（层合）法制成的复合材料，包括用胶粘剂的胶接层合、热压或挤出层合以及利用其他方法（如涂装、电沉积、真空沉积、贴面等）所形成的表面层，如塑料层合板及贴合膜、新型建筑材料、金属层合板（如包覆金属、热轧双金属板等）、乙烯-钢板、电线包覆层及光学纤维等。

层合结构复合材料一般具有密度较小、刚度高和抗压稳定性好，以及绝热、绝缘、隔音等特殊性能。

(2) 夹层结构复合材料　夹层结构是由薄而强的面板与轻而弱的芯材组成。面板可用树脂基复合材料板、铝合金板、不锈钢板、钛合金或高温合金板；芯材可采用泡沫塑料、蜂窝夹芯和波纹板。面板与芯材的连接一般用胶粘剂胶接；金属材料也可用焊接。以泡沫塑料和蜂窝为芯材的夹层复合材料的性能与层合板复合材料相近（如绝热、绝缘、隔音等），已大量用作天线罩、雷达罩、飞机机翼、冷却塔、保温隔热装置等。

除了上述纤维增强和层合增强复合材料外，还有细粒增强复合材料（包括金属粒与塑料、陶瓷粒与金属复合，以及弥散强化复合等）、骨架增强复合材料（如多孔浸渍材料等），以及纳米复合材料等，都是从不同的途径和方法克服单一（相）材料的缺陷，并获得单一材料通常不具备的一些新的特点和功能，以满足各个行业对材料性能要求日益提高以及多样化的需要。

思考题和习题

1. 什么叫高分子和高分子材料？高分子化合物有哪几种结构或几何形状？
2. 加聚和缩聚反应的区别是什么？
3. 高分子化合物的结构特点与其性能有何关系？
4. 塑料由哪几部分组成？
5. 常用的塑料成型加工方法有哪几种？
6. 塑料和金属的切削加工有何区别？
7. 何谓热塑性和热固性塑料？塑料凉鞋、拉线开关座、塑料雨衣、有机玻璃、高压锅把手、环氧树脂，各属于何种塑料？
8. 试说明线型无定形高分子材料的物理状态。
9. 选择塑料时应考虑哪些因素？
10. 天然橡胶和合成橡胶各有何特性？应用上有何区别？
11. 硫化的作用是什么？
12. 怎样保护和保存橡胶制品？
13. 橡胶和胶粘剂各有什么特点？各举出一例说明各自的用途。
14. 特种陶瓷和金属陶瓷在成分上有何区别？金属陶瓷在现代工业上的应用有哪些？
15. 什么叫复合材料？一般有什么特点？
16. 陶瓷有哪些特点？可分为哪两类？
17. 复合材料的增强纤维有哪些？
18. 常见的复合材料增强结构有哪几种？

第十四章　纳 米 材 料

纳米（nm）和米、微米等单位一样，是一种长度单位，一纳米等于十的负九次方米，约比化学键长大一个数量级。纳米科技是研究由尺寸在 0.1 ~ 100nm 之间的物质组成的体系的运动规律和相互作用以及可能的实际应用中的技术问题的科学技术。可衍生出纳米电子学、机械学、生物学、材料学加工学等。

所谓纳米材料，是指微观结构至少在一维方向上受纳米尺度（1 ~ 100nm）调制的各种固体超细材料，如图 14-1 所示，它包括零维的原子团簇（几十个原子的聚集体）和纳米微粒、一维调制的纳米多层膜、二维调制的纳米微粒膜（涂层），以及三维调制的纳米相材料。简单地说，纳米材料是指用晶粒尺寸为纳米级的微小颗粒制成的各种材料，其纳米颗粒的大小不应超过 100nm，而通常情况下不应超过 10nm。目前，国际上将处于 1 ~ 100nm 尺度范围内的超微颗粒及其致密的聚集体，以及由纳米微晶所构成的材料，统称为纳米材料。包括金属、非金属、有机、无机和生物等多种粉末材料。图 14-2 是二氧化钛纳米颗粒的透射电镜照片，从照片上可以看出孪晶片层的尺寸只有 ~ 10nm。

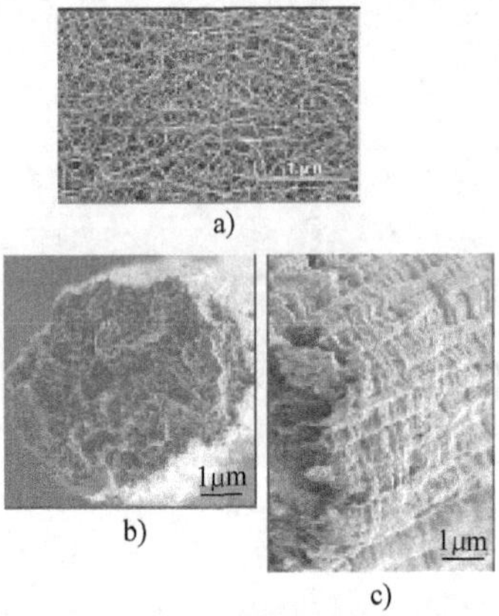

图 14-1　各种固体超细材料

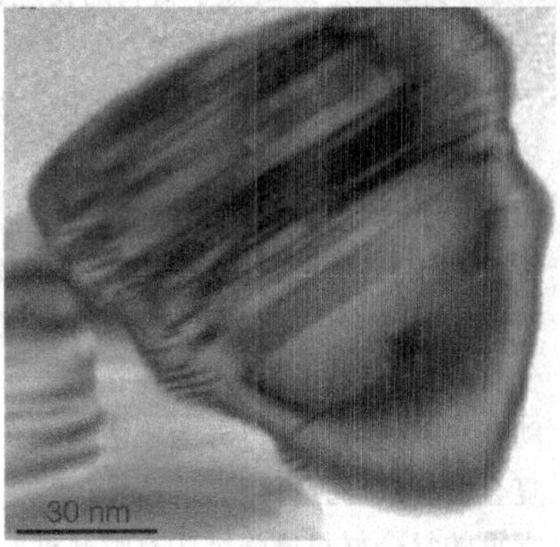

图 14-2　二氧化钛纳米颗粒

纳米材料按其结构可以分为四类：具有原子簇和原子束结构的称为零维纳米材料；具有纤维结构的称为一维纳米材料；具有层状结构的称为二维纳米材料；晶粒尺寸至少一个方向在几个纳米范围内的称为三维纳米材料。

按化学组成，纳米材料可分为纳米金属、纳米晶体、纳米陶瓷、纳米玻璃、纳米高分子和纳米复合材料。

按材料物性，纳米材料可分为纳米半导体、纳米磁性材料、纳米非线性光学材料、纳米铁电体、纳米超导材料、纳米热电材料等。

按应用，纳米材料可分为纳米电子材料、纳米光电子材料、纳米生物医用材料、纳米敏感材料、纳米储能材料等。

纳米材料高度的弥散性和大量的界面为原子提供了短程扩散途径，导致了高扩散率，它对蠕变，超塑性有显著影响，并使有限固溶体的固溶性增强、烧结温度降低、化学活性增大、耐蚀性增强。因此纳米材料所表现的力、热、声、光、电磁等性质，往往不同于该物质在粗晶状态时表现出的性质。与传统晶体材料相比，纳米材料具有高强度和硬度、高扩散性、高塑性和韧性、低密度、低弹性模量、高电阻、高比热容、高热膨胀系数、低热导率、强软磁性能。这些特殊性能使纳米材料可广泛地用于高力学性能环境、光热吸收、非线性光学、磁记录、特殊导体、分子筛、超微复合材料、催化剂、热交换材料、敏感元件、烧结助剂、润滑剂等领域。

第一节　纳米材料的特殊性能

对纳米体材料的性能，用"更轻、更高、更强"这六个字来概括非常贴切。"更轻"是指借助于纳米材料和技术，我们可以制备体积更小性能不变甚至更好的器件，减小器件的体积，使其更轻盈。"更高"是指纳米材料可望有着更高的光、电、磁、热性能。"更强"是指纳米材料有着更强的力学性能（如强度和韧性等）。

一、力学性质

纳米粒子细化，晶界数量大幅度的增加，可使材料的强度、韧性和超塑性大为提高。其结构颗粒对光，机械应力和电的反应完全不同于微米或毫米级的结构颗粒，使得纳米材料在宏观上显示出许多奇妙的特性，例如：纳米相铜强度比普通铜高 5 倍；纳米相陶瓷是摔不碎的，这与大颗粒组成的普通陶瓷完全不一样。图 14-3 晶内型纳米复相陶瓷，颜色较浅的大晶粒内部有一些深色的颗粒，在陶瓷收到外力破坏时，这些晶内的深色颗粒像一颗颗钉子，抑制裂纹扩散，起到对陶瓷材料的增强和增韧作用。

纳米材料从根本上改变了材料的结构，可望得到诸如高强度金属和合金、塑性陶瓷、金属间化合物以及性能特异的原子规模复合材料等新一代材料，为克服材料科学研究领域中长期未能解决的问题开拓了新的途径。

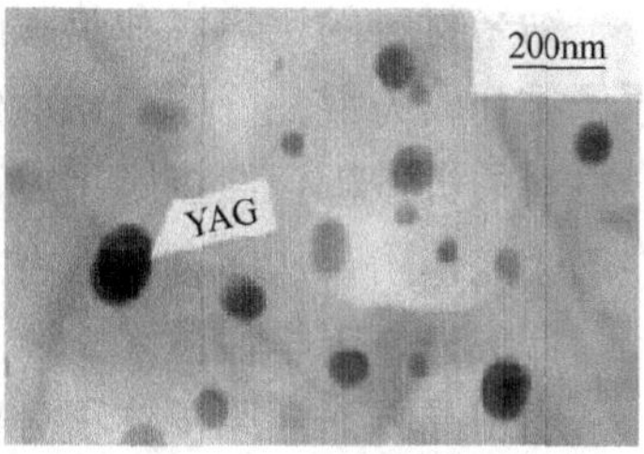

图 14-3　纳米复合陶瓷

图 14-4 显示了中国科学院金属研究所卢柯团队在 Nature Nanotechnology 上发表的研究成果——经纳米化后的多晶材料铜的显微组织和高分辨透射电子显微像。从图 14-4a 中可以看到脉冲沉积技术制备的高致密铜样品中含有大量孪晶。图 14-4b 所示的高分辨照片中可以清楚地确定铜孪晶中原子排列的投影图，并可以确定层厚度在 15nm 左右。相应的力学性能测试结果证明，此时合金断裂强度均值为 2. 12GPa，较 UFG 单晶铜理论强度高 40%。经纳米化后的结构金属展现了粗晶粒金属无法达到的高强度。

应用纳米技术制成超细或纳米晶粒材料时，其韧性、强度、硬度大幅提高，使其在难以加工材料刀具等领域占据了主导地位。使用纳米技术制成的陶瓷、纤维广泛地应用于航空、航天、航海、石油钻探等恶劣环境下。

二、磁学性质

随着计算机硬盘存储技术的发展，在硬盘体积不变的情况下，存储容量的越来越大。盘片的磁记录密度超过 1. 55Gb/cm^2，在这情况下，感应法读出磁头和普通坡莫合金磁电阻磁头的磁致电阻效应为3%，已不能满足需要，而纳米多层膜系统的巨磁电阻效应高达50%，可以用于信息存储的磁电阻读出磁头，具有相当高的灵敏度和低噪声。目前巨磁电阻效应的读出磁头可将磁盘的记录密度提高到1.71Gb/cm^2。同时纳米巨磁电阻材料的磁电阻与外磁场间存在近似线性的关系，所以也可以用作新型的磁传感材料。高分子复合纳米材料对可见光具有良好的透射率，而且对红外波段的吸收系数至少比传统粗晶材料低3个数量级，磁性比 $FeBO_3$ 和 FeF_3 透明体至少高1个数量级，在光磁系统、光磁材料中有着广泛的应用。

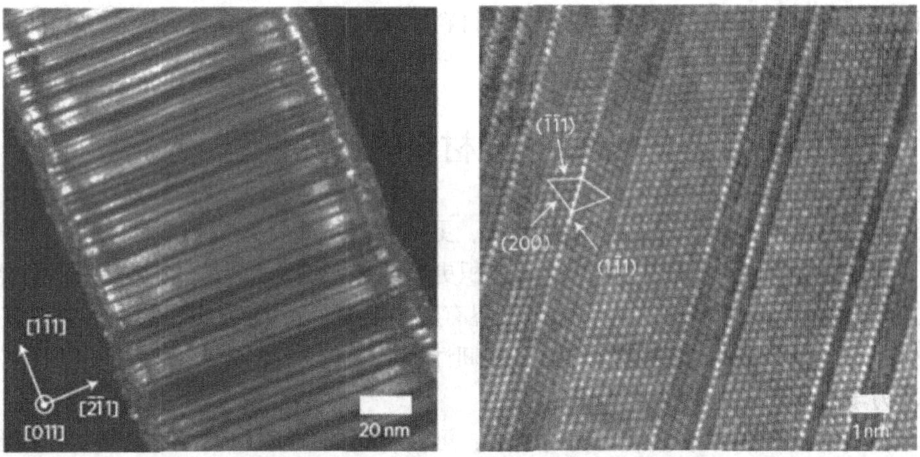

a) b)

图14-4 纳米化后的单质铜形貌和高分辨像

a）纳米孪晶铜的电子显微照片 b）高分辨透射电子显微照片

三、热学性质

纳米材料的比热容和热膨胀系数都大于同类粗晶材料和非晶体材料的值，这是由于界面原子排列较为混乱、原子密度低、界面原子耦合作用变弱的结果。因此在储热材料、纳米复合材料的机械耦合性能应用方面有其广泛的应用前景。例如 Cr-Cr_2O_3 颗粒膜对太阳光有强烈的吸收作用，从而有效地将太阳光能转换为热能。

四、光、电学性质

由于晶界面上原子体积分数增大，纳米材料的电阻高于同类粗晶材料，甚至发生尺寸诱导金属——绝缘体转变（SIMIT）。利用纳米粒子的隧道量子效应和库仑堵塞效应制成的纳米电子器件具有超高速、超容量、超微型低能耗的特点，不久之后可能全面取代目前的常规半导体器件。纳米粒子的粒径远小于光波波长，光透性可以通过控制粒径和气孔率而加以精确控制，在光感应和光过滤中应用广泛。

第二节 纳米材料的应用前景

2001年以来，国内也有一些纳米企业和纳米产品，如“纳米冰箱”“纳米洗衣机”。这主要是纳米粉体的应用，属于纳米材料的起步阶段，并不是纳米材料的核心，这类产品也并不能称为真正意义上的“纳米产品”。纳米材料的应用前景是十分广阔，如纳米电子器件，医学和健康，航天、航空和空间探索，环境、资源和能量，生物技术等。如用金属制成的纳米材料硬度会提高数倍，而且会变成不导电的绝缘体；纳米陶瓷很有韧性，可以重击而不碎；纳米材料的熔点会大大降低，金的熔点是1063℃，制成纳米材料后熔点会降为330℃；纳米铁的抗断裂应力比普通铁提高12倍；纳米药粉可以直接作血液注射。

一、医药与健康方面的应用

随着纳米技术的发展，在医学上该技术也开始崭露头脚。纳米粒子比红血细胞（6～9nm）小得多，可以在血液中自由运动，如果利用纳米粒子研制成机器人，注入人体血管内，就可以对人体进行全身健康检查和治疗，疏通脑血管中的血栓，清除心脏动脉脂肪沉积物等，还可吞噬病毒，杀死癌细胞。在医药方面，可在纳米材料的尺寸上直接利用原子、分子的排布制造具有特定功能的药品纳米材料粒子将使药物在人体内的输运更加方便。

二、生物技术上的应用

我们知道基因DNA具有双螺旋结构，这种双螺旋结构的直径约为几十纳米。用合成的晶粒尺寸仅为几纳米的发光半导体晶粒，选择性地吸附或作用在不同的碱基对上，可以"照亮"DNA的结构，借助这些"灯笼"，我们不仅可以识别灯塔的外型，还可识别灯塔的结构。这就是如同在DNA分子上贴上了标签。

三、在化工领域的应用

纳米粒子作为光催化剂，有着许多优点。首先是粒径小，比表面积大，光催化效率高。另外，纳米粒子生成的电子、空穴在到达表面之前，大部分不会重新结合。因此，电子、空穴能够到达表面的数量多，则化学反应活性高。其次，纳米粒子分散在介质中往往具有透明性，容易运用光学手段和方法来观察界面间的电荷转移、质子转移、半导体能级结构与表面态密度的影响。目前，工业上利用纳米二氧化钛-三氧化二铁作光催化剂，用于废水处理（含 SO_{32}-或 Cr_2O_{72}-体系），已经取得了很好的效果。多种层状材料可形成管状材料，最为人们所熟悉的是碳纳米管。图14-5一为二氧化钛纳米管的透射电镜照片，这种管是开口、中空管，比表面积能达到400m²/g，在吸附剂、光催化剂等方面有应用前景。

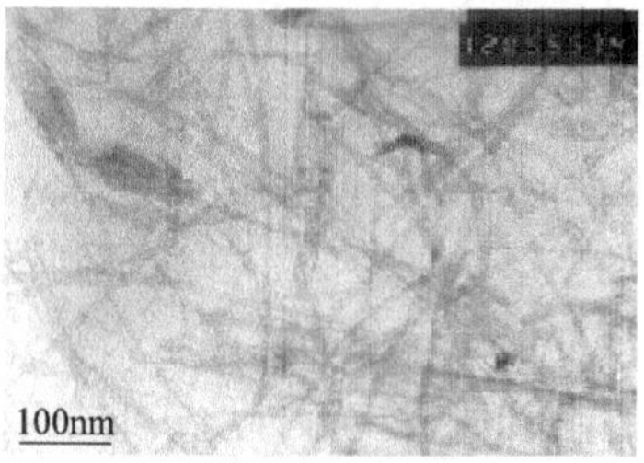

图14-5　二氧化钛纳米管透射电镜照片

四、在光电领域的应用

纳米技术的发展，使微电子和光电子的结合更加紧密，在光电信息传输、存储、处理、运算和显示等方面，使光电器件的性能大大提高。将纳米技术用于现有雷达信息处理上，可使其能力提高10倍至几百倍，甚至可以将超高分辨率纳米孔径雷达放到卫星上进行高精度的对地侦察；将光调制器和光探测器结合在一起的量子阱自电光效应器件，将为实现光学高速数学运算提供可能。

纳米材料的这些优异性能使得它刚一出现就引起了人们浓厚的兴趣和关注。科学家相信，21世纪纳米材料将会得到日新月异的发展。

第十五章　机械零件的毛坯选择与质量检验

在机械零件产品的设计和制造中，如何正确地选择材料和毛坯，采用合理的加工和处理工艺，严格控制零件质量，对于提高机器设备的使用性能、使用寿命、降低设备的使用成本等具有重大的意义，这在零件的大批量生产中表现得尤为突出。

在选择零件的材料和毛坯时要考虑的因素很多，例如零件对材料力学性能的要求、材料的来源与供应、材料品质的稳定性、包装运输、价格等诸多问题。

影响机器设备正常工作的主要原因是由于机械零件的失效，如：机械零件的变形、磨损、破坏和疲劳等，这不但会引起工时和生产的损失，甚至会引发严重的事故。但工作中出现的许多失效问题是可以通过合理的设计、适当的维护和正确的选择材料等加以避免的。因此在学习如何选择材料的同时，还应了解机械零件常见失效的形式、发生的原因以及防止措施。

第一节　机械零件的失效

所谓失效，就是机械零件丧失正常的工作能力，具体表现为：①完全破坏不能工作（如零件的断裂、产生较大的塑性变形等）；②虽然能工作但达不到预定的功能（比如机床主轴的变形，加工的零件达不到预定要求等）；③损坏不严重但继续工作不安全（如零件的磨损或变形使设备的噪声增大等）。

零件到底发生哪种形式的失效，这与很多因素有关，例如，使用的材料及其力学性能；零件的工作条件、工作时间；零件在工作中性能的变化等；并且在不同行业和不同的机器上的表现也不尽相同。

机械零件的失效可分为两类，即工作中引起的失效和加工工艺引起的失效。

一、机械零件工作中引起的失效

机械零件在工作中引起的失效形式主要有：

（1）整体断裂　整体断裂又称为快速断裂。零件在受到外载荷或冲击载荷作用时，由于某一截面上的应力超过了零件材料的强度极限而发生断裂。在工程上把断裂分为延性断裂和脆性断裂两类。前者发生时承载截面都已进入塑性状态，典型的例子是光滑试样拉伸时缩颈发生后的断裂；后者发生时，工作应力低于或远低于材料的屈服极限，这种断裂经常发生在有尖锐缺口或裂纹的零件中，特别是在低温或冲击载荷作用下。延性断裂在工程中并不常见，因为断裂发生前要发生较大的塑性变形，而这种变形在很多零件中是不允许的，并认为此时已发生了塑性变形失效，而不是断裂失效。在实际工程中，危害最大的是脆性断裂失效。这种断裂发生前并没有明显的征兆，因此往往会带来灾难性的后果（例如飞机坠毁，轮船沉没等）。选用强度高、韧性好的材料和合理的热处理工艺会避免断裂的发生。

（2）疲劳断裂　在交变循环应力多次作用下发生的断裂称为疲劳断裂。疲劳断裂失效是机械零件中最常见的失效形式之一。材料的类别、组织（纤维）情况，载荷的类型，零件的尺寸、形状及表面状态等对零件的疲劳强度都有影响。

应根据零件的工作条件观察分析失效，找出疲劳失效产生的原因并提出改进措施。例如在设计时，考虑零件的尺寸与形状、加载的大小和速度、应力的分布等，如图15-1所示。另外，适当的表面处理也可以提高零件的疲劳强度和寿命，如渗碳、渗氮、表面淬火、碾压和喷丸等。

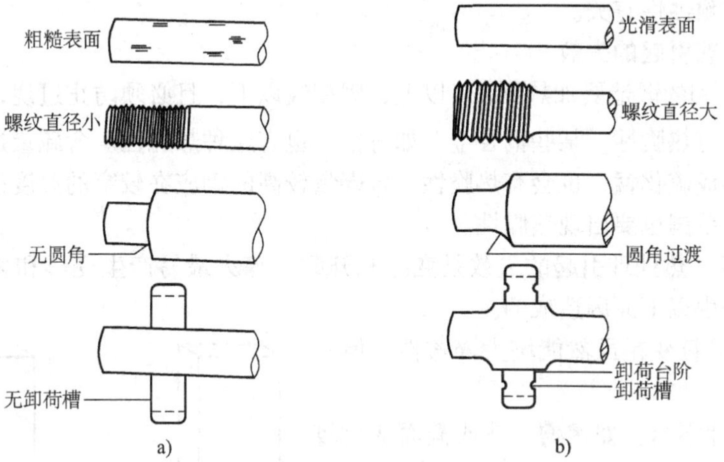

图15-1　设计引起的应力集中和改进方法

a）设计不合理　b）设计合理

（3）过大的变形　即在外力作用下零件发生整体或局部过量的弹性变形或塑性变形。在一些机器结构中，有时需要选用弹性模量小、强度高并能承受较大弹性变形的材料来制造弹性元件，如各种弹簧；但大多数零件在工作时要限制其过量的弹性变形，要求有足够的刚度，例如车床的主轴、镗床的镗杆，若发生过大的弹性变形会影响被加工零件的精度。

塑性变形失效是机械零件中常见的失效形式之一。零件发生塑性变形是其工作应力超过了材料的屈服强度的结果，因此屈服强度是衡量材料承载能力的重要指标。一些金属材料（如低合金钢）在不同的热处理和加工工艺条件下，强度可以在很宽的范围内变动，其原因在于强度对组织的敏感性，因此，在选择具有一定强度的金属材料时，不但要选定材料，而且必须确定加工处理工艺。

（4）表面损伤　表面损伤失效有很多类型，是一种复杂的失效现象，大致可分为三大类，即磨损失效、表面疲劳失效（疲劳点蚀）和腐蚀失效。许多零件的失效是由于工作表面的损伤造成的，例如滑动轴承的轴颈或轴瓦的磨损、齿轮齿面的点蚀或磨损等。

1）磨损失效。磨损主要是在外力的作用下，相对运动表面的材料以细屑磨耗或从一个表面转移到另一个表面的现象，从而使零件的表面材料不断损失的一种失效形式。磨损可分为两种主要类型，即磨料磨损和粘着磨损。前者是由颗粒对表面的切削作用造成的，提高表面硬度能有效地减缓磨料磨损；后者是由于固相焊合作用使相对运动表面发生粘着，然后又撕开，使材料从一个表面转移到另一个表面所造成的磨损。选用异类摩擦表面材料（不同金属，金属与非金属），如滑动轴承中采用钢制轴颈与滑动轴承合金的轴瓦，改进材料的互熔性、硬度、表面粗糙度、组织结构和润滑条件等均可达到避免粘着磨损的目的。

2）疲劳点蚀失效。相互接触的两个运动表面（特别是滚动接触），在工作过程中承受交变接触应力的作用，使表层材料发生疲劳破坏而脱落的现象称为疲劳点蚀。典型的例子是齿轮的齿面和滚动轴承的滚道及滚动体上出现的麻点状小坑。提高零件的疲劳强度和表面硬度，改善表面质量和润滑条件，都能有效地提高抗疲劳点蚀的能力。

3）腐蚀失效。这是由于化学或电化学腐蚀作用造成的零件失效，与零件周围介质的化学成分和材料的耐蚀性有关。

二、加工工艺引起的失效

（1）锻造　钢的锻造要加热到 Ac_3 以上，固相线以下，且必须防止过烧，零件过烧就会报废。某些金属有热脆性，某些铜合金，如青铜，也有这种热脆性。含硫量过多的钢，如果没有足够的锰形成硫化锰，也会有热脆性。含碳量较高的钢应在较窄的温度范围内锻造，因为超过这一温度范围也要出现热脆性。

（2）热处理　热处理引起的失效是变形和开裂。淬火最易产生变形和裂纹。变形与裂纹的出现可能是由以下原因造成的。

1）过热。晶粒变粗虽然能增大淬透性，但易出现淬火裂纹。

2）零件设计不当。如键槽、孔或截面变化较剧烈的尖角处产生应力集中，易出现淬火裂纹。图 15-2a 为截面不均匀，尖锐内角处淬火时易产生裂纹；改成图 15-2b 圆角过渡，可避免淬火裂纹。其他因设计不合理导致淬火时产生裂纹的例子如图 15-3 所示。图 15-3a 改进的办法是使零件的结构对称，增加工艺孔；图 15-3b 是将整体改为组合件；图 15-3c 是增大边距；图 15-3d 是避免盲孔。

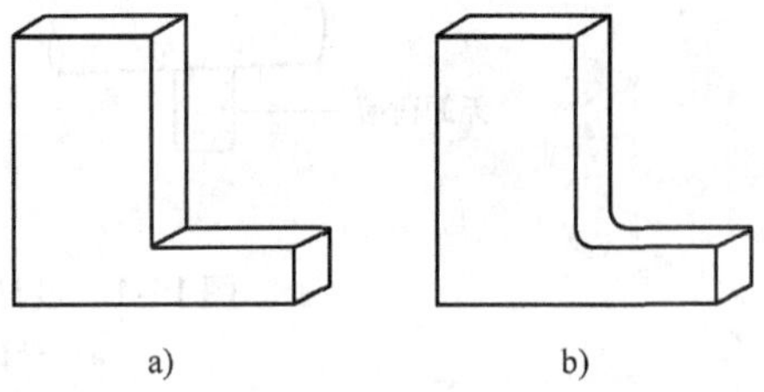

图 15-2　改变零件设计防止裂纹
a）有尖角　b）圆角过渡

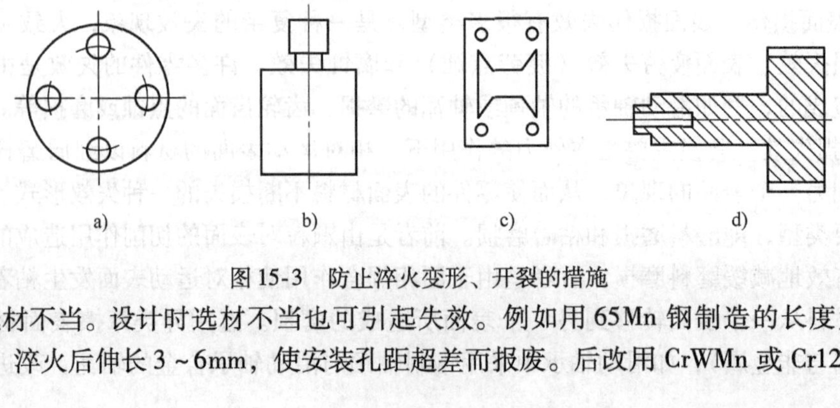

图 15-3　防止淬火变形、开裂的措施

3）选材不当。设计时选材不当也可引起失效。例如用 65Mn 钢制造的长度为 2048mm 的剪刀板，淬火后伸长 3～6mm，使安装孔距超差而报废。后改用 CrWMn 或 Cr12Mo 钢，淬火后仅伸长变形 1～2mm，剪刀板尺寸满足要求。

4）技术条件不当。图 15-4 为带槽的轴，用 T8A 钢制成，原规定硬度不小于 55HRC，整体淬火后槽口开裂报废。因为零件仅需槽口硬度高，故修改技术条件，规定槽部硬度不小于 55HRC，经盐浴分级淬火后槽部硬度≥55HRC，其余部分硬度≥40HRC，没有开裂。

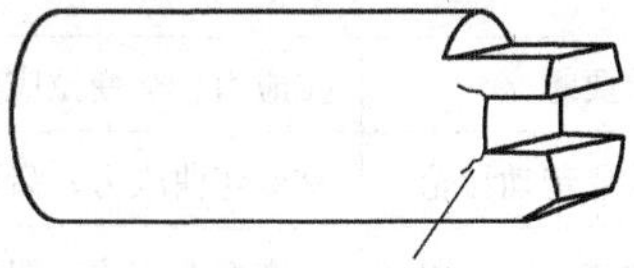

图 15-4　带槽的轴

5）淬火介质选用不当。淬火时采用的介质，应根据零件的材料和形状而定，否则会因冷却不均匀引起变形或开裂。设法降低表面粗糙度（刀痕过深时产生应力集中，易产生裂纹）、预备热处理（对复杂零件进行退火、正火或调质处理）也可减小变形与开裂。不过增加热处理工序要增加成本，也会增加零件的氧化和脱碳程度。

（3）焊接　焊接能使基体金属的硬度、晶粒度、元素的含量与分布、耐蚀性等方面发生变化，因而引起许多问题，需要采用宏观和微观检查、破坏试验、无损探伤等方法去检查和分析这些问题。在高应力零件上焊接，更容易出现疲劳源；冷却收缩时产生拉应力，应力集中处易出现裂纹，甚至使零件破坏。

（4）磨削　在磨削时，如果表面温度升高到 1093～1649℃，对淬火件会出现两个不利影响：①形成引起表面裂纹的高应力；②改变表面区域的硬度和组织。

磨削对淬火回火钢最常见的影响是逐渐回火，即外表面硬度降低，随着深度增大而硬度逐渐增高。逐渐回火的深度随磨削量、冷却剂和砂轮的类型的不同而异，且表面被冷却剂冷却后可立即淬火，形成 65～70HRC 的马氏体。这种阶梯硬度有时引起高应力，对磨削裂纹的形成起很大作用。某些磨削裂纹在斜射光线下可以看见（常称为“发纹”），用磁力或荧光探伤更易发现。

零件淬火后磨削前如果不回火，易出现裂纹。磨削程序不正确也能引起磨削裂纹，磨削操作不当还可使淬火件失效。

第二节　机械零件材料及毛坯选择的原则

在选择材料和毛坯时，要综合考虑零件的使用性能、外形尺寸特点、生产批量、材料价格等因素。要满足这些要求，就要运用所学知识，根据材料来源、技术经济效益，合理选择所需材料。

一、满足使用性能要求

零件的使用性能是指它在工作时应有的力学、物理和化学性能。通常是在分析零件的工作条件和主要失效形式的基础上，提出使用性能要求。

零件的工作条件主要包括三个方面：①受力情况，包括受力形式（拉伸、压缩、弯曲、扭转等）、载荷性质（静载、循环变载、冲击、载荷分布等）、受摩擦情况等；②工作环境（环境介质、工作温度等）；③特殊要求（如导电、导热等）。

零件或工程构件的力学性能是最重要的性能之一。应满足的力学性能指标通常是指材料的强度、硬度、疲劳强度、冲击韧度等（σ_s、HBW、HR、σ_{-1}、a_K），可按需要查有关手册，并选取适当的安全系数。除满足强度或硬度指标外，大多数零件还要求有一定的塑性、韧性指标。表 15-1 列出了几种常用机械零件的工作条件、主要失效形式和主要性能指标。

表 15-1 常用机械零件的工作条件、主要失效形式和主要性能指标

零件名称	工作条件	主要失效形式	主要性能指标
重要螺栓	拉应力、交变拉应力、冲击载荷	过量塑性变形或疲劳断裂	$\sigma_{0.2}$，σ_{-1}，HBW
重要传动齿轮	交变弯曲应力、齿面接触应力、冲击载荷	轮齿折断，磨损，疲劳点蚀	σ_{-1}，σ_{bb}，σ_{H}，HRC
轴类	交变弯曲应力，扭应力，冲击，摩擦	疲劳破坏，轴颈磨损	$\sigma_{0.2}$，σ_{-1}，HRC

零件的力学性能指标还受零件的预期寿命影响，预期寿命越长，要求的性能指标会越高，但零件的生产和使用成本也会越高，所以不能认为寿命越长越好，应根据零件的用途、技术发展及经济效益综合考虑。例如对滑动轴承，由于滑动轴承的轴瓦结构较简单，容易加工，更换方便，因此应把轴颈的强度和表面硬度指标规定得比轴瓦高（寿命长，而使轴瓦寿命短，维修时只更换轴瓦）。

某些零件除考虑力学性能外，还要考虑环境介质和特殊性能。如贮存或输送酸、碱的容器和管路，可选用0Cr19Ni9等不锈钢；在600~700℃工作的内燃机排气阀可选用4Cr9Si12等耐热钢；汽车发动机的气缸盖可选用导热性好、比热容大的铸造铝合金等。

二、满足材料的工艺性能

除使用性能外，零件的加工工艺性能也具有相当重要的意义。通常所指的工艺性能主要有铸造性能、可锻性、焊接性能、切削加工性能和热处理工艺性能等。

（1）铸造性能　金属材料的铸造性能包括流动性、收缩性、偏析倾向以及吸气性、熔点等。表15-2列出了常用金属材料的铸造性能。

铸造零件可制成形状复杂的毛坯，成本较低，而且其尺寸、重量等不受限制。但铸造零件的力学性能一般不如锻造零件或型材制造的零件，而且质量的稳定性较难控制，废品率较高。此外，由于随铸造方法的不同，铸造毛坯的性能特点也会有所不同。

表 15-2 常用金属材料的铸造性能

<table>
<tr><th rowspan="3">材料</th><th colspan="7">铸造性能</th></tr>
<tr><th rowspan="2">流动性</th><th colspan="2">收缩性</th><th rowspan="2">偏析倾向</th><th rowspan="2">熔点</th><th rowspan="2">对壁厚（冷却速度）的敏感性</th><th rowspan="2">其他</th></tr>
<tr><th>体收缩</th><th>线收缩</th></tr>
<tr><td>灰铸铁</td><td>很好</td><td>小</td><td>小（0.5%~1%）</td><td>小</td><td>较低</td><td>较大，厚壁处强度低</td><td>—</td></tr>
<tr><td>球墨铸铁</td><td>比灰铸铁稍差</td><td>大</td><td>小</td><td>小</td><td>较低</td><td>比灰铸铁小</td><td>易形成缩孔、缩松，白口倾向大</td></tr>
<tr><td>可锻铸铁</td><td>比灰铸铁差</td><td>很大</td><td>小</td><td>小</td><td>较低</td><td>较大</td><td>—</td></tr>
<tr><td>铸钢</td><td>差</td><td>大</td><td>大（2%）</td><td>大</td><td>较高</td><td>小，壁厚增加，强度无明显降低</td><td>含碳量增加，收缩率增加、导热性差，高碳铸钢易发生冷裂，低合金铸钢比碳素铸钢易裂</td></tr>
</table>

（续）

材料		铸造性能						
		流动性	收缩性		偏析倾向	熔点	对壁厚（冷却速度）的敏感性	其他
			体收缩	线收缩				
铸造铜合金	黄铜	较好	小	小	较小	比铸铁低	—	易形成集中缩孔
	锡青铜	比黄铜差	最小	较小	大	比铸铁低	—	易产生缩松
	特殊青铜	好	大	—	较小	比铸铁低	—	易吸气及氧化形成集中缩孔
铸造铝合金		一般	—	小	大	比铸铁低	大，强度随壁厚的增大而显著下降	易吸气、氧化

（2）可锻性　若材料的塑性高，变形抗力小，则可锻性好。在碳钢中，低碳钢可锻性最好，中碳钢次之，高碳钢最差。低合金钢的可锻性接近于中碳钢。高合金钢的可锻性比碳钢差，它的变形抗力往往比碳钢大好几倍，硬化倾向也大，塑性低，而且导热性也差。高合金钢的锻造温度范围窄，仅100～200℃（碳钢一般为350～400℃），从而增加了锻造时的困难。

铝合金零件也常使用各种锻造毛坯，但在锻造铝合金时需要比锻造低碳钢大的能量（约大30%）；铝合金在锻造温度下比钢的塑性低，而且在模锻时流动性比碳钢差，锻造温度范围窄（一般为100～150℃）。

铜合金的可锻性一般较好。黄铜在20～200℃及600～900℃下都有较高的塑性，因而热态、冷态均可锻造，锻造时所需的能量比碳钢低。但某些特殊黄铜（如铅黄铜）和含锡量 $w_{Sn}>10\%$ 的锡青铜锻造性能较差。

锻造方法不同，锻件毛坯的特点也不同，表15-3列出了常用锻造方法特点的比较。

表15-3　常用锻造方法特点的比较

锻造方法	适用金属	锻件大小及复杂性	加工余量	性能、质量	适用生产量	应用
自由锻造	钢、压力加工非铁金属	大小不限，形状简单	大	力学性能比铸件高，纤维方向较难控制	单件，小批量	普通锻件，特别是大型锻件
模　锻	钢、压力加工非铁金属	150kg以下，形状复杂	小	纤维分布好，力学性能高	大批量	大批量生产的锻件
胎模锻	钢、压力加工非铁金属	30kg以下，形状较复杂	较小	介于自由锻与模锻之间	中、小批量	普通锻件

（3）焊接性能　金属的焊接性能是指它在生产条件下接受焊接的能力，包括焊缝处产生工艺缺陷（如裂纹、脆性、气孔等）的倾向及焊缝在使用过程中的可靠性（包括力学性能和特殊性能）。优良的焊接性，除了焊接时不易产生裂纹和其他缺陷外，焊接工艺还应简

单，焊缝处还应有足够的强度和韧性。

$w_C \leqslant 0.25\%$ 的低碳钢及 $w_C < 0.18\%$ 的合金钢，有较好的焊接性；$w_C > 0.4\%$ 的碳钢及 $w_C > 0.38\%$ 的合金钢，焊接性较差。

灰铸铁的焊接性很差，因为灰铸铁本身强度低，塑性差，在焊接时易产生裂纹，故一般灰铸铁只进行补焊。球墨铸铁的焊接性比灰铸铁还差。

铜合金、铝合金的焊接性通常比碳钢差，因为它们焊接时易产生氧化物而形成脆性夹杂物，易吸气而形成气孔，膨胀系数大而易变形。由于这两种金属的导热性大，故需要功率大而集中的热源或采取预热。

（4）切削加工性能　切削加工性能一般用允许的切削速度、切削抗力的大小、零件加工后的表面粗糙度、断屑能力及刀具的寿命来衡量。

切削加工性能与材料的化学成分、显微组织及力学性能密切相关。钢在 $w_C < 0.25\%$ 时，其切削加工性能随含碳量的增加而改善。碳含量过低时，退火状态的钢有大量铁素体，延展性较好，切屑易粘切削刃而形成积屑瘤，使被加工表面粗糙度较大，刀具寿命也短。生产上 $w_C \leqslant 0.25\%$ 的低碳钢大多在热轧或正火状态（或冷塑性变形状态）进行切削加工。$w_C > 0.60\%$ 时，一般需经过球化退火后再进行切削加工。而 $w_C = 0.25\% \sim 0.60\%$ 的中碳钢，为获得较好的表面粗糙度，经常采用正火来获得较多的细片状珠光体，使硬度适当提高，有利于切削加工。对 $w_C > 0.5\%$ 的中碳钢，还可采用一般退火或调质处理（比正火的硬度略低）来改善切削加工性能。一般来说，硬度在 160 ~ 230HBW 范围内切削加工性能较好。为了降低表面粗糙度，可提高硬度到 250HBW。但过高的硬度不但难于加工，而且刀具磨损很快，当硬度大于 300HBW 时，切削加工性能会显著下降。

不同的金相组织对不同的切削加工操作（如车、铣、刨、镗、拉等）的切削加工性能是不同的。例如中碳钢的球化组织，车削加工性能好，但钻削加工性能只属于中等。而拉、插加工性能则较差。表 15-4 列出了常用结构钢热处理后的硬度、组织与加工表面粗糙度的关系。

表 15-4　常用结构钢热处理后的硬度、组织与加工表面粗糙度的关系

钢号	热处理	硬度 HBW	组　织	加工表面粗糙度
20Cr	正火	156 ~ 179	铁素体 + 索氏体	车削、铣削、拉、插较好
20Cr	调质	187 ~ 207	回火索氏体 + 铁素体	车削、铣削好，拉、插尚好
20CrMnTi	正火	160 ~ 207	铁素体 + 索氏体	车削、铣削、拉、插较好
45	正火	170 ~ 230	铁素体 + 索氏体	车削、铣削、拉、插较好
45	调质	220 ~ 250	回火索氏体 + 少量铁素体	车削、铣削好，拉、插不良
40Cr	正火	179 ~ 229	索氏体 + 少量铁素体	车削、铣削、拉、插均良好
40Cr	调质	230 ~ 250	回火索氏体 + 少量铁素体	车削、铣削好，拉、插尚好
35SiMn	正火	187 ~ 229	铁素体 + 索氏体	车削、铣削、拉、插均良好

总之，通过热处理方法来改变材料的切削加工性能是一个重要的途径。因此对切削加工性能差的材料，除了从冷加工角度采取措施外，通过改变材料的热处理工艺，使其获得合适的组织以改善其切削加工性能，也应予以足够的重视。

（5）热处理工艺性能　包括淬透性、淬硬性、变形开裂倾向、过热敏感性、回火脆性倾向、氧化脱碳倾向等。这些问题请参阅前面的有关章节。

对碳钢来说，含碳量的高低对热处理变形有较大的影响。当零件的结构形状及冷却条件一定时，含碳量高的碳钢比含碳量低的碳钢的变形与开裂倾向大，而且碳钢淬火后的变形与开裂倾向都比合金钢大，选材时必须充分考虑这一因素。例如某些滑阀，虽选用45钢即可满足强度要求，但由于零件形状复杂，为了避免淬火开裂，从热处理工艺性考虑，应采用合金钢40Cr油淬，既保证了力学性能，又避免了淬火开裂。在选择弹簧钢时，要特别注意材料的氧化和脱碳倾向；在选择渗碳钢时，要注意材料的过热敏感性；选择调质钢作调质处理时，应注意材料的高温回火脆性。

确定对淬透性的要求，应根据零件具体工作条件和失效分析。具体说来，截面上应力分布均匀的重要零件，如连杆、联接螺栓等，要求有良好的淬透性。承受扭转或弯曲应力的零件，如转轴，因弯、扭时的应力由表面至中心逐渐减小，可不要求完全淬透，淬硬层深度一般距表面1/2～1/4半径或厚度即可。对于焊接件，若选用淬透性好的钢，就容易在焊缝热影响区出现淬火组织，造成焊接变形和裂纹。

三、充分考虑经济性

在满足使用性能和工艺性能的同时，必须考虑经济性。经济性除所用材料的价格便宜外，还要考虑制造加工、使用维护的成本，就是所选用材料可使产品的总成本降低，而且还要符合国家资源状况和供应情况。

（1）材料价格　不同材料的价格相差甚大，而且不断变动，因此应对材料的市场价格有所了解。

（2）材料资源状况　目前资源和能源问题在全世界都很突出，选择材料时必须考虑，特别是对大批量生产的零件。所采用的材料应是来源充分并容易采购的。

（3）零件的总成本　所选用材料制造零件的总成本应降至最低。零件的总成本包括材料价格、零件的自重和寿命、加工费用、试验研究费和维修费等。一般说来，碳钢能满足要求就不要用合金钢，硅锰钢能满足要求就不要用铬镍钢。

为了节省贵重材料，可根据零件的不同部位、不同性能要求选用不同的材料。图15-5为磨床顶尖，只有顶尖端部工作条件恶劣，要求耐磨和有一定的热硬性，若整个顶尖用W18Cr4V钢制造，不仅成本高，而且热处理时易开裂，因此可分别用不同的材料制造。图15-5a为顶尖端部用W18Cr4V钢，柄部用45钢，分别进行热处理后用热套方法配合；图15-5b所示顶尖端部用硬质合金制造，镶在45钢柄部上。

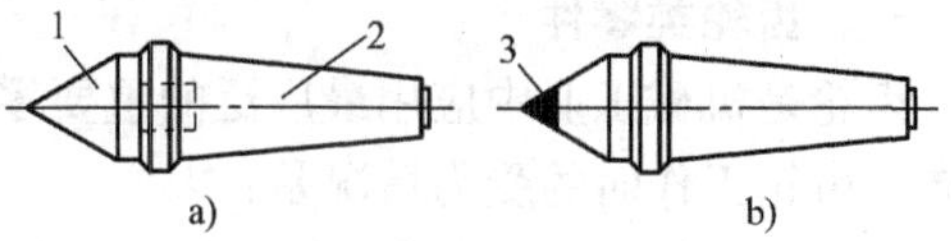

图15-5　磨床顶尖

1—W18Cr4V端部　2—柄部　3—硬质合金端部

为了节约材料和降低成本，还可采用堆焊或喷镀金属等工艺。

四、考虑零件外形和尺寸特点

除性能、工艺和经济性要求外，选用毛坯还应考虑零件的外形和尺寸特点。例如轴、齿轮等零件，表面是由圆柱和平面构成，外形比较简单，易用机械加工方法制造，因而常用锻造毛坯；拨叉、箱体等零件外形比较复杂，不易或不能用机械加工方法制造，因而常用铸造毛坯。此外，还应根据使用性能选用不同的碳素钢、合金钢、铸钢、铝合金、铜合金，使用铸件或锻件等。

大尺寸零件无法用锻造或铸造方法制成整个毛坯时，可采用以小拼大的方法，先制成若干部分铸件或锻件，然后焊接或联接而成。

五、考虑生产批量

同一零件如果生产批量不同，采用毛坯的类型亦可不同。一般说来，为了缩短生产周期，降低制造工艺设备等费用，单件小批量生产多采用形状和制造工艺比较简单的毛坯。但在大批量生产时，为了获得稳定的产品质量，降低成本和提高生产率，应尽量选用外形和尺寸与零件相近的毛坯，如模锻、精密铸造毛坯等。轴承座、机架等支架类零件，单件或小批量生产时可用焊接结构，要选择焊接性能好的材料；但在大批生产时应选用铸造毛坯，所以应使用铸铁或铸造合金。

第三节 典型零件的材料选择与制造工艺

工程材料可分为金属、陶瓷、高分子材料及复合材料，它们各有特点，在机械工程中有着各自的应用。

高分子材料的种类多、应用范围广，具有巨大的应用和开发潜力。一些性能较好的高分子材料，如聚碳酸酯等，因目前价格太贵尚难大量使用；价格较低的如聚乙烯等，则因强度、韧性、抗疲劳等能力较低，应用范围有限，只能制造一些轻载齿轮、密封圈等零件。

陶瓷材料较脆，目前还极少作为结构材料，但它是重要的工具材料和耐高温材料，并有良好的绝缘性能。

复合材料有很好的比强度和比模量，但价格较贵，如 $A_{12}O_3$ 晶须增强复合材料的价格较贵，所以在一般工业生产中使用较少。

相比之下，金属材料具有优良的综合力学性能，而且可以通过加工硬化和热处理等手段调整其各项性能，同时生产成本较低，所以金属材料，特别是钢铁，目前仍然是机械工业中最常用的结构材料。

下面仅对齿轮、轴类和箱体类零件举例说明。各校可根据自己的产品举例分析。

一、齿轮类零件

齿轮是机械工业中应用最广泛的重要零件之一，它主要用于传递动力、改变运动速度和方向。齿轮工作时的受力情况是：

1）传递转矩，齿根部受交变弯曲应力。

2）齿面相互接触滚动、滑动，承受大的接触应力并产生强烈的摩擦。

3）在换挡、启动和啮合不良时，轮齿承受一定的冲击载荷。

由上述可知，齿轮的主要失效形式是疲劳断齿、疲劳点蚀以及齿面的磨损。根据齿轮的受力情况和失效分析，齿轮在热处理后应满足以下要求：

1）高的弯曲疲劳强度和接触疲劳强度（抗疲劳点蚀）。

2）齿面具有较高的硬度和耐磨性。

3）齿轮心部具有足够的强度和韧性（抗冲击）。

基于以上考虑，根据不同机器的工作条件和性能要求，按前述选择材料和毛坯的一般原则，选出不同用途齿轮的毛坯，并制定相应的工艺路线及热处理工艺。

例如机床齿轮，机床齿轮大多用于齿轮箱，主要用于传递动力，改变运动速度和方向，工作条件较好，载荷不大；工作平稳无强烈冲击，转速也不高，因此，一般选用调质钢制造，如 40 钢、45 钢、40Cr、42SiMn 等，见表 15-5。其工艺路线一般为

备料→锻造→正火→机械粗加工→调质→机械半精加工→高频淬火 + 回火→磨削

该工艺路线中，热处理工序的作用是：正火处理可使同批毛坯具有相同的硬度（便于切削加工），并使组织细化、均匀；调质的目的是为了提高齿轮心部的综合力学性能，以承受交变弯曲应力和冲击载荷，还可减少高频淬火变形；高频淬火是为了提高齿面硬度，从而提高耐磨性和抗疲劳点蚀的能力；回火是为了消除淬火应力，提高抗冲击能力，并可防止产生磨削裂纹。

表 15-5　机床、汽车、航空齿轮的选材及热处理

齿轮工作条件	材料牌号	热处理	硬度
低载，要求耐磨、小尺寸机床齿轮	15	900 ~ 950℃渗碳 780 ~ 900℃淬火	58 ~ 63HRC
低速（< 0.1m/s）、低载不重要齿轮	45	800 ~ 840℃正火	156 ~ 217HBW
低速（< 0.1m/s）、低载机床齿轮	45	820 ~ 840℃淬火 + 500 ~ 550℃回火	200 ~ 250HBW
中速、中载机床齿轮	45	调质 + 高频淬火 + 300 ~ 340℃回火	45 ~ 50HRC
高速、中载机床齿轮	45	调质 + 高频淬火 + 180 ~ 200℃回火	54 ~ 60HRC
中速、中载重要机床齿轮	40Cr、42SiMn	调质 + 高频淬火 + 260 ~ 300℃回火	50 ~ 55HRC
高速、重载机床齿轮	40Cr、42SiMn	调质 + 高频淬火 + 200 ~ 240℃回火	54 ~ 60HRC
高速、重载、受冲击机床齿轮	20Cr、20CrMnTi	渗碳淬火 + 180 ~ 200℃回火	58 ~ 63HRC
汽车变速齿轮	20CrMnTi 20CrMnMo	渗碳淬火 + 180 ~ 200℃回火	58 ~ 63HRC
航空发动机大尺寸、高速、重载齿轮	18Cr2Ni4WA 37Cr2Ni4A 40CrNiMoA	调质、渗氮	> 850HV
航空高速齿轮	12CrNi3A 12Cr2Ni4A	渗碳淬火 + 150 ~ 170℃回火	58 ~ 63HRC

二、轴类零件

轴是机械工业中常用的重要零件之一。大多数回转运动的零件都安装在轴上。轴主要用于支承传动零件并传递运动和动力，其工作条件和失效形式如下：

1）受横向力并传递扭矩，承受交变弯曲应力和扭转，因而易导致疲劳断裂。

2）承受过载和冲击载荷，因而易导致扭断、弯曲变形和折断。

3）轴颈和花键部位承受较大的摩擦，因而易导致过量的磨损。

根据轴类零件的工作条件和失效分析，所选择的材料应满足以下要求：

1）良好的综合力学性能，防止过载和冲击断裂。

2）高的疲劳强度，以防止疲劳断裂。

3）高的表面硬度和耐磨性，以防止轴颈磨损。

基于以上要求，轴类零件在选材时不但要考虑强度，同时要兼顾材料的冲击韧度和表面耐磨性，因此轴类零件一般采用中碳钢或中碳合金钢制造，并经调质处理。常用的有 45 钢、40Cr、40MnB、30CrMnSi、35CrMo 和 40CrNiMo 等。承受弯曲和扭转载荷的轴，应力分布是

由表面向中心递减，因此不必用淬透性很高的钢。承受拉压载荷的轴，因应力沿截面均匀分布，所以应选用淬透性较高的钢。

下面以机床主轴为例分析轴的选材和加工工艺。机床主轴主要承受交变弯曲应力和扭应力，有时也受到冲击载荷作用，轴颈和锥孔表面受摩擦。因此，主轴应具有良好的综合力学性能，花键、轴颈和锥孔表面应有较高的硬度和耐磨性。当载荷和转速都不很高时，可选用45钢（表15-6），调质后硬度可达220～250HBW，轴颈和锥孔表面淬火硬度可达50HRC，工艺路线一般是

备料→锻造→正火→机械粗加工→调质→机械半精加工→局部淬火（轴颈、锥体）+回火→粗磨→花键高频淬火+回火→精磨

承受较大载荷的车床主轴可选用40Cr钢。受冲击载荷和交变载荷较大时，可选用20CrMnTi渗碳钢或其他渗碳钢。

表15-6 不同工作条件的轴类零件的选材及热处理

工作条件	材料牌号	热处理要求	应用举例
滚动轴承配合，低速，轻载，精度要求不高，冲击小	45	正火或调质，220～250HBW	一般工装，简易机床主轴
滚动轴承配合，中速，中载，中等精度	45	整体或局部淬火+回火，40～45HRC	钻床，普通铣床，工装
滑动轴承配合，高速，中载，精度要求高	20Cr	渗碳淬火+低温回火，56～62HRC	齿轮机床轴等
滚动轴承配合，中载，高速，要求耐疲劳、精度高	40Cr	调质或正火，轴颈表面淬火，50～52HRC	磨床或车床主轴

三、箱体类零件

箱体是机器的基础零件，其作用是保证箱体内各零部件的正确位置，使运动零件能协调运转。当机器工作时，箱体要承受其内部零件间的作用力及冲击振动等。因此对箱体零件的力学要求是：①足够的刚度和抗压强度；②良好的减振性。

箱体类零件一般具有形状复杂、体积较大、壁厚较小的特点，所以一般选用铸造毛坯，常用普通灰铸铁、球墨铸铁、铸钢等。承受中等载荷、工作平稳的箱体，可用灰铸铁HT150、HT200等。

承受载荷及冲击较大或单件生产的箱体，也常采用焊接结构，可选用焊接性能好的Q235、20、Q345等钢焊接而成。

无论是铸造毛坯还是焊接毛坯，铸造或焊接后内部往往存在较大的内应力。为了避免在使用过程中发生变形失效，机械加工前通常要进行人工时效或自然时效。

第四节 金属材料的质量检验

材料的化学成分、组织状态、性能及其热处理、加工过程中的变化等，都需要确定是否合乎要求；原材料及加工过程中产生的各种缺陷需要确认，并作为选材和改进加工工艺的依据；产品使用过程中的质量需要跟踪等，上述这些都需要通过检验来分析和控制。所以，在

机械制造工业中，材料及毛坯的检验是保证产品质量和提高产品使用寿命的重要措施。

下面就金属材料的常用检验方法进行简要介绍，以便了解工程实践中常用的材料、毛坯和零件检验的方法，并能根据生产实际恰当地选用适当的检验方法。

一、化学成分分析

金属材料的成分是其组织和性能的基础。常用成分检验的方法有：化学分析、光谱分析和火花鉴别等。

1. 化学分析

化学分析是确定材料成分的重要方法，可以进行定性和定量分析。定性分析是确定合金中所含的元素；而定量分析则是确定合金元素的含量。化学分析的精度较高，但需要较长的时间，费用也较高。常用的化学分析的方法有：

（1）滴定法　将标准溶液（已知浓度的溶液）滴入被测物质的溶液中，使之发生反应，待反应结束后，根据所用标准溶液的体积，计算出被测元素的含量。

（2）比色法　利用光线分别透过有色的标准溶液和被测物质溶液，比较透过光线的强度，以测定被测元素的含量。由于高灵敏度、高精度的光度计和新型的显色剂的出现，这种方法在工业中得以广泛的应用。

（3）现场化学试验　现场化学试验的方法很多且简单，可用来识别许多金属材料，其中许多化学试剂可在车间里找到。通过在试件表面涂抹某些化学试剂，并观察其变化情况就可初步判别材料。如10%（质量分数）的硝酸酒精溶液迅速腐蚀碳钢；浓硫酸铜溶液可在钢的表面留下铜色斑点，但在奥氏体不锈钢上不留痕迹。某些不锈钢与硫酸和盐酸不起反应，但硫酸能强烈腐蚀0Cr19Ni9、1Cr18Ni9不锈钢，留下带绿色晶体的暗色表面；盐酸与0Cr19Ni9、0Cr18Ni9Ti迅速反应析出气体，而在1Cr18Ni9表面留下淡蓝绿色溶液。

2. 光谱分析

金属是由原子组成的，在外界高能激发下不同原子有确定的辐射能，代表该元素所特有的固定光谱。光谱能表征每一元素，并且它是元素原子量的基本特征。原子在激发状态下是否具有这种光谱是这种元素存在的标志，光谱的强度是该元素含量多少的标志。

进行金属光谱分析时，通常用电弧或高压火花使金属气化，利用分光镜或光谱仪分析所含元素发出的光谱。光谱的强度随金属中该元素的含量变化，光谱强度越大，说明该元素的含量越高。用摄谱仪拍摄光谱的照片，再用光度计测量光谱的强度，对照该标准元素的光谱强度，便可计算出合金中该元素的含量。

光谱分析迅速、成本低、分析精度较高、消耗材料少，因此，在生产实践中得到了广泛的应用。光谱分析在工厂中也常被称为分光检验。

3. 火花鉴别

火花鉴别是基于钢材在磨削时，由于成分不同而产生特定类型的火花，通过观察火花的形态，可对材料的成分作初步分析。这种方法快速简便，是车间、现场鉴别某些钢种的常用方法。

火花是由砂轮磨削下的金属颗粒在空气中被氧化而发出的光。火花在空气中出现的轨迹，称为流线。碳元素在空气中强烈氧化而产生的火花为爆花，爆花的形式随含碳量和其他元素的含量、温度、氧化性及组织结构等因素而变化。爆花的形式及流线，在火花鉴别中占有重要的地位。这种方法只能定性地鉴别碳钢和合金钢，并且观察者要有较强的实践经验。

(1) 碳钢的火花 碳素钢的火花特征是：随着含碳量的增大，火花流线由挺直转向抛物线，且流线增多，火花束缩短，爆花和花粉增多，亮度增大。

低碳钢的火花束长，流线少，草黄略带红色，爆花少，尾部下垂。如图 15-6 所示为 20 钢磨削火花的示意图。

中碳钢的火花较明亮，发黄色光，流线细、多而长，爆花较多，有少量花粉，尾部较平直。如图 15-7 所示为 45 钢磨削火花的示意图。

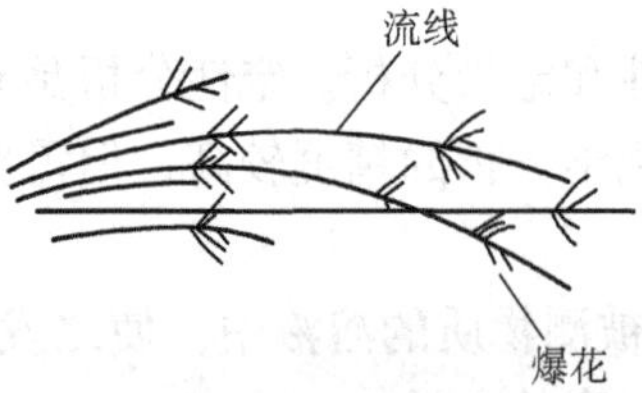

图 15-6 20 钢磨削火花

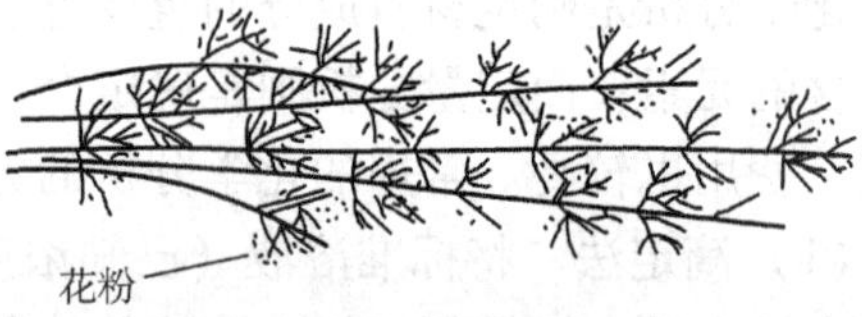

图 15-7 45 钢磨削火花

高碳钢的火花呈暗红色，火花束短粗，根部暗、尾部亮，流线多而细密，爆花多，有大量花粉。如图 15-8、图 15-9 所示分别为 T7 钢和 T10 钢磨削火花的示意图。

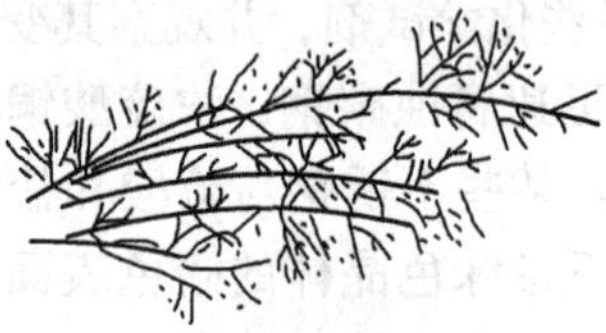

图 15-8 T7 钢磨削火花

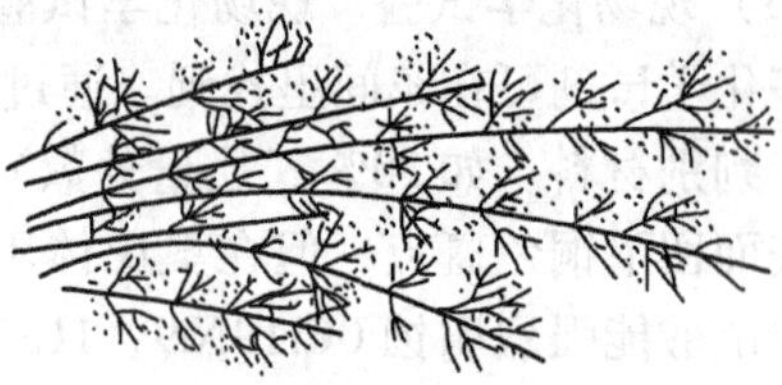

图 15-9 T10 钢磨削火花

(2) 合金钢火花 合金钢中因加入了合金元素，其火花与碳钢也有所不同，常用合金钢火花特征如下：

与 40 钢的火花相比，40Cr 钢的火花束白亮，流线粗而多，爆花也多，花型较大，如图 15-10 所示。

60Si2Mn 钢的火花束为暗红色，根部暗红，流线短粗而多，爆花较多，花型较小，火花束尾部较粗大，如图 15-11 所示。

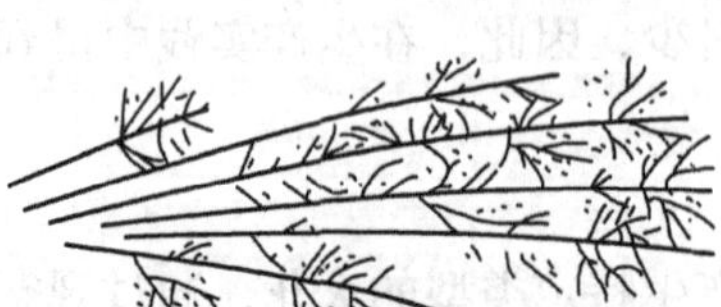

图 15-10 40Cr 钢磨削火花

图 15-11 60Si2Mn 钢磨削火花

CrWMn 钢的火花束细长，根部火束有断续流线，流线尾部有爆花且流线粗大，赤橙色伴有白色星点，如图 15-12 所示。

W18Cr4V 高速工具钢的火花束细长，赤橙色，发光暗弱，流线少而断续，尾部粗大下垂，花呈小红球，如图 15-13 所示。

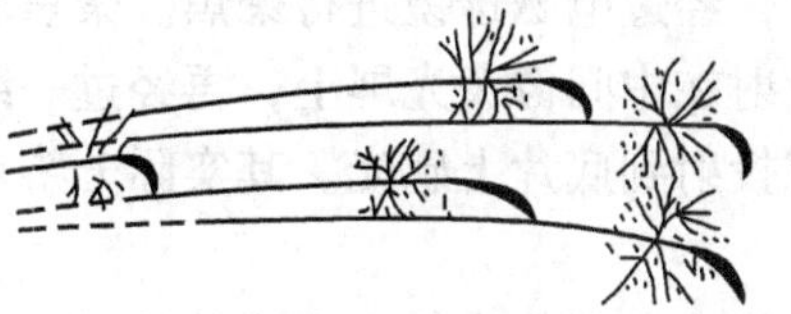

图 15-12 CrWMn 钢磨削火花

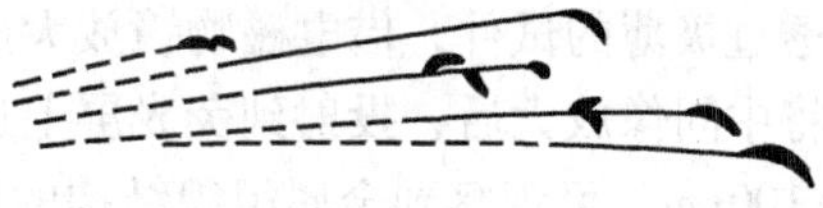

图 15-13 W18Cr4V 钢磨削火花

火花识别不但可以鉴别碳钢和上述合金钢，还可以识别其他钢种和部分非铁金属。钢的磨削火花会随着磨削条件的不同（比如：砂轮的类型、粒度，磨削力的大小等）而有所差异，要正确地识别火花，就要多练习、多观察。

二、组织分析

组织分析的主要任务是用肉眼或显微镜观察金属的组织结构。可分为低倍分析和显微分析。

1. 低倍分析

低倍分析是指用肉眼或低倍放大镜来观察、分析金属及其合金的组织状态。这种方法简便易行，生产中常用此法检查材料的宏观缺陷，特别是对失效零件的断口进行观察和分析，以便找出失效原因。断口一般可分为脆性断口、延性断口和疲劳断口。

（1）脆性断口　脆性断裂形成的断口称为脆性断口。脆性断裂多为穿晶断裂，断口沿一定的结晶平面迅速发展而成，断口一般较平整，有金属光泽，呈结晶状。

（2）延性断口　延性断口是金属材料由于其中某些区域的剧烈滑移而发生分离形成的断口。发生这种断口的材料大都是塑性较好的材料。延性断裂常伴随有较大的塑性变形，是显微空间产生、长大和聚结的结果。由于这些过程的进行需要一定的时间，因此，断裂的扩展速度较低。延性断裂的方式一般是穿晶的。延性断口一般呈纤维状杯锥断口，先断开的中心部位呈纤维状或多孔状，后断开的周围呈锥状，锥部较平滑且呈暗灰丝状。

（3）疲劳断口　在循环变化载荷作用下材料发生的断裂，称为疲劳断裂。疲劳裂纹一般源于零件有应力集中或有表面缺陷的部位，称为疲劳源。疲劳裂纹产生后，随着交变应力继续作用，裂纹逐渐扩展，直到有效截面不能再承受外载荷时零件发生突然断裂。

在低倍观察时，可在疲劳断口看到两个区域。在疲劳源周围是平滑而细密的区域——疲劳区。在这个区域内，环绕着疲劳源有贝壳状条纹的停歇线分布。其余部分为静力破坏区，其外貌随断裂的机理不同而有所差异，脆性断裂呈结晶状，延性断裂呈纤维状。

2. 显微分析

显微分析是用较大放大倍率的光学金相显微镜或电子显微镜来观察和研究金属及其合金的组织结构。

（1）光学显微镜　利用光学金相显微镜对金属磨面进行观察分析，可观察到金属组织的结构（大小、形状和位置）、夹杂物、成分偏析、晶界氧化、表面脱碳、显微裂纹等，还可以观察钢的渗碳层、氮化层、渗铝层的厚度和特征。

（2）电子显微分析　近代金属研究已深入到“超显微结构”领域，普通光学显微镜的放大倍数已不能满足需要。光学显微镜是依靠光线通过透镜产生折射而聚焦；电子显微镜是依靠电子束在电磁场内的偏转使电子束聚焦，电子显微镜比光学显微镜具有更高的放大率和分辨率。

透射电子显微镜是利用电子枪发射的电子射线束，经过电磁透镜进行聚焦。聚焦后的电子束透过极薄的试件，借电磁物镜放大成中间像，投射在中间像荧光屏上，再经过一组电磁透镜将中间像放大后，投射到荧光屏上进行观察，或投射到底片上感光。其实际分辨率可达0.2～100nm。可观察到金属组织结构的细节。

扫描电子显微镜兼有光学显微镜和电子显微镜的优点，既能进行表面形貌的观察，又能进行成分分析和晶体分析等，因此得到了广泛应用，是一种先进的综合分析和检测仪器。

三、零件的无损检测

无损检测是在不破坏零件的条件下，对零件的表面或内部缺陷进行检测。无损检测的主要方法有磁力检测、射线检测、超声波检测、渗透检测等。检验时应根据被检查零件的导磁性、尺寸大小、形状以及缺陷的位置和特点等来正确选择检测方法。

1. *磁力检测*

磁力检测是基于有缺陷（表面或近表面）的零件，在磁化时缺陷附近会出现磁场的变化或局部磁现象。当导磁金属零件的表面或近表面有裂纹、气孔或夹杂物等缺陷时，将阻碍磁力线通过，产生磁力线弯曲或漏磁，形成S－N极的局部磁场，这个小磁场能使覆盖在零件表面的磁粉聚集。由聚集磁粉的多少、形状等来判断缺陷的性质、形状和部位等。磁力检测的基本原理如图15-14、图15-15所示。

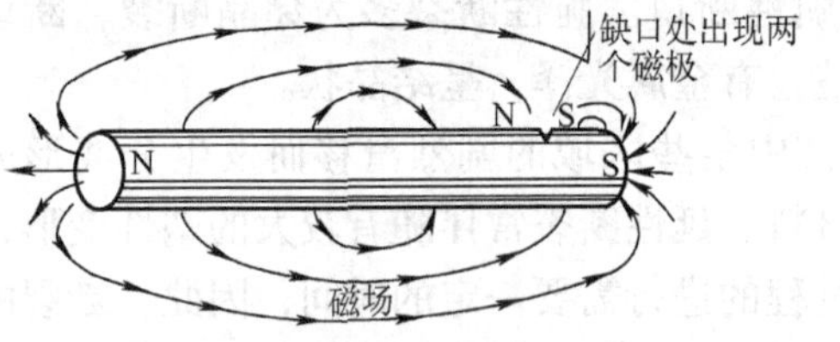

图15-14 磁力检测原理

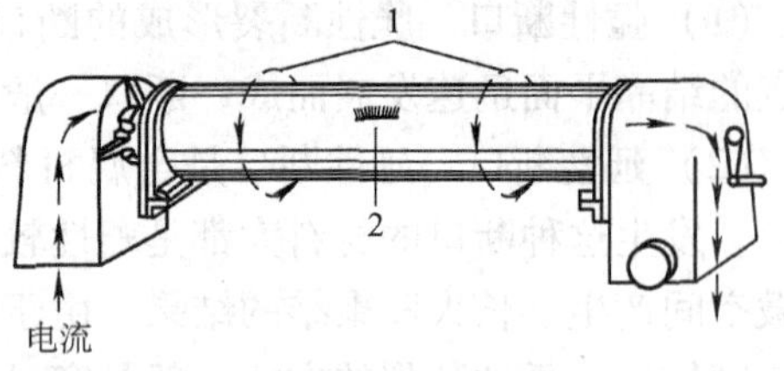

图15-15 磁力检测机原理图

1—磁场 2—铁粉

磁力检测有湿法和干法两种。湿法就是把磁化零件浸在悬浮铁粉的溶液中，观察铁粉的聚集情况，常用于检查光滑零件的表面是否有微小裂纹等缺陷。干法是在磁化的零件上撒铁粉，常用来检查焊接件、大型铸造或锻造毛坯以及其他粗糙表面零件的缺陷。

2. 射线检测

射线检测是利用射线透过物体后，射线强度发生变化的原理来分析零件内部缺陷的方法，检测应用的射线是X射线和γ射线。射线检测的实质是根据被测零件与其内部缺陷介质对射线能量衰减程度的不同而产生的射线透过工件后的强度差异，这种差异可用X射线感光胶片记录下来，或用荧光屏、图像增强器、射线探测器等来观察，从而评定零件的内部质量。

X射线检查零件的厚度一般为0.1～60mm。γ射线的波长比X射线短，因此，透射能力比X射线要大，可用于检查厚度为60～150mm的零件，甚至可透射250～300mm的钢件。图15-16所示为γ射线检测示意图。

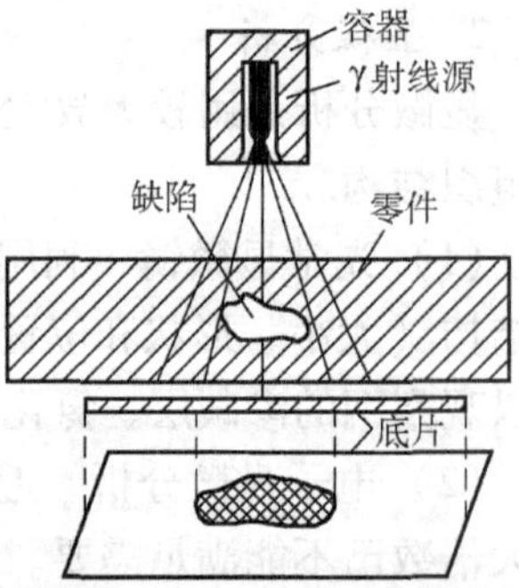

图15-16 γ射线检测示意图

射线检测主要用于检查锻造、铸造毛坯，焊接结构、容器、管路等，主要用来检查零件内部的裂纹、气孔、夹渣、砂眼、缩孔、未焊透等。

3. *超声波检测*

频率大于 20kHz 的声波称为超声波。用于检测的超声波的频率为 0.4～25MHz，其中常用 1～5MHz 的超声波。

检测用超声波是由电子设备产生的一定频率的电脉冲，通过超声波发射器（探头）产生与电脉冲相同频率的超声波。超声波射入被检查物内碰到该物的另一侧底面时，会被反射回来而被探头所接收。如果物体内部有缺陷，射入的超声波碰到缺陷后立即会被反射回来而被探头所接收。将探头接收到的超声波反射情况反映到荧光屏上。从两者反射回的超声波信号差异，就可在荧光屏上观察并判断出缺陷的大小、性质和存在的部位。图 15-17 所示为超声波检测示意图。

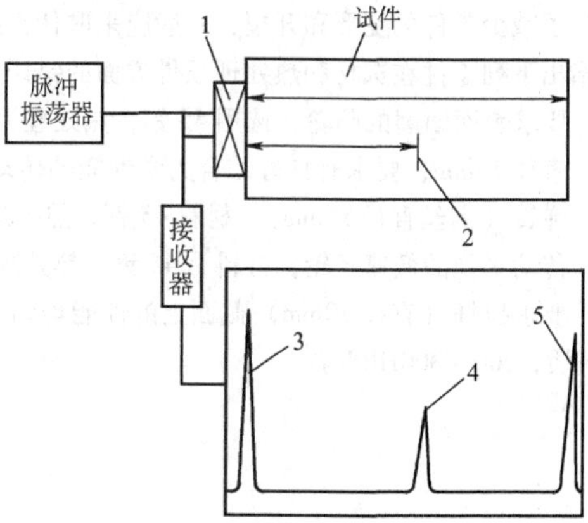

图 15-17　超声波检测示意图

1—探头　2—缺陷　3—发射脉冲　4—缺陷反射波　5—底面反射波

超声波检测的应用范围广泛，可探测零件的表面和内部缺陷。探测深度可达几米，特别适用于检查零件内部的面积型缺陷，如裂纹、气孔、夹渣、砂眼、疏松、未焊透等。

4. *渗透检测*

渗透检测常用来检查非金属及非磁性金属零件的表面缺陷，是目前无损检测常用的方法之一。

渗透检测是利用液体的某些特性对零件表面缺陷进行良好的渗透，用显像剂涂抹在零件表面，残留在缺陷内的渗透液显示出缺陷痕迹。由此来判断零件表面缺陷的部位、类型和大小等。

渗透检测按使用渗透液和显像剂的不同，可分为着色检测和荧光检测两种方法。将清洁后的零件表面均匀涂上渗透液，渗透液就会渗入缺陷内，之后将零件表面的渗透液去掉，再涂以显像剂，残留在缺陷内的渗透液就会被显像剂吸出，在有缺陷处形成有色痕迹，称为着色检测。若采用荧光渗透液来显示缺陷痕迹，称为荧光检测，需在紫外线光源照射下缺陷处发出荧光，从而达到对缺陷评价和判断的目的，如图 15-18 所示。

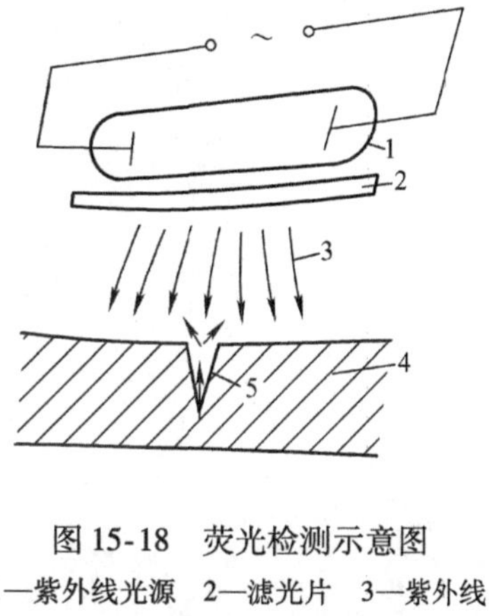

图 15-18　荧光检测示意图

1—紫外线光源　2—滤光片　3—紫外线　4—被检查零件　5—缺陷

5. *液晶检测*

液晶检测是近年来才开始应用的一种检测方法。使用的是胆甾醇派生物溶液，这种溶液具有固态光学晶体的很多特性，固称为液晶。把液晶均匀涂在要检验缺陷的零件上，加热后空冷至约 30℃，零件上存在缺陷部位的颜色会不同于其他部分，因而能判断出缺陷的存在。这种方法多用于检查多层电子电路板、蜂窝结构及飞机零件等。

思考题和习题

1. 一般机械零件常见的失效形式有哪几种？

2. 为了减少零件的变形和开裂，一般应采取什么措施？

3. 指出下列零件在选材和热处理条件方面的错误，并提出改进措施：

（1）要求表面耐磨的凸轮，选用45钢，热处理为淬火+回火，60~63HRC。

（2）直径30mm，要求有良好综合力学性能的传动轴，热处理技术条件：调质，40~45HRC。

（3）弹簧（钢丝直径15mm），材料45钢，热处理为淬火+回火，55~60HRC。

（4）传动平稳的低速齿轮，材料为45钢，热处理技术条件为渗碳+淬火+回火，58~62HRC。

（5）要求拉杆（直径70mm）截面上的性能均匀，心部$\sigma_b > 900MPa$，材料选用40Cr钢，热处理技术条件为调质，200~300HBW。

附录　金属材料及热处理实训指导书

实训一　金相显微镜的使用及磨片的制备

（一）显微镜的基本原理

附图-1 为最简单金相显微镜的成像光学图。在被观察物体上面的透镜，称为物镜；对着人眼的透镜称为目镜。AB 为被观测的物体，放在物镜前距 F_1 略远的位置，这时形成放大的倒立实像 A_1B_1。肉眼通过目镜观察实像 A_1B_1，得到最后的倒立放大虚像 $A'_1B'_1$。虚像成像在人眼明视距离处（约 250mm）。

物镜放大倍数 $M_1 = \dfrac{A_1B_1}{AB}$

目镜放大倍数 $M_2 = \dfrac{A'_1B'_1}{A_1B_1}$

显微镜总放大倍数 $M = M_1 \times M_2 = \dfrac{A'_1B'_1}{AB}$，

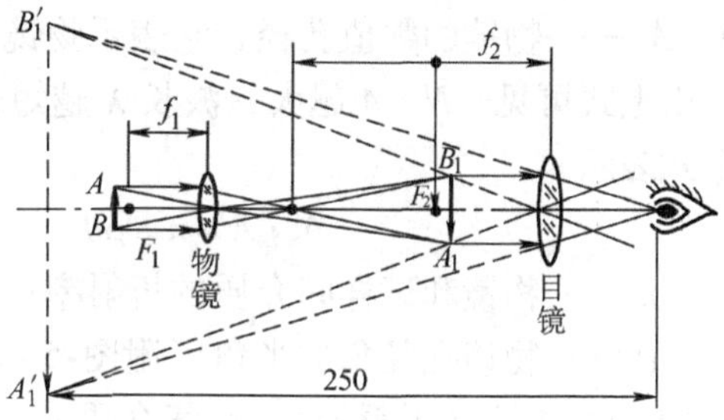

附图-1　显微镜成像光学图

可见，显微镜的总放大倍数等于物镜和目镜各自放大倍数的乘积。有的显微镜为了避免镜筒过长而操作不便，缩短了物镜和目镜间的距离。因此，这种显微镜的放大倍数 $M = K \times M_1 \times M_2$。$K$ 叫做镜筒系数。

普通透镜所成的物像，由于有球差和色差的影响，显得很不完善。产生球差的原因是由于透镜的中心部分和边缘部分折射的光线不交于一点，结果物像不清晰，如附图-2 所示。产生色差的原因是由于白光中的各色光的波长不同，其折射率各不相同，导致各色光所成的像不重合，如附图-3 所示。

消除球差的办法是在放大凸透镜后放一个相反性质的凹透镜（称为消色差物镜）。为了更好地消除球差，应同时使用补偿式目镜（补偿式目镜标有“K”）。

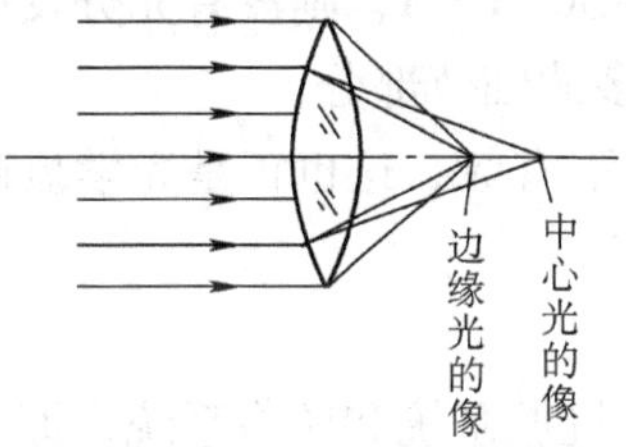

附图-2　球差示意图

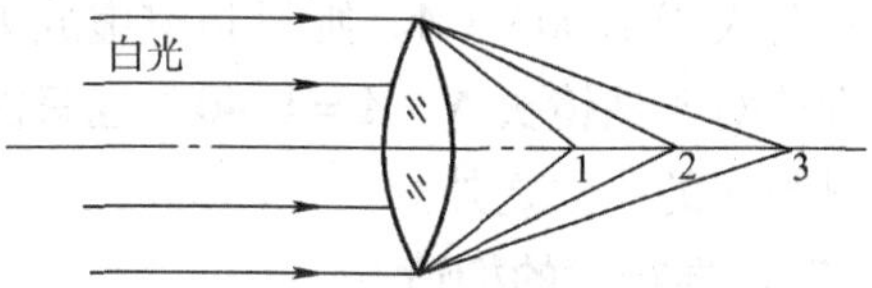

附图-3　色差示意图

1—紫光的像　2—绿光的像　3—红光的像

显微镜的分辨率是指在显徽镜视场中能分辨出物体相邻两点的最小距离。由于物镜使被观察的物体第一次放大，故显微镜的分辨率主要取决于物镜的分辨率。分辨率不同的两个物镜，在显微镜上配成相同放大倍数时，其显微观察效果是不同的。附图-4 为试样细微组织中相邻的两点，在同样放大 N 倍下，当用分辨率高的物镜时，可以清晰地把它们分辨出来（附图-4a）；而用分辨率低的物镜时，则不能把它们分辨出来，而只能看到连成一片的轮廓（附图-4b）。

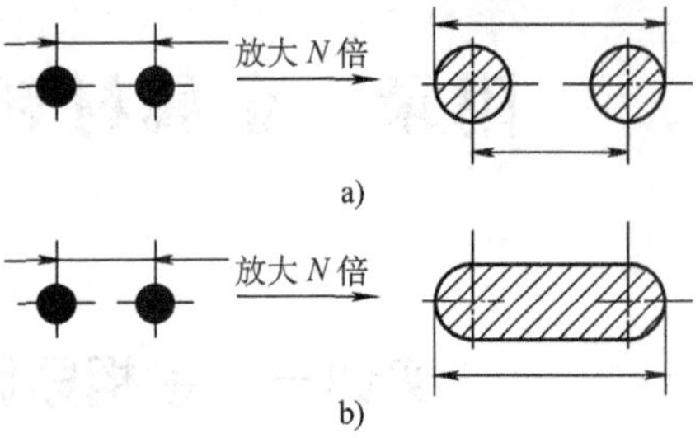

附图-4 物镜的分辨率
a）分辨率高的物镜 b）分辨率低的物镜

物镜的分辨率取决于照明用的入射光线的波长和物镜的集光能力。其关系式为

$$d=\frac{\lambda}{2N\cdot A}$$

式中 d——物镜能分辨出物体相邻两点的最小距离；

λ——照明用入射光的波长；

$N\cdot A$——物镜的数值孔径，它表示物镜的集光能力。

由上式可见，$N\cdot A$ 越大，波长 λ 越短，则 d 越小，表明分辨率越高。物镜的数值孔径用下式表示

$$N\cdot A=n\sin\theta$$

式中 n——物镜和试样间介质的折射率；

θ——物镜孔径角的半角（附图-5）。

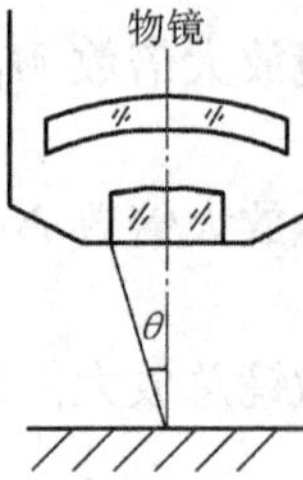

附图-5 物镜孔径角的半角

如 40×物镜（干系统），空气介质 $n=1$，$\theta=40°30'$，$N\cdot A=n\sin\theta=1\times\sin40°30'=0.65$

由于 $\sin\theta$ 总是 <1，所以干系统的 $N\cdot A$ 都小于 1，目前最高可达到 0.95。

为了增大孔径角 θ，以提高 d 值，可以增大物镜的直径；但这种方法往往会引起球差增加，不宜采用。

另一方法就是改变介质的折射率 n。人们发现空气的 $n=1$，介质为油时 $n=1.51$。显微镜的数值孔径随介质 n 的增大而加大（n 增加的同时也引起 θ 增大），这就是采用油镜头的目的。

有效放大倍数为金相显微镜的另一重要指标，数值孔径（$N\cdot A$）与放大倍数 M 遵循下面关系式（在明视范围内）

$$M=(500\sim1000)N\cdot A$$

物镜放大倍数在此范围内称为有效放大倍数，若不足 $500N\cdot A$，则没有充分发挥物镜的功能；若大于 $1000N\cdot A$，则只是空虚放大，不能分辨更多的细节部分。

即使对于油镜头 $N\cdot A=1.40$，也只能放大 1500 倍以下有效，这也正是光学显微镜不及电子显微镜的局限之处。

（二）显微镜的构造

金相显微镜包括四个系统，即照明系统、光学系统、机械系统和照像系统，即

显微镜构造
- 光学系统：目镜、物镜及有关棱镜
- 照明系统：灯泡，平镜照明，棱镜照明，暗场，明场
- 机械系统：粗调钮，微调钮，载物台，刻度装置及移动、固定装置
- 照像系统：快门，光栏，底片夹伸缩箱等

随着科学技术的不断进步发展，金相显微镜也出现了许许多多的类型和种类：有电子金相显微镜、大型卧式、大型立式、小型台式等。附图-6 为 XJBZ 型小型台式金相显微镜，附图-6a 为光学与照明系统，附图-6b 为外貌。

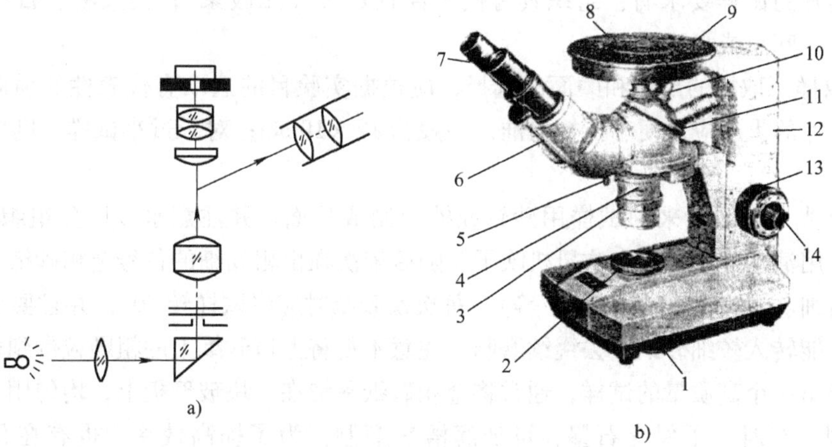

附图-6　XJBZ 型小型台式金相显微镜

a）显微镜的光学与照明系统　b）显微镜外貌

1—照明光开关　2—照明光栏　3—视场光栏　4、5—螺钉　6—双筒目镜筒　7—目镜

8—载物台　9—压紧螺钉孔　10—物镜　11—物镜座　12—立柱　13—粗调钮　14—细调钮

（三）金相显微镜的使用与维护

显微镜为精密光学仪器，使用时必须十分爱护。操作时尤其应小心在意，任何鲁莽的动作都是不允许的，应自觉地遵守实验室的规章制度和操作程序。

1）使用显微镜之前，要了解有关的原理、构造及主要附件所在位置和作用。

2）金相试样要干净，不得残留有酒精和浸蚀剂，以免腐蚀物镜的镜头。不得用手触摸透镜。

3）按放大倍数的要求，选配好物镜和目镜。

4）移动载物台，使物镜位于载物台的中心孔的中央，然后把试样倒置于载物台上。

5）将照明灯泡插头插入低压变压器的插座中，然后接通电源，并开亮灯泡。千万不能将电灯泡直接插入市电。

6）操作要小心，不得有碰撞。安装或更换镜头时要格外细心。严禁随意拆卸显微镜的主要附件。

7）调焦时应先将载物台降下，使试样尽量靠近物镜（但不能接触），然后观察目镜，用双手旋转粗调旋钮，使载物台慢慢上升，待呈现模糊的映像后再调节微调旋钮，直至图像清晰为止。

8）调节视场光阑和孔径光阑的大小以获得最佳映像质量。

9）使用时如出现故障，应立即报告老师，不得擅自处理。

10）使用完毕，关闭电源，将显微镜恢复到使用前状态，认真填写登记本，经老师检查无误后方可离开实训室。

（四）金相试样的磨制

金相试样的磨制包括取样、磨光、抛光、浸蚀等几个步骤。忽视了任何一道工序，都将影响组织分析和实验结果的正确程度，甚至造成误判。

对磨制好的试样要求有：组织具有代表性且真实（无假象）；夹杂物、石墨等不得脱落；无磨痕、麻点或水迹等。

（1）取样　取样的部位和磨面的选择，应根据实验目的选取有代表性的横向或纵向试样。试样尺寸的大小应以便于持握为准，一般为 12×10mm；对于过小试样，则应采取镶嵌技术。

（2）磨光　截取下来的试样用砂轮或锉刀制成平面，并注意水冷以免组织发生变化。磨平的试样用清水冲洗并用电吹风机吹干，随后依次在由粗到细的各号金相砂纸上把磨面磨光。先粗后细（顺序为 01→02→03 等）。每次换砂纸时应将试样转 90°，并且要求将前道磨痕消除后才能转入较细砂纸上去继续磨制。注意不得将上道砂纸上的粗颗粒带到较细砂纸上来。为了磨出一个高质量的试样，通常将金相砂纸平铺在一块玻璃板上，均匀用力单程单向反复地磨制。有时为了保存石墨，可加润滑剂磨制。为了提高效率，也有在预磨机上进行的。

（3）抛光　抛光的目的是为了消除磨痕和变形层，得到一个光滑的镜面；常用的方法有化学抛光法、电解抛光法和机械抛光法。

机械抛光是在 P－2 型抛光机上进行。在抛光盘上夹好法兰绒或尼龙布料，加上一定量的抛光悬浮剂，以 200～600r/mm 的速度手持试样轻压于抛光盘上进行抛光，并经常转变试样的位置和角度，待抛光成镜面后立即冲净吹干（常用抛光剂有 Cr_2O_3、MgO 等，也有使用抛光膏的）。

（4）浸蚀　抛光后的镜面试样，在显微镜下只能观察夹杂物、石墨孔洞或裂纹等，要想看到基体组织和相，还必须经过化学浸蚀处理才行。常用的浸蚀剂为 4% 硝酸酒精、苦味酸酒精等。

由于材料中各相化学成分和结构不同，故具有不同的电极电位，受浸蚀的程度就不相同，使得试样观察面形成凹凸不平的状态。在显微镜下由于光线在各处的反射情况不一样，就能显示出金相组织的特征，如附图-7 所示。

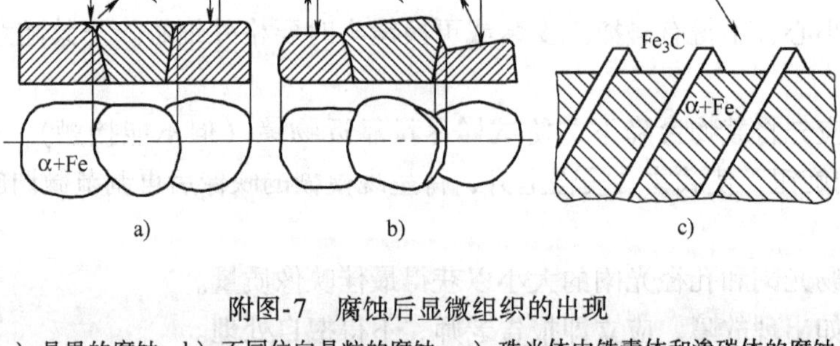

附图-7　腐蚀后显微组织的出现

a）晶界的腐蚀　b）不同位向晶粒的腐蚀　c）珠光体中铁素体和渗碳体的腐蚀

实训二　铁碳合金平衡组织的显微分析

（一）实训目的

1）认识铁碳合金平衡组织的特征，初步识别各种铁碳合金在平衡状态下的显微组织。

2）分析和认识碳钢的含碳量与其平衡组织的关系。

3）对平衡状态下碳钢的成分、组织、性能间关系的进一步认识。

4）熟悉金相显微镜的使用和试样制备的过程。

（二）碳钢和白口铸铁在平衡状态的组织特征

碳钢和铸铁在室温下的平衡组织都是由铁素体和渗碳体两个相组成的，但由于含碳量不同，其铁素体和渗碳体的数量、形态、分布和析出条件不同，呈现不同的组织状态。碳钢和白口铸铁的基本平衡组织是铁素体、渗碳体、珠光体、莱氏体。

铁素体经4%硝酸酒精溶液浸蚀后在显微照片上呈白色晶粒。随着钢中碳量的增加，铁素体量减少。亚共析钢的铁素体呈块状分布。当碳量接近共析成分（$w_C=0.77\%$）时，铁素体常沿珠光体边界呈网状分布。

渗碳体经4%硝酸酒精浸蚀后呈白亮色。一次渗碳体呈长条状分布在莱氏体之间。二次渗碳体呈网状分布在珠光体晶粒的边界上。

通常，铁素体和渗碳体经浸蚀后都呈白色，不易区别。若用苦味酸钠热蚀后，渗碳体染成黑褐色，而铁素体仍为白色，这样就可将铁素体和渗碳体区别开了。

珠光体在200~400倍显微镜下观察时，由于显微镜的分辨率低，看不出渗碳体和铁素体片，只能看到一片模糊的暗黑组织。在400倍以上显微镜下观察时，珠光体是宽白条铁素体和细黑条渗碳体。

莱氏体的特征是在白色渗碳体基体上分布着许多黑色点状或条纹状的珠光体。在亚共晶铸铁中，莱氏体分布在黑色大块的树枝状珠光体之间，且可看出在珠光体周围有一圈白亮的二次渗碳体。在过共晶铸铁中，莱氏体被粗大的白色条状渗碳体分割（这些相和组织特征在前面有关章节的金相图片中都可以见到，因而在附录中就不再列出）。

（三）实训内容

1）观察附表-1所列的平衡状态下的显微组织。利用 $Fe-Fe_3C$ 相图及已学的知识，判别试样的组织并画出示意图。

2）进行显微镜的操作与调试，动手进行金相试片的制备。

附表-1　铁碳合金平衡状态试样

试样材料	浸蚀性	室温下的显微组织
工业纯铁	4%硝酸酒精溶液	铁素体
20钢		铁素体+珠光体
45钢		铁素体+珠光体
T8		珠光体
T12		珠光体+二次渗碳体
亚共析白口铸铁		珠光体+二次渗碳体+低温莱氏体
共晶白口铸铁		低温莱氏体
过共晶白口铸铁		一次渗碳体+低温莱氏体

（四）方法指导

1）预先制备好各种成分的试样（附表-1）或只作最后的抛光和浸蚀工序。使用时不能用手摸磨面或将试样叠起，以免损坏试片。

2）在选择放大倍数时，并非越高越好。基本原则是先低倍后高倍，这样可对试样作全面的显微分析。画组织示意图时，只画典型区域的组织，最好用铅笔画。

（五）实训报告要求

1）写出实训目的。

2）画出组织示意图，并用箭头标明各组织的各称；注明试样成分、放大倍数、浸蚀剂，指出组织的分布特点。

实训三 钢铁热处理操作及硬度测量

（一）实训目的

1）了解普通热处理四把火（退火，正火，淬火，回火）的方法。

2）分析碳钢在热处理时，加热温度、冷却速度及回火温度对其组织与硬度的影响。

3）了解碳钢含碳量对淬火后硬度的影响。

4）了解硬度计及其使用方法。

（二）实训原理（见第六章）

（三）实训设备、用品及试样材料

1. 实训设备及用品

1）箱式实训电阻炉及测温控温装置。

2）洛氏硬度计。

3）金相显微镜 4X 或 XJL－02A 等。

4）淬火水桶（8%～10% NaCl 水溶液）。

5）淬火油桶（矿物油或变压器油）。

2. 实训样品材料

实训样品用不同材料制成 ϕ20mm × 20mm 标准试样，并在侧面用钢字打上序号。试样的材料及分组见附表-2。

附表-2 试样的材料及分组

试样材料	每组数量	用 途
45 钢	3 块	分析淬火温度对组织性能的影响
45 钢	4 块	分析热处理冷却对组织性能的影响
淬火状态 45 钢	3 块	分析回火温度对组织的影响
20 钢 45 钢 T12	各 1 块	分析碳含量对钢淬火硬度及组织的影响
热处理后金相试样	一套（7 块）	观察显微组织

（四）实训内容

1）用45钢试样若干块在正常温度、偏低与偏高温度下各自淬火冷却，测它们硬度上的差异。

2）将已淬火的45钢试样若干块分别在三种不同温度下回火，并测量它们硬度上的差异。

3）将45钢试样若干块在同一淬火温度保温后用不同冷却液淬火，并测其硬度上的差异。

4）用低、中、高碳钢试样，按同一温度淬火，并测其硬度上的差别。

（五）实训方法和步骤

1）学生按组领取实验试样，并打上钢印，然后测定硬度值，以便与淬火后的值作比较。

2）将三块45钢试样分别加热到750℃、840℃及950℃三种不同的温度，保温后水冷，然后分别测定它们的硬度值，并作好记录。

3）确定45钢的热处理温度、保温时间，调整好控温装置，并将四块45钢试样放入已升到温度的炉中进行加热保温。然后分别进行炉冷（随炉冷到600～500℃再出炉空冷）、空冷、油冷与水冷。最后，再测定它们的硬度值，并作好记录。

4）首先测定三块淬火状态45钢的硬度值，然后分别放入200℃，400℃，600℃的不同温度的电炉中进行回火30min后出炉空冷，再测回火后的硬度值，并作好记录。

5）各组将20钢、45钢和T12钢分别按正常温度加热，保温后取出放入盐水中冷却，然后测定淬火后的硬度值，并作好记录。

6）观察钢热处理状态的金相试样的显微组织及形态特征，并绘出指定的几种组织示意图。

（六）实训注意事项

1）学生在实训中要有所分工，分担各自的课题，完成各自的原始数据。最后将各组各自完成的记录汇总，写出综合性实训报告。

2）淬火冷却时钳子要夹紧。但不要夹在测硬度的平面上，以免影响硬度的精确性。动作要迅速，并要在冷却介质中不断搅动。

3）测定硬度时，每个试样应在三个不同部位测定，并记录其平均值。

4）热处理时应注意安全操作。

① 在向炉中取放试样时应先切断电源，以防触电。

② 开关炉门时要敏捷，以免开门时间长，影响炉内温度和损坏炉膛耐火材料及电炉丝的寿命。

③ 在向炉中取放试样时，夹钳应擦干，不能沾水或油。同时，操作者应戴好手套，以免烧伤。

（七）实训报告要求

1）写出实训名称、目的。

2）填写实训内容中的下述有关表格及数据；

① 热处理淬火加热温度对钢组织、性能的影响，将实训数据的记录整理后填入附表-3中。

附表-3 热处理淬火加热温度对钢组织、性能的影响

试样材料		热处理工艺参数			硬度值 HRC				显微组织
钢号	尺寸/mm	加热温度/℃	保温时间/min	冷却介质	第一次	第二次	第三次	平均值	
		750 840 950							

② 热处理冷却速度对钢铁组织及性能的影响，将实训数据的记录整理后填入附表-4 中。

附表-4 热处理冷却速度对钢铁组织及性能的影响

试样材料		热处理工艺参数			硬度值 HRC				显微组织
钢号	尺寸/mm	加热温度/℃	保温时间/min	冷却介质	第一次	第二次	第三次	换算成 HY	
				炉冷 空冷 油冷 水冷					

③ 回火温度对淬火钢组织、性能的影响，将实训数据的记录整理后填入附表-5 中。

附表-5 回火温度对淬火钢组织、性能的影响

试样材料		回火工艺参数			硬度值 HRC				显微组织
钢号	回火前 HRC	加热温度/℃	保温时间/min	冷却介质	第一次	第二次	第三次	平均值	
		200 400 600							

④ 碳含量对碳钢淬火后性能（以硬度来衡量）组织的影响，将实训数据的记录整理后填入附表-6 中。

附表-6 碳含量对碳钢淬火后性能组织的影响

试样材料		w_C（%）	热处理工艺参数			硬度值 HRC			
钢号	尺寸/mm		加热温度/℃	保温时间/min	冷却介质	第一次	第二次	第三次	平均值
20	$\phi20\times20$	0.20		10%的盐水					
45	$\phi20\times20$	0.45							
T12	$\phi20\times20$	1.20							

（八）硬度计的操作步骤及注意事项

本实训中用的是洛氏硬度计，其注意事项如下：

1）清理试样表面，使被测表面为无油脂、氧化皮、凹坑、裂纹、明显的加工痕迹以及其他污物的光洁平面。

2）根据试样材料选择压头及试验力。根据试样形状，选择合适的工作台或垫块。

3）把试样放在硬度计工作台上，按洛氏硬度计的操作顺序进行试验，由指示器上读得硬度值并作好记录。

4）移动试样，并在另一位置上重复进行试验，前后共测三个点，计算出三次硬度的平均值并作好记录。

为了保证实验结果精确，相邻两压痕中心以及任一压痕中心距试样边缘的距离都不得小于3mm。

参 考 文 献

[1] 宋小龙，安继儒. 新编中外金属材料手册［M］. 2 版. 北京：化学工业出版社，2012.

[2] 曾正明，等. 机械工程材料手册：金属材料［M］. 6 版. 北京：机械工业出版社，2003.

[3] 史美堂，等. 金属材料及热处理［M］. 北京：机械工业出版社，1992.

[4] 丁仁亮，等. 工程材料［M］. 北京：机械工业出版社，2008.

[5] 全国热处理标准化技术委员会. 金属热处理标准应用手册［M］. 北京：机械工业出版社，2005.

[6] 中国机械工程学会热处理分会. 热处理工程师手册［M］. 北京：机械工业出版社，1999.